Taschenbuch

für

Mineralogen.

Von

Dr. Carl Riemann.

Springer-Verlag Berlin Heidelberg GmbH
1887

ISBN 978-3-642-98298-9　　　ISBN 978-3-642-99109-7 (eBook)
DOI 10.1007/978-3-642-99109-7

Alle Rechte vorbehalten.

Vorwort.

Das vorliegende „Taschenbuch für Mineralogen" ist einem Bedürfnisse entsprungen, welches Verfasser während seiner dreijährigen Thätigkeit als Assistent am mineralogischen Museum der Universität Bonn und während seiner jetzigen Thätigkeit in einer grösseren Mineralienhandlung recht oft hat empfinden müssen. In den letzten 25 bis 30 Jahren ist gerade in der Mineralogie eine solche Menge von Wissen angehäuft worden, dass es schwierig ist, dasselbe ohne ein bequemes Nachschlagebuch zu beherrschen, um so mehr, als die Forschungen in einer grossen Menge von Zeitschriften zerstreut sind, welche nur den Wenigsten zu Gebote stehen und deren Durchsicht sehr zeitraubend ist.

Vorliegendes Taschenbuch setzt die Elementarkenntnisse der Mineralogie voraus. Es behandelt in einer tabellarischen Uebersicht alle genauer bekannten Mineralien nach ihren chemischen, physikalischen und krystallographischen Eigenschaften. Die noch nicht genauer bekannten Mineralien sind in das am Ende des Buches befindliche, ausführliche Namen- und Synonymenregister verwiesen, welches die Brauchbarkeit des Buches wesentlich erhöhen wird. Zum Ordnen der Sammlungen ist ein systematisches Verzeichniss beigefügt, welches im Grossen und Ganzen „Groth's Tabellarischer Uebersicht der Mineralien" entnommen ist. An dieses schliesst sich eine topographische Uebersicht, welche die Mineralien der einzelnen Erdtheile aufzählt. Der Uebersichtlichtkeit wegen ist die alphabetische Reihenfolge beobachtet worden. Bei den genauer durchforschten Erdtheilen sind Unterabtheilungen gemacht, welche sich im Wesentlichen den politischen Grenzen anpassen. Ausführlicher behandelt ist in diesem Theile Deutschland, weil hier auch die Fundorte der Mineralien angegeben worden sind, soweit sie dem Verfasser bekannt wurden. Eine Elemententabelle, eine kurze krystallographische Uebersicht und ein, keinen Anspruch auf Vollständigkeit machender Literaturnachweis, wird vielen eine willkommene Beigabe sein.

Verfasser ist sich der vielen Fehler und Mängel, welche dem Buche noch anhaften, sehr wohl bewusst, doch glaubte er mit der Herausgabe nicht länger zögern zu sollen, weil diese beim Gebrauche sich erst recht deutlich herausstellen. Er bittet daher um eine nachsichtige Aufnahme. Gleichzeitig richtet er an die hochverehrten Fachgenossen die ganz ergebene Bitte, beim Gebrauche ihnen fühlbar werdende Fehler und Mängel ihm freundlichst mittheilen zu wollen, damit für Beseitigung derselben Sorge getragen werden kann. Für jede in dieser Hinsicht ihm zugehende Mittheilung wird Verfasser dankbar sein.

Vorliegendes Buch ist wesentlich compilatorischer Natur und basirt auf den Arbeiten Anderer. Verfasser richtet daher an alle Fachgenossen und Sammler die ergebene Bitte, ihm von ihren Funden und Forschungen Kenntniss geben zu wollen, damit die Nachtragung derselben rechtzeitig bewirkt und so das Buch im Laufe der Zeit zu einem zuverlässigen Rathgeber gestaltet werden kann.

Schliesslich erfüllt der Verfasser noch die angenehme Pflicht, der Verlagsbuchhandlung seinen aufrichtigsten Dank dafür auszusprechen, dass sie keine Kosten scheute, vorliegendem Werke eine geschmackvolle Ausstattung zu verleihen.

Görlitz, Weihnachten 1886.

Dr. Carl Riemann.

Inhaltsverzeichniss.

	Seite
Vorwort	III
Inhaltsverzeichniss	VI
Tabellarische Uebersicht der Mineralien	1
Systematische Uebersicht der Mineralien	234
Topographische Uebersicht der Mineralien	254
Afrika	254
Amerika	254
Britisch-Amerika	254
Central-Amerika und Antillen	254
Grönland	255
Mexico	255
Südamerika	255
Argentinische Republik	255
Bolivia	255
Brasilien	255
Chili	256
Ecuador	256
Peru	256
Uruguay	257
Venezuela	257
Vereinigte Staaten von Nordamerika	257
Alabama	257
Arizona	257
Arkansas	257
Californien	257
Colorado	258
Columbia	258
Connecticut	258
Delaware	258
Georgia	258
Idaho	258
Illinois	259
Indiana	259

VII

	Seite
Jowa	259
Kentucky	259
Maine	259
Maryland	259
Massachusetts	259
Michigan	260
Minnesota	260
Missouri	260
Nevada	260
New Hampshire	260
New Jersey	260
New York	261
North Carolina	261
Ohio	261
Oregon	261
Pennsylvania	261
Rhode Island	262
South Carolina	262
Tennessee	262
Vermont	262
Virginia	262
Wisconsin	263
Asien	263
Australien und umliegende Inseln	264
Europa	264
Belgien	264
Bulgarien	264
Dänemark (Bornholm)	265
England	265
Faeröer	265
Frankreich	266
Griechenland	267
Island	267
Italien	267
Norwegen	269
Portugal (mit Azoren)	269
Rumelien	269
Russland	269
Schweden	270
Schweiz	271
Serbien	272
Spanien	272
Deutschland	273
Baden, Grossherzogthum	273
Baiern, Königreich	275

	Seite
Brandenburg, Provinz	276
Braunschweig, Grossherzogthum	276
Elsass-Lothringen, Reichsland	276
Hannover, Provinz	276
Harz	276
Hessen-Darmstadt, Grossherzogthum	277
Hessen-Nassau, incl. Kreis Wetzlar, Provinz	277
Pommern, Provinz	282
Rheinpfalz	282
Rheinprovinz mit Birkenfeld	282
Sachsen, Provinz	283
Sachsen, Königreich	284
Schlesien, Provinz	286
Schleswig-Holstein, Provinz	289
Thüringische Staaten	289
Waldeck, Fürstenthum	289
Westfalen, Provinz	289
Württemberg, Königreich	290
Oesterreich-Ungarn	290
Böhmen	290
Buckowina	292
Croatien	292
Dalmatien	292
Galizien	292
Kärnthen	293
Krain	293
Küstenland	293
Mähren	294
Militairgrenze	295
Oesterreich	295
Salzburg	296
Schlesien (Oesterreich)	296
Siebenbürgen	297
Slavonien	298
Steiermark	298
Tyrol	299
Ungarn	300
Woiwodina	301
Krystallographie	302
Elemententabelle	307
Literatur	308
Namenregister	312

Tabellarische Uebersicht

der

Mineralien.

Name.	Chemische Zusammensetzung.	Krystall-System.	Krystallogr. Axen.	Opt. Axen.	Glanz.
Abichit	$Cu_3 (HO)_3$ $As O_4$	Monosymmetrisch	$a:b:c =$ $1.9069:1:$ $3.8507;$ $\beta = 80° 31'$	in $\infty P\infty$, spitze Bisectrix fast normal auf 0P	perlmutterartig
Abriachanit	$Si O_2 = 52.40$, $Fe_2 O_3 = 9.34$, $Fe O = 15.17$, $Mn O = 0.40$, $Ca O = 1.18$, $Mg O = 10.50$, $K_2 O = 0.61$, $Na_2 O = 7.11$, $H_2 O = 2.97$, $S = 1.00$	.	.	.	matt
Adamin	$Zn_2 (HO)$ $As O_4$	Monosymmetrisch	$a:b:c =$ $1.388:1:$ $1.394;$ $\beta = 90°$ ca	in 0P, spitze Bisectrix in der Makrodiagonale	glasglänzend
Adular	(K, Na) $Al Si_3 O_8$	Monosymmetrisch	$a:b:c =$ $0.6585:1:$ $0.5554;$ $\beta = 116° 3'$	Ebene d. opt. A. meist normal auf $\infty P\infty$, gleichsinnig geneigt m. 0P u. m. dieser einen Winkel von 5° bildend.	glasartig, auf 0P meist perlmutterartig
Aegirin	$Na Fe Si_2 O_6$	Monosymmetrisch	$a:b:c =$ $1.0609:1:$ $0.5750;$ $\beta = 84° 0'$	in $\infty P\infty$	glasartig
Aeschynit	(Ca, Fe) $(Ce, La, Y)_4$ $Nb_6 (Ti, Th)_8$ O_{39}	Rhombisch	$a:b:c =$ $0.4864:1:$ 0.6737	.	Metallglanz bis Fettglanz
Agalmatolith	$H_2 Al_2 Si_4 O_2$	Amorph	.	.	schimmernd, matt
Aimafibrit	$2(3 Mn O \cdot$ $As_2 O_5) +$ $7 Mn O \cdot HO$ $+ 6 H_2 O$	Rhombisch	.	.	Glasglanz
Aimatolith	$2(3 Mn O \cdot$ $As_2 O_5) +$ $8 Mn O \cdot HO$ $+ 6 H_2 O$	Hexagonal-rhomboedrisch	$a:c = 1:0.88744$	.	Glasglanz
Akanthit	$Ag_2 S$	Rhombisch	$a:b:c =$ $0.6886:1:$ 0.9945	.	Metallglanz

Farbe.	Strich.	Härte.	Spaltbarkeit.	Spec. Gewicht.	Bemerkungen.
dunkel bläulichgrün	bläulichgrün	2·75	vollk. n. 0P	4·2—4·4	in Säuren u. Ammoniak löslich.
blau	graublau	2·5	.	2·01—2·326	zerfällt in H_2O, von Säuren nur langsam angegriffen, schmilzt v. d. L. zu einer metallischen, schwach glänzenden Kugel.
honiggelb, violblau, rosenroth, grün	weisslich	3·5	vollk. n. $\breve{P}\infty$	4·33—4·35	in H Cl l. löslich, auf Kohle Zinkoxyd-Beschlag gebend.
weiss, roth, grau, gelb	weiss	6	vollk. n. 0P, deutl. n. $\infty P\infty$ undeutl. n. $\frac{\infty P}{2}$	2·45—2·58	Säuren fast ohne Wirkung. Pulver deutliche alkalische Reaction.
schwärzlichgrün, grünlichschwarz	grünlich	5·57—6	z. vollk. n. $\infty P\infty$, deutl. n. $\infty \breve{P}\infty$	3·43—3·50	v. d. L. leicht schmelzbar, d. Flamme gelb färbend. Von Säuren kaum angegriff.
eisenschwarz bis braun	gelblichbraun	5—5·5	undeutl. n. $\infty \breve{P}\infty$	5·06—5·23	v. d. Luft schwillt er auf, gelb oder braun werdend. $H_2 SO_4$ zerlegt ihn theilweise.
grau, gelb, roth, grün	.	2·5	.	2·8—2·9	fühlt sich fettig an, v. d. L. weiss brennend. Heisse $H_2 SO_4$ zersetzt ihn.
blutroth	weisslich	.	.	.	v. d. L. auf Kohle Arsengeruch, löslich in H Cl, im Kolben giebt er viel $H_2 O$.
blutroth	ziegelroth	.	deutl. n. R	.	v. d. L. schmelzbar, leicht löslich in H Cl, im Kolben giebt er viel $H_2 O$.
eisenschwarz	graulichschwarz	2·5	.	7·192—7·296	stark glänzend, geschmeidig.

Name.	Chemische Zusammensetzung.	Krystall-System.	Krystallogr. Axen.	Opt. Axen.	Glanz.
Akmit	$Na\ Fe\ Si_2\ O_6$	Monosymmetrisch	$a:b:c =$ $1{\cdot}0609:1:$ $0{\cdot}5750;$ $\beta = 84°\ 0'$	in $\infty P \infty$	glasartig
Aktinolith	$(Mg, Fe)_3\ Ca$ $Si_4\ O_{12}$	Monosymmetrisch	$a:b:c =$ $0{\cdot}532:1:?$ $\beta = 75°$ ca	.	glasartig, seidenartig
Alabandin	$Mn\ S$	Regulär	.	.	.
Alaun					
Kalialaun	$K_2\ SO_4 \cdot Al_2$ $S_3\ O_{12} \cdot 24\ H_2O$				
Natronalaun	$Na_2\ SO_4 \cdot Al_2$ $S_3\ O_{12} \cdot 24\ H_2O$				
Ammoniakalaun	$Am_2\ SO_4 \cdot Al_2$ $S_3\ O_{12} \cdot 24\ H_2O$	Regulär pentag.-hemiedr.	.	.	Glasglanz
Magnesiaalaun	$Mg\ SO_4 \cdot Al_2$ $S_3\ O_{12} \cdot 24\ H_2O$				
Manganalaun	$Mn\ SO_4 \cdot Al_2$ $S_3\ O_{12} \cdot 24\ H_2O$				
Eisenalaun	$Fe\ SO_4 \cdot Al_2$ $S_3\ O_{12} \cdot 24\ H_2O$				
Alaunstein	$Ka\ (Al\ O)_3$ $(SO_4)_2 +$ $3\ H_2O$	Hexagonal-rhomboedr.	$a:c = 1:$ $1{\cdot}2523$	.	glasartig, auf OR perlmutterartig
Albin	$H_7\ K\ Ca_4$ $(Si\ O_3)^8 \cdot$ $4 \cdot 5\ H_2O$	Tetragonal	$a:c = 1:$ $1{\cdot}2515$	.	glasartig, auf 0P perlmutterartig
Albit	$(K, Na)\ Al$ $Si_3\ O_8$	Asymmetrisch	$a:b:c =$ $0{\cdot}65:1:0{\cdot}55;$ $\alpha = 99\frac{1}{3}°;$ $\beta = 116°;$ $\gamma = 90°$ ca	die Ebene d. opt. A. bildet mit der Verticalaxe einen Winkel von 96° 16'	glasartig, auf 0P perlmutterartig
Alexandrit	$Be\ Al_2\ O_4$	Rhombisch	$a:b:c =$ $0{\cdot}4700:1:$ $0{\cdot}5800$	in $\infty \breve{P} \infty$, mit der Verticalaxe als Bisectrix einen Winkel von 14° bildend	Glasglanz
Allaktit	$Mn_3\ O_6$ $(As\ O_2) \cdot$ $4\ Mn\ O_2\ H_4$	Monosymmetrisch	$a:b:c =$ $0{\cdot}6127:1:$ $0{\cdot}3338;$ $\beta = 84°\ 16{\cdot}5'$	in $\infty \breve{P} \infty$	Glasglanz, im Bruch Fettglanz

— 5 —

Farbe.	Strich.	Härte.	Spaltbarkeit.	Spec. Gewicht.	Bemerkungen.
schwarz	grünlichgrau	6·25	z. deutl. n. ∞P	3·43—3·53	a. d. Lichtflamme schmelzend, v. d. L. schwarze magnetische Perle gebend.
grünliche Farben	graugrün	5·75	vollk. n. ∞P	3·026—3·166	Krystalle meist ohne Termination.
eisenschwarz	schwärzlichgrün	3·75	deutl. n. $\infty O \infty$	3·9—4·1	oft dunkelbraun angelaufen.
farblos, weiss	weiss	2—2·5	.	1·7—1·9	Geschmack herbe, in H_2O alle löslich.
apfelgrün, gelbl.-weiss, röthlichgelb					Geschmack tintenartig.
weiss, grau, blassgelb, blauroth, braun	.	3·75—4	deutl. n. 0R	2·6—2·8	löslich in warmer Schwefelsäure u. Kalilauge, aber schwer.
weiss, blassgelb, blassroth	weisslich	4·75	deutl. n. 0P, z. deutl. n. $\infty P \infty$	2·3—2·4	a. d. Lichtflamme schmelzend.
weiss, röthlich	weiss	6—6·5	vollk. n. 0P, deutl. n. $\infty \dot{P} \infty$, z. deutl. n. $\frac{\infty P}{2}$	2·59—2·64	Pulver zeigt alkalische Reaction.
grasgrün, smaragdgrün	.	8·5	unvollk. n. $\infty \dot{P} \infty$	3·56—3·8	mit Kobaltsolution wird er blau.
röthlichbraun	hellgrau	4—5	.	3·83—3·85	v. d. L. Manganreaction, schmilzt m. Arsengeruch, leicht löslich in Salzsäure.

Name.	Chemische Zusammensetzung.	Krystall-System.	Krystallogr. Axen.	Opt. Axen.	Glanz.
Allanit	(Ca, Fe)$_2$ (Al, Ce, Fe)$_3$ (HO) (SiO$_4$)$_3$	Monosymmetrisch	a : b : c = 1·5527 : 1 : 1·7780; $\beta = 65°0'$	.	Metallglanz bis Fettglanz, auch Glasglanz
Alloklas	(Co, Fe, Ni) (As, Bi) S	Rhombisch	.	.	.
Allophan	Al$_2$ Si O$_5$ + 5 H$_2$O	Amorph	.	.	Glasglanz
Almandin	(Fe, Ca, Mg)$_3$ (Al, Fe)$_2$ (SiO$_4$)$_3$	Regulär-holoedrisch	.	.	Glas- bis Fettglanz
Alstonit	(Ba, Ca) CO$_3$	Rhombisch	a : b : c = 0·5910 : 1 : 0·7390	.	fettglänzend
Altait	Pb, Te	Regulär	.	.	.
Aluminit	Al$_2$ (HO)$_4$ SO$_4$ + 7 H$_2$O	Monosymmetrisch	.	.	.
Alunit	K (AlO)$_3$ (SO$_4$)$_4$ + 3 H$_2$O	Hexagonal-rhomboedr.	a : c = 1 : 1·2523	.	Glasglanz, auf OR Perlmutterglanz
Amalgam	Ag, Hg	Regulär-holoedrisch	.	.	.
Amblygonit	(Li · Al F · PO$_4$ Li · Al (HO) · PO$_4$)	Asymmetrisch	a : b : c = 0·2454 : 1 : 0·4605; $\alpha = 68°47'$; $\beta = 98°44'$; $\gamma = 85°52'$	.	glasglänzend bis perlmutterglänzend auf ∞P'

Farbe.	Strich.	Härte.	Spaltbarkeit.	Spec. Gewicht.	Bemerkungen.
dunkelgrau, braun, pechschwarz	.	5·5—6	undeutl. n. zwei unter 115° geneigten Flächen	3·3—3·8	v. d. L. unter Aufblähen oder Aufschäumen zu einem braunen oder schwarzen Glase schmelzend.
stahlgrau	fast schwarz	4·5	vollk. n. ∞P, deutl. n. 0P	6·65	m. Salpetersäure giebt er eine rothe Solution, welche mit Wasser ein weisses Präcipitat giebt.
lasur-, smalte-, himmelblau, blauweiss, spangrün, lichtbraun, honiggelb etc.	.	3	.	1·8—2	in Säuren löslich unter Abscheidung von Kieselgallert.
blutroth, kirschroth, braunroth	grau	6·5—7·5	unvollk. n. ∞0	3·15	
farblos, graulichweiss	.	4—4·5	n. ∞P und $\infty\breve{P}\infty$	3·65—3·76	
zinnweiss in gelb geneigt	.	3—3·5	n. ∞0∞	8·1—8·2	v. d. L. auf Kohle die Flamme blau färbend, in Salpetersäure leicht löslich.
schneeweiss, gelbl. weiss	.	1	.	1·8	mit Kobaltsolution wird er blau, in HCl leicht löslich.
farblos, weiss, gelbl., röthlich, graulich	.	3·5—4	deutl. n. 0R	2·6—2·8	löslich in warmer Schwefelsäure u. Kalilauge, aber schwer.
silberweiss	.	3—3·5	undeutl. n. ∞0	13·7—14·1	im Kolben giebt es Quecksilber.
graulich, grünlichweiss, bergbis seladongrün	.	6	deutl. n. 0P. deutl. n. ∞'P u. deutl. n. ∞P'	3·05—3·11	schwefelsaure Lösung mit Ammoniak Niederschlag von phosphorsaurer Thonerde gebend.

Name.	Chemische Zusammensetzung.	Krystall-System.	Krystallogr. Axen.	Opt. Axen.	Glanz.
Amblystegit	(Mg, Fe) SiO$_3$	Rhombisch	a : b : c = 1·0295 : 1 : 0·5868	i. $\infty \breve{P} \infty$, d. stumpfe Bisectrix ist parallel der Verticalaxe, die spitze parallel der Brachydiagonale	glasglänzend
Amethyst	Si O$_2$	Hexagonal-trapezoedr. tetart.	a : c = 1 : 1·0999		Glasglanz bis Fettglanz
Ammoniak-Alaun	NH$_4$Al(SO$_4$)$_2$ + 12 H$_2$O	Regulär pentag. hemiedrisch	.	.	glasartig
Amphibol	(Mg, Fe)$_2$ Ca Mg Si$_2$ Si$_2$O$_{12}$(Mg, Fe)$_2$ (Al, Fe)$_4$Si$_2$O$_{12}$	Monosymmetrisch	a : b : c = 0·5318 : 1 : 0·2936, $\beta = 75°$	in $\infty \breve{P} \infty$, die Bisectrix liegt im stumpfen Winkel β	glasartig
Amphibol-Anthophyllit	(Mg, Fe) Si O$_3$	Rhombisch	a : b : c = 0·521 : 1 : ?	in $\infty \breve{P} \infty$, spitze Bisectrix die Verticalaxe	Perlmutterglanz bis Glasglanz
Analcim	Na Al (Si O$_3$)$_2$ + H$_2$O	Regulär	.	.	glasartig u. perlmutterartig
Anatas	Ti O$_2$	Tetragonal	a : c = 1 : 1·7777	.	metallartiger Diamantglanz
Anauxit	Al$_2$ Si$_4$ O$_{11}$ + 3 H$_2$O	Krystallinisch	.	.	perlmutterglänzend
Andalusit	Al (Al O) Si O$_4$	Rhombisch	a : b : c = 0·9856 : 1 : 0·7020	in $\infty \breve{P} \infty$, negative Bisectrix die Verticale.	Glasglanz
Anglarit	Fe$_3$ (PO$_4$)$_2$ + 8 H$_2$O	Monoklin	a : b : c = 0·7498 : 1 : 0·7017 ; $\beta = 75° 34'$	in e. Normalebene d. klinodiagonalen Hauptschnitts. Spitze Bisectrix d. Orthodiagonale	glasglänzend, Spaltungsfl. stark perlmutterglänzend

Farbe.	Strich.	Härte.	Spaltbarkeit.	Spec. Gewicht.	Bemerkungen.
braun, pechschwarz, grünlichschwarz	.	6	.	3·3—3·4	v. d. L. schmilzt er zu einem grünlichschwarzen, oft magnetischem Glas.
violblau, pflaumenblau, nelkenbraun, perlgrau, grünlichweiss	weiss	7	unvollk. n. R.	2·5—2·8	Soda löst ihn unter Brausen zu einem klaren Glas, bei 250° entfärbt sich der Brasilianische.
weiss	weiss	2·25	.	1·7—1·9	im Wasser löslich, Geschmack herbe.
farblos, weiss, grau, gelb, braun, schwarz	.	5—6	vollk. n. ∞P	2·9—3·3	v. d. L. zu einem grauen, grünlichen oder schwarzen Glase unter Aufschwellen schmelzend
nelkenbraun, gelblichgrau	.	5·5	vollk. makrodiagonal, weniger vollk. n. ∞P	3·187	v. d. L. sehr schwer schmelzend.
weiss, blassroth, grau	.	5·5	sehr unvollk. n. ∞O∞	2·1—2·28	v. d. L. schmilzt er ruhig zu klarem Glas.
indigoblau bis schwarz, hyacinthroth honiggelb, braun bis weiss	.	5·5	vollk. nach P und 0P	3·83—3·93	mit Borax schmilzt er zu einem Glas, welches im Red. F. gelb und zuletzt violblau wird.
grünlichweiss	.	2—3	.	2·264—2·376	giebt im Kolben Wasser und wird schwarz.
farblos, röthlichgrau bis fleischroth, violblau, röthlichbraun, aschgrau, grünl.-grau, grün	weiss	7—7·5	undeutlich nach ∞P, in Spuren nach $\infty \bar{P} \infty$ und $\infty \check{P} \infty$	3·10—3·17	mit Kobaltsolution geglüht, wird er blau.
indigoblau bis schwärzlichgrün, bläulichgrün	bläulichweiss bald blau werdend	2	vollk. nach $\infty \bar{P} \infty$	2·6—2·7	in HCl leicht löslich, in heisser Kalilauge wird er schwarz.

Name.	Chemische Zusammensetzung.	Krystall-System.	Krystallogr. Axen.	Opt. Axen.	Glanz.
Anglesit	$Pb\,SO_4$	Rhombisch	$a:b:c =$ $0{\cdot}7852:1:$ $1{\cdot}2894$	in $\infty \breve{P} \infty$, spitze Bisectrix die Brachydiagonale	Diamant- bis Fettglanz
Anhydrit	$Ca\,SO_4$	Rhombisch	$a:b:c =$ $0{\cdot}8932:1:$ $1{\cdot}0008$	in $\infty \breve{P} \infty$ gegen die Verticalaxe als spitze Bisectrix $21°\,46^!$ geneigt	auf $\infty \breve{P} \infty$ starker Perlmutterglanz auf 0P Fettglanz, sonst Glasglanz
Ankerit	$(Ca, Mg, Fe, Mn)\,CO_3$	Hexagonal-rhomboedr.	$a:c =$ $1:0{\cdot}81$ bis $0{\cdot}83$	.	Perlmutterglanz bis Glasglanz
Annabergit	$Ni_3\,(As\,O_4)_2 \cdot 8\,H_2O$	Monoklin	?	.	schimmernd bis matt
Annerödit	$2R_2\,Nb_2\,O_7$ $(+\,5\,H_2O +$ $\tfrac{1}{4}\,Si\,O_2)\cdot R =$ $Pb, Fe, Mn,$ $Mg, Ca, U.$ $Th. Ce. Y,$ K_2, Na_2	Rhombisch	$a:b:c =$ $0{\cdot}40369:1:$ $0{\cdot}36103$	.	Metallglanz, metallartiger Fettglanz
Anomit	$K_2\,HAl_3$ $(Si\,O_4)_3$ $(Mg, Fe)_6$ $(Si\,O_4)_3$	Monoklin	$a:b:c =$ $0{\cdot}5777:1:$ $3{\cdot}2755,$ $\beta = 90°\,0^!$	in e. Ebene senkrecht auf $\infty \breve{P} \infty$	.
Anorthit	$Ca\,Al_2\,Si_2\,O_8$	Triklin	$a:b:c =$ $0{\cdot}6347:1:$ $0{\cdot}5501,$ $\alpha = 93°\,3^!,$ $\beta = 115°\,55^!,$ $\gamma = 88°\,48^!$	.	glasartig, auf 0P perlmutterartig
Anthophyllit	$(Mg, Fe)\,Si\,O_3$	Rhombisch	$a:b:c =$ $0{\cdot}521:1:?$	in $\infty \breve{P} \infty$	glasartig bis perlmutterartig
Anthracit	fast reiner C	.	.	.	metallartiger Glasglanz
Antimon	Sb	Hexagonal-rhomboedr.	$a:c =$ $1:1{\cdot}3236$	.	Metallglanz
Antimon-arsen	(As, Sb)	Hexagonal-rhomboedr.	.	.	Metallglanz

Farbe.	Strich.	Härte.	Spaltbarkeit.	Spec. Gewicht.	Bemerkungen.
farblos, wasserhell, gelblich, grau, braun	weiss	3	nicht sehr vollk. nach ∞P u. 0P	6·29—6·35	in Kalilauge löst er sich völlig.
farblos, weiss, bläulichweiss, blaugrau, violblau, röthl.-weiss rauchgrau	weiss	3—3·5	nach 0P, $\infty \bar{P} \infty$ und $\infty \bar{P} \infty$	2·8—3	v. d. L. schmilzt er schwer zu einem weissen Email.
gelblichweiss bis gelblichgrau	weiss	3·5—4	nach R.	2·95—3·1	braun verwitternd, in HCl schwerer löslich als Calcit.
apfelgrün bis grünlichweiss	.	2—2·5	.	3—3·1	giebt im Kolben H_2O, in Säuren leicht löslich.
schwarz	grau	4·5—6	.	4·28—5·70	Wassergehalt und Kieselsäure in der Formel unwesentlich.
bräunlichgrün	.	.	nach 0P	.	.
weiss, grauroth	.	6	vollk. n. 0P, deutl. n. $\infty \bar{P} \infty$	2·67—2·76	in Salzsäure unter Gallertbildung löslich.
braun, grau, gelblich	braungrau	5·5	z. vollk. n. $\infty \bar{P} \infty$ deutl. n. ∞P	3·187	v. d. L. sehr schwer schmelzbar.
eisenschwarz bis graulichschwarz	schwarz	2—2·5	.	1·4—1·7	Kalilauge ohne Wirkung.
zinnweiss	dunkelbläulichgrau	2·75	vollk. n. 0R, z. deutlich n. R u. —½R	6·6—6·8	a. d. Lichtflamme schmelzend. auf Kohle weisser Beschlag.
zinnweiss	.	3·5		6·1	v. d. L. Arsendämpfe.

— 12 —

Name.	Chemische Zusammensetzung.	Krystall-System.	Krystallogr. Axen.	Opt. Axen.	Glanz.
Antimonblei-blende	$3\,PbS \cdot Sb_2S_3$	Rhombisch	.	.	seidenartiger Metallglanz
Antimonblende	Sb_2S_2O	Monoklin	$a:c =$ $1:0.675$ $\beta = 77°\,51'$	.	demantartig, seidenartig
Antimonblüthe	Sb_2O_3	Rhombisch	$a:b:c =$ $0.3822:1:$ 0.3443	.	auf $\infty \overset{\smile}{P} \infty$ Perlmutterglanz, sonst Diamantglanz
Antimonglanz (Antimonit)	Sb_2S_3	Rhombisch	$a:b:c =$ $0.9844:1:$ 1.0110	.	Metallglanz
Antimonnickel	$NiSb$	Hexagonal-rhomboedr.	$a:c =$ $1:0.9914$	.	Metallglanz
Antimonnickelglanz	$NiAsSb$	Reg. tetr. hem.	.	.	Metallglanz
Antimonocker	$H_2Sb_2O_5$	Rhombisch ?	.		.
Antimonoxyd	Sb_2O_3	Rhombisch	$a:b:c =$ $0.3822:1:$ 0.3443	.	Diamantglanz, Perlmutterglanz auf $\infty \overset{\smile}{P} \infty$
Antimonsilber	Ag_2S	Rhombisch	$a:b:c =$ $0.5775:1:$ 0.6718	.	Metallglanz
Antimonsilberblende	$3\,Ag_2S \cdot Sb_2S_3$	Hexagonal rhomboedr.	$a:c =$ $1:0.8034$	.	diamantartig halbmetallisch

Farbe.	Strich.	Härte.	Spaltbarkeit.	Spec. Gewicht.	Bemerkungen.
schwärzlich bleigrau	etwas dunkler	3	.	5·8—6	v. d. L. schmilzt er leicht, in HCl löslich unter Bildung von Schwefelwasserstoff.
kirschroth	kirschroth	1—1·5	s. vollk. || der Verticalaxe.	4·5—4·6	a. d. Lichtflamme schmelzend, in Kalilauge wird sie gelb u. löst sich dann vollkommen.
gelblich bis graulichweiss, aschgrau, schwärzlichgrau, röthlich	.	2·5—3	vollk. nach $\infty \breve{P} \infty$	5·6	wird in der Hitze gelb und schmilzt zu einer weissen Masse.
bleigrau	schwärzlichgrau	2·5	vollk. nach $\infty \breve{P} \infty$	4·6—4·7	v. d. L. schmilzt er sehr leicht, die Flamme grünlich färbend.
kupferroth	röthlichbraun	5	.	7·5—7·6	auf Kohle giebt er starken Antimonbeschlag, mit Salpetersäure grüne Solution.
bleigrau bis stahlgrau	grauschwarz	5—5·5	nach $\infty O \infty$	6·2—6·5	auf Kohle schmilzt er stark dampfend mit etwas Arsengeruch.
stroh-, schwefel-, ockergelb, gelblichweiss	etwas glänzender	1·5—2	.	3·7—5·28	giebt im Kolben Wasser und dann ein Sublimat von Antimonoxyd.
gelblichweiss, graulichweiss, gelblichbraun, aschgrau etc.	weisslich	2·5—3	vollk. nach $\infty \breve{P} \infty$	5·6	wird in der Hitze gelb und schmilzt leicht zu einer weissen Masse.
silberweiss	grau	3·5	deutl. nach 0P und $\breve{P}\infty$ unvollk. nach ∞P	9·4—10	an der Lichtflamme schmelzend.
karminroth, fast röthlich bleigrau	dunkel bläulichroth, kirschroth	2—2·5	z. deutlich nach R.	5·75—5·85	an der Lichtflamme schmelzend.

Name.	Chemische Zusammensetzung.	Krystall-System.	Krystallogr. Axen.	Opt. Axen.	Glanz.
Apatit	$Ca_5 Cl(PO_4)_3$ $Ca_5 F(PO_4)_3$	Hexagonal pyram. hemiedr.	$a:c = 1:$ 0.7346	.	glasartig, fettartig
Aphrosiderit	$H_{10}(Fe, Mg)_6$ $(Al, Fe)_4 Si_4$ O_{25}	Hexagonal rhomboedr.	.	.	.
Aphthalose	$K_2 SO_4$	Hexagonal rhomboedr.	.	.	.
Aphthonit	$2(4Co_2S.Sb_2$ $S_5)+(3ZnS,$ $Fe S)Sb_2S_5$	Regulär	.	.	metallglänzend
Apophyllit	$H_7 K Ca_4$ $(SiO_3)_8 +$ $4\frac{1}{2} H_2O$	Tetragonal	$a:c = 1:$ 1.2515	.	Glasglanz bis Perlmutterglanz
Aquamarin	$(Be, Fe)_3 Al_2$ $(SiO_3)_6$	Hexagonal	$a:c = 1:$ 0.4990	.	Glasglanz
Aragonit	$Ca CO_3$	Rhombisch	$a:b:c =$ $0.6228:1:$ 0.7207	in $\infty \bar{P} \infty$, spitze Bisectrix die Verticale	glasartig, seidenartig
Arcanit	$K_2 SO_4$ oder $(K, Na)_2 SO_4$	Rhombisch	$a:b:c =$ $0.5727:1:$ 0.7464	.	glasartig
Ardennit	$Mn_{10} Al_{10}$ $(HO)_{10}(VO_4)_2$ $(SiO_4)_7$ $(SiO_3)_3$	Rhombisch	$a:b:c =$ $0.4663:1:$ 0.3135	.	fettglänzend
Arfvedsonit	$Na_2 Fe_2 Si_4$ O_{12}	Monoklin	$a:b:c =$ $0.5318:1:$ 0.2936 $\beta\ 75°2'$	in $\infty P \infty$ die Bisectrix liegt im stumpfen Winkel β, bildet mit der Verticalen einen Winkel von 75°	glasartig
Argentit	$Ag_2 S$	Regulär holoedrisch	.	.	Metallglanz

Farbe	Strich.	Härte.	Spaltbarkeit.	Spec. Gewicht.	Bemerkungen.
farblos, weiss, grün, blau, violett, roth, grau	.	5	z. deutl. n. 0P und ∞P	3·16—3·22	Doppelbrechung negativ. Das mit Schwefelsäure befeuchtete Pulver färbt im Oehr des Platindrahts erhitzt die Flamme bläulichgrün.
grünlichgrau bis schwärzlichgrün	grünlichgrau	.	.	.	löslich in Salzsäure.
farblos, weiss	.	2·5—3	.	2·6—2·7	salzigbitter schmeckend.
stahlgrau, roth, schwarz	dunkelbraun	.	.	4·89	schmilzt im Kolben, wenig oder kein weisses Sublimat gebend.
farblos, gelbl. weiss röthlichweiss, rosenroth, fleischroth bis braun	.	4·5—5	vollk. n. 0P, prism. nach ∞P∞ unvollk.	2·3—2·4	Das Pulver von HCl sehr leicht zersetzt unter Abscheidung von Kieselschleim.
blaugrün	.	7·5—8	z. vollk. 0P, unvollk. n. ∞P	2·677—2·725	von Säuren nicht angreifbar.
weiss, grau, blassgelb, roth, grün, blau	.	4	z. d. nach ∞P∞	2·9—3	in Salzsäure leicht löslich.
farblos	.	2·5—3	unvollk. n. 0P	2·689—2·709	schmeckt salzig bitter.
dunkel kolophoniumbraun bis fast schwefelgelb	gelblich	6—7	vollk. nach ∞P̆∞, deutl. n. ∞P	3·620—3·662	v. d. L. leicht unter Kochen zu schwarzem Email schmelzend
rabenschwarz	grünlichgrau	6	z. vollk. n. ∞P	3·33—3·59	an der Lichtflamme schmelzend.
schwärzlich bleigrau bis eisenschwarz	dunkelgrau	2—2·5	sehr undeutl. nach ∞0 und ∞0∞	7—7·4	v. d. L. a. Kohle schmilzt er und schwillt stark an, giebt schwefl. Säure u. endlich e. Silberkorn.

Name.	Chemische Zusammensetzung.	Krystall-System.	Krystallogr. Axen.	Opt. Axen.	Glanz
Argentopyrit	$Ag Fe_3 S_5$	Rhombisch	$a:b:c =$ $0.5831 : 1 : 0.8387$	.	metallglänzend
Argyrodit	$3 Ag_2 S \cdot Ge S_2$	Monosymmetrisch	$a:b:c =$ $1 : 1.67 : 0.92$; $\beta = 70°$	.	Metallglanz
Argyropyrit	$Ag_3 Fe_7 S_{11}$	Rhombisch	$a:b:c =$ $0.5831 : 1 : 0.8387$	.	metallglänzend
Arkansit	$Ti O_2$	Rhombisch	$a:b:c =$ $0.5941 : 1 : 1.1222$	in 0P, ihre Bisectrix in der Brachyaxe	Diamantglanz bis metallglänzend
Arksutit	$2 Na (Ca) F$ $Al F_3$	.	.	.	.
Arquerit	(Ag, Hg)	Regulärholoedrisch		.	metallglänzend
Arsen	As	Hexagonal-rhomboedr.	$a:c = 1 : 1.3298$	.	metallglänzend
Arsenblende rothe	$As_2 S_2$	Monoklin	$a:b:c =$ $1.4403 : 1 : 0.9729$; $\beta = 66° 5'$	in $\infty P\infty$	Fettglanz
Arsenblende gelbe	$As_2 S_3$	Rhombisch	$a:b:c =$ $0.9044 : 1 : 1.0113$	.	fettartig
Arseneisen	$Fe As_2$	Rhombisch	$a:b:c =$ $0.658 : 1 : 1.284$	.	Metallglanz
Arseneisensinter	$Fe_5 S_3 P As$ $O_{18} + 16 H_2 O$	.	.	.	glasartig, wachsartig
Arsenfahlerz	$\begin{cases} 2 Cu_2 S \cdot \\ 2(Fe,Zn) \\ S \cdot As_2 S_3 \\ 2 Cu_2 S \cdot \\ 2 Cu_2 S \cdot \\ As_2 S_3 \end{cases}$	Regulärtetraedrisch	.	.	Metallglanz

— 17 —

Farbe.	Strich.	Härte.	Spaltbarkeit.	Spec. Gewicht.	Bemerkungen.
stahlgrau bis zinnweiss	grau	3·5—4	.	6·47	.
stahlgrau, insRöthliche gehend	grauschwarz	2·5	.	6·085—6·111	v. d. L. auf Kohle zu einer Kugel schmelzend, indem sich zuerst ein weisser, darauf ein citrongelber Beschlag zeigt und ein Silberkorn zurückbleibt.
bronzegelb	grau	.	vollk. n. 0P	4·206	.
roth, braun, eisenschwarz	.	5·5—6	z. deutl. n. ∞P	3·8—4·1	v. d. L. unschmelzbar.
.	.	.	.	3·029—3·175	.
silberweiss	.	3—3·5	n. ∞O	13·7—14·1	giebt im Kolben Hg und hinterlässt schwammiges Silber.
licht bleigrau	graulichschwarz	4	vollk. n. 0R deutl. n. —½R	6	graulichschwarz anlaufend, flüchtig ohne zu schmelzen, an der Lichtflamme entzündl.
morgenroth	pomeranzgelb	1·5—2	deutl. n. 0P, z. deutl. n. ∞P∞	3·4—3·6	an d. Fl. schmelzend. In Salpetersäure unter Abscheidung von Schwefel löslich.
citrongelb, pomeranzgelb	citrongelb	1·5—2	vollk. n. ∞P∞	3·4—3·5	Spaltungsflächen vertical gestreift, in Ammoniak vollständig löslich.
zinnweiss, silberweiss, stahlgrau,	graulichschwarz	5—5·5	deutl. n. 0P, unvollk. n. P∞	7·1—7·4	giebt im Kolben ein Sublimat von metallischem Arsen.
kolophonbraun	ockergelb	3	.	2·3—2·5	entwickelt v. d. L. a. K. Arsendämpfe.
dunkel stahlgrau	dunkel röthlichbraun	3·5—4	unvollk. n. ∞O	4·44—4·49	zerknistert v. d. L., verbrennt mit blauer Flamme und Arsengeruch und giebt eine magnet. Schlacke.

2

Name.	Chemische Zusammensetzung.	Krystall-System.	Krystallogr. Axen.	Opt. Axen.	Glanz.
Arsenglanz	97 As · 3 Bi	.	.	.	Metallglanz
Arsenige Säure	$As_2 O_3$ dimorph	Regulär Rhombisch	. $a:b:c =$ $0.3758:1:$ 0.3500	. .	Glasglanz Glasglanz
Arsenikalkies	$Fe As_2$	Rhombisch	$a:b:c =$ $0.658:1:$ 1.284	.	Metallglanz
Arsenikkies	Fe As S	Rhombisch	$a:b:c =$ $0.6851:1:$ 1.1859	.	Metallglanz
Arsenikkobaltkies	$Co As_3$	Regulär	.	.	Metallglanz
Arseniknickel	$Ni As_2$	Rhombisch	.	.	Metallglanz
Arseniknickelkies	$Ni As_2$	Regulär-pentagonal-hemiedrisch	.	.	Metallglanz
Arseniosiderit	$Ca_3 Fe_6$ $(\overset{\cdot\cdot}{H}O)_{12}$ $(As O_4)_4$	.	.	.	seidenglänzend
Arsenkupfer	$Cu_3 As$	.	.	.	Metallglanz
Arsennickel	Ni As	Hexagonal	$a:c =$ $1:0.9462$	.	Metallglanz
Arsennickelglanz	(Ni, Fe) As S	Regulär-pentagonal-hemiedrisch	.	.	Metallglanz
Arsenomelan	$Pb S · As_2 S_3$	Rhombisch	$a:b:c =$ $0.539:1:$ 0.619	.	.
Arsensilber	$Ag_3 As$	.	.	.	Metallglanz

Farbe.	Strich.	Härte.	Spaltbarkeit.	Spec. Gewicht.	Bemerkungen.
dunkelbleigrau	.	2	monoton	5·36—5·39	entzündet sich a. d. Lichtflamme und verglimmt von selbst weiter.
farblos,weiss	weiss	1·5	nach 0	3·69—3·72	in Wasser schwer löslich, die Solution mit Schwefelwasserstoff erst gelb werdend u. m. Salzsäure ein gelbes Präcipitat gebend.
weiss	weiss	.	.	3·85	
silberweiss bis stahlgrau	schwarz	5—5·5	z.vollk. n. 0P, unvollk. n. $P\infty$	7·1—7·4	giebt auf Kohle starken Arsengeruch.
silberweiss bis licht stahlgrau	schwarz	5·5	z. deutl. n. ∞P	6—6·2	in Salpetersäure löslich unter Abscheidung von Schwefel und arseniger Säure.
zinnweiss bis bleigrau	schwarz	6	nach $\infty 0 \infty$	6·78	giebt im Kolben ein Sublimat von metall. Arsen.
zinnweiss	.	5·5	.	7·09—7·19	.
zinnweiss	.	5·5	.	6·4—6·8	giebt im Kolben ein Sublimat von metall. Arsen und wird kupferroth.
bräunlichgelb	gelb	1—2	.	3·8—3·9	in Salzsäure vollkommen löslich.
zinnweiss bis silberweiss	.	5	.	6·8—6·9	v. d. L. schmilzt es leicht mit starkem Arsengeruch.
licht kupferroth, grau u. schwarz anlaufend	bräunlichschwarz	5·5	.	7·4—7·7	in Salpetersäure löslich, Solution grün.
silberweiss b. stahlgrau, grau anlauf.	.	5·5	unvollk. n. $\infty 0 \infty$	5·95—6·70	in Kolben zerknistert er heftig.
licht bleigrau	röthlichbraun	3	sehr deutl. n. 0P	5·393	in Kolben zerknistert er heftig.
zinnweiss, bald anlaufend	.	3·5	.	7·47—7·73	auf Kohle giebt es ein weisses u. ein schwarzes Sublimat u. starken Arsengeruch.

Name.	Chemische Zusammensetzung.	Krystall-System.	Krystallogr. Axen.	Opt. Axen.	Glanz.
Arsensilberblende	$3 Ag_2 S \cdot As_2 S_3$	Hexagonal-rhomboedr.	a : c = 1 : 0·8034	.	Diamantglanz
Aspasiolith	$50·48 \ Si \ O_2$; $32·38 \ Al_2 O_3$; $8·01 \ Mg \ O$; $2·60 \ Fe_2 O_3$; $6·73 \ H_2 O$	Rhombisch	.	.	.
Asperolith	$Cu \ Si \ O_3 + 3 \ aq$	.	.	.	.
Asphalt	.	.	.	.	fettglänzend
Aspidolith	.	Rhombisch	.	.	Metallglanz
Astrakanit	$Na_2 Mg \ (SO_4)_2 \cdot 4 \ H_2O$	Monosymmetrisch	a : b : c = 1·3494 : 1 : 0·6705; $\beta = 79° \ 22'$	in $\infty P \infty$	glasglänzend
Atopit	$(Ca, Na_2, Fe, Mn)_2 \ Sb_2 O_7$	Regulär	.	.	fettglänzend
Auerbachit	$2 Zr O_2 + 3 Si O_2$	Tetragonal	.	.	fettglänzend
Augit	$(Mg, Fe) (Al, Fe)_2 \ Si \ O_6$	Monosymmetrisch	a : b : c = 1·0585 : 1 : 0·5942	in $\infty P \infty$	Glasglanz
Aurichalcit	$3 (Cu, Zn) \ CO_3 + 3 H_2 \ (Cu, Zn) \ O_2$	.	.	.	perlmutterglänzend
Automolit	$Zn (Al, Fe)_2 O_4$	Regulär	.	.	fettartiger Glasglanz
Autunit	$Ca (UO_2)_2 \ (PO_4)_2 \cdot 8 \ H_2 O$	Rhombisch	a : b : c = 0·9876 : 1 : 2·8530	.	auf 0P Perlmutterglanz

Farbe.	Strich.	Härte.	Spaltbarkeit.	Spec. Gewicht.	Bemerkungen.
cochenill- b. kermesinroth	morgenroth b. cochenillroth	2·5—3	z. deutl. n. R	5·5—5.6	an der Lichtflamme schmelzend.
lichtgrün bis grünlichgrau	.	3·5	.	2·764	in Umwandlung begriffener Cordierit, in heisser Salzsäure löslich.
bläulichgrün	spangrün	2·5	.	2·306	zerknistert im Wasser, das Pulver in Salzsäure löslich.
pechschwarz	.	2	.	1·1—1·2	riecht stark bituminös, in Aether löslich.
dunkelolivengrün	graulichweiss	1·5	.	2·72	bläht sich v. d. L. auf, krümmt und windet sich u. wird hellgrau, von conc. H Cl leicht gelöst mit Hinterlass. von Kieselschuppen.
farblos, grauröthlich, gelblich, bläulichgrün	.	2·5—3·5	.	2·22—2·28	verwittert a. d. Luft, löst sich im Wasser.
gelbbraun, harzbraun	.	5·5	.	5·03	.
bräunlichgrau	.	6·5	.	4·06	.
schwärzlichgrün, grünlichschwarz	graulichgrün	5—6	z. deutl. n. ∞P	2·88—3·5	v. d. L. schmelzbar.
spangrün	.	2	.	.	in Salzsäure m. Brausen löslich.
dunkellauchgrün, schwärzlich grün, entengrün	grau	8	vollk. n. O	4·33—4·35	.
schwefelgelb, zeisiggrün	schwefelgelb	1—2	vollk. n. OP	3—3·2	in Salpetersäure löslich, Solution gelb.

Name.	Chemische Zusammensetzung.	Krystall-System.	Krystallogr. Axen.	Opt. Axen.	Glanz.
Axinit	$H (Ca, Fe)_3$ $Al_2 B (Si O_4)_4$	Asymmetrisch	$a:b:c =$ $0.4927:1:$ $0.4511;$ $\alpha = 82°\,54'$ $\beta = 88°\,9'$ $\gamma = 131°\,33'$	in einer Ebene senkrecht auf $x = P'$	Glasglanz
Azurit	$Cu_3\,(HO)_2$ $(CO_3)_2$	Monosymmetrisch	$a:b:c =$ $0.8501:1:$ 1.7611 $\beta = 87°\,36'$	in einer Ebene ∥ der Orthoaxe, spitze Bisectrix in $\infty P \infty$	Glasglanz
Babingtonit	(Ca, Fe, Mn) $Si\,O_3 . Fe_2$ $(Si\,O_3)_3$	Asymmetrisch	$a:b:c =$ $1.1556:1:$ $0.8717;$ $\alpha = 74°\,53'$ $\beta = 72°\,12'$ $\gamma = 83°\,22'$	.	glasglänzend
Bagrationit	$(Ca, Fe)_2$ $(Al, Ce, Fe)_3$ $(HO)(Si\,O_4)_3$	Monosymmetrisch	$a:b:c =$ $1.5527:1:$ $1.7780;$ $\beta = 65°\,0'$	.	unvollkommner Metallglanz, Fettglanz b. Glasglanz
Barrandit	$(Fe, Al)_2\,P_2$ $O_8 + 4\,H_2O$	.	.	.	Glasglanz b. Fettglanz
Barsowit	$Ca\,Al_2\,Si_2$ O_8	Rhombisch oder Monoklin	.	.	perlmutterglänzend
Baryt	$Ba\,S\,O_4$	Rhombisch	$a:b:c =$ $0.8152:1:$ 1.3136	in $\infty \breve{P} \infty$	Glasglanz oder Fettglanz
Barytglimmer	$H_5\,(K, Na)_3$ $(Ba, Mg, Fe,$ $Ca)_2\,Al_8$ $(Si\,O_4)_9$	Rhombisch	.	.	Glasglanz
Barytkreuzstein	$\begin{Bmatrix} Ba\,Al_2\,.\\ Si_2\,.\,Si_4\\ O_{16} +\\ 6\,H_2O\\ 2\,Ba\,Al_2\,.\\ Si_4\\ O_{16} +\\ 6\,H_2O \end{Bmatrix}$	Monosymmetrisch	$a:b:c =$ $0.7031:1:$ $1.2310;$ $\beta = 55°\,10'$	Ebene d. opt. Axen u. d. positive Spitze Bisectrix stehen senkrecht auf $\infty P \infty$	glasglänzend

Farbe.	Strich.	Härte.	Spaltbarkeit.	Spec. Gewicht.	Bemerkungen.
nelkenbraun rauchgrau, pflaumenblau, pfirsichblüthroth	.	6·5—7	deutl. n. $\infty \bar{P} \infty$	3·29—3·3	geschmolzen von HCl gelöst, mit Ausscheidung von Kieselgallert.
lasurblau, smalteblau	smalteblau	3·5—4	z. vollk. n. $\bar{P} \infty$	3·7—3·8	mit Brausen löslich in in Säuren und Ammoniak.
schwarz, nelkenbraun olivengrün, gelbgrün	.	5·5—6	vollk. n. 0P, nach $\infty \bar{P} \infty$	3·35—3·4	v. d. L. schmilzt er leicht unter Blasenwerfen zu einer bräunlichschwarzen magnetischen Perle.
dunkelgrau, braun, pechschwarz bis rabenschwarz	.	5·5—6	undeutl. n. zwei unter 115° geneigt. Flächen	3·3—3·8	v. d. L. schmilzt er unter Aufblähen zu einem schwarzen Glas.
grünlich-, röthlich-, bläulich-, gelblichgrau	weiss	3	.	2·87	.
weiss, bläulich	weiss	5—5·6	.	2·584	v. warmen HCl wird d. feine Pulver fast momentan zersetzt u. das Ganze erstarrt plötzlich zu dicker Gallerte.
farblos, röthlich, gelblich, grau, bläulich, grünlich, braun	.	3—3·5	vollk. n. $\infty \bar{P} \infty$ und $\bar{P} \infty$	4·3—4·7	v. d. L. zerknistert er heftig.
.	.	1·5	.	2·83—2·89	v. d. L. leicht schmelzbar zu weissem Email.
farblos, graulichweiss, gelblichweiss, röthlichweiss	weiss	4·5	unvollk. n. 0P und $\infty \bar{P} \infty$	2·44—2·50	pulverisirt reagirt er schwach alkalisch, durch HCl vollkommen zersetzt mit Hinterlassung von Kieselpulver.

Name.	Chemische Zusammensetzung.	Krystall-System.	Krystallogr. Axen.	Opt. Axen.	Glanz.
Barytocalcit	$BaCO_3 \cdot CaCO_3$	Monosymmetrisch	$a:b:c =$ $1{\cdot}1201:1:$ $0{\cdot}8476;$ $\beta = 77° 34'$	.	glasglänzend
Barytocölestin	$(Sr, Ba) SO_4$	Rhombisch	$a:b:c =$ $0{\cdot}7666:1:$ $1{\cdot}2534$	.	.
Barytophillit	$H_2 Fe Al_2$ $Si O_7$	Monosymmetrisch	.	.	perlmutterglänzend
Barytplagioklas	(Ba, Na_2) (Al_2) $Si_4 O_{12}$	Asymmetrisch	.	in einer Ebene gegen die Symmetrieebene 5—6° geneigt.	.
Baryumuranit	$Ba (UO_2)_2$ $(PO_4)_2 \cdot$ $8 H_2O$	Rhombisch	.	.	.
Bastnäsit	$[(Ce, La, Di)$ $F] CO_3$	Hexagonal	.	.	glasglänzend bis harzglänz.
Bauxit	$Al_2 O (HO)_4$	.	.	.	.
Bechilith	$Ca H_2$ $(BO_2)_4 \cdot$ $3 H_2O$	.	.	.	.
Beegerit	$6 Pb S \cdot$ $Bi_2 S_3$	Regulär	.	.	Metallglanz
Beraunit	$Fe_5 (HO)_6$ $(PO_4)_3 \cdot 3 H_2O$	.	.	.	Perlmutter- bis Glasglanz
Bergholz	$55 \cdot 54\ Si O_2,$ $19 \cdot 50\ Fe_2 O_3,$ $15 \cdot 07\ Mg O,$ $10 \cdot 31\ H_2 O$	.	.	.	.
Bergkrystall	$Si O_2$	Hexagonal-trapezoedr.-tetart.	$a:c = 1:$ $1{\cdot}0999$	.	Glasglanz, Fettglanz
Bergöl	$C_n H_{2n+2}$ von $C_2 H_6$ bis $C_{16} H_{34}$	.	.	.	.

Farbe.	Strich.	Härte.	Spaltbarkeit.	Spec. Gewicht.	Bemerkungen.
gelblich-weiss	weiss	4	vollk. n. P, w. deutl. n. P∞	3·63—3·66	v. d. L. unschmelzbar, in verdünnter HCl mit Brausen löslich.
bläulich-weiss	weiss	2·5	.	4·238	v. d. L. schwer schmelzbar.
schwärzlich-grün, dunkellauchgrün	grünlich-weiss	6·5—7	s. vollk. n. 0P	3·52—3·56	in conc. $H_2 SO_4$ vollständig löslich.
.	.	.	.	2·835	.
gelbgrün	.	.	vollk. n. 0P	3·53	.
röthlich-braun	.	4—4·5	.	5·18	sehr leicht zersetzbar durch Salzsäure.
roth, braun	.	.	.	.	.
weiss	.	.	.	.	.
schwärzlich bleigrau	schwarz	.	vollk. n. ∞0∞	7·273	leicht in heisser Salzsäure löslich.
hyacinthroth bis röthlich-braun	gelb	2	.	2·87—2·98	v. d. L. schmilzt er und färbt die Flamme bläulichgrün, in Salzsäure löslich.
holzbraun, bräunlich-grün	.	.	.	1·5—2·56	im Kolben giebt er Wasser, von Salzsäure wird er ziemlich leicht zersetzt.
wasserhell	weiss	7	unvollk. n. R	2·5	in Soda unter Brausen zu einem klaren Glas löslich. Circularpolarisation.
farblos, gelb, braun	.	.	.	0·7—0·9	verflüchtigt sich an d. Luft leicht mit aromatisch-bituminösem Geruch.

Name.	Chemische Zusammensetzung.	Krystall-System.	Krystallogr. Axen.	Opt. Axen.	Glanz.
Bernstein	$C_{10}H_{16}O$	.	.	.	Fettglanz
Berthierit	$FeS \cdot Sb_2S_3$	.	.	.	.
Beryll	Be_3Al_2 $(SiO_3)_6$	Hexagonal	$a : c = 1 :$ 0.4990	.	Glasglanz
Berzeliit	$(Ca, Mg, Mn)_3(PO_4)_2$	Regulär	.	.	fettglänzend
Berzelin	Cu_2Se	.	.	.	metallglänzend
Beudantit	$(FeO)_{13}Pb_3$ $(SO_4)_5(PO_4)_3 \cdot$ $12 H_2O$	Rhomboedrisch	.	.	Glasglanz
Beyrichit	$(Ni, Fe)_5S_7$	.	.	.	Metallglanz
Bieberit	$CoSO_4 +$ $7 H_2O$	Monoklin	$a : b : c =$ $1.1835 : 1 :$ $1.4973;$ $\beta = 75°5'$	.	.
Bjelkit	$2 PbS \cdot Bi_2S_3$	.	.	.	.
Binnit	$3 Cu_2S \cdot 2 As_2$ S_3	Regulär, wahrscheinl. tetraedrisch-hemiedrisch	.	.	Metallglanz
Biotit	$\begin{Bmatrix} K_2H \\ (Al, Fe)_3 \\ (SiO_4)_3 \cdot \\ (Mg, Fe)_6 \\ (SiO_4)_3 \end{Bmatrix}$	Monosymmetrisch	$a : b : c =$ $0.5777 : 1 :$ $3.2755;$ $\beta = 90°0'$	in $\infty P\infty$, spitze Bisectrix weicht wenig von der Normalen auf 0P ab	metallartiger Perlmutterglanz

Farbe.	Strich.	Härte.	Spaltbarkeit.	Spec. Gewicht.	Bemerkungen.
honiggelb, hyacinthroth braun, gelblichweiss	.	2—2·5	.	1—1·1	brennt mit heller Flamme und angenehmem Geruch.
dunkelstahlgrau	.	2—3	.	4—4·3	in Salzsäure schwer, leicht in Salpetersäure löslich.
farblos, grünl. weiss, ölgrün, smaragdgrün, apfelgrün, strohgelb, wachsgelb, smalteblau, himmelblau	.	7·5—8	z. vollk. n. 0P	2·677—2·725	Doppelbrechung negativ, in Säuren unlöslich.
gelblichweiss, honiggelb	.	5·5	.	2·52	v. d. L. unschmelzbar, färbt sich jedoch weiss, in Salpetersäure vollk. löslich.
silberweiss, bald schwarz anlaufend	.	.	.	.	v. d. L. schmilzt er unter starkem Selengeruch zu e. grauen geschmeidigen Kugel.
olivengrün	.	3·5	n. 0R	4	dichroitisch. R annähernd 90°
tombackbraun, ins stahlgraue geneigt	schwarz	4—5	.	4·43	magnetisch.
blass-rosenroth	weiss	.	.	.	schmeckt zusammenziehend.
bleigrau, stahlgrau	.	.	.	.	.
dunkelstahlgrau bis eisenschwarz	röthlichbraun	2—3	.	4·4—4·7	v. d. L. schmilzt er leicht unter Entwicklung von schwefliger Säure u. Arsendämpf.
grüne, braune, schwarze, graue Farben	weiss	2·5—3	vollk. n. 0P	2·8—3·2	in concentr. Schwefelsäure vollkommen löslich mit Hinterlassung eines weissen Kieselskelets.

Name.	Chemische Zusammensetzung.	Krystall-System.	Krystallogr. Axen.	Opt. Axen.	Glanz.
Bischofit	$Mg\ Cl_2 \cdot 6\ H_2O$	.	.	.	Glasglanz
Bismutin	$Bi_2\ S_3$	Rhombisch	$a:b:c =$ 0·9680 : 1 : 0·985	.	Metallglanz
Bismutit	$Bi_8\ O_5\ (HO)_6$ $(CO_3)_3$	.	.	.	Glasglanz
Bismutosphaerit	$(Bi\ O)_2\ CO_3$	.	.	.	.
Bittersalz	$Mg\ SO_4 \cdot 7\ H_2O$	Rhombisch	$a:b:c =$ 0·9901 : 1 : 0·5709	in 0P, spitze Bisectrix die Makrodiagonale	Glasglanz
Bitterspath	(Ca, Mg) CO_3	Hexagonal-rhomboedr.	$a:c = 1:$ 0·8322	.	Glasglanz, oft fettartig und perlmutterartig
Bituminit	60—65 C . $9\ H_2O \cdot 4$— 5·50 · 18—24 Asche	.	.	.	.
Blättertellur	$(Pb, Au)_4$ $(S, Te)_7$	Rhombisch	$a:b:c =$ 0·2807 : 1 : 0·2761	.	Metallglanz
Blaubleierz	$Pb\ S$	.	.	.	Metallglanz
Blaueisenerde Blaubleierz	$Fe_3\ (PO_4)_2$ $+ 8\ H_2O$	Monosymmetrisch	$a:b:c =$ 0·7498 : 1 : 0·7017, $\beta = 75°\ 34'$	in einer Normalebene von $\infty P\infty$, spitze Bisectrix die Orthodiagonale	perlmutterglänzend
Blauspath	(Mg, Fe, Ca) $Al_2\ (HO)_2$ $(PO_4)_2$	Monosymmetrisch	$a:b:c =$ 0·9747 : 1 : 1·6940, $\beta = 88°\ 2'$	.	Glasglanz

Farbe.	Strich.	Härte.	Spaltbarkeit.	Spec. Gewicht.	Bemerkungen.
weiss, wasserhell	weiss	1·5—2	·	1·65	löslich in 0·6 Theilen kalten Wassers.
licht bleigrau, in zinnweiss geneigt	grau	2—2·5	vollk. n. $\infty \bar{P} \infty$, w. deutl. n. $\infty \bar{P} \infty$, unvollk. n. 0P und ∞P	6·4—6·6	v. d. L. a. Kohle schmilzt er leicht unter Spritzen, giebt einen gelben Beschlag und ein Wismuthkorn.
gelblichgrau strohgelb, berggrün, zeisiggrün	graugelb	4—4·5	·	6·12—6·27	v. d. L. reducirbar, die Kohle gelb beschlagend, in H Cl löslich.
braun, hellgelb, schwarz, braun	·	3	·	7·30	·
farblos	weiss	2—2·5	vollk. nach $\infty \bar{P} \infty$	1·7—1·8	Doppelbrechung negativ. Geschmack salzig bitter, in Wasser leicht löslich.
farblos, weis, roth, gelb, grau, grün	weiss	3·5—4·5	vollk. n. R.	2·85—2·95	v. d. L. unschmelzbar, brennt sich kaustisch; in Salzsäure nur gepulvert löslich.
schwärzlichbraun, leberbraun	gelblichgrau	·	·	1·284	sehr leicht entzündlich, brennt mit weisser Flamme und starkem Rauch.
schwärzlich bleigrau	schwärzlich	1—1·5	s. vollk. n. $\infty \bar{P} \infty$	6·85—7·20	v. d. L. a. K. schmilzt er leicht, dampft und beschlägt die K. gelb, weiterhin weiss.
röthlichbleigrau	graulichschwarz	2·5	vollk. nach $\infty O \infty$	7·3—7·6	Pseudomorphose von Bleiglanz nach Pyromorphit.
indigoblau, schwärzlichgrün, bläulichgrün	bläulichweiss	2	s. vollk. n. $\infty \bar{P} \infty$	2·6—2·7	in Salzsäure und Salpetersäure leicht löslich in der Zange schmilzt er und färbt die Flamme bläulichgrün.
farblos, indigoblau, berlinerblau, smalteblau, bläulichweiss	farblos	5—6	unvollk. n. ∞P	3—3·12	im Kolben giebt er Wasser und entfärbt sich, mit Kobaltsolution geglüht wird er wieder blau. Nach vorher. Glühen v. Säuren fast vollst. gelöst, sonst nicht.

Name.	Chemische Zusammensetzung.	Krystall-System.	Krystallogr. Axen.	Opt. Axen.	Glanz.
Blei	Pb	Regulär	.	.	Metallglanz
Bleiantimonglanz	$PbS \cdot Sb_2S_3$	Rhombisch	$a:b:c =$ 0·5698 : 1 : 0·5978	.	Metallglanz
Bleiantimonit	$2PbS \cdot Sb_2S_3$	Rhombisch	$a:b:c =$ 0·915 : 1 : ?	.	Metallglanz
Bleiarsenglanz	$PbS \cdot As_2S_3$	Rhombisch	$a:b:c =$ 0·539 : 1 : 0·619	.	Metallglanz
Bleiarsenit	$2PbS \cdot As_2S_3$	Rhombisch	$a:b:c =$ 0·938 : 1 : 1·531	.	Metallglanz
Bleibismutit	$2PbS \cdot Bi_2S_3$	Rhombisch	.	.	Metallglanz
Bleicarbonat	$PbCO_3$	Rhombisch	$a:b:c =$ 0·6102 : 1 : 0·7232	in $\infty \breve{P} \infty$, spitze Bisectrix die Verticalaxe	Diamantglanz bis Fettglanz
Bleichromat	$PbCrO_4$	Monosymmetrisch	$a:b:c =$ 0·9603 : 1 : 0·9181, $\beta = 77° 27'$	.	Diamantglanz
Bleiglätte	PbO	Rhombisch (künstlich)	.	.	Fettglanz

Farbe.	Strich.	Härte.	Spaltbarkeit.	Spec. Gewicht.	Bemerkungen.
bleigrau, schwärzlich anlaufend	.	1·5	.	11·3—11·4	v. d. L. sehr leicht schmelzbar, auf Kohle verdampft es mit Bildung eines schwefelgelben Beschlags, in Salpetersäure löslich.
dunkelstahlgrau bis bleigrau	schwarz	3—3·5	s. unvollk. n. ∞P	5·30—5·35	v. d. L. zerknistert er und giebt Antimondämpfe; in heisser Salzsäure zerlegbar unter Abscheidung von Chlorblei.
stahlgrau, dunkelbleigrau	.	2—2·5	vollk. n. 0P, unvollk. n. ∞P und $\infty \breve{P} \infty$	5·56—5·62	v. d. L. zerknistert er, giebt Antimondämpfe mit Hinterlassung einer Schlacke, welche die Reactionen des Eisens giebt, in heisser Salzsäure zerlegbar unter Abscheidung von Chlorblei.
lichtbleigrau	röthlichbraun	3	vollk. n. 0P	5·393	schmilzt leicht v. d. L. unter Entwicklung von Arsendampf und hinterlässt e. Bleikorn.
schwärzlichbleigrau	röthlichbraun	3	vollk. n. 0P	5·549—5·569	v. d. L. auf Kohle schmilzt er leicht und verflüchtigt sich fast gänzlich.
bleigrau	.	.	.	.	.
weiss, grau, gelb, braun, schwarz, grün, roth	weiss	3—3·5	n. ∞P und 2$\breve{P}\infty$ ziemlich deutlich	6·4—6·6	Doppelbrechung negativ, v. d. L. zerknistert es stark, wird gelb; in Salpetersäure unter Aufbrausen löslich, ebenso in Kalilauge.
hyacinthroth bis morgenroth	pomeranzgelb	2·5—3	d. n. ∞P, unvollk. n. $\infty\breve{P}\infty$ und $\infty\breve{P}\infty$	5·9—6	v. d. L. zerknistert es und wird dunkler, in heisser Salzsäure löslich unter Entwicklung von Chlor u. Abscheidung von Chlorblei.
schwefel-, wachs-, citron-, pomeranzgelb	.	.	.	7·83—7·98	.

Name.	Chemische Zusammensetzung.	Krystall-System.	Krystallogr. Axen.	Opt. Axen.	Glanz.
Bleiglanz	PbS	Regulär	.	.	Metallglanz
Bleigummi	wasserhaltige Blei- und Aluminium-phosphate	Hexagonal n. E. Bertrand	.	.	fettglänzend
Bleihornerz	$(PbCl)_2 CO_3$	Tetragonal	$a:c = 1: 1.0876$	.	fettartiger Diamantglanz
Bleilasur	$(Pb, Cu)_2 (HO)_2 SO_4$	Monosymmetrisch	$a:b:c = 1.7186:1: 0.8272,$ $\beta = 77°27'$	.	Diamantglanz
Blende	ZnS	Regulär tetraedrisch hemiedr.	.	.	Diamantglanz
Blutstein	$Fe_2 O_3$	.	.	.	schwacher Metallglanz
Bol.	$(Al, Fe)_5 (AlO)_3 (SiO_3)_9 \cdot 18 H_2O$	.	.	.	schwach fettglänzend
Boltonit	$(Mg, Fe, Ca)_2 SiO_4$	Rhombisch	$a:b:c = 0.466:1: 0.587$	.	.
Bombiccit	74.56 C, 10.7 H, 14.74 O	Monosymmetrisch	.	.	.
Bonsdorffit	45 SiO_2, 30 Al_2O_3, 5 FeO 9 MgO 11 H_2O	Rhombisch	.	.	Fettglanz

— 33 —

Farbe.	Strich.	Härte.	Spaltbarkeit.	Spec. Gewicht.	Bemerkungen.
röthlich bleigrau	graulichschwarz	2·5	vollk. nach $\infty O \infty$	7·3—7·6	v. d. L. zerknistert er, schmilzt, nachdem der Schwefel verflüchtigt ist, und giebt zuletzt ein Bleikorn.
gelblichweiss, gelb, röthlichbraun	.	4—4·5	.	6·3—6·4	v. d. L. in der Zange schwillt er an, färbt d. Flamme blau, schmilzt unvollkommen.
gelblichweiss, weingelb, grünlichweiss, spargelgrün, graulichweiss, grau	.	2·5—3	z. vollk. n. ∞P	6—6·3	Doppelbrechung positiv, v. d. L. schmilzt er im Ox. F. z. einer undurchsichtigen gelben Kugel, in verdünnter Salpetersäure mit Brausen löslich.
lasurblau	blassblau	2·5—3	vollk. nach $\infty P \infty$, deutl. n. 0P	5·3—5·45	im Kolben giebt er Wasser und entfärbt sich.
grün, gelb, roth, braunschwarz, weiss	.	3·5—4	vollk. n. ∞O	3·9—4·2	v. d. L. zerknistert sie heftig, giebt auf Kohle im Ox. F. einen Zinkbeschlag, in concentr. Salpetersäure löslich mit Hinterlassung von Schwefel.
blutroth, kirschroth, bräunlichroth	blutroth	3—5	.	4·5—4·9	v. d. L. im Red. F. schwarz und magnetisch werdend.
leberbraun, kastanienbraun, isabellgelb	ebenso, glänzender	1—2	.	2·2—2·5	v. d. L. brennt er sich hart, von Säuren mehr oder weniger zersetzt.
grünlichgrau, bläulichgrau	.	6	n. $\infty \breve{P} \infty$	3·20—3·33	wird a. d. Luft gelb.
farblos	.	.	.	.	schmilzt bei 75°, in Schwefelkohlenstoff, Aether und Alkohol leicht löslich.
grünlichbraun, dunkelolivengrün	.	3—3·5	.	.	giebt im Kolben Wasser, v. d. L. wird er bleich.

Name.	Chemische Zusammensetzung.	Krystall-System.	Krystallogr. Axen.	Opt. Axen.	Glanz.
Boracit	$Mg_7 Cl_2 B_{16} O_{30}$	Regulär, tetragonal hemiedrisch	.	.	Glas- bis Diamantglanz
Borax	$NaH(BO_2)_2 \cdot 4\frac{1}{2} H_2O$	Monosymmetrisch	$a:b:c =$ 1·0997 : 1 : 0·5394, $\beta = 73° 25'$	in der Normalebene zu $\infty P\infty$, die Bisectrix parallel der Orthodiagonale	Fettglanz
Bornit	$3 Cu_2 S \cdot Fe_2 S_3$	Regulär	.	.	Metallglanz
Borocalcit	$Ca H_2 (BO_2)_4 \cdot 5 H_2O$	.	.	.	.
Boronatrocalcit	$Na Ca H_2 (BO_2)_5 \cdot 6 H_2O$	.	.	.	.
Borsäure	$B(HO)_3$	Asymmetrisch	$a:b:c =$ 1·7326 : 1 : 0·9145, $\alpha = 87° 26'$ $\beta = 104° 17'$ $\gamma = 90° 18'$	.	Perlmutterglanz
Botryogen	schwefels. Eisenoxyd mit Eisenoxydul, schwefels. Magnesia und 30 pCt. H_2O	Monosymmetrisch	.	.	.
Botryolith	$Ca_2 B_2 (HO)_2 (SiO_4)_2$	Monosymmetrisch	$a:b:c =$ 0·6329 : 1 : 0·6345, $\beta = 89° 51'$	.	fettglänzend

Farbe.	Strich.	Härte.	Spaltbarkeit.	Spec. Gewicht.	Bemerkungen.
farblos, weiss, grau, gelb, grünlich	weiss	7	angeblich n. O	2·9—3	v. d. L. unter Aufwallen schwierig zu e. Perle schmelzend, warm klar und gelblich, kalt weiss, undurchsichtig.
farblos, gelblich, grünlich	weiss	2—2·5	n. ∞P u. ∞P∞	1·7—1·8	schmeckt schwach süsslich. v. d. L. bläht er sich stark auf, wird schwarz und giebt endlich eine klare farblose Perle.
Mittelfarbe zwischen kupferroth und tombakbraun	schwarz	3	unvollk. n. O	4·9—5·1	v. d. L. auf Kohle läuft er dunkel an, wird schwarz und nach dem Erkalten roth; concentrirte HCl löst ihn mit Abscheidung von Schwefel.
schneeweiss	weiss	.	.	.	
weiss	weiss	.	.	1·8	Pulver in kochendem Wasser schwer, in verdünnter HCl leicht löslich.
farblos, gelblich-weiss	weiss	1	vollk. n. 0P	1·4—1·5	fühlt sich fettig an, schmeckt schwach säuerlich u. bitterlich. Auflösung in Alkohol brennt mit grüner Fl., schmilzt v. d. L. leicht mit Aufschäumen zu klarem, hartem Glas.
hyacinthroth pomeranzgelb, gelblichbraun	ockergelb	2—2·5	n. ∞P	2—2·1	schmeckt schwach vitriolisch, in Wasser theilweise löslich, v. d. L. bläht er sich auf.
grau, roth, weiss	weiss	.	.	.	.

3*

Name.	Chemische Zusammensetzung.	Krystall-System.	Krystallogr. Axen.	Opt. Axen.	Glanz.
Boulangerit	$3\,PbS \cdot Sb_2S_3$	Rhombisch	.	.	seidenartiger Metallglanz
Bournonit	$2PbS \cdot Cu_2S \cdot Sb_2S_3$	Rhombisch	$a:b:c =$ $0{\cdot}9379:1:$ $0{\cdot}8968$	.	Metallglanz
Brandisit	$H_8\,Ca_4\,(Mg, Fe)_8\,(Al, Fe)_{12}\,Si_5\,O_{44}$.	Monosymmetrisch	.	in $\infty P\infty$	Perlmutterglanz auf ÖP, sonst Glasglanz
Braunbleierz	$Pb_5\,Cl\,(PO_4)_3$	Hexagonal pyram. hem.	$a:c = 1:$ $0{\cdot}7362$		Fettglanz, z. Th. glasartig
Brauneisenerz **Brauneisenstein**	$Fe_4\,O_3\,(HO)_6$	.	.	.	.
Braunit	$Mn_2\,O_3$	Tetragonal	$a:c = 1:$ $0{\cdot}9852$	.	metallartiger Fettglanz
Braunkohle	.	.	.	.	zuweilen Fettglanz
Braunsalz	wasserhaltiges schwefelsaures Eisenoxyd.	Rhombisch	.	.	Glasglanz
Braunspath	(Ca, Mg, Fe, Mn) CO_3	Hexag. rhomboedr.	$a:c = 1:$ $0{\cdot}81{-}0{\cdot}83$	.	Glasglanz bis Perlmutterglanz

Farbe.	Strich.	Härte.	Spaltbarkeit.	Spec. Gewicht.	Bemerkungen.
schwärzlich-bleigrau	etwas dunkler	3	.	5·8—6	v. d. L. schmilzt er leicht, giebt Antimondämpfe und schweflige Säure und Beschlag v. Bleioxyd, in heisser HCl vollständig löslich unter Entwicklung von Schwefelwasserstoff.
stahlgrau, bleigrau, eisenschwarz	schwarz	2·5—3	unvoll. n. $\infty \overset{.}{P} \infty$ und $\infty \overset{.}{P} \infty$	5·70—5·86	v. d. L. auf Kohle schmilzt er, dampft und erstarrt dann zu einer schwarzen Kugel, welche stärker erhitzt einen Beschlag von Bleioxyd giebt. Mit Salpetersäure giebt er eine blaue Solution unter Abscheidung v. Schwefel u. Antimonoxyd.
lauchgrün bis schwärzlichgrün	.	4·5—5 auf 0P, sonst 6—6·5	n. 0P	3·01—3·06	v. d. L. trüb und graulich weiss, ist unschmelzbar, wird aber mit Kobaltsolution blau.
farblos, grün, braun, wachsgelb, honiggelb	.	3·5—4	unvollk. n. P und ∞P	6·9—7	Doppelbrechung negativ, v. d. L. sehr leicht schmelzbar, in Salpetersäure löslich.
nelkenbraun gelblichbraun, ockergelb, eisenschwarz	gelblichbraun bis ockergelb	5—5·5	.	3·4—3·95	.
eisenschwarz, bräunlichschwarz	schwarz	6—6·5	z. vollk. n. P	4·73—4·9	v. d. L. unschmelzbar, in H Cl mit Chlorentwicklung löslich.
holzbraun, pechschwarz	braun	.	.	1·2—1·4	färbt Kalilauge tief braun.
olivengrün, leberbraun	grünlichweiss, blassgelb	2	.	1·9—2	v. d. L. schwarz ohne zu schmelzen.
weiss, gelb, grau, braun, roth, grün	weiss	4	vollk. n. R.	.	.

Name.	Chemische Zusammensetzung.	Krystall-System.	Krystallogr. Axen.	Opt. Axen.	Glanz.
Braunstein	$Mn\,O_2$	Rhombisch	$a:b:c =$ $0{\cdot}938:1:$ $0{\cdot}728$	.	halb-metallischer Glanz
Bravaisit	$H_8\,(K_2\,Mg,$ $Ca)_2\,(Al,$ $(Fe)_4\,Si_9\,O_{30}$	.	.	.	.
Breithauptit	$Ni\,Sb$	Hexagonal rhomboedr.	$a:c = 1:$ $0{\cdot}9914$	.	Metallglanz
Breunerit	$(Mg, Fe)\,CO_3$	Hexagonal rhomboedr.	$a:c = 1:$ $0{\cdot}8129$	.	perlmutterartiger Glasglanz
Brevicit	(Na_2, Ca) $Al \cdot Al\,O \cdot$ $(Si\,O_3)_3$ $+ 2\,H_2O$	Rhombisch	$a:b:c =$ $0{\cdot}9786:1:$ $0{\cdot}3536$	in $\infty \breve{P} \infty$, positive Bisectrix die Verticalaxe.	Glasglanz
Brewsterit	$H_4\,(Sr, Ba,$ $Ca)\,Al_2$ $(Si\,O_3)_6$ $+ 3\,H_2O$	Monosymmetrisch	$a:b:c =$ $0{\cdot}4046:1:$ $0{\cdot}4203,$ $\beta = 86°\,56'$	normal auf $\infty \breve{P} \infty$, mit der Verticalaxe einen Winkel von ca. 30° bildend, die Bisectrix die Orthoaxe.	Perlmutterglanz auf $\infty \breve{P} \infty$, sonst Glasglanz
Brochantit	$Cu_4\,(HO)_6$ SO_4	Rhombisch	$a:b:c =$ $0{\cdot}7803:1:$ $0{\cdot}4838$	.	Glasglanz
Bromargyrit Bromit	$Ag\,Br$	Regulär	.	.	Fettglanz
Brongniartin	$Na_2\,SO_4 \cdot Ca$ SO_4	Monosymmetrisch	$a:b:c =$ $1{\cdot}2209:1:$ $1{\cdot}0270,$ $\beta = 67°\,49'$ $30''$	normal zu $\infty \breve{P} \infty$, spitze Bisectrix bildet mit 0P einen Winkel v. ca. 8°.	Glasglanz bis Fettglanz
Brogniartit	$2\,(Ag_2, Pb)$ $S \cdot Sb_2\,S_3$	Regulär	.	.	Metallglanz

Farbe	Strich.	Härte.	Spaltbarkeit.	Spec. Gewicht.	Bemerkungen.
stahlgrau bis eisenschwarz	schwarz	2—2·5	n. ∞P, $\infty \bar{P} \infty$ u. $\infty \bar{P} \infty$	4·7—5	in warmer Salzsäure löslich unter starker Chlorentwicklung
grau, schwach grünlich	grau	1—2	.	2·6	fettig und seifenähnlich anzufühlen, giebt beim Erhitzen Wasser und schmilzt leicht zu einer weissen Kugel.
licht kupferroth, violblau anlaufend	röthlichbraun	5	.	7·5—7·6	auf Kohle giebt er starken Antimonbeschlag, ist aber schwer zu schmelzen.
gelblichweiss	weiss	4	vollk. n. R.	3·3—3·43	.
farblos, graulichweiss	weiss	5	vollk. n. ∞P	2·17—2·26	v. d. L. wird er trübe und schmilzt ohne Aufblähen zu einem klarem Glas.
gelblichweiss, graulichweiss	weiss	5—5·5	sehr vollk. n. $\infty \bar{P} \infty$	2·1—2·2	schmilzt von dem L. mit Schäumen und Aufblähen.
smaragd- bis schwärzlichgrün	hellgrün	3·5—4	vollk. n. $\infty \bar{P} \infty$	3·78—3·9	i. Säuren u. Ammoniaklöslich.
olivengrün bis gelb	zeisiggrün	1—2	.	5·8—6	v. d. L. leicht schmelzbar, in concentrirtem Ammoniak erwärmt löslich.
farblos, graulichgelblichweiss, weingelb, röthlichweiss, fleischroth, ziegelroth	weiss	2·5—3	vollk. n. 0P	2·7—2·8	v. d. L. zerknistert er heftig und schmilzt leicht zu klarem Glas, in Platindrath geschmolzen färbt er die Flamme röthlichgelb.
grauschwarz	.	.	.	5·95	.

Name.	Chemische Zusammensetzung.	Krystall-System.	Krystallogr. Axen.	Opt. Axen.	Glanz.
Bronzit	(Mg, Fe) Si O$_3$	Rhombisch	a : b : c = 1·0308 : 1 : 0·5885	in $\infty \breve{P} \infty$, spitze Bisectrix die Verticalaxe	Fett- bis Glasglanz, auf $\infty \breve{P} \infty$ Perlmutterglanz bis Seidenglanz
Brookit	Ti O$_2$	Rhombisch	a : b : c = 0·5941 : 1 : 1·1222	in 0 P, Bisectrix die Brachyaxe	metallartiger Diamantglanz
Brucit	Mg (HO)$_2$	Hexagonal-rhomboedr.	a : c = 1 : 0·5208	,	Perlmutterglanz auf 0 R
Brushit	H Ca PO$_4$ · 2 H$_2$O	Monosymmetrisch	a : b : c = 0·3826 : 1 : 0·2064; $\beta = 62°\,45'$	,	.
Bucklandit	(Ca, Fe)$_3$ (Al, Ce, Fe)$_3$ (HO) (Si O$_4$)$_3$	Monosymmetrisch	a : b : c = 1·5527 : 1 : 1·7780	.	Metallglanz, Fettglanz, Glasglanz
Bunsenit	Ni O	Regulär	.	.	Glasglanz
Buratit	(Zn, Cu, Ca)$_3$ (HO)$_4$ CO$_3$	.	.	.	Perlmutterglanz
Bustamit	2 Mn Si O$_3$ + Ca Si O$_3$	.	.	.	.
Butyrit	C$_{32}$ H$_{64}$ O$_4$	.	.	.	.
Cabrerit	(Ni, Mg, Co)$_3$ (As O$_4$)$_2$ · 8 H$_2$O	Monosymmetrisch	.	.	Perlmutterglanz auf der vollk. Spaltfläche
Caeruleolactin	3 Al$_2$ O$_3$ · 2 P$_2$ O$_5$ + 10 H$_2$O	.	.	.	.

— 41 —

Farbe.	Strich.	Härte.	Spaltbarkeit.	Spec. Gewicht.	Bemerkungen.
nelkenbraun, tombakbraun, grünlich, gelblich	grauweiss	4—5	vollk. n. $\infty \bar{P} \infty$, unvollk. n. ∞P	3—3·5	der Schiller wird durch eingelagerte mikroskopische bräunliche, schwärzliche u. grünliche Lamellen, Leistchen und Körnchen hervorgebracht; v. d. L. s. schwer schmelzbar. Säuren ohne Wirkung.
gelblichbraun, hyacinthroth röthlichbraun, haarbraun, eisenschwarz	.	5·5—6	n. $\infty \bar{P} \infty$	3·8—4·1	v. d. L. unschmelzbar, m. Borax schmilzt er zu einem Glas, welches im R. F. gelb u. zuletzt violblau wird.
farblos, graulich-, gelblichweiss	weiss	2	s. vollk. n. 0 R	2·3—2·4	v. d. L. unschmelzbar, mit Kobaltsolution geglüht blassroth.
farblos, blassgelblich	weiss	.	n. $\infty P \infty$ und 0 P	2·208	leicht löslich in Säuren, glüht mit grünem Licht u. schmilzt v. d. L.
dunkelgrau, braun, pechschwarz, rabenschwarz	.	5·5—6	.	3·3—3·8	theils doppeltbrechend, theils isotrop.
pistazgrün	.	5·5	.	6·398	unschmelzbar, in Säuren fast unlöslich.
himmelblau, spangrün, apfelgrün	.	.	.	3·32	in Säuren mit Brausen löslich, auch in Ammoniak mit Hinterlassung von Ca CO$_3$.
grünlich- u. röthlichgrau	weisslich	.	.	3·1—3·3	.
weiss	weiss	.	.	.	l. löslich in Alkohol und Aether.
apfelgrün	.	1	.	3·11	unschmelzbar v. d. L.
bläulich milchweiss	weiss	5	.	2·55—2·59	unschmelzbar, in Säuren leicht löslich.

Name.	Chemische Zusammensetzung.	Krystall-System.	Krystallogr. Axen.	Opt. Axen.	Glanz.
Calamin	$Zn_2 (HO)_2 Si O_3$	Rhombisch	$:b:c =$ $0.7835:1:$ 0.4778	in $\infty \bar{P} \infty$, Bisectrix die Verticalaxe	Glasglanz, auf $\infty \bar{P} \infty$ Perlmutterglanz
Calamit	$Mg_3 Ca Si_4 O_{12}$	Monosymmetrisch	$a:b:c =$ $0.532:1:?$	.	Perlmutter-, Seidenglanz
Calaverit	$(Au, Ag) Te_2$	Monosymmetrisch	$a:b:c =$ $1.6339:1:$ $1.1265;$ $\beta = 89° 35'$	.	Metallglanz
Calcit	$Ca CO_3$	Hexagonal-rhomboedr.	$a:c = 1:$ 0.8543	.	Glasglanz
Caledonit	$(Pb, Cu)_2 CO_3 \cdot SO_4$	Rhombisch	$a:b:c =$ $0.9163:1:$ 1.4028	.	Fettglanz
Cancrinit	$H_6 (Na_2, Ca)_6 Al_8 Si_9 C_2 O_{43}$	Hexagonal	.	.	Glas- bis Perlmutterglanz auf d. Spaltungsflächen, sonst Fettglanz
Caporcianit	$Ca Al_2 (HO)_4 (Si_2 O_5)_2 \cdot 2 H_2 O$	Monosymmetrisch	$a:b:c =$ $1.0818:1:$ $0.5896;$ $\beta = 80° 42'$	.	Perlmutterglanz
Cappelenit	$SiO_2 = 14.16,$ $Be_2 O_3 =$ $17.13, Y_2 O_3$ $= 52.55,$ $(La, Di)_2 O_3 =$ $2.97, Ce_2 O_3$ $= 1.23, Th O_2$ $= 0.79,$ $Ba O = 8.15,$ $Ca O = 0.61,$ $Na_2 O = 0.39,$ $K_2 O = 0.21,$ $H_2 O = 1.81$	Hexagonal	$a:c = 1:$ 0.43010	.	fettartiger Glasglanz

Farbe.	Strich.	Härte.	Spaltbarkeit.	Spec. Gewicht.	Bemerkungen.
farblos, weiss, grau, gelb, roth, braun, grün, blau	weiss	5	vollk. n. ∞P und $\breve{P}\infty$	3·53—3·50	Doppelbrechung positiv, hemimorph; v. d. L. zerknistert er, schmilzt aber nicht, in Säuren löslich unter Abscheidung von Kieselgallert.
weiss, grau, hellgrün	graulichweiss	.	.	2·93—3	.
bronzegelb	.	2·5	.	9·043	.
farblos, weiss, grau, blau, grün, gelb, roth, braun, schwarz	weiss	3	vollk. n. R	2·6—2·8	v. d. L. unschmelzbar, brennt sich kaustisch, in Salzsäure unter heftigem Brausen löslich.
spangrün, berggrün	grünlichweiss	2·5—3	deutl. n. $\infty\breve{P}\infty$, unvollk. n. 0P und ∞P	6·4	v. d. L. a. Kohle leicht zu Blei reducirbar, in Salpetersäure mit Brausen u. Hinterlass. von Pb SO_4 löslich.
rosenroth, citrongelb, bläulichgrau grün	.	5—5·5	vollk. n. ∞P	2·42—2·46	v. d. L. schmilzt er sehr schwer zu einem weiss. blasigen Glase, in Salzsäure unter starkem Brausen vollständig löslich, indem aus der Solution erst beim Kochen Kieselgallert abgeschied. w.
röthlichgrau	.	.	.	.	.
grünlichbraun	grau	.	.	4·407	negativ.

Name.	Chemische Zusammensetzung.	Krystall-System.	Krystallogr. Axen.	Opt. Axen.	Glanz.
Carnallit	$K\,Cl \cdot Mg\,Cl_2 \cdot 6\,H_2O$	Rhombisch	$a:b:c =$ $0.5968:1:$ 1.3891	in $\infty \breve{P} \infty$, spitze Bisectrix d. Brachydiagonale	glasglänzend, matt werdend
Carnat	$45 \cdot 09\,Si\,O_2,$ $38 \cdot 13\,Al_2O_3,$ $1 \cdot 79\,Fe_2O_3,$ $0 \cdot 19\,Mg\,O,$ $0 \cdot 21\,Na_2O,$ $14 \cdot 26\,H_2O$	.	.	.	.
Carolathin	$29 \cdot 62\,Si\,O_2,$ $47 \cdot 25\,Al_2O_3,$ $1 \cdot 33\,C, 2 \cdot 42$ $H, 19 \cdot 39\,O$	.	.	.	schwach fettglänzend
Carrollit	$Cu\,S \cdot Co_2S_3$	.	.	.	Metallglanz
Cerinstein Cerit	$(Ca, Fe)\,Ce_2$ $(Ce\,O)\,(HO)_3$ $(Si\,O_3)_3$	Rhombisch	$a:b:c =$ $0.9988:1:$ 0.8127	. .	Diamantglanz, Fettglanz
Cerussit	$Pb\,CO_3$	Rhombisch	$a:b:c =$ $0.6102:1:$ 0.7232	in $\infty \breve{P} \infty$, spitze Bisectrix die Verticalaxe	Diamantglanz, Fettglanz
Cervantit	Sb_2O_4	Rhombisch	.	.	.
Ceylanit	$(Mg, Fe)\,O \cdot$ $(Al, Fe)_2O_3$	Regulär	.	.	Glasglanz

Farbe.	Strich.	Härte.	Spaltbar-keit.	Spec. Gewicht.	Bemerkungen.
farblos, roth durch bei-gemengtes Fe_2O_3	weiss.	.	.	1·60	zerfliesst a. d. Luft, im Wasser leicht lös-löslich, v. d. L. leicht schmelzbar.
fleischroth, röthlich-weiss	.	2—3	.	2·5—2·6	fühlt sich fein und wenig fettig an, haf-tet bald stark, bald gar nicht an der Zunge.
honiggelb, schmutzig weingelb	weiss	2·5	.	1·515	.
zinnweiss, stahlgrau	.	5·5	.	4·58	v. d. L. schmilzt er zu weisser, spröder, mag-netischer Kugel mit Arsengeruch und Ent-wicklung von schwe-feliger Säure. Giebt mit Salpetersäure eine rothe Solution.
schmutzig-nelkenbraun bis kirsch-roth, dunkel-röthlichgrau	weiss	5·5	.	4·9—5	v. d. L. unschmelzbar, wird schmutziggelb; m. Borax im O. F. ein sehr dunkelgelbes Glas, welches beim Erkalten sehr licht u. im Red. F. farblos wird.
farblos, weiss, grau, gelb, braun, schwarz, grün, roth	weiss	3—3·5	deutl. n. ∞P und $2\check{P}\infty$	6·4—6·6	v. d. L. zerknistert er sehr stark, färbt sich gelb, in Salpetersäure unter Brausen löslich, auch in Kalilauge.
isabellfarbig bis weiss	.	4—5	.	4·08	unschmelzbar, auf Kohle leicht reducir-bar, im Kolben nicht flüchtig.
dunkelgrün, schwärzlich-blau, dunkelbraun schwarz	grau	8	unvollk. n. O	3·65[*]	.

Name.	Chemische Zusammensetzung.	Krystall-System.	Krystallogr. Axen.	Opt. Axen.	Glanz.
Chabasit	$\begin{Bmatrix} (Ca)Al_2 \cdot \\ Si\,Si \cdot Si_4 \\ O_{16} + \\ 8\,H_2O \\ (Ca)Al_2 \cdot \\ (Ca)Al_2 \cdot \\ Si_4\,O_{16} + \\ 8\,H_2O \end{Bmatrix}$	Hexagonal-rhomboedr.	$a:c = 1:$ $1 \cdot 0858$	.	Glasglanz
Chalcocit	$Cu_2\,S$	Rhombisch	$a:b:c =$ $0 \cdot 5822:1:$ $0 \cdot 9709$	.	Metallglanz
Chalilith	$38 \cdot 56\,Si\,O_2,$ $27 \cdot 71\,Al_2\,O_3,$ $12 \cdot 01\,Ca\,O,$ $6 \cdot 85\,Mg\,O,$ $14 \cdot 32\,H_2O$	.	.	.	Glasglanz bis Fettglanz
Chalkanthit	$Cu\,SO_4 \cdot 5H_2O$	Asymmetrisch	$a:b:c =$ $0 \cdot 5656:1:$ $0 \cdot 5499;$ $\alpha = 97°\,39',$ $\beta = 106°\,49',$ $\gamma = 77°\,37'$	.	Glasglanz
Chalkolith	$Cu\,(UO_2)_2$ $(PO_4)_2 \cdot 8\,H_2O$	Tetragonal	$a:c = 1:$ $2 \cdot 9382$	.	Perlmutterglanz auf 0P
Chalkomenit	$Cu\,Se\,O_3 \cdot$ $2\,H_2O$	Monosymmetrisch	$a:b:c =$ $0 \cdot 7222:1:$ $0 \cdot 2460;$ $\beta = 89°\,9'$	normal auf $\infty P\infty$	Glasglanz
Chalkophanit	(Zn, Mn) $Mn_2\,O_5 \cdot$ $2\,H_2O$	Hexagonal-rhomboedr.	$a:c = 1:$ $3 \cdot 527$	.	metallartiger Fettglanz
Chalkophyllit	$Cu_4\,(HO)_5$ $As\,O_4 \cdot$ $3\frac{1}{2}\,H_2O$	Hexagonal-rhomboedr.	$a:c = 1:$ $2 \cdot 5536$	.	Perlmutterglanz auf 0R
Chalkopyrit	$Cu_2\,S \cdot Fe_2\,S_3$	Tetragonal-sphen.-hemiedrisch	$a:c = 1:$ $0 \cdot 9856$	.	Metallglanz

Farbe.	Strich.	Härte.	Spaltbarkeit.	Spec. Gewicht.	Bemerkungen.
farblos, weiss, röthlich, gelblich, orangeroth, kastanienbraun	.	4—4·5	z. vollk. n. R	2·07—2·15	v. d. L. schwillt er an u. schmilzt zu kleinblasigem Email; von Salzsäure vollständig zersetzt unter Abscheidung von schleimigem Kieselpulver.
schwärzlichbleigrau	.	2·5—3	unvollk. n. ∞P	5·5—5·8	v. d. L. färbt er die Flamme bläulich, mit Soda giebt er ein Kupferkorn, in Salpetersäure erwärmt löslich unter Abscheidung von Schwefel.
dunkelröthlichbraun	.	4·5	.	2·252	v. d. L. wird er weiss und schmilzt mit Borax zu farblosem Glas.
berlinerblau, himmelblau	weisslichblau	2·5	sehr unvollk. n. $\infty P'$ und $\infty'P$	2·2—2·3	schmeckt widerlich, v. d. L. schwillt er an, wird weiss, in Wasser löslich.
span- bis smaragdgrün, grasgrün	apfelgrün	2—2·5	vollk. n. 0 P	3·5—3·6	färbt v. d. L. mit H Cl befeuchtet d. Flamme bläulich, in Salpetersäure löslich, Solution ist gelblichgrün.
berlinerblau	weisslichblau	.	.	3·76	.
eis.-schwarz, bräunlichschwarz	bräunlichschwarz	2·5	vollk. n. 0 R	3·907	.
span- bis smaragdgrün	hellgrün	2	vollk. n. 0 R	2·4—2·6	Doppelbrechung negativ, zerspringt im Kolben heftig, wird schwarz und giebt viel Wasser. In Säuren u. Ammoniak l. löslich.
messinggelb goldgelb, bunt angelaufen	schwarz	3·5—4	n. 2 P∞	4·1—4·3	v. d. L. zerknistert er u. färbt sich dunkler. In Salpetersäure unter Abscheidung von Schwefel löslich.

Name.	Chemische Zusammensetzung.	Krystall-System.	Krystallogr. Axen.	Opt. Axen.	Glanz.
Chalkosiderit	Cu (Fe O)$_4$ (Fe, Al)$_2$ (PO$_4$)$_4$ · 8 H$_2$O	Asymmetrisch	.	.	.
Chalkotrichit	Cu$_2$O	Regulär	.	.	Diamantglanz
Chamosit	14·3 Si O$_2$, 60·5 Fe O, 7·8 Al$_2$O$_3$, 19·4 H$_2$O	.	.	.	.
Chenevixit	As$_2$O$_5$ = 35·14, Cu O = 26·30, Ca O = 0·44, Mg O = 0·16, Fe$_2$O$_3$ = 27·37, Al$_2$O$_3$ = 0·66, H$_2$O = 9·33	Amorph	.	.	.
Chiastolith	Al (Al O) Si O$_4$	Rhombisch	a : b : c = 0·9856 : 1 : 0·7020	in $\infty \breve{P} \infty$, negative Bisectrix die Verticale	Glasglanz
Childrenit	(Fe, Mn, Ca) Al (HO)$_2$ PO$_4$ · H$_2$O	Rhombisch	a : b : c = 0·7399 : 1 : 0·4756	.	Glasglanz, fettartig
Chilisalpeter	Na NO$_3$	Hexagonal-rhomboedr.	a : c = 1 : 0·8276	.	Glasglanz
Chiolith	3 Na F · 2 Al F$_3$	Tetragonal	a : c = 1 : 1·0418	.	Glasglanz
Chladnit	Mg Si O$_3$	Rhombisch	a : b : c = 1·0308 : 1 : 0·5885	in $\infty \breve{P} \infty$, spitze Bisectrix die Verticalaxe	Perlmutterglanz

Farbe.	Strich.	Härte.	Spaltbarkeit.	Spec. Gewicht.	Bemerkungen.
hellgrün	weisslich	3·5—4	.	3·2—3·4	.
cochenillroth	bräunlichroth	3·5—4	z. vollk. n. O	5·7—6	v. d. L. auf Kohle schwarz; färbt die Flamme schwach grün und, mit H Cl befeuchtet, schön blau.
grünlichschwarz	grünlichgrau	3	.	3—3·4	v. d. L. brennt er sich roth, von Säuren wird er leicht zersetzt mit Hinterlassung von Kieselgallert.
olivengrün, grünlichgelb	grünlichgelb	3·5	.	.	.
graulich-, gelblichweiss, gelblichgrau, schmutziggelb, gelblichbraun, röthlich	graulichweiss	5—5·5	z. vollk. n. ∞P, unvollk. n. $\infty \breve{P} \infty$	2·9—3·1	v. d. L. unschmelzbar, mit Kobaltsolution geglüht wird er blau.
gelblichweiss, weinb. ockergelb, gelblichbraun	.	4·5—5	unvollk. n. P	3·25—3·28	v. d. L. färbt er die Flamme blaugrün, schwillt an, unschmelzbar, in Salzsäure nach langer Digestion lösl.
farblos, licht gefärbt	weiss	1·5—2	z. vollk. n. R	2·1—2·2	schmeckt salzig kühlend, in Wasser leicht löslich. Doppelbrechung negativ.
weiss	weiss	4	z. vollk. n. P	2·84—2·90	v. d. L. sehr leicht schmelzbar.
farblos, schneeweiss	weiss	6	deutl. n. ∞P	3·1	schmilzt sehr schwer zu einem weissen Email. Im Meteorit v. Bishopville.

Name.	Chemische Zusammensetzung.	Krystall-System.	Krystallogr. Axen.	Opt. Axen.	Glanz.
Chloanthit	(Ni, Co, Fe) As_2	Regulär-pentagonal-hemiedrisch	.	.	Metallglanz
Chlorammonium	$N H_4 Cl$	Regulär	.	.	Glasglanz
Chlorblei	$Pb Cl_2$	Rhombisch	$a:b:c =$ 0·5937 : 1 : 1·1904	.	Diamantglanz
Chlorbromsilber	$2 Ag Br + 3 Ag Cl$	Regulär	.	.	Fettglanz
Chlorcalcium	$Ca Cl_2$	Regulär	.	.	Glasglanz
Chlorit	$H_2 (Fe, Mg)_5 Si_3 O_{12} + H_6 (Al_2) O_6$	Hexagonal	$a:c =$ 1 : 1·3495	.	Perlmutterglanz bis Fettglanz
Chloritoid Chloritspath	$H_2 Fe Al_2 Si O_7$	Monosymmetrisch	.	in $\infty P\infty$, die Bisectrix weicht ca. 12° von der Normalen auf 0P ab	perlmutterglänzend
Chloromelan	$H_6 (Fe, Mg)_3 Fe_2 Si_2 O_{13}$	Hexagonal-rhomboedr.	$a:c =$ 1 : 3·4350	.	Glasglanz
Chloropal	$(Fe, Al)_2 (Si O_3)_3 \cdot 5 H_2 O$	.	.	.	.

Farbe.	Strich.	Härte.	Spaltbarkeit.	Spec. Gewicht.	Bemerkungen.
zinnweiss, grau und schwärzlich anlaufend	schwarz	5·5	undeutlich	6·4—6·8	v. d. L. auf Kohle schmilzt er leicht u. giebt starken Arsengeruch, bleibt lange glühend. Mit Salpetersäure grüne oder gelbliche Solution.
farblos	weiss	1·5—2	unvollk. n. O	1·5—1·6	schmeckt stechend salzig, im Wasser leicht löslich.
weiss	weiss	2	.	5·238	auf Kohle schmilzt es sehr leicht, färbt die Flamme blau, verflüchtigt sich dann u. giebt einen weissen Beschlag und nur wenig metallisches Blei.
gelb, grün	ebenso, glänzender	1—2	.	5·79—5·80	v. d. L. leicht schmelzbar.
farblos, weiss, gelbl.	weiss	1·5—2	.	.	.
lauchgrün, seladongrün, pistazgrün, schwärzlichgrün	seladongrün, grünlichgrau	1—1·5	s. vollk. n. OP	2·78—2·95	v. d. L. schwer schmelzbar zu schwarzem Glas; v. conc. Schwefelsäure wird er zersetzt.
schwärzlichgrün, dunkellauchgrün	grünlichweiss	6·5	s. vollk. n. OP	3·52—3·56	v. d. L. schwer schmelzbar zu einem schwärzlichen, schwach magneten Glas; in conc. Schwefelsäure vollständig zersetzbar.
rabenschwarz	dunkelgrün	2·5	vollk. n. OR	3·3—3·5	v. d. L. bläht er sich etwas auf u. schmilzt an d. Kanten zu einer schwärzlichgrauen, magnetisch. Schlacke: von Säuren wird er zerlegt unter Abscheidung von Kieselgallert.
zeisiggrün, pistazgrün	.	2·5—4·5	.	2·1—2·2	v. d. L. unschmelzbar, wird schwarz u. magnetisch, in conc. Kalilauge wird er sogleich dunkelbraun.

Name.	Chemische Zusammensetzung.	Krystall-System.	Krystallogr. Axen.	Opt. Axen.	Glanz
Chlorophäit	(Fe, Mg)$_2$ Si$_3$ O$_8$ · 12 H$_2$O	.	.	.	.
Chlorophyllit	46·31 Si O$_2$, 25·17 Al$_2$ O$_3$, 10·99 Fe$_2$ O$_3$, 10·91 Mg O, 0·58 Ca O, 6·70 H$_2$ O		.	.	fettglänzend
Chlorqueck-silber	Hg$_2$ Cl$_2$	Tetragonal	a : c = 1 : 1·7229	.	Diamant-glanz
Chlorsilber	Ag Cl	Regulär	.	.	diamant-artiger Fettglanz
Chondrodit	{ Mg$_5$ Si$_2$ O$_9$, Mg$_5$ Si$_2$ O$_9$ F$_2$ }	Monosymmetrisch	a : b : c = 2·1663 : 1 : 1·6610; $\beta = 71°2'$	Ebene d. opt. Axe bildet mit 0P einen Winkel von ca. 30°, spitze Bisectrix normal auf $\infty \bar{P} \infty$	Glasglanz
Christophit	2 Zn S · Fe S	Regulär-tetr.-hemied.	.	.	.
Chrom-diopsid	(Mg, Fe, Cr) (Al, Fe, Cr)$_2$ Si O$_6$ (Mg. Fe, Cr)CaSi·Si O$_6$	Monosymmetrisch	a : b : c = 1·0585 : 1 : 0·5942; $\beta = 89°38'$	in $\infty P \infty$, spitze Bisectrix liegt im stumpfen Winkel β und bildet mit der Verticalaxe einen Winkel von 39°	Glasglanz
Chrom-eisenerz	(Fe, Cr)(Cr, Fe)$_2$ O$_4$	Regulär	.	.	halb-metallisch, in Fettglanz geneigt

Farbe.	Strich.	Härte.	Spaltbarkeit.	Spec. Gewicht.	Bemerkungen.
pistazgrün, olivengrün, a. d. Luft bald braun und schwarz werdend	weisslich	.	.	2·02	v. d. L. schmilzt er zu einem schwarzen magnetischen Glas.
grünlichgrau, lauchgrün, schwärzlichgrün	graulichweiss	3—4	.	2·7	ist umgeänderter Cordierit.
graulichweiss, gelblichweiss, gelblichgrau	.	1—2	n. $\infty P \infty$	6·4—6·5	Doppelbrechung positiv, mit Phosphorsalz und Kupferoxyd färbt er die Flamme blau, in Kalilauge wird er schwarz.
grau, bläulich, grünlich	.	1—1·5	.	5·58—5·60	mit Kupferoxyd färbt er die Flamme schön blau; von Säuren wird er kaum angegriffen, löslich in Ammoniak.
gelblichweiss, weingelb, honiggelb, pomeranzgelb, röthlichbraun, schwarzbraun, ölgrün, spargelgrün	.	6·5	n. 0P	3·06—3·23	v. d. L. kaum schmelzbar, m. Kobaltsolution blassroth, wenn nicht zu viel Eisen zugegen, in Salzsäure löslich unter Abscheidung von Kieselgallert.
sammetschwarz	.	3·5—4	vollk. n. ∞0	3·9—4·2	v. d. L. zerknistert er heftig.
grün	.	5—6	n. ∞P	.	in Olivinfels eingewachsene Körner.
bräunlichschwarz	braun	5·5	unvollk. n. 0	4·4—4·6	v. d. L. unschmelzbar u. unveränderlich, mit Salpeter geschmolzen in Wasser gelbe Solution, w. d. Reactionen der Chromsäure zeigt.

Name.	Chemische Zusammensetzung.	Krystall-System.	Krystallogr. Axen.	Opt. Axen.	Glanz.
Chromglimmer	(K, Na) H$_2$ (Al, Cr)$_3$ (Si O$_4$)$_3$	Monosymmetrisch	.	die Ebene der opt. Axen senkrecht auf $\infty \breve{P} \infty$, spitze Bisectrix weicht wenig von der Normallinie auf 0P ab	Perlmutterglanz
Chromocker	(Al, Cr)$_2$ Si$_3$ O$_9$ · 3 H$_2$O	.	.	.	.
Chrompicotit	(Mg, Fe, Cr) (Al, Fe, Cr)$_2$ O$_4$	Regulär	.	.	Glasglanz
Chrysoberyll	Be Al$_2$ O$_4$	Rhombisch	a : b : c = 0·470 : 1 : 0·580	in $\infty \breve{P} \infty$, mit der Verticalaxe als Bisectrix einen Winkel von 14° bildend	Glasglanz
Chrysokoll	Cu Si O$_3$ · 2 H$_2$O	Amorph	.	.	.
Chrysolith	(Mg, Fe)$_2$ Si O$_4$	Rhombisch	a : b : c = 0·4657 : 1 : 0·5865	in 0P, spitze Bisectrix d. Brachydiagonale	Glasglanz
Chrysophan	H$_6$ Ca$_3$ (Mg, Fe)$_7$ Al$_{10}$ Si$_4$ O$_{36}$	Monosymmetrisch	.	Ebene der opt. Axe senkrecht zu $\infty \breve{P} \infty$	metallartiger Perlmutterglanz
Chrysotil	H$_4$ (Mg, Fe)$_3$ Si$_2$ O$_9$	.	.	.	metallartig schillernder Seidenglanz oder Fettglanz

Farbe.	Strich.	Härte.	Spaltbarkeit.	Spec. Gewicht.	Bemerkungen.
smaragdgrün bis grasgrün gelblichgrün	weisslich	2—3	vollk. n. 0P	2·75	
grasgrün, apfelgrün, zeisiggrün	.	.	.	.	.
schwarz	.	8	unvollk. n. O.	4·08	v. d. L. unveränderlich, in Säuren unlöslich.
grünlichweiss, spargelgrün, olivengrün, grünlichgrau grasgrün, smaragdgrün	weiss	8·5	unvollk. n. $\infty\breve{P}\infty$	3·65—3·8	v. d. L. unveränderlich, m. Kobaltsolution blau, Säuren ohne Wirkung.
spangrün, oft sehr bläulich, selten pistazgrün	grünlichweiss	2—3	.	2—2·3	v. d. L. im O. F. schwarz, im Red. F. roth werdend; von Salzsäure zersetzt unter Abscheidung v. Kieselsäure.
olivengrün, spargelgrün, pistazgrün, gelb, braun, roth	weiss	6·5—7	d. n. $\infty\breve{P}\infty$, unvollk. n. $\infty\breve{P}\infty$	3·2—3·5	Doppelbrechung positiv, v. d. L. unschmelzbar, durch Salzsäure wird er zersetzt, je eisenreicher desto leichter; Kieselsäure scheidet sich dabei pulverig oder gallertartig ab.
röthlichbraun, gelblichbraun, gelb	.	5—5·5	s. vollk. n. 0P	3·148	v. d. L. unschmelzbar, brennt sich weiss; in Salzsäure vollk. zersetzbar ohne Gallertbildung.
oliven-, lauch-, pistaz-, ölgrün-, gelblichweiss, grünlichweiss	weisslich	.	.	2·2—2·6	v. d. L. brennt er sich weiss und hart, mit Kobaltsolution wird er roth, von Schwefelsäure leicht zersetzt mit Hinterlassung eines faserigen Kieselskelets.

Name.	Chemische Zusammensetzung.	Krystall-System.	Krystallogr. Axen.	Opt. Axen.	Glanz.
Cimolit	$H_6 Al_4 (Si O_3)_9 \cdot 3 H_2O$	Amorph	.	.	.
Cinnabarit	Hg S	Hexagonal rhomboedr.	a : c = 1 : 1·1448	.	Diamantglanz
Clarit	$3 Cu_2 S \cdot As_2 S_5$	Monoklin	.	.	Metallglanz
Claudetit	$As_2 O_3$	Rhombisch	a : b : c = 0·3758 : 1 : 0·3500	.	Glasglanz
Clausthalith	Pb S 2	Regulär	.	.	Metallglanz
Cleveit	$(U, Pb) O \cdot + (U, Y, Fe)_2 O_3 + H_2O$	Regulär	.	.	Glasglanz
Coelestin	$Sr SO_4$	Rhombisch	a : b : c = 0·7789 : 1 : 1·2800	in $\infty \breve{P} \infty$, spitze Bisectrix die Brachyaxe	Glas bis Fettglanz
Colemannit	$Ca_3 B o_8 O_{15} + 7 H_2O$	Monosymmetrisch	a : b : c = 0·7747 : 1 : 0·5418, $\beta = 69° 47'$	Ebene d. opt. Axe senkrecht zur Symmetrieebene, bildet mit c einen Winkel v. 82° 42'	Glasglanz bis Diamantglanz
Columbit	$Fe (Nb O_3)_2$	Rhombisch	a : b : c = 0·8148 : 1 : 0·6692	.	metallartiger Diamantglanz

Farbe.	Strich.	Härte.	Spaltbarkeit.	Spec. Gewicht.	Bemerkungen.
graulich-weiss	weisslich	.	.	.	nach Fischer kein Mineral, sondern ein Gemenge, haftet stark an der Zunge.
cochenill-roth, in bleigrau u. scharlach-roth verlaufend	scharlach-roth	2—2.5	z. vollk. n. ∞R	8—8.2	Doppelbrechung positiv, in Salpetersäure vollkommen löslich, nicht in Salzsäure, Schwefelsäure und Kalilauge.
dunkel-bleigrau	schwarz	3.5	s. vollk. n. $\infty \bar{P} \infty$	4.46	decrepitirt heftig und giebt ein rothgelbes Sublimat, m. Salpetersäure eine grüne Solution.
weiss, farblos	weiss	1.5	vollk. n. $\infty \bar{P} \infty$	3.85	wie Arsenikblüthe v. d. L. und zu Reagentien.
bleigrau	grau	2.5—3	n. $\infty O \infty$	8.2—8.8	auf Kohle dampft er, giebt Selengeruch, färbt die Flamme blau, beschlägt die Kohle grau, roth, zuletzt gelb, schmilzt nicht, von warmer Salpetersäure gelöst, unter Abscheidung von Selen.
eisenschwarz	schwarz-braun	5.5	.	7.49	in Salzsäure unter Abscheidung von Chlorblei leicht löslich, unschmelzbar.
farblos, bläulich-weiss, bläulichgrau, smalteblau, indigoblau, röthlich	weiss	3—3.5	vollk. n. $\infty \bar{P} \infty$ n. $\bar{P} \infty$, unvollk. n. $0P$	3.9—4	v. d. L. zerknistert er und schmilzt leicht zu einer milchweissen Kugel, färbt die Flamme carminroth, von Säuren wenig angegriffen.
weiss	weiss	3.5—4	.	2.39	v. d. L. blättert er auf, decrepitirt u. schmilzt unvollständig; in warmer HCl vollkommen löslich; aus der kalten Lösung scheiden sich Krystalle v. Borsäure ab
bräunlich-schwarz, eisenschwrz., röthl.-braun	kirschroth, röthl.-braun, schwarz	6	deutl. n. $\infty \bar{P} \infty$, z. d. n. $\infty \bar{P} \infty$, undtl. n. $0P$	5.37—6.39	v. d. L. unveränderlich, von Säuren wird er nicht angegriffen.

Name.	Chemische Zusammensetzung.	Krystall-System.	Krystallogr. Axen.	Opt. Axen.	Glanz.
Comptonit	(Ca. Na$_2$) Al$_2$ (Si O$_4$)$_2$ · 2½ H$_2$O	Rhombisch	a : b : c = 0·9925 : 1 : 1·0095	in 0P, spitze Bisectrix die Makrodiagonale	Glasglanz, z. Th. perlmutterähnlich
Copalin	C$_{40}$ H$_{66}$ O	.	.	.	Fettglanz
Copiapit	Fe$_4$ (HO)$_2$ (SO$_4$)$_5$ + 11 H$_2$O	Rhombisch	.	in $\infty \breve{P} \infty$, spitze Bisectrix normal auf 0P	Perlmutterglanz
Coquimbit	(Fe, Al)$_2$ (SO$_4$)$_3$ + 9 H$_2$O	Hexagonal	a : c = 1 : 1·5645	.	.
Coracit	(UO$_2$ Pb)$_3$ U$_2$ O$_9$	.	.	.	Fettglanz
Cordierit	Mg$_3$ (Al, Fe)$_2$ (Al O)$_4$ (Si O$_3$)$_3$	Rhombisch	a : b : c = 0·5870 : 1 : 0·5585	in $\infty \breve{P} \infty$, spitze Bisectrix die Verticalaxe	Glasglanz bis Fettglanz
Corundophilit	24·0 Si O$_2$, 25·9 Al$_2$ O$_3$, 22·7 Mg O, 14·8 Fe O, 11·9 H$_2$O	Monosymmetrisch	.	in $\infty \breve{P} \infty$, Bisectrix bildet mit der Basis den Winkel von ca. 76°	Perlmutterglanz
Cosalit	2 Pb S · Bi$_2$ S$_3$	Asymmetrisch	.	.	Glasglanz
Couseranit	52·37 Si O$_2$, 24·02 Al$_2$ O$_3$, 11·85 Ca O, 1·4 Mg O, 5·52 Ka$_2$ O, 3·96 Na$_2$O	Tetragonal	.	.	Glasglanz bis Fettglanz

Farbe.	Strich.	Härte.	Spaltbarkeit.	Spec. Gewicht.	Bemerkungen.
weiss	weiss	5—5.5	vollk. n. $\infty \breve{P} \infty$ und $\infty \bar{P} \infty$	2.35—2.38	v. d. L. bläht er sich auf, wird undurchsichtig und schmilzt schwer zu einem weissen Email, von HCl zersetzt unter Abscheidung von Kieselgallert.
gelb	weiss	2	.	.	.
gelb	.	1.5	vollk. n. 0P	2.14	.
farblos, weiss, bläulich, licht violett, grünlich	weiss	2—2.5	unvollk. n. ∞P	2—2.1	Doppelbrechung posit., schmeckt vitriolisch, löslich in kaltem Wasser, a. d. heissen Lösung präcipitirt $Fe_2 O_3$.
schwarz	grau	4.5	.	4.378	enth. $Si O_2$ und $Fe_2 O_3$
farblos, bläulichweiss, bläulichgrau, violblau, schwärzlichblau, gelblichweiss, gelblichgrau, gelblichbraun	weiss	7—7.5	z. d. n. $\infty \breve{P} \infty$	2.59—2.66	v. d. L. schmilzt er schwierig a. d. Kanten zu Glas, von Borax langsam gelöst, von Säuren wenig angegriffen.
apfelgrün	graugrün	2	vollk. n. 0P	2.90	.
bleigrau, schwarz	schwarz	.	nach zwei Richtungen, welche sich unter 65° 51' schneiden	.	.
pechschwarz, schwärzlichblau, grau, weiss	grau	5.5	unvollk. n. ∞P u. 0P	2.69—2.76	v. d. L. schmilzt er zu weissem Email, von Säuren nicht angegriffen.

Name.	Chemische Zusammensetzung.	Krystall-System.	Krystallogr. Axen.	Opt. Axen.	Glanz.
Covellin	Cu S	Hexagonal	$a:c = 1:3 \cdot 972$	.	Fettglanz in Metallglanz geneigt
Crednerit	$2\,Mn_2\,O_3 \cdot 3\,Cu\,O$	Monosymmetrisch	.	.	Metallglanz a. d. Spaltungsfläche
Crichtonit	Fe Ti O_3	Hexagonal-rhomboedr.	$a:c = 1:1 \cdot 385$	.	halbmetallischer Glanz
Crookesit	(Cu, Tl, Ag)$_2$ Se	.	.	.	Metallglanz
Cuban	Cu S · Fe$_2$ S$_3$	Regulär	.	.	Metallglanz
Cuprein	Cu$_2$ S	Hexagonal	.	.	Metallglanz
Cuprit	Cu$_2$ O	Regulär	.	.	Diamantglanz
Cupromagnesit	(Cu, Mg) SO$_4$ · 7 H$_2$O	Monoklin	$a:b:c = 1 \cdot 1828 : 1 : 1 \cdot 5427$, $\beta = 75° 44\frac{1}{2}'$	.	.
Cuproplumbit	(Pb, Cu$_2$) S	Regulär	.	.	Metallglanz
Cuspidin	$2\,Ca\,O \cdot Si\,O_2$	Monoklin	$a:b:c = 0 \cdot 7243 : 1 : 1 \cdot 9342$, $\beta = 89° 22'$	in $\infty\breve{P}\infty$	.
Cyanit	(Al O)$_2$ Si O$_3$	Asymmetrisch	$a:b:c = 0 \cdot 8994 : 1 : 0 \cdot 7090$, $a = 90° 5\frac{1}{4}'$ $\beta = 101° 2'$, $\gamma = 105° 44\frac{1}{2}'$	d. Ebene d. opt. A. geht durch den scharfen ebenen Winkel auf $\infty\breve{P}\infty$ 30° gegen die Verticalaxe geneigt, negative Bisectrix, fast normal auf $\infty\breve{P}\infty$	Perlmutterglanz bis Glasglanz

Farbe.	Strich.	Härte.	Spaltbarkeit.	Spec. Gewicht.	Bemerkungen.
dunkelindigoblau bis schwarzblau	schwarz	1·5—2	s. vollk. nach 0P	3·8—3·85	brennt m. bl. Flamme, i. Salpetersäure löslich.
eisenschwarz	schwarz	4·5—5	vollk. n. 0P, w. vollk. n. ∞P	4·89—5·07	v. d. L. mit Borax ein dunkelviolettes, mit Phosphorsalz ein grünes Glas. Von HCl unter Chlorentwicklung zu einer grünen Flüssigkeit löslich.
eisenschwarz	schwarz	5—6	n. R u. 0R	4·75	
bleigrau	schwarz	2·5—3	.	6·90	schmilzt v. d. L. zu grünlichschwarzem Email, die Flamme intensiv grün färbend.
messinggelb bis speisgelb	schwarz	4	deutl. n. ∞0∞	4·0—4.18	v. d. L. sehr leicht schmelzbar.
schwärzlich bleigrau	schwärzlich-bleigrau	2·5—3	nach 0P	5·50—5·59	wie Chalcocit v. d. L. u. gegen Reagentien.
cochenillroth	bräunlichroth	3·5—4	z. vollk. n. 0	5·7—6	in der Zange erhitzt färbt er die Flamme grün, mit HCl befeuchtet, schön blau; in Salzsäure und Ammoniak löslich.
grün	weisslich	.	.	.	.
schwärzlich-bleigrau	.	2·5	n. ∞0∞	6·40—6.43	v. d. L. beschlägt er die Kohle mit Bleioxyd und Bleisulfat.
blass rosenroth	weiss	5—6	unvollk. n. 0P	2·853—2·860	leicht löslich in verdünnter Salzsäure, v. d. L. schwer schmelzbar.
bläulichweiss, berlinerblau, himmelblau, gelblichweiss, röthlichweiss, ziegelroth, schwzl.-grau	weisslich	5—7	z. vollk. n. ∞P̆∞, vollk. ∞P̆∞	3·48—3·68	v. d. L. unschmelzbar, Säuren ohne Wirkung.

Name.	Chemische Zusammensetzung.	Krystall-System.	Krystallogr. Axen.	Opt. Axen.	Glanz.
Cyano-chrom Cyano-chroit	K_2 Cu $(SO_4)_2$. $6 H_2O$	Monosymmetrisch	a : b : c = 0·7701 : 1 : 0·4932, $\beta = 71° 56'$	.	.
Cyklopit	Ca Al_2 Si_2 O_8	Asymmetrisch	.	.	.
Cymatolith	(Na, K, H)$_2$ Al_2 Si_4 O_{12}	.	.	.	.
Damourit	(K, Na) H_2 Al_3 (Si $O_4)_3$	.	.	.	Perlmutter-glanz
Danait	(Fe, Co) (As, S)$_2$	Rhombisch	a : b : c = 0·6942 : 1 : 1·1924	.	Metallglanz
Danalith	(Fe, Zn, Be, Mn)$_7$ $Si_3 O_{12}$ S	Regulär-tetraedrisch-hemiedrisch	.	.	Glasglanz bis Fettglanz
Danburit	Ca Be_2 (Si $O_4)_2$	Rhombisch	a : b : c = 0·5445 : 1 : 0·4808	in 0 P, spitze Bi-sectrix für roth normal zu $\infty\bar{P}\infty$, für blau normal zu $\infty\bar{P}\infty$	Glasglanz Fettglanz
Darwinit	Cu_9 As	.	.	.	Metallglanz
Datolith	Ca_2 B_2 (HO)$_2$ (Si $O_4)_2$	Monosymmetrisch	a : b : c = 0·6329 : 1 : 0·6345	in $\infty\bar{P}\infty$	Glasglanz bis Fettglanz

Farbe.	Strich.	Härte.	Spaltbarkeit.	Spec. Gewicht.	Bemerkungen.
blau	weiss	.	.	.	.
farblos	.	5·5	.	2.68	.
weiss, schwach röthlich	.	.	.	2·692—2·699	Gemenge von 1 Mol. Muskovit und 1 Mol. Albit.
gelblich-weiss, apfelgrün	.	1·5—2·5	.	2·792—2·806	v. d. L. bläht er sich auf, wird milchweiss und schmilzt unter starkem Leuchten zu weissem Email. Kochende Schwefelsäure zersetzt ihn mit Hinterlassung d. Kieselsäure in d. schuppigen Form des Minerals.
silberweiss	schwarz	.	.	.	bildet den Uebergang von Arsenkies zu Glaukodot.
fleischroth bis grau	weisslich	5—5·6	.	3·427	v. d. L. in den Kanten leicht schmelzbar zu schwarzem Email. Von Säuren leicht zersetzbar unter Entwicklung von Schwefelwasserstoff und Abscheidung von Kieselsäure, auf Kohle Zinkbeschlag gebend.
blassweingelb, honiggelb, gelbl.-braun	weiss	7—7·5	s. vollk. n. 0P	2·986—3·021	v. d. L. leuchtend u. unter grüner Färbung der Flamme leicht schmelzend.
röthlichweiss, braun u. schwarz anlaufend	grau	3·5	.	8·47	.
farblos, grünlich-, gelblich-, graulich-, röthl.-weiss	weiss	5—5·5	unvollk. n. ∞P∞ u. ∞P	2·9—3	v. d. L. zu durchsichtigem Glas schmelzbar, durch Säuren unter Gallertbildung zersetzbar.

Name.	Chemische Zusammensetzung.	Krystall-System.	Krystallogr. Axen.	Opt. Axen.	Glanz.
Daubreit	72·60 $Bi_2 O_3$, 22·52 Chlorwismuth, 0·72 $Fe_2 O_3$, 3·84 $H_2 O$	.	.	.	Perlmutterglanz
Daubreélith	$Fe\,S \cdot Cr_2 S_3$	.	.	.	Metallglanz
Davreuxit	$H_4\,(Mn, Mg)\,Al_6\,Si_6\,O_L$	.	.	.	.
Davyn	$(Ca, Na_2, Ka_2)_9\,(Al\,O_{12}\,Cl_4\,(SO)_4\,(Si\,O_3)_{12}$	Hexagonal	$a:c =$ 1 : 0·4183	.	fettglänzend
Dechenit	$Pb\,V_2\,O_6$	Rhombisch	$a:b:c =$ 0·8354 : 1 : 0·6538	.	fettglänzend
Delessit	$H_{10}\,(Mg.Fe)_4\,(Al, Fe)_4\,Si_4\,O_{23}$	.	.	.	.
Demant	C	Regulärtetr.-hemied.	.	.	Diamantglanz
Demantoid	$Ca_3\,Fe_2\,Si_3\,O_{12}$	Regulär	.	.	Glasglanz
Demidowit	31·55 $Si\,O_2$. 5·73 $P_2\,O_5$, 33·14 $Cu\,O$, 20·47 $H_2\,O$	.	.	.	.
Dermatin	.	.	.	.	fettglänzend

Farbe.	Strich.	Härte.	Spaltbarkeit.	Spec. Gewicht.	Bemerkungen.
.	.	2—2·5	.	6·4	v. d. L. leicht schmelzbar, in H Cl löslich.
schwarz	.	.	.	.	löslich in Salpetersäure.
weiss	.	.	.	.	mit Soda Reaction auf Mn, mit Kobaltsolution blau.
wasserhell, graulichweiss	weiss	5·5—6	vollk. n. $\infty P\,2$	2·429	.
roth, röthlichgelb, nelkenbraun	gelblich bis pomeranzgelb	3·5	.	5·81—5·83	v. d. L. auf Kohle leicht zu gelber Perle schmelzend, die sich zu Blei reducirt. In verdünnter Salpetersäure leicht löslich, auch in Salzsäure unter Bildung von Chlorblei. Solution grün, färbt sich mit Wasser bräunlich.
olivengrün, schwärzlichgrün	licht graulichgrün	2—2·5	.	2·89	von Säuren sehr leicht zersetzt mit Hinterlassung von Si O_2, v. d. L. sehr schwer an d. Kanten schmelzbar.
farblos, weiss, grau, braun, grün, gelb, roth, schwarz	weiss	10	vollk. n. O	3·5—3·6	sehr starke Lichtbrechung (n = 2·42).
grün	weisslich	6·5—7·5	unvollk. n. ∞O	.	Granatvarietät.
himmelblau	.	2·5	.	.	Gemenge von Cu-Silicat mit — Phosphat.
lauchgrün, olivengrün, schwärzlichgrün, leberbraun	gelblichweiss	.	.	2·1—2·2	v. d. L. zerberstet er und wird schwarz.

Name.	Chemische Zusammensetzung.	Krystall-System.	Krystallogr. Axen.	Opt. Axen.	Glanz.
Descloizit	(Pb, Zn)$_2$ (HO) VO$_4$	Monosymmetrisch	a : b : c = 1·6046 : 1 : 1·2960, $\beta = 89°26'$	.	Diamantglanz
Desmin	(Ca, Na$_2$, K$_2$) Al$_2$ Si$_6$ O$_{16}$ + 6 H$_2$O	Monosymmetrisch	a : b : c = 0·7624 : 1 : 1·1939, $\beta = 50°49'$	in $\infty P\infty$, Bisectrix mit der Klinoaxe einen Winkel von ca. 4½—5° bildend	auf $\infty P\infty$ Perlmutterglanz, sonst Glasglanz
Deweylit	Mg$_4$ Si O$_{10}$ + 6 H$_2$O	.	.	.	Fettglanz
Diadelphit	(Al, Fe, Mn)$_2$ O$_6$ · (As O)$_2$ + 8 H$_2$O$_2$Mn	Hexagonal rhomboedr.	a : c = 1 : 0·8885	.	Glasglanz b. Fettglanz, auf OR Metallglanz
Diadochit	Fe$_8$ (HO)$_6$ (SO$_4$)$_3$ (PO$_4$)$_4$ + 24 H$_2$O	.	.	.	Glasglanz bis Fettglanz
Diallag	Ca (Fe, Mg) Si$_2$ O$_6$	Monosymmetrisch	a : b : c = 1·0585 : 1 : 0·5942, $\beta = 89°38'$	in $\infty P\infty$, spitze Bisectrix im stumpfen Winkel β bildet mit der Verticalaxe e. Winkel von 39°	Seidenglanz
Dialogit	Mn CO$_3$	Hexagonal-rhomboedr.	a : c = 1 : 0·8183	.	Glasglanz, Perlmutterglanz
Diamantspath	Al$_2$ O$_3$	Hexagonal-rhomboedr.	a : c = 1 : 1·363	.	Glasglanz
Diaphorit	5(Pb, Ag$_2$) S · 2 Sb$_2$ S$_3$	Rhombisch	a : b : c = 0·4919 : 1 : 0·7344	.	Metallglanz

Farbe.	Strich.	Härte.	Spaltbarkeit.	Spec. Gewicht.	Bemerkungen.
olivengrün bis schwarz	.	3·5	.	5·84—6·1	mit wenig Salpetersäure erwärmt, nimmt das Pulver die hochrothe Farbe der Vanadinsäure an, welche in mehr Säure sich löst, Lösung blassgelb.
farblos, weiss, roth, gelb, braun	weiss	3·5—4	vollk. n. $\infty P \infty$, unvollk. n. 0P	2·1—2·2	v. d. L. bläht er sich stark auf, schmilzt schwierig zu blasigem Glas. Von concentr. Salzsäure vollkommen zersetzt mit Hinterlassung von schleimiger SiO_2.
pomeranzgelb, honiggelb, weingelb, gelbl.-weiss	weiss	2—3	.	1·936—2·216	v. d. L. giebt er Wasser, wird dunkelbraun, mit Kobaltsolution rosenroth.
braunroth	hell chocoladenbraun	3·5	vollk. n. 0R	3·30—3·40	v. d. L. unschmelzbar, leicht löslich in Säuren.
braun, gelb	.	2·5—3	.	1·9—2	v. d. L. bläht er sich auf und zerfällt fast zu Pulver.
braun, grau, schmutziggrün, tombackbraun, schwärzlichgrün	grau	4	.	3·23—3·34	v. d. L. schmilzt er zu einem graulichen oder grünlichen Email.
rosenroth, himbeerroth	weiss	3·5—4·5	vollk. n. R	3·3—3·6	v. d. L. zerknistert er, wird grünlichgrau bis schwarz. Von Salzsäure in Wärme rasch u. mit Brausen löslich, bei gewöhnl. Temperatur langsam.
grau, gelb, braun etc.	weiss	9	n. R und 0R	3·9—4	mit Kobaltsolution erhitzt schön blau.
stahlgrau, schwärzlichbleigrau	schwarz	.	.	5·9—6·04	.

Name.	Chemische Zusammensetzung.	Krystall-System.	Krystallogr. Axen.	Opt. Axen.	Glanz
Diaspor	$H_2 Al_2 O_4$	Rhombisch	$a:b:c =$ 0.4686 : 1 : 0.3019	in $\infty \breve{P} \infty$, spitze Bisectrix die Brachydiagonale	Perlmutterglanz
Dickinsonit	$(5\,Mn, 2\tfrac{1}{2}\,Fe, 3\,Ca, 1\tfrac{1}{2}\,Na)_3$ $P_2 O_8 \cdot \tfrac{3}{4} H_2 O$	Monosymmetrisch	$a:b:c =$ 1.7322 : 1 : 1.2000. $\beta = 61°\,30'$	.	Glasglanz, auf 0P perlmutterartig
Dietrichit	(Zn, Fe, Mn) $Al_2 (SO_4)_4$ $+ 22\,H_2 O$	Regulär	.	.	.
Dihydrit	$Cu_5 (HO)_4$ $(PO_4)_2$	Asymmetrisch	$a:b:c =$ 2.8252 : 1 : 1.5339, $\alpha = 89°\,29'$, $\beta = 91°\,0'$, $\gamma = 90°\,39'$	.	.
Diopsid	$(Ca, Mg) Si O_3$	Monosymmetrisch	$a:b:c =$ 1.0903 : 1 : 0.5893, $\beta = 74°\,11'$	in $\infty \breve{P} \infty$, spitze Bisectrix im stumpfen Winkel β mit d. Verticalaxe einen Winkel von 39° bildend.	Glasglanz
Dioptas	$Cu_2 Si O_5$	Hexagonal rhomboedr.	$a:c = 1:$ 0.5281	.	Glasglanz
Diphanit	$H_2 (Ca. Ee, Mn) Al_4 Si_2 O_{12}$	Hexagonal ?	.	.	Perlmutterglanz bis Glasglanz
Dipyr	$56.22\ Si\ O_2$, $23.05\ Al_2 O_3$, $9.44\ Ca\ O$, $7.68\ Na_2 O$, $0.90\ K_2 O \cdot$ $2.41\ H_2 O$	Tetragonal	.	.	.
Dopplerit	$C_{10} H_{12} O_5$	.	.	.	Glasglanz, fettartig
Dreelit	$61.7\ Ba\ SO_4$, $14.3\ Ca\ SO_4$, $8\ Ca\ CO_3$, $9\ Si\ O_2$	Hexagonal rhomboedr. nach Dufrénoy	.	.	Perlmutterglanz

— 69 —

Farbe.	Strich.	Härte.	Spaltbarkeit.	Spec. Gewicht.	Bemerkungen.
farblos, gelblichweiss, grünlichweiss, violblau	weiss.	6	s. vollk. n. $\infty\bar{P}\infty$	3·3—3·46	unschmelzbar, mit Kobaltsolution geglüht wird er schön blau.
grün, ölgrün, grasgrün, olivengrün	graulich, fettweiss	3·5—4	vollk. n. 0P	3·338—3·343	.
schmutzigweiss, gelbl.-braun, grün	.	2	.	.	.
smaragdgrün, lauchgrün	spangrün	.	.	4·4	.
graul.-weiss, perlgrau, grünl.-weiss, grünlichgrau lauchgrün	weiss	5—6	n. ∞P	2·88—3·5	v. d. L. schmelzend zu grauem Glas
smaragdgrün, spangrün, schwärzlichgrün	weiss	5	vollk. n. R.	3·27—3·35	v. d. L. im Ox. F. schwarz, im Red. F. roth, in Salz- u. Salpetersäure unt. Absch. v. Kieselgallert lösl.
bläulichweiss	weiss	5—5·5	sehr vollk. n. 0P	3·04—3·07	in der Zange wird er opak, schwillt an, blättert auf und schmilzt zu Email.
weiss, röthlich	weiss	6	deutl. nach $\infty\bar{P}\infty$	2·62—2·68	v. d. L. undurchsichtig und schmilzt zu weissem, blasigem Glas.
bräunlichschwarz	dunkelholzbraun	0·5	.	1·089	zerfällt a. d. L. in kleine stark glänzende Stücke.
weiss	weiss	3—4	unvollk. n. R	3·2—3·4	v. d. L. schmilzt er zu weissem, blasigem Glas, mit Salzsäure braust er etwas, ohne sich vollständig zu lösen, keine bes. Spec., ein Mineralgemenge.

Name.	Chemische Zusammensetzung.	Krystall-System.	Krystallogr. Axen.	Opt. Axen.	Glanz.
Dufrenit	$Fe_2(HO)_3$ PO_4	Rhombisch	$a:b:c =$ $0.8734:1:$ 0.426	.	.
Dufrenoysit	$Pb_2 As_2 S_5$	Rhombisch	$a:b:c =$ $0.938:1:$ 1.531	.	Metallglanz
Dumortierit	$4 Al_2 O_3 \cdot$ $3 Si O_2$	Rhombisch	.	.	.
Duporthit	$H(Mg, Fe)_2$ $Al_3 Si_4 O_{15}$	.	.	.	.
Durangit	$Na \cdot Al F \cdot$ $As O_4$	Monosymmetrisch	$a:b:c =$ $0.7715:1:$ $0.8223,$ $\beta = 64° 47'$	Ebene d. opt. Axen senkrecht zu $\infty P\infty$, spitze Bisectrix negativ	Glasglanz
Dysanalyt	$Na_2(Ca, Fe)_8$ $Ce Nb_3 Ti_{10}$ O_{38}	Regulär	.	.	.
Dysluit	(Zn, Mn) $(Al, Fe)_2 O_4$	Regulär	.	.	.
Edingtonit	$Ba Al (Al O)$ $(Si O_3)_3 \cdot$ $3 H_2O$	Tetragonal sphen. hemiedr.	$a:c = 1:$ 0.6747	.	Glasglanz
Edwardsit	(Ce, La, Di) PO_4	Monosymmetrisch	$a:b:c =$ $0.9742:1:$ $0.9227,$ $\beta = 76° 14'$	in $\infty P\infty$, spitze Bisectrix in $\infty P\infty$	Fettglanz
Egeran	$Ca_8 (HO)_2$ $(Al O)_4$ $(Si O_4)_2$ $(Si O_3)_5$	Tetragonal	$a:c = 1:$ 0.5372	.	Glasglanz bis Fettglanz,

Farbe.	Strich.	Härte.	Spaltbarkeit.	Spec. Gewicht.	Bemerkungen.
lauchgrün, pistazgrün, schwärzlichgrün	zeisiggrün	3·5—4	.	3·3—3·4	v. d. L. schmilzt er sehr leicht zu einer porösen, schwarzen, magnetischen Kugel, sehr leicht in HCl löslich.
schwärzlichbleigrau	röthlichbraun	3	vollk. n. 0P	5·549—5·569	v. d. L. im Kolben schmilzt er und giebt Sublimat von Schwefel und Schwefelarsen.
blau, oft fast schwarz	bläulichweiss	.	.	3·36	löslich in Säuren.
grünlichgrau bräunlichgrau	weisslich	2	.	2·78	asbestähnlich.
röthlichgelb	.	5	z. vollk. n. ∞P	3·95	v. d. L. leicht zu gelbem Glas schmelzend.
eisenschwarz	.	.	n. ∞O∞	4·13	Aufschliessbar durch Schmelzen mit zweifach schwefelsaurem Kali.
dunkelbraun	grau	.	.	.	Spinellvarietät.
graulichweiss, lichtroth	weiss	4—4·5	vollk. n. ∞P	2·71	im Kolben giebt er Wasser, wird weiss und undurchsichtig, v. d. L. schmilzt er zu farblosem Glas. In HCl löslich mit Abscheidung von Kieselgallert.
röthlichbraun, hyacinthroth fleischroth	grauweiss	5—5·5	vollk. n. 0P, n. ∞P∞	4·9—5·25	v. d. L. schwer schmelzbar, mit H_2SO_4 befeuchtet die Flamme grün färbend, in HCl löslich bis auf einen weissen Rückstand.
gelbe, grüne, braune, schwarze Farben, himmelbau, spangrün	weiss	6·5	unvollk. n. ∞P∞ u. ∞P	3·34—3·44	Doppelbrechung negativ, v. d. L. schmilzt er leicht unter Schäumen zu einem gelblichgrünen oder bräunlichem Glas.

Name.	Chemische Zusammensetzung.	Krystall-System.	Krystallogr. Axen.	Opt. Axen.	Glanz.
Eggonit	Cadmium-silicat	Asymmetrisch	$a:b:c =$ $1{\cdot}3360:1:$ $0{\cdot}7989,$ $\alpha = 90°\,23'$ $\beta = 90°\,0'$ $\gamma = 91°\,0'$	.	unvollk. Diamantglanz
Ehlit	$Cu_5\,(HO)_4$ $(PO_4)_2 \cdot H_2O$	.	.	.	Perlmutterglanz
Eisen	Fe	Regulär	.	.	Metallglanz
Eisenalaun	$Fe\,Al_2\,(SO_4)_2$ $+ 22\,H_2O$	Regulär pentag. hemiedrisch	.	.	Seidenglanz
Eisenapatit	$(Fe,\,Mn)_2$ $F \cdot PO_4$	Monosymmetrisch	.	.	Fettglanz
Eisenglanz	$Fe_2\,O_3$	Hexagonal-rhomboedr.	$a:c =$ $1:1{\cdot}359$	.	Metallglanz
Eisenkies	$Fe\,S_2$	Regulär pentag. hemiedrisch	.	.	Metallglanz
Eisenmulm	$(Fe,\,Mn)_3\,O_4$	.	.	.	.
Eisennickelkies	$(Fe,\,Ni)\,S$	Regulär	.	.	Metallglanz
Eisenoxyd, schwefelsaures strahliges	$H_4\,Fe_2\,S_3\,O_{11}$ $+ 8\,H_2O$	.	.	.	.
Eisenplatin	$Fe\,Pt_2$	Regulär	.	.	Metallglanz
Eisenspath	$Fe\,CO_3$	Hexagonal-rhomboedr.	$a:c =$ $1:0{\cdot}8171$	.	Glasglanz bis Perlmutterglanz

Farbe.	Strich.	Härte.	Spaltbarkeit.	Spec. Gewicht.	Bemerkungen.
lichtgrau-braun	weiss	4—5	.	.	v. d. L. unschmelzbar, wird grau und undurchsichtig.
spangrün, smaragdgrün	licht spangrün	1·5—2	.	3·8—4·27	v. d. L. decrepitirt er sehr heftig.
stahlgrau u. eisenschwarz	.	4·5	.	7—7·8	.
gelbl.-weiss, apfelgrün	weiss	2—2·5	.	1·7—1·9	schmeckt tintenartig, in Wasser löslich.
braun	gelbl. weiss	4·5—5	z. vollk. n. 0P, deutl. n. $\infty P \infty$, unvollk. n. ∞P	3·90—4·03	v. d. L. zerknistert er und schmilzt unter Aufwallen zu einer blauschwarzen magnetischen Kugel.
eisenschwarz bis dunkelstahlgrau	kirschroth, bräunlichroth, röthl.-braun	5·5—6·5	n. R. u. 0R, selten deutl.	5·19—5·28	v. d. L. im Red. F. schwarz und magnetisch, von Säuren langsam zersetzt.
speisgelb, goldgelb, braun u. bunt anlaufend	bräunlichschwarz	6—6·5	unvollk. n. $\infty 0 \infty$	4·9—5·2	Salpetersäure löst ihn unter Abscheidung von Schwefel.
schwarz	schwarz	.	.	4·41—4·42	schwach magnetisch.
tombackbraun	dunkler	3·5—4	n. 0	4·6	das Pulver giebt mit Borax im Red. F. ein schwarzes undurchsichtiges Glas.
gelblich-weiss, schmutziggelbgrün	weisslich	.	.	1·84	von Wasser theilweise gelöst.
dunkelstahlgrau	.	6	.	14—15	bisweilen polarmagnetisch.
gelblichgrau, erbsengelb, gelblichbraun	weisslich	3·5—4·5	vollk. n. R.	3·7—3·9	v. d. L. unschmelzbar, wird schwarz und magnetisch, in Säuren mit Brausen löslich.

— 74 —

Name.	Chemische Zusammensetzung.	Krystall-System.	Krystallogr. Axen.	Opt. Axen.	Glanz.
Eisensteinmark	41·7 Si O_2, 22·8 $Al_2 O_3$, 13·0 $Fe_2 O_3$, 3·0 Ca O, 2·5 Mg O, 1·7 $Mn_2 O$, 14·2 $H_2 O$	Amorph	.	.	.
Eisenvitriol	$FeSO_4 \cdot 7H_2O$	Monosymmetrisch	a : b : c = 1·1828 : 1 : 1·5427; $\beta = 75°\,44\frac{1}{2}'$	in $\infty P\infty$, spitze Bisectrix bidet m. der gleichsinnig geneigten Klinoaxe einen Winkel von 14° 45'.	Glasglanz
Eisenzinkspath	(Zn, Fe, Mn, Ca, Mg) CO_3	Hexagonal-rhomboedr.	a : c = 1 : 0·817	.	Fettglanz
Ekdemit	$Pb_7 O_4 Cl_4$ $(As O_2)_2$	Tetragonal	.	.	Fettglanz, Glasglanz
Eläolith	$(Na, K)_8$ Al $(Al O)_7$ $(Si O_3)_9$	Hexagonal	a : c = 1 : 0·8390	.	Glasglanz bis Fettglanz
Elaterit	$C_n H_{2n}$	.	.	.	Fettglanz
Elektrum	Au mit Ag	Regulär	.	.	Metallglanz
Eleonorit	$Fe_3 (HO)_3$ $(PO_4)_2 \cdot$ $2\frac{1}{2} H_2 O$	Monosymmetrisch	a : b : c = 2·755 : 1 : 4·0157; $\beta = 48°\,33'$	.	Glasglanz
Eliasit	$\begin{Bmatrix} H_2 UO_4 \cdot \\ H_2 O \\ Pb U_2 O_7 \cdot \\ 6 H_2 O \end{Bmatrix}$	.	.	.	.

Farbe.	Strich.	Härte.	Spaltbarkeit.	Spec. Gewicht.	Bemerkungen.
lavendelblau, perlgrau, pfauenblau, oft röthlichweiss geadert u. gefleckt	weisslich	2·5—3	.	2·5	fühlt sich mager an. Gemenge von Eisenoxyd und Manganoxyd mit zersetztem Feldspath.
lauchgrün, berggrün	weisslich	2	vollk. n. 0P, deutl. n. ∞P	1·8—1·9	schmeckt süsslich herbe, in Wasser leicht löslich.
grün, gelb	weiss	4	vollk. n. R	.	v. d. L. schwarz werdend, giebt auf Kohle Zinkbeschlag. Mit Borax Eisenreaction.
hellgelb, grünlich	weiss	2·5—3	z. vollk. n. 0P	7·14	schmilzt leicht zu einer gelben Masse unter Entwicklung v. Chlorblei, leicht löslich in Salpeter- und warmer Salzsäure.
grünlichgrau, berggrün, lauchgrün, gelblichgrau, röthlichgrau, fleischroth	weiss	5·5—6	unvollk. n. 0P und ∞P	2·58—2·64	v. d. L. schmilzt er ziemlich leicht zu blasigem Glas. Von Salzsäure zersetzt unter Abscheidung von Kieselgallert.
schwärzlichbraun, röthl.-braun, gelblichbraun	.	0·5	.	0·8—1·23	riecht stark bituminös.
speisgelb	speisgelb	2·5—3	.	14·1—14·6	15·00—62·2 pCt. Silber.
rothbraun, dunkelhyacinthroth	gelb	3—4	vollk. nach ∞P∞	.	v. d. L. leicht zu schwarzer metallischglänzender Kugel schmelzend, leicht löslich in HCl
dunkelröthlichbraun	gelb	3·5	.	4·068—4·237	mit Beimengungen von Kalk, Magnesia. Eisenoxyd, Kieselsäure, Phosphorsäure, Kohlensäure.

Name.	Chemische Zusammensetzung.	Krystall-System.	Krystallogr. Axen.	Opt. Axen.	Glanz.
Embrithit	$10\,Pb\,S + 3\,Sb_2\,S_3$	.	.	.	Metallglanz, schwach
Emerald-Nickel	$Ni_3\,CO_5 \cdot 6\,H_2O$	.	.	.	.
Emerylith	$H_2\,Ca\,Al_4\,Si_2\,O_{12}$	Monosymmetrisch	.	in einer Ebene senkrecht auf $\infty \breve{P} \infty$	Perlmutterglanz
Empholit	$(Mg, Ca, Fe)\,O \cdot Si\,O_2 + 2\,(2\,Al_2\,O_3 \cdot 4\,Si\,O_2) + 8\,H_2O$	Rhombisch	.	in $\infty \breve{P} \infty$, spitze Bisectrix parallel der Verticalaxe	Fettglanz
Emplektit	$Cu_2\,S \cdot Bi_2\,S_3$	Rhombisch	$a:b:c =$ $0{\cdot}5385:1:$ $0{\cdot}6204$	.	Metallglanz
Enargit	$Cu_3\,As\,S_4$	Rhombisch	$a:b:c =$ $0{\cdot}8711:1:$ $0{\cdot}8248$	.	Metallglanz
Enstatit	$(Mg, Fe)\,Si\,O_3$	Rhombisch	$a:b:c =$ $1{\cdot}0308:1:$ $0{\cdot}5885$	in $\infty \breve{P} \infty$, spitze Bisectrix die Verticale.	Perlmutterglanz
Eosphorit	$(Mn, Fe) \cdot Al\,(HO)_2\,PO_4 \cdot H_2O$	Rhombisch	$a:b:c =$ $0{\cdot}7768:1:$ $0{\cdot}5150$	in $\infty \breve{P} \infty$, spitze Bisectrix die Makrodiagonale	Glasglanz
Epiboulangerit	$3\,Pb\,S \cdot Sb_2\,S_5$	.	.	.	Metallglanz
Epichlorit	$H_7\,(Mg, Fe)_4\,(Al, Fe)_2\,Si_4\,O_{18}$	.	.	.	Fettglanz

— 77 —

Farbe.	Strich.	Härte.	Spaltbarkeit.	Spec. Gewicht.	Bemerkungen.
bleigrau	.	2·5	.	6·29—6·32	v. d. L. schmilzt er leicht, giebt Antimondämpfe, schwefelige Säure u. Bleibeschlag auf Kohle.
smaragdgrün	.	3	.	2·57—2·69	v. d. L. wird er schwarz, in Säuren m. Brausen löslich zu grüner Solution.
schneeweiss, graul.-weiss, perlgrau, röthlich-weiss	weisslich	3·5—4·5	vollk. n. 0P	2·99—3·10	v. d. L. schmilzt er oft unter Leuchten u. Aufschäumen mehr oder weniger leicht an den Kanten an.
weiss, gelblich	grauweiss	6	vollk. n. $\infty \breve{P} \infty$	.	.
zinnweiss, oft gelb anlaufend	.	2	vollk. n. $\infty \breve{P} \infty$, deutl. n. 0P	6·23—6·38	giebt mit heisser Salpetersäure eine dunkelgrüne Solution.
eisenschwarz	schwarz	3	vollk. n. ∞P, deutl. n. $\infty \breve{P} \infty$ und $\infty \breve{P} \infty$, undeutl. n. 0P	4·36—4·47	v. d. L. auf Kohle sehr leicht zu einer Kugel schmelzend. Aetzkali zieht aus d. Pulver Schwefelarsen.
farblos, graulichweiss, gelblich, grünlich, braun	grau	5·5	deutl. n. ∞P, unvollk. n. $\infty \breve{P} \infty$	3·10—3·29	v. d. L. fast unschmelzbar, Säuren ohne Wirkung.
farblos, blassroth	weiss	5	vollk. n. $\infty \breve{P} \infty$	3·134	v. d. L. färbt er die Flamme blassgrün u. schmilzt schwer zu einer schwarzen magnetischen Masse.
bleigrau	.	.	.	6·309	.
dunkellauchgrün	graulichweiss	2·5	.	2·76	v. d. L. schmilzt er sehr schwer in dünnen Splittern; von Salzsäure nur sehr unvollkommen zersetzt.

Name.	Chemische Zusammensetzung.	Krystall-System.	Krystallogr. Axen.	Opt. Axen.	Glanz.
Epidot	$Ca_3 Al_3$ $(HO)(SiO_4)_3$	Monosymmetrisch	$a:b:c =$ $1.5807:1:$ $1.8057,$ $\beta = 64°\,36'$	in $\infty P \infty$, spitze Bisectrix mit der Verticalaxe einen Winkel von circa 2° 30' bildend.	Glasglanz, auf d. Spaltungsflächen diamantartig
Epigenit	$4Cu_2 S \cdot 3FeS$ $\cdot As_2 S_5$	Rhombisch	.	.	Metallglanz, schwach
Epistilbit	$H_4 Ca Al_2$ $(SiO_3)_6 \cdot$ $3 H_2 O$	Monosymmetrisch	$a:b:c =$ $0.4125:1:$ $0.2900,$ $\beta =$ ca. 90°	in $\infty P \infty$	Glasglanz, auf d. Spaltungsfläche Perlmutterglanz
Erdwachs	$C_n H_{2n}$	.	.	.	Fettglanz
Erinit	$Cu_5 (HO)_4$ $(As O_4)_2$	.	.	.	.
Erythrin	$Co_3 (As O_4)_2 \cdot$ $8 H_2 O$	Monosymmetrisch	$a:b:c =$ $0.75:1:$ $0.70;$ $\beta =$ ca. 75°	.	Perlmutterglanz auf d. Spaltungsflächen
Ettringit	$Ca_6 Al_2$ $(HO)_{12}(SO_4)_3$ $+ 24 H_2 O$	Hexagonal	.	.	Seidenglanz
Euchroit	$Cu_2 (HO)$ $As O_4 \cdot 3 H_2 O$	Rhombisch	$a:b:c =$ $0.6088:1:$ 1.0379	in $\infty \bar{P} \infty$, spitze Bisectrix die Verticalaxe	Glasglanz
Eudialyt	$Na_2 (Ca, Fe)_2$ $(Si, Zr)_6 O_{15}$	Hexagonal-rhomboedr.	$a:c = 1:$ 2.1116	.	Glasglanz

Farbe.	Strich.	Härte.	Spaltbarkeit.	Spec. Gewicht.	Bemerkungen.
grün, gelb, grau, roth, schwarz	grünlich-weiss	6—7	s. vollk. n. 0P, vollk. n. $\infty P\infty$	3·32—3·50	mehr oder weniger leicht in Salzsäure löslich mit Abscheidung v. Kieselgallert, nachdem er geglüht oder geschmolzen, roh nur wenig angegriffen.
stahlgrau	schwarz	3·5	.	.	.
farblos, weiss, bläulich	weiss	3·5—4	s. vollk. n. $\infty P\infty$	2·24—2·36	v. d. L. unter Aufschwellen zu blasigem Email schmelzend, welches mit Kobalt-Solution blau wird.
gelblich-braun, hyacinthroth	.	1	.	0·94—0·97	schmilzt sehr leicht zu klarer öliger Flüssigkeit, welche beim Abkühlen erstarrt; verbrennt mit heller Flamme ohne Rückstände, leicht löslich in Terpentin.
smaragdgrün	apfelgrün	4·5—5	.	4—4·1	.
kermesinroth, pfirsichblüthroth	blassroth	2·5	s. vollk. n. $\infty P\infty$	2·9—3	in Säuren leicht löslich zu rother Solution. Conc. HCl giebt jedoch eine blaue Solution.
weiss, farblos	weiss	.	.	1·750	v. d. L. bläht er sich auf, ohne zu schmelzen; löslich in Salzsäure und z. Th. in Wasser.
smaragdgrün, lauchgrün	spangrün	3·5—4	unvollk. n. ∞P u. $\breve{P}\infty$	3·3—3·4	v. d. L. schmilzt er u. erstarrt zu einer grünbraunen Masse, auf Kohle schmilzt er mit Arsengeruch, giebt weisses Arsenkupfer u. zuletzt ein Kupferkorn; in Salpetersäure leicht löslich.
dunkelpfirsichblüthroth, bräunlichroth	röthlich-weiss	5—5·5	deutl. n. 0R	2·84—2·95	Doppelbrechung positiv; v. d. L. schmilzt er ziemlich leicht zu graugrünem Email. Von HCl vollständig zersetzt unter Bildung von Kieselgallert.

Name.	Chemische Zusammensetzung.	Krystall-System.	Krystallogr. Axen.	Opt. Axen.	Glanz.
Eudnophit	Na Al (Si O$_3$)$_2$ · H$_2$O	Rhombisch	.	.	Glasglanz
Eugenglanz	9 (Ag. Cu)$_2$ S + (Sb, As)$_2$ S$_3$	Rhombisch	a : b : c = 0·577 : 1 : 0·408	.	Metallglanz
Euklas	Be$_2$ Al$_2$ (HO)$_2$(Si O$_4$)$_2$	Monosymmetrisch	a : b : c = 0·6303 : 1 : 0·6318; $\beta = 88° 18'$	in $\infty \mathrm{P} \infty$, spitze Bisectrix gegen d. Verticale 49° geneigt	Glasglanz
Eukrasit	Si O$_2$ = 16·20, Ti O$_2$ = 1·27, Sn O$_2$ = 1·15, Zr O$_2$ = 0·60, Mn O$_2$ = 2·34, ThO$_2$ = 35·96, Ce O$_2$ = 5·48, Ce$_2$O$_3$ = 16·13 La$_2$ (Di$_2$) O$_3$ = 2·42, Y$_2$ O$_3$ = 4·33, Er$_2$ O$_3$ = 1·62, Fe$_2$O$_3$ = 4·25, Al$_2$O$_3$ = 1·77, Ca O = 4·00, Mg O = 0·95, K$_2$ O = 0·11, Na$_2$ O = 2·48, H$_2$ O = 9·15	Rhombisch	.	.	Fettglanz
Eulytin	Bi$_4$ (Si O$_4$)$_3$	Regulär-tetragonal-hemiedrisch	.	.	Diamantglanz
Euxenit	$\begin{cases}(Y_2 Er_2 \\ Ce_2)_4 \\ (Nb O_4)_6 \\ (Ti O_5)_3 \end{cases}$ $\begin{cases}(Fe \cdot UO)_4 \\ (Nb O_4)_6 \\ (Ti O_5)_3 \end{cases}$	Rhombisch	a : b : c = 0·364 : 1 : 0·303	.	metallartiger Fettglanz
Fahlerz	$\begin{cases} 4(Cu_2, \\ Fe, Zn)S \\ + As_2 S_3 \end{cases}$ $\begin{cases} 4(Cu_2 \\ Ag_2, Fe \\ Zn) S + \\ Sb_2 S_3 \end{cases}$	Regulär-tetraedrisch-hemiedrisch	.	.	Metallglanz

Farbe.	Strich.	Härte.	Spaltbarkeit.	Spec. Gewicht.	Bemerkungen.
weiss	weiss	5—6	vollk. n. 0P	2·27	.
eisenschwarz	schwarz	2—2·5	unvollk. n. 0P	6—6·25	v. d. L. zerknistert er etwas und schmilzt s. leicht, auf Kohle giebt er Antimonbeschlag.
licht berggrün, gelb, blau, weiss	weiss	7·5	s. vollk. n. $\infty P\infty$	3·089—3·103	v. d. L. in Kobaltsolution geglüht blau werdend.
schwarzbraun	braun	4·5—5	.	4·39	v. d. L. an d. Kanten schmelzbar, in H Cl theilweise löslich unter Chlorentwicklung, in $H_2 SO_4$ vollständig löslich.
nelkenbraun gelblichbraun, gelblichgrau weingelb, graul.-weiss	weisslich	4·5—5	.	6·106	v. d. L. schmilzt er unter Aufwallen zu einer braunen Perle; in H Cl löslich unter Abscheidung von Kieselsäure.
bräunlichschwarz	röthlichbraun	6·5	.	4·6—4·99	im Kolben giebt er Wasser, wird gelbbraun, muss durch Schmelzen mit saurem schwefelsaurem Kali aufgeschlossen werden.
stahlgrau bis eisenschwarz	schwarz	3—4	s. unvollk. n. 0	4·36—5·36	.

Name.	Chemische Zusammensetzung.	Krystall-System.	Krystallogr. Axen.	Opt. Axen.	Glanz.
Fairfieldit	$(Ca, Mn, Fe)_3$ $(PO_4)_2 +$ $2 H_2O$	Asymmetrisch	$a:b:c =$ $0.2797:1:$ $0.1976;$ $\alpha = 102°\ 9'$ $\beta = 94°\ 33'$ $\gamma = 77°\ 20'$	.	diamantartiger Perlmutterglanz
Famatinit	$3\ Cu_2S \cdot Sb_2$ S_5	Rhombisch	$a:b:c =$ $0.871:1:$ 0.823	.	Metallglanz
Fassait	$\begin{Bmatrix}(Mg, Fe)\\ Ca\ Si\\ Si\ O_6\\ (Mg, Fe)\\ (Al, Fe)_2\\ Si\ O_6\end{Bmatrix}$	Monosymmetrisch	$a:b:c =$ $1.0585:1:$ $0.5942;$ $\beta = 89°\ 38'$	in $\infty P\infty$, spitze Bisectrix bildet mit der Verticalaxe einen Winkel von $39°$	Glasglanz
Faujasit	$H_4 Na_2 Ca Al_4$ $(Si\ O_3)_{10} +$ $18\ H_2O$	Regulär		.	Glasglanz, Diamantglanz
Fauserit	$(Mn, Mg)\ SO_4$ $+ 7\ H_2O$	Rhombisch	.	.	.
Fayalit	$Fe_2\ Si\ O_4$	Rhombisch	$a:b:c =$ $0.4623:1:$ 0.5813	.	Fettglanz, z. Th. Metallglanz
Federalaun	$Fe Al_2\ (SO_4)_4$ $+ 22\ H_2O$	Regulär	.	.	Seidenglanz
Federerz	$2Pb S \cdot Sb_2 S_3$	Rhombisch	$a:b:c =$ $0.915:1:?$	.	Metallglanz

Farbe.	Strich.	Härte.	Spaltbarkeit.	Spec. Gewicht.	Bemerkungen.
weiss, blassstrohgelb	weiss	3·5	.	3·15	.
zwischen kupferroth und grau	schwarz	3·5	.	4·57	decrepitirt unter Abscheidung v. Schwefel.
lauchgrün, pistazgrün, schwärzlichgrün	grauweiss	5—6	n. ∞P	3·00	
weiss bis braun	weiss	5—6	vollk. n. 0	1·923	v. d. L. bläht er sich auf und schmilzt zu weissem Email, von Salzsäure wird er zersetzt.
röthlichweiss, gelblichweiss, wasserhell	weiss	2—2·5	n. $\infty \breve{P} \infty$	1·888	löslich im Wasser.
grünlichschwarz, pechschwarz tombackbraun und messinggelb angelaufen	dunkelbraun	6·5	nach zwei Richtungen, die sich unter 90° schneiden	4—4·14	v. d. L. schmilzt er leicht und ruhig zu einer metallisch glänzenden Kugel, gelatinirt mit HCl vor und nach dem Glühen.
apfelgrün, gelblichweiss, röthlichgelb	weiss	.	.	.	schmeckt tintenartig, löslich im Wasser.
schwärzlich bleigrau bis stahlgrau	schwarz	1—3	.	5·68—5·72	v. d. L. zerknistert er, giebt Antimondämpfe und Bleibeschlag und hinterlässt eine Schlacke, welche Eisenreaction giebt, in Salzsäure schwer, in Salpetersäure leicht löslich.

Name.	Chemische Zusammensetzung.	Krystall-System.	Krystallogr. Axen.	Opt. Axen.	Glanz.
Feldspath (gemeiner u. glasiger)	(K, Na) Al Si_3 O_8	Monosymmetrisch	a : b : c = 0·6585–0·6358 : 1 : 0·5554–0·5468; $\beta = 116°3'$-116° 22'	Ebene d. opt. Axen normal auf $\infty\bar{P}\infty$, mit d. Basis gleich geneigt u. mit dieser einen Winkel von 5° bildend, mit der Verticalaxe von 69°, spitze Bisectrix in $\infty\bar{P}\infty$, gegen die Klinoaxe 5° geneigt	Glasglanz, auf d. Spaltungsflächen Perlmutterglanz
Felsöbanyit	Al_4 $(HO)_{10}$ $SO_4 + 5 H_2O$	Rhombisch	a : b : c = 0·675 : 1 : ?	.	.
Ferberit	Fe W O_4	Monosymmetrisch	a : b : c = 0·8229 : 1 : 0·8463	.	Glasglanz
Fergusonit	Y (Nb, Ta) O_4	Tetragonal, pyr.-hemiedrisch	a : c = 1 : 1·464	.	fettartiger, halbmetallischer Glanz
Ferrotitanit	Ca_9 (Fe O)$_4$ [(Si,Ti) $O_3]_{11}$	Regulär	.	.	Glasglanz
Feuerblende	3 Ag_2 S · Sb_2 S_5 wahrscheinl.	Rhombisch	.	.	perlmutterartiger Diamantglanz
Fibroferrit	Fe_6 (HO)$_8$ $(SO_4)_5 +$ 23 H_2O	Rhombisch	.	.	Perlmutterglanz
Fichtelit	C_5 H_8	.	.	.	Perlmutterglanz
Fillowit	(Mn, Ca, Fe, $Na_2)_3$ $(PO_4)_2$ $+ \frac{3}{4} H_2O$	Monosymmetrisch	a : b : c = 1·7303 : 1 : 1·4190; $\beta = 89° 51'$	.	Fettglanz

Farbe.	Strich.	Härte.	Spaltbarkeit.	Spec. Gewicht.	Bemerkungen.
röthlich, gelb, braun, grau, weiss, farblos	weiss	6	vollk. n. 0P und ∞P	2·53—2·58	v. d. L. schmilzt er schwierig zu trübem Glas. Von Säuren wird er kaum angegriffen.
weiss	weiss	1·5	n. 0 P	2·33	v. d. L. mit Kobaltsolution blau, mit Soda geschmolzen in HCl vollkommen löslich.
schwarz	schwärzlichbraun bis schwarz	4—4·5	monoton	6·74—6·80	.
dunkelschwärzlichbraun bis pechschwarz	hellbraun	5·5—6	in Spuren n. P	5·6—5·9	.
pechschwarz	schwärzlichgrau	7—7·5	.	3·78—3·86	v. d. L. schmilzt er zu einer schwarzen nicht magnetischen Schlacke, mit Borax im Red. F. ein grünes, im Ox. F. ein gelbes Glas gebend.
pomeranzgelb, hyacinthroth röthlichbraun	gelb	2	vollkommen monoton	4·2—4·3	.
schmutziggelb	gelbgrau	.	.	.	löst sich in heissem Wasser theilweise, schwillt in HCl auf, färbt sich dunkelgelblich-roth und löst sich zuletzt fast vollständig.
weiss	weiss	.	.	.	geschmacklos und geruchlos, in Aether sehr leicht löslich.
wachsgelb	.	4·5	.	3·43	

Name.	Chemische Zusammensetzung.	Krystall-System.	Krystallogr. Axen.	Opt. Axen.	Glanz.
Fischerit	$Al_2(HO)_3$ PO_4 $+ 2\frac{1}{2} H_2O$	Rhombisch	$a:b:c =$ $0.5937:1:?$	.	Glasglanz
Fluocerit	$Ce F_3 \cdot$ $2 Ce F_4$	Hexagonal	.	.	Fettglanz schwach
Fluorit und Flussspath	$Ca F_2$	Regulär	.	.	Glasglanz
Foresit	(Ca, Na_2) $Al_4 Si_6 O_{19}$ $+ 6 H_2O$	Rhombisch	.	.	Perlmutterglanz
Forsterit	$Mg_2 Si O_4$	Rhombisch	$a:b:c =$ $0.466:1:$ 0.587	.	Glasglanz
Fowlerit	$(Mn, Fe.$ $Ca, Zn, Mg)$ $Si O_3$	Asymmetrisch	.	.	Glasglanz
Franklandit	$Na_2 Ca H_2$ $(BO_2)_6$ $+ 6 H_2O$	.	.	.	.
Franklinit	$(Fe. Mn.$ $Zn) Fe_2 O_4$	Regulär	.	.	unvollk. Metallglanz
Freieslebenit	$5 (Pb. Ag_2)$ $S \cdot 2 Sb_2 S_5$	Monosymmetrisch	$a:b:c =$ $0.5872:1:$ $0.9278,$ $\beta = 87°46'$	.	Metallglanz
Frenzelit	$Bi_2 (Se S)_3$	Rhombisch	.	.	Metallglanz

Farbe.	Strich.	Härte.	Spaltbarkeit.	Spec. Gewicht.	Bemerkungen.
grasgrün, olivengrün, spangrün	.	5	.	2·46	giebt im Kolben Wasser und wird weiss, von Säuren nur wenig angegriffen.
blassziegelroth, gelblich	gelblichweiss	4	.	4·7	giebt im Kolben stark geglüht Flusssäure und wird weiss.
farblos, weiss, gelb, grün, blau, violblau, weingelb, honiggelb, lauchgrün, smaragdgrün	weiss	4	vollk. n. O	3·1—3·2	v. d. L. zerknistert er und phosphorescirt, von conc. H_2SO_4 unter Entwicklung von Flusssäure vollständig zersetzt, von Salzsäure und Salpetersäure schwer angelöst.
weiss	weiss	.	n. $\infty \overset{.}{P} \infty$	2·403—2·407	v. d. L. bläht er sich auf und schmilzt.
farblos	weiss	7	n. $\infty \overset{.}{P} \infty$	3·243	.
röthlichbraun, röthlichgelb, schmutzig rosenroth	weisslich	4·5	n. zwei unter $87\frac{1}{2}°$ sich schneidenden Richtungen	3·3—3·63	.
weiss	weiss	1	.	.	leicht löslich in verdünnter HCl.
eisenschwarz	braun	6—6·5	unvollk. n. O	5·0—5·1	v. d. L. unschmelzbar, leuchtet stark und sprüht Funken, wenn er in der Zange erhitzt wird.
stahlgrau bis schwärzlich bleigrau	.	2—2·5	n.∞P und 0P	6·19—6·38	v. d. L. auf Kohle giebt er schnell schmelzend schwefelige Säure, Antimon und Bleibeschlag und hinterlässt ein Silberkorn.
bleigrau	grau	2·5—3·5	n. $\infty \overset{.}{P} \infty$	6·25	v. d. L. auf Kohle Selengeruch, schmilzt und färbt die Flamme blau.

— 88 —

Name.	Chemische Zusammensetzung.	Krystall-System.	Krystallogr. Axen.	Opt. Axen.	Glanz.
Freyalith	$SiO_2 = 20.02$ $CeO = 28.80$ $La_2 (Di_2)$ $O_3 = 2.47$ $Al_2O_3 = 28.39$ $Th (Zr) O_2$ $= 6.31$, $Fe_2O_3 = 2.47$, $Mn_3O_4 = 1.78$ $K_2 (Na_2) O$ $= 2.33$, $H_2O = 7.40$	.	.	.	harz-glänzend
Friedelit	$H_4 Mn_4$ $(SiO_4)_3$	Hexagonal rhomboedr.	$a:c = 1:$ 0.5624	.	.
Frieseit	$Ag_2 Fe_5 S_8$	Rhombisch	$a:b:c =$ $0.5969:1:$ 0.7352	.	Metallglanz
Fritzscheit	$Mn U_2 P_2$ $O_{12} + 8 H_2O$	Rhombisch	.	.	.
Fuchsit	$(K, Na) H_2$ $(Al, Cr)_3$ $(SiO_4)_3$	Monosymmetrisch	.	.	.
Gadolinit	$Be_2 (YO)_2 Fe$ $(SiO_4)_2$	Monosymmetrisch	$a:b:c =$ $0.6249:1:$ 0.6592, $\beta = 89°28'$	in $\infty P\infty$	Glasglanz oft fettartig
Galaktit	$\begin{Bmatrix} Na_2 Al \cdot \\ Al O \cdot \\ (SiO_3)_3 \cdot \\ 2 H_2O \cdot \\ Ca Al \cdot Al \\ (OH)_2 \cdot \\ (SiO_3)_3 \cdot \\ 2 H_2O \end{Bmatrix}$	Rhombisch	$a:b:c =$ $0.983:1:?$	.	.
Galeno-bismutit	$Pb Bi_2 S_4$	.	.	.	Metallglanz
Ganomalith	$(Pb, Mn, Ca, Mg) SiO_3$	.	.	.	Fettglanz

Farbe.	Strich.	Härte.	Spaltbarkeit.	Spec. Gewicht.	Bemerkungen.
braun	gelblichbraun	6·5—7	.	4·06—4·17	v. d. L. bläht er sich auf, wird weiss und unschmelzbar, in HCl leicht löslich unter Abscheidung von Kieselgallert.
rosenroth	röthlichweiss	4·5	vollk. n. OR	3·07	leicht schmelzbar zu schwarzem Glas, leicht löslich in HCl unter Abscheidung von Kieselgallert.
tombackbraun	schwarz	1·5	n. OP	4·217	.
röthlichbraun	.	.	n. OP	.	.
smaragdgrün grasgrün, gelblichgrün	weisslich	.	.	2·75	.
pechschwarz rabenschwarz	grünlichgrau	6·5—7	.	4—4·3	in HCl vollk. löslich unter Abscheidung von Kieselgallert.
weiss	weiss	4·5—5	.	2·21	.
zinnweis	grau	3—4	.	6·88	in Salpetersäure leicht löslich, auf Kohle Blei und gelben Beschlag liefernd.
farblos, weisslich	weiss	4	.	4·98	v. d. L. leicht klares Glas liefernd.

Name.	Chemische Zusammensetzung.	Krystall-System.	Krystallogr. Axen.	Opt. Axen.	Glanz.
Garnierit	H_2 (Ni, Mg) $Si\,O_4 \cdot \frac{1}{2} H_2O$	.	.	.	.
Gastaldit	$\begin{Bmatrix} Na_2,\ Al_2 \\ Si_4\,O_{12} \\ (Mg,\ \dot{F}e)_3 \\ Ca\ Si_4\,O_{12} \end{Bmatrix}$	Monosymmetrisch	a : b : c = 0·5318 : 1 : 0·2936, $\beta = 75°\ 2'$	.	Glasglanz
Gaylussit	$Na_2\,CO_3 \cdot$ $Ca\,CO_3 \cdot$ $5\,H_2O$	Monosymmetrisch	a : b : c = 1·4895 : 1 : 1·4440, $\beta = 78°\ 27'$	.	.
Gedrit	4 (Mg, Fe) $Si\,O_3 \cdot Al_2\,O_3$	Rhombisch	a : b : c = 0·521 : 1 : ?	in $\infty \breve{P} \infty$, spitze Bisectrix die Brachyaxe	Perlmutterglanz Glasglanz
Gehlenit	(Ca, Mg, Fe)$_3$ (Al O)$_2$ (Si O$_4$)$_2$	Tetragonal	a : c = 1 : 0·400	.	Fettglanz
Geierit	Fe (As, S)$_2$	Rhombisch	a : b : c = 0·6851 : 1 : 1·1859	.	Metallglanz
Gelbbleierz	Pb Mo O$_4$	Tetragonal	a : c = 1 : 1·574	.	Fettglanz, Diamantglanz
Gelbeisenerz	(K, Na$_2$) Fe$_8$ (SO$_4$)$_{13}$·9 H$_2$O	.	.	.	.
Gelbeisenstein	H$_4$ Fe$_2$ O$_5$	.	.	.	.
Gelberde	33·23 Si O$_2$ 14·21 Al$_2$ O$_3$ 37·76 Fe$_2$ O$_3$, 1·38 Mg O 13·24 H$_2$O	.	.	.	.

Farbe.	Strich.	Härte.	Spaltbarkeit.	Spec. Gewicht.	Bemerkungen.
graue und grüne Farben	grau	.	.	.	wohl e. wasserhaltiges Magnesiasilicat mit veränderlichen Mengen von Nickeloxydul.
schwarzblau bis azurblau	grau	.	n. ∞P	3·04	.
farblos	weiss	2·5	unvollk. n. ∞P	1·9—1·95	v. d. L. schmilzt er schnell zu einer klaren Perle und färbt die Flamme röthlich gelb, in Wasser langsam theilweise löslich.
nelkenbraun gelblichgrau	grauweiss	.	n. ∞P	.	.
berg-, lauch-, olivengrün, leberbraun	grauweiss	5·5—6	z. vollk. n. 0P, n. ∞P∞ in Spuren	2·98—3·1	v. d. L. in sehr dünnen Splittern sehr schwer schmelzbar, von HCl vor und nach dem Glühen unter Gelatiniren löslich.
silberweiss, gelb anlaufend	schwarz	5·5—6	z. deutl. n. ∞P	6·246—6·321	.
farblos, gelblichgrau, wachsgelb, honiggelb, pomer.-gelb, morgenroth	gelbweiss	3	z. vollk. n. P	6·3—6·9	v. d. L. zerknistert es heftig, auf Kohle schmilzt es, zieht ein und hinterlässt Blei, in Säuren löslich.
ockergelb	gelb	2·5—3	.	2·7—2·9	im Kolben wird er roth, erst Wasser und dann schwefelige Säure gebend, in Salzsäure schwer löslich.
goldiggelbbraun, braunroth	gelb	5—5·5	.	3·5	.
ockergelb	ockergelb	1—2	.	2·2	Gemenge von Brauneisenerz und Thon, fühlt sich fettig an, klebt an der Zunge, brennt sich roth, im Red. F. schwarz; in HCl zum Theil löslich.

Name.	Chemische Zusammensetzung.	Krystall-System.	Krystallogr. Axen.	Opt. Axen.	Glanz.
Gerhardtit	$4\,CuO \cdot N_2O_5$ $+ 3\,H_2O$	Rhombisch	$a:b:c =$ $0{\cdot}92175 : 1 :$ $0{\cdot}15620$	.	Glasglanz
Gibbsit	$Al\,(HO)_3$	Monosymmetrisch	$a:b:c =$ $1{\cdot}73 : 1 : ?$ $\beta = 92°\,28^l$	.	Glasglanz
Gilbertit	$SiO_2 = 45{\cdot}15$ $Al_2O_3 = 40{\cdot}11$ $Fe_2O_3 = 2{\cdot}43$ $MgO = 1{\cdot}90$ $CaO = 4{\cdot}17$ $H_2O = 4{\cdot}25$	.	.	.	Seidenglanz
Gismondin	$CaAl_2Si_2$ $O_8 \cdot 4\,H_2O$	Tetragonal	.	.	Glasglanz
Glagerit	$Al_4\,(SiO_4)_3$ $+ 6\,H_2O$	.	.	.	Fettglanz
Glanzkobalt	$(Co, Fe)\,AsS$	Reg. pent. hem.	.	.	Metallglanz
Glaskopf, schwarzer	$(Ba, Ca, Mg,$ $Cu, Co)$ $O \cdot 4\,MnO_2$	.	.	.	.
Glaubersalz	$Na_2SO_4 \cdot$ $10\,H_2O$	Monosymmetrisch	$a:b:c =$ $1{\cdot}1161 : 1 :$ $1{\cdot}2382 ;$ $\beta = 72°\,15^l$	.	Glasglanz

Farbe	Strich.	Härte.	Spaltbarkeit.	Spec. Gewicht.	Bemerkungen.
dunkelgrün	hellgrün	2	.	3·426	v. d. L. färbt er die Flamme grün, leicht löslich in verd. Säuren.
farblos grünlichweiss, lichtgrün, röthlichweiss, bläulichweiss	weiss	2·5—3	.	2·34	v. d. L. wird er meist undurchsichtig, blättert auf u. leuchtet stark ohne zu schmelzen, mit Kobaltsolution blau. in Säuren schwer löslich.
weisslich	weisslich	2·75	.	2·65	.
graulichweiss, lichtröthlichgrau	weiss	5	unvollk. n. P	2·265	v. d. L. bläht er sich auf, schmilzt unter Leuchten zu weissem Email, in H Cl löslich mit Hinterlassung von Kieselgallert.
schneeweiss, bläulichweiss	schneeweiss	1—2·5	.	2·355	klebt stark an der Zunge.
röthlichsilberweiss	graulichschwarz	5·5	vollk. n. $\infty O \infty$	6—6·1	v. d. L. auf Kohle starker Arsengeruch, schmilzt zu einer grauen, schwach magnetischen Kugel; in Salpetersäure löslich unter Abscheidung von Schwefel und arseniger Säure, Solution roth.
eisenschwarz, bläulichschwarz	bräunlichschwarz	5·5—6	.	4·13—4·33	v. d. L. zerknistert er die Flamme grün oder roth färbend, in H Cl ziemlich leicht löslich unter starker Chlorentwicklung, conc. Schwefelsäure wird vom Pulver roth.
farblos	weiss	1·5—2	s. vollk. n. $\infty P \infty$	1·4—1·5	Geschmack kühlend, salzig bitter. färbt die Flamme röthlichgelb, in H_2O löslich.

Name.	Chemische Zusammensetzung.	Krystall-System.	Krystallogr. Axen.	Opt. Axen.	Glanz.
Glaukodot	(Fe, Co) (As, S)	Rhombisch	$a:b:c =$ $0{\cdot}6942:1:1{\cdot}1924$	.	Metallglanz
Glaukolith	$Ca_6\ Al_8$ $(Si\ O_4)_9$	Tetragonal	$a:c = 1:0{\cdot}4398$	.	Glasglanz bis Fettglanz
Glaukophan	$\begin{Bmatrix} Na_2\ Al_2 \\ Si_4\ O_{12} \cdot \\ (Mg, \\ Fe)_3\ Ca \\ Si_4\ O_{12} \end{Bmatrix}$	Monosymmetrisch	$a:b:c =$ $0{\cdot}5318:1:0{\cdot}2936;$ $\beta = 75°\,2'$	in $\infty P\infty$, spitze Bisectrix bildet mit der Verticalaxe einen Winkel von ca. 6—7°	Glasglanz, perlmutterartig
Glaukopyrit	(Fe, Co) (As, Sb, S)$_2$	Rhombisch	$a:b:c =$ $0{\cdot}658:1:1{\cdot}284$	.	Metallglanz
Glinkit	(Fe, Mg)$_2$ Si O$_4$	Rhombisch	$a:b:c =$ $0{\cdot}4657:1:0{\cdot}5865$	in 0P, spitze Bisectrix d. Brachydiagonale	Glasglanz
Glockerit	(Fe$_2$)$_2$ SO$_9 \cdot$ $+ 6\,H_2O$	.	.	.	Glasglanz
Glottatith	37·01 Si O$_2$, 16·31 Al$_2$O$_3$, 0·50 Fe$_2$O$_3$, 23·93 Ca O, 21·25 H$_2$O	Regulär	.	.	Glasglanz
Gmelinit	(Na$_2$, Ca) Al$_2$ Si$_4$ O$_{12} \cdot$ 6 H$_2$O	Hexagonal-rhomboedr.	$a:c =$ $1:0{\cdot}7254$	.	Glasglanz
Goethit	H$_2$ (Fe$_2$) O$_4$	Rhombisch	$a:b:c =$ $0{\cdot}9182:1:0{\cdot}6061$	.	Diamantglanz, Seidenglanz
Gold	Au (Ag)	Regulär	.	.	Metallglanz

Farbe.	Strich.	Härte.	Spaltbarkeit.	Spec. Gewicht.	Bemerkungen.
dunkelzinnweiss	schwärzlichgrau	5·5	deutl. n. 0P	5·915—6·18	auf Kohle starken Arsengeruch, mit Salpetersäure rothe Solution.
lichtindigoblau	grauweiss	5—6	z. vollk. n. $\infty P \infty$	2·65—2·67	v. d. L. entfärbt er sich u. schmilzt leicht unter Aufschäumen, eine Skapolithvarietät.
graulich, indigoblau, lavendelblau schwärzlichblau	bläulichgrau	6—6·5	deutl. n. ∞P	3·1	v. d. L. zu graulichweissem oder grünlichem Glas schmelzend, von Säuren sehr unvollst. zersetzbar.
licht bleigrau, an der Luft anlauf.	schwärzlich	5—5·5	z. vollk. n. 0P	7·1—7·4	in Salpetersäure löslich unter Abscheidung von Schwefel.
braungrün	.	6·5	z. deutl. n. $\infty \overset{..}{P} \infty$	3·4—3·5	Doppelbrechung positiv. In H Cl löslich, indem d. Kieselsäure gallertartig abgeschieden wird.
schwärzlichbraun, pechschwarz gelblichbraun, dunkelgrün	gelblichbraun bis ockergelb	2	.	2	v. d. L. wird er roth, indem schwefelige Säure entweicht, in conc. Schwefelsäure löslich.
farblos, weiss	weiss	3—4	.	2·18	v. d. L. schmilzt er unter Aufblähen zu weissem Email.
gelblichweiss, röthlichweiss, fleischroth	weiss	4·5	deutl. n. ∞P	2—2·1	v. d. L. schwillt er an und schmilzt zu kleinblasigem Email. Von H Cl zersetzt unter Abscheidung von Kieselgallert.
gelblichbraun, röthlichbraun, schwärzlichbraun	gelblichbraun	5—5·5	s. vollk. n. $\infty \overset{..}{P} \infty$	3·8—4·2	v. d. L. sehr schwer schmelzbar, in H Cl leicht vollkommen löslich.
goldgelb bis messinggelb u. speisgelb	goldgelb	2·5—3	.	15·6—19·4	v. d. L. leicht schmelzbar.

Name.	Chemische Zusammensetzung.	Krystall-System.	Krystallogr. Axen.	Opt. Axen.	Glanz.
Goldamalgam	$Au_2 Hg_3$	Regulär	.	.	Metallglanz
Goslarit	$Zn\, SO_4 \cdot 7\, H_2O$	Rhombisch	$a:b:c =$ $0.9804 : 1 : 0.5631$	in OP, spitze Bisectrix die Makrodiagonale	Glasglanz
Gramenit	$(Fe, Al)_2$ $(Si\, O_3)_3$ $+ 5\, H_2O$	.	.	.	.
Grammatit	$Mg_3\, Ca\, Si_4\, O_{12}$	Monosymmetrisch	$a:b:c =$ $0.532 : 1 : ?$ $\beta =$ ca. $75°$	in $\infty P \infty$	Perlmutterglanz, Seidenglanz
Granat					
Kalkthongranat	$Ca_3\, Al_2$ $(Si\, O_4)_3$				
Chromgranat	$Ca_3\, Cr_2$ $(Si\, O_4)_3$				
Kalkeisengranat	$Ca_3\, Fe_2$ $(Si\, O_4)_3$				
Eisenthongranat	$Fe_3\, Al_2$ $(Si\, O_4)_3$				
Kalkthoneis.granat (Grossular)	$Ca_3\, (Al, Fe)_2$ $(Si\, O_4)_3$	Regulär-holoedr.	.	.	Glasglanz, Fettglanz
Kalkeisenthongranat (Hessonit, Kaneelstein)	$(Ca, Fe)_3\, Al_2$ $(Si\, O_4)_3$				
Magnesiaeisenthongranat (Pyrop)	$(Mg, Fe, Ca)_3$ $Al_2\, (Si\, O_4)_3$				
Eisenthoneis.granat (Almandin)	$(Fe, Ca, Mg)_3$ $(Al, Fe)_2$ $(Si\, O_4)_3$				
Mangangranat (Spessartin)	$(Fe, Mn)_3$ $(Al, Fe)_2$ $(Si\, O_4)_3$				
Graphit	C	Monosymmetrisch	$a:b:c =$ $0.5806 : 1 :$ $0.5730,$ $\beta = 71° 16'$	.	Metallglanz
Grausilber	$Ag\, CO_3$	.	.	.	.

Farbe.	Strich.	Härte.	Spaltbarkeit.	Spec. Gewicht.	Bemerkungen.
weiss	weiss	.	.	15·47	.
farblos, graulichweiss	weiss	2—2·5	vollk. n. $\infty \breve{P} \infty$	2—2·1	schmeckt widerlich zusammenziehend, sehr leicht löslich im Wasser.
grasgrün	.	1	.	.	von Salzsäure zersetzt unter Abscheidung v. Kieselgallert.
weiss, grau, hellgrün	grauweiss	5—6	vollk. n. ∞P	2·93—3	.
weiss, grün, gelb, roth, braun, schwarz	.	6·5—7·5	unvollk. n. ∞O	3·4—4·3	v. d. L. schmelzen sie ziemlich leicht. Von HCl roh nur wenig, nach vorhergehender Schmelzung leicht u. vollständig zersetzt unter Abscheidung v. Kieselgallert.
eisenschwarz	eisenschwarz	0·5	vollk. n. 0P	1·9—2·3	v. d. L. verbrennt er sehr schwierig, abfärbend.
aschgrau, graulichschwarz	.	.	.	.	pulverförmig, v. d. L. leicht zu Silber reducirbar, in Salpetersäure m. Brausen lösl.

Name.	Chemische Zusammensetzung.	Krystall-System.	Krystallogr. Axen.	Opt. Axen.	Glanz.
Greenockit	Cd S	Hexagonal	a : c = 1 : 0·8125	.	fettartiger Diamantglanz
Greenovit	$(Ca, Fe, Mn)_2$ Ca Ti $[(Si, Ti) O_3]_5$	Monosymmetrisch	a : b : c = 0·4272 : 1 : 0·6575, $\beta = 85° 22'$	in $\infty P\infty$, spitze Bisectrix normal auf $\frac{1}{2} P\infty$	Glasglanz
Groddeckit	$(Mg, Na_2)_2$ $(Al_2, Fe_2)_2$ $Si_9 O_{26} +$ $13 H_2 O$	Hexagonal-rhomboedr.	a : c = 1 : 0·72518	.	Glasglanz
Groppit	$45 Si O_2 \cdot$ $22·5 Al_2 O_3$ $3 Fe_2 O_3 \cdot$ $12·3 Mg O$ $4·5 Ca O \cdot$ $5·5 KO 7 H_2 O$	.	.	.	.
Grüneisenerz	$Fe_2 (HO)_3$ PO_4	Rhombisch	a : b : c = 0·8734 : 1 : 0·426	.	.
Grünerde	$51 Si O_2,$ $7 Al_2 O_3,$ $21 Fe O,$ $6 Mg O,$ $6 K_2 O,$ $2 Na_2 O,$ $7 H_2 O$	.	.	.	.
Grunerit	Fe Si O_3	Monosymmetrisch	.	in $\infty P\infty$	Seidenglanz
Gümbelit	$50·52 Si O_2,$ $31·04 Al_2 O_3,$ $3·0 Fe_2 O_3,$ $1·88 Mg O,$ $3·18 K_2 O,$ $7·0 H_2 O$	.	.	.	Seidenglanz
Guejarit	$Cu_2 Sb_4 S_7$	Rhombisch	a : b : c = 0·8220 : 1 : 0·7841	.	Metallglanz

Farbe.	Strich.	Härte.	Spaltbarkeit.	Spec. Gewicht.	Bemerkungen.
honiggelb, pomeranzgelb	gelb	3—3·5	n. 0P und ∞P	4·8—4·9	Doppelbrechung positiv. Im Kolben zerknistert er und wird vorübergehend carminroth; v. d. L. m. Soda auf Kohle rothbrauner Beschlag; in Salzsäure löslich unter Entwicklung von Schwefelwasserstoff.
fleischroth, rosenroth	.	5—5·5	.	3·4—3·6	.
farblos	weiss	3—4	.	.	.
rosenroth, braunroth	.	2·5	deutlich n. einer Richtung	2·73	v. d. L. wird er weiss, schmilzt nur an den scharfen Kanten, in heisser Salzsäure schwer zersetzbar.
schmutzigu. dunkellauchgrün, pistazgrün, schwärzlichgrün	zeisiggrün	3·5—4	.	3·3—3·4	v. d. L. schmilzt er sehr leicht zu einer porösen Kugel, die Flamme bläulichgrün färbend, in H Cl leicht löslich.
seladongrün	seladongrün	1—2	.	2·8—2·9	v. d. L. schwarzes magnetisches Glas, in H Cl wird sie erst gelb, dann farblos und zersetzt sich endlich mit Hinterlassung von Kieselpulver.
braun	graubraun	.	.	3·713	.
grünlichweiss	grünlichweiss	1	.	2·8	
stahlgrau		3·5	z. vollk. n. ∞P∞	5.03	v. d. L. im Red. F. reichlich weisse Dämpfe u. mit Soda e. Kupferkorn gebend.

— 100 —

Name.	Chemische Zusammensetzung.	Krystall-System.	Krystallogr. Axen.	Opt. Axen.	Glanz.
Gummierz **Gummit**	$H_2 UO_4 \cdot H_2 O$ $Pb\, U_2\, O_2 +$ $6\, H_2 O$ $Ca\, U_2\, O_2 +$ $6\, H_2 O$	.	.	.	Fettglanz
Gunnisonit	$Ca = 45.91$, $F = 31.96$, $Si\, O_2 = 6.02$, $Al_2\, O_3 = 5.21$, $CO_2 = 5.61$, $Na_2 O = 0.74$	Amorph	.	.	.
Gurhofian	(Mg, Ca) CO_3	Hexagonal-rhomboedr.	$a : c = 1 :$ 0.8322	.	.
Gyps	$Ca\, SO_4 \cdot$ $2\, H_2 O$	Monosymmetrisch	$a : b : c =$ $0.6891 : 1 :$ 0.4156, $\beta = 81°\, 5'$	in $\infty P \infty$, mit der Verticalaxe bildet d. eine opt. A. einen Winkel von 83°. die andere einen Winkel von 22°	Glasglanz, Perlmutterglanz auf d. vollkommensten Spaltungsfläche, Seidenglanz auf d. pyramidalen Spaltungsfläche
Haarkies	$Ni\, S$	Hexagonal rhomboedr.	$a : c = 1 :$ 0.9886	.	Metallglanz
Haarsalz	$Al_2\, (SO_4)_3 \cdot$ $18\, H_2 O$	.	.	.	Seidenglanz
Haemafibrit	$Mn_3\, O_6$ $(As\, O_2) +$ $3\, Mn\, O +$ $5\, H_2 O$	Rhombisch	$a : b : c =$ $0.5261 : 1 :$ 1.1502	in $\infty \bar{P} \infty$, posit. Bisectrix die Verticale	Glasglanz bis Fettglanz
Haidingerit	$H\, Ca\, As\, O_4$ $+ H_2 O$	Rhombisch	$a : b : c =$ $0.8391 : 1 :$ 0.4986	.	.

Farbe.	Strich.	Härte.	Spaltbarkeit.	Spec. Gewicht.	Bemerkungen.
röthlichgelb, hyacinthroth	gelb	2·5—3	.	3·9—4·2	Gemenge vorstehender Substanzen, kein selbstständiges Mineral.
purpurroth	.	2·5—3	.	2·85	.
graulichweiss, gelbl. weiss	weiss	5—5·5	n. R	2·8	.
farblos, wasserhell, schneeweiss, röthl.-weiss, fleischroth, blutroth, gelbl.-weiss, weingelb, honiggelb, gelblichbraun, graulichweiss, schwärzlichgrau, grünlich, bläulich	weiss	1·5—2	s. vollk. n. $\infty P\infty$, vollk. n. P	2·2—2·4	v. d. L. wird er trübe und weiss, u. schmilzt zu weissem Email; in kochender Auflösung von kohlensaurem Kali wird er vollständig zersetzt.
messinggelb speisgelb, grau u. bunt anlaufend	graugrün	3·5	.	5·26—5·30	v. d. L. auf Kohle schmilzt er ziemlich leicht zu einer glänzenden Kugel, welche stark braust u. spritzt, in Salz- u. Salpetersäure löslich. Die Solution ist grün.
weiss, gelblich, grünlich	weiss	1·5—2	.	1·6—1·7	im Wasser leicht löslich, im Kolben bläht er sich auf, giebt Wasser und ist dann unschmelzbar.
braunroth	ziegelroth	3	n. $\infty \breve{P} \infty$	3·50—3·65	v. d. L. leicht zu einer schwarzen schlackigen Kugel schmelzend.
farblos, weiss	weiss	2—2·5	s. vollk. n. $\infty \breve{P} \infty$	2·8—2·9	schmilzt zu weissem Email, färbt d. Flamme hellblau, a. Kohle Arsendämpfe; leicht löslich in Säuren.

Name.	Chemische Zusammensetzung.	Krystall-System.	Krystallogr. Axen.	Opt. Axen.	Glanz.
Hallit	$H_{24} Mg_{12}$ $(Al, Fe)_4$ $Si_9 O_{48}$	.	.	.	Seidenglanz
Halloysit	$Al_2 Si_2 O_7 +$ $4 H_2 O$	.	.	.	schwach fettglänzend
Hamartit	$[(Ce, La, Di) F] CO_3$	Hexagonal	.	.	Glasglanz
Hannayit	$(NH_4O) +$ $2 H_2 O \cdot$ $3 MgO \cdot$ $2 P_2 O_5 +$ $8 H_2 O$	Triklin	$a:b:c =$ $0{\cdot}6990:1:$ $0{\cdot}9743,$ $\alpha = 122° 31'$ $\beta = 126° 46'$ $\gamma = 54° 10\tfrac{1}{2}'$	.	.
Harringtonit	$\begin{Bmatrix} Ca, Al \cdot \\ Al(OH)_2 \\ +(SiO_3)_3 \\ +2 H_2 O \\ Na_2 Al \cdot \\ Al O + \\ (Si O_3)_3 \\ +2 H_2 O \end{Bmatrix}$	Asymmetrisch	$a:b:c =$ $0{\cdot}967:1:$ $0{\cdot}348,$ $\alpha, \beta, \gamma = 90°$ circa	.	Glasglanz, Seidenglanz
Hartit	$C_5 H_8$	Triklin	.	.	Fettglanz
Hatchettin	$C_n H_{2n}$	.	.	.	schwacher Perlmutterglanz
Hauerit	$Mn S_2$	Reg. pent. hem.	.	.	metallartig. Diamantglanz
Hausmannit	$Mn_3 O_4$	Tetragonal	$a:c = 1:$ $1{\cdot}1743$	.	Metallglanz

Farbe.	Strich.	Härte.	Spaltbarkeit.	Spec. Gewicht.	Bemerkungen.
broncefarben	weisslich	.	.	.	.
bläulich-, grünlich-, gelblich-, graulichweiss, blassblau, grün, grau	weisslich	1·5—2·5	.	1·9—2·1	klebt mehr oder weniger an der Zunge; v. d. L. unschmelzbar, mit Kobaltsolution geglüht blau, conc. Schwefelsäure zersetzt ihn vollständig.
wachsgelb	gelblichweiss	4	.	4·93	.
lichtgelb	gelblichweiss	.	n. 0P, ∞P', ∞'P, $\infty\breve{P}$'3	1·893	.
weiss, blassroth	weiss	.	.	.	.
weiss, durch Bitumen grau, gelb, braun gefärbt	weiss	1·5	vollk. n. $\infty\breve{P}\infty$, w. deutl. n. $\infty\breve{P}\infty$	1·040—1·051	in Aether leicht löslich, in Alkohol weniger.
gelbl.-weiss, wachsgelb, grünlichgelb	.	0·5—1	.	0·6	biegsam, fühlt sich fettig an.
dunkelröthlichbraun, bräunlichschwarz	bräunlichroth	4	vollk. n. ∞O∞	3·463	d. warme HCl unter starker Entwicklung von Schwefelwasserstoff unter Abscheidung von Schwefel löslich.
eisenschwarz	braun	5—5·5	z. vollk. n. 0P	4·7—4·87	v. d. L. unschmelzbar, in HCl unter Chlorentwicklung löslich, conc. H_2SO_4 wird durch das Pulver in kurzer Zeit roth gefärbt.

Name.	Chemische Zusammensetzung.	Krystall-System.	Krystallogr. Axen.	Opt. Axen.	Glanz.
Hauyn	$(Na_2\,Ca)_3$ $(AlO)_4\,(SO_4)$ $(SiO_3)_4$	Regulär	.	.	Glasglanz, Fettglanz
Hedenbergit	$Ca\,Fe\,Si_2\,O_6$	Monosymmetrisch	$a:b:c =$ $1{\cdot}0585:1:$ $0{\cdot}5942,$ $\beta = 89°\,38'$	in $\infty P\infty$, die Bisectrix bildet mit der Verticalaxe einen Winkel von $39°$	Glasglanz
Hedyphan	$(Pb,\,Ca)_5\,Cl$ $(As\,O_4)_3$ oder $(Pb,\,Ca,\,Ba)_5$ $Cl\,(As\,O_4)_3$	Hexagonal-pyram.-hemiedrisch	.	.	fettartiger Diamantglanz
Helminth	$H_9\,(Fe,\,Mg)_5$ $Al_3\,Si_3\,O_{20}$	.	.	.	metallartiger Perlmutterglanz auf $\bar{o}P$, sonst Fettglanz
Helvin	$(Mn,\,Be,\,Fe)_7$ $Si_3\,O_{12}\,S$	Reg. tetr.-hemiedr.	.	.	fettartiger Glasglanz
Hennwoodit	$P_2\,O_5 = 54{\cdot}96$ $Al_2\,O_3 = 19{\cdot}93$ $Cu\,O = 7{\cdot}69$ $H_2\,O = 17{\cdot}42$	.	.	.	.
Hepatopyrit	$Fe\,S_2$	Rhombisch	$a:b:c =$ $0{\cdot}7519:1:$ $1{\cdot}1845$	.	schwacher Metallglanz
Hercynit	$FeO\cdot Al_2O_3$	Regulär	.	.	Glasglanz

Farbe.	Strich.	Härte.	Spaltbarkeit.	Spec. Gewicht.	Bemerkungen.
farblos, weiss, lasurblau, himmelblau, bläulichgrün	weisslichblau	5—5·5	n. ∞0	2·4—2·5	v. d. L. decrepitirt er stark, entfärbt sich u. schmilzt zu einem blaugrünlichen blasigen Glas,. in H Cl löslich unter Abscheidung v. Kieselgallert.
schwärzlichgrün, schwarz	grünlichgrau	5—6	n. ∞P	ca. 3·0	.
weiss	weiss	3·5—4	n. P	5·4	.
grün, auf 0 P silberweiss	grau, grün	2·5	s. vollk. n. 0 P	2·6—2·75	.
honiggelb, wachsgelb, zeisiggrün, gelblichbraun, rothbraun	.	6—6·5	unvollk. n. O	3·21—3·37	v. d. L. unter Aufwallen zu einer gelben unklaren Perle schmelzbar; m. Borax klares Glas, welches im Ox. F. violblau wird, in H Cl löslich unter Entwicklung v. Schwefelwasserstoff und Abscheidung von Kieselgallert.
türkisblau, grünlichblau	weiss	4—4·5	.	2·67	v. d. L. mit Borax Cu Reaction.
schmutzigspeisgelb, fast grau	grau	6—6·5	.	4·2	.
schwarz	dunkelgrünlichgrau, fast lauchgrün	7·5—8	.	3·91—3·95	v. d. L. unschmelzbar, magnetisch, Gemenge von Magnetit, Ceylanit u. s. w.

Name.	Chemische Zusammensetzung.	Krystall-System.	Krystallogr. Axen.	Opt. Axen.	Glanz.
Herderit	$Ca_3 P_2 O_8 \cdot$ $Be_3 P_2 O_8 \cdot$ $Ca F_2 \cdot Be F_2$	Rhombisch	$a:b:c =$ $0{\cdot}6206:1:$ $0{\cdot}4234$	.	Glasglanz bis Fettglanz
Herrengrundit	$Cu_4 (HO)_6$ $SO_4 \cdot H_2 O +$ $Ca SO_4 \cdot$ $2 H_2 O$	Monosymmetrisch	$a:b:c =$ $1{\cdot}8161:1:$ $2{\cdot}8004;$ $\beta = 88° 50'$	in $\infty P \infty$, Bisectrix Verticale auf 0P	Glasglanz, Perlmutterglanz
Herrerit	$(Zn, Cu) CO_3$	Hexagonal-rhomboedr.	$a:c = 1:$ $0{\cdot}8062$	.	Glasglanz, Perlmutterglanz
Herschelit	$(Na, K)_2 Ca$ $(Al_2)_2 S_8 O_{24}$ $+ 10 H_2 O$	Monosymmetrisch	.	.	Glasglanz
Hessit	$Ag_2 Te$	Regulär	.	.	Metallglanz
Hetairit	$ZnO \cdot Mn_2 O_3$	.	.	.	Metallglanz
Heterogenit	$CoO \cdot 2 Co_2$ $O_3 \cdot 6 H_2 O$	.	.	.	Fettglanz
Heubachit	$3 (Co, Ni, Fe, Mn)_2 O_3 \cdot$ $4 H_2 O$	.	.	.	halbmetallisch
Heulandit	$Ca Al_2 Si_6 O_{16}$ $+ 5 H_2 O$	Monosymmetrisch	$a:b:c =$ $0{\cdot}3959:1:$ $0{\cdot}4698;$ $\beta = 88° 35'$	sehr nahe in 0P, positive Bisectrix die Orthodiagonale	Glasglanz, auf $\infty P \infty$ Perlmutterglanz

Farbe.	Strich.	Härte.	Spaltbarkeit.	Spec. Gewicht.	Bemerkungen.
weiss, trübe	weiss	5	.	2·9—3	v. d. L. schwer schmelzbar zu weiss. Email, mit Schwefelsäure befeuchtet färbt er die Flamme grün, mit Kobaltsolution wird er blau, in warmer HCl das Pulver vollkommen löslich.
dunkelsmaragdgrün, spangrün	spangrün	2·5	vollk. n. 0P, deutl. n. ∞P	3·13	Doppelbrechung negativ, in Salpetersäure ganz, in Salzsäure u. Ammoniak bis auf einen weissen Rückstand löslich.
pistazgrün, smaragdgrün, grasgrün	weisslich	5	n. R	4·3	ein Zinkspath mit 3·4 pCt. $Cu CO_3$.
farblos	weiss	4·5	.	2·06	leicht schmelzbar zu weissem Email, von Säuren leicht zersetzt.
schwärzlichbleigrau bis stahlgrau	schwarz, glänzend	2·5—3·0	.	8·13—8·45	auf Kohle schmilzt er leicht und giebt einen Beschlag von telluriger Säure, in erwärmter Salpetersäure lösl.
eisenschwarz	bräunlichschwarz	5	.	4·93	.
schwarz, schwärzlichbraun, röthlichbraun	dunkelbraun	3	.	3·44	.
tiefschwarz	schwarz	2·5	.	3·44	v. d. L. unschmelzbar, löslich in conc. HCl unter starker Chlorentwicklung. Lösung blaugrün, wird bei Zusatz von Wasser rosenroth.
farblos, weiss, fleischroth, ziegelroth	weiss	3·5—4	sehr vollk. n. ∞P∞	2·1—2·2	v. d. L. blättert und bläht er sich auf, schmilzt zu weissem Email, von HCl leicht zersetzt unt. Abscheidung von schleimigem Kieselpulver.

— 108 —

Name.	Chemische Zusammensetzung.	Krystall-System.	Krystallogr. Axen.	Opt. Axen.	Glanz.
Hjelmit	enthält Nb, Ta. Sn, W, Fe, Mn etc.	.	.	.	Metallglanz
Hiddenit	(Li, Na) Al $Si_2 O_6$	Monosymmetrisch	$a:b:c =$ 1·0539 : 1 : 0·7686; $\beta = 89°\ 13'$	in $\infty \bar{P} \infty$	Glasglanz
Hisingerit	2 (Mg, Fe) $Fe_2 Si_3 O_{10}$ · 9 H_2O	.	.	.	Fettglanz bis Glasglanz
Hörnesit	$Mg_3 As_2 O_8$ · 3 H_2O	Monosymmetrisch	.	.	Perlmutterglanz
Hofmannit	$C_{20} H_{36} O$	.	.	.	Perlmutterglanz
Homichlin		Tetragonal	.	.	Metallglanz
Homilit	Fe $Ca_2 B_2$ $Si_2 O_{10}$	Monosymmetrisch	$a:b:c =$ 0·6249 : 1 : 0·6412; $\beta = 89°\ 21'$	Ebene der opt. A. senkrecht auf $\infty \bar{P} \infty$	Wachsglanz Glasglanz
Honigstein	$Al_2 C_{12} O_{12}$ + 18 H_2O	Tetragonal	$a:c = 1:$ 0·7454	.	Fettglanz
Hopeit	$Zn_3 P_2 O_8$ + 4 H_2O	Rhombisch	$a:b:c =$ 0·5723 : 1 : 0·4717	in 0P	Glasglanz, auf $\infty \bar{P} \infty$ Perlmutterglanz

Farbe.	Strich.	Härte.	Spaltbarkeit.	Spec. Gewicht.	Bemerkungen.
sammetschwarz	schwarzgrau	5	.	5·82	v. d. L. zerknistert er, schmilzt nicht, wird im Ox. F. braun und von Phosphorsalz leicht zu bläulichgrünem Glas gelöst.
smaragdgrün	grauweiss	6·5—7	n. ∞P und $\infty \bar{P} \infty$	3·13—3·19	v. d. L. schmilzt er leicht zu einem klaren Glas, von Phosphorsalz wird er aufgelöst mit Hinterlassung eines Kieselskelets.
pechschwarz	leberbraun, grünlichbraun	3·5—4	.	2·6—3	v. d. L. schwer schmelzbar, von Säuren leicht zersetzt unter Abscheidung von Kieselschleim, theilweise Mineralgemenge,
weiss	weiss	0·5—1·0	vollk. n. $\infty \bar{P} \infty$	2·474	schmilzt in der Kerzenflamme, mit Kobaltsolution erhitzt rosenroth.
farblos, weiss	weiss	.	.	1·0565	löslich in Alkohol, noch leichter in Aether, brennt mit leuchtender Flamme, schmilzt bei 71°
speisgelb, bunt anlaufend	.	.	.	4·47—4·48	v. d. L. auf Kohle schmilzt er leicht zu einer spröden magnetischen Kugel mit graurothem Bruch.
schwarz, schwarzbraun	schwarzbraun	5·5	.	3·28	schmilzt leicht zu schwarzem Glas, in H Cl leicht vollständig löslich.
honiggelb, wachsgelb, weiss	weisslich	2—2·5	s. unvollk. n. P	1·5—1·6	v. d. L. verkohlt er, auf Kohle brennt er sich weiss, i. Salpetersäure und Kalilauge leicht u. vollkommen löslich.
graulichweiss	graulichweiss	2·5—3	s. vollk. n. $\infty \bar{P} \infty$	2·76	v. d. L. schmilzt er auf Kohle zu einer weissen Kugel, färbt die Flamme etwas grünlich.

Name.	Chemische Zusammensetzung.	Krystall-System.	Krystallogr. Axen.	Opt. Axen.	Glanz.
Horbachit	$4 Fe_2 S_3 \cdot Ni_2 S_3$	.	.	.	Metallglanz
Hortonolith	$(Fe, Mg, Mn)_2, Si O_4$	Rhombisch	$a:b:c = 0.466:1: 0.601$	in 0P	Glasglanz
Huantajayt	$(Na, Ag) Cl$	Regulär	.	.	Glasglanz
Hübnerit	$Mn WO_4$	Rhombisch	.	.	.
Humboldtilith	$(Ca, Mg, Na_2)_{12} (Al_2, Fe_2)_2 Si_9 O_{36}$	Tetragonal	$a:c = 1: 0.6429$	.	Glasglanz, Fettglanz
Humboldtin	$2 Fe C_2 O_4 \cdot 3 H_2O$	.	.	.	fettglänzend
Humit	$\{Mg_5 Si_2 O_9, Mg_5 Si_2 O_8 F_2\}$	Rhombisch	$a:b:c = 2.1605:1: 4.4013$	.	Glasglanz
Hureaulit	$H_2 (Mn, Fe)_5 (PO_4)_4 \cdot 4 H_2O$	Monosymmetrisch	$a:b:c = 1.6977:1: 0.8886, \beta = 89° 27'$	.	Fettglanz
Hyacinth	$Zr Si O_4$	Tetragonal	$a:c = 1: 0.6404$	.	Glasglanz, oft diamantartig
Hyalit	$H_2O \cdot Si O_2$	.	.	.	Glasglanz

— 111 —

Farbe.	Strich.	Härte.	Spaltbarkeit.	Spec. Gewicht.	Bemerkungen.
tombakbraun	schwarz	4—5	.	4.43	magnetisch.
gelb, gelbgrün	gelblich	6.5	.	3.91	löslich in H Cl unter Abscheidung von Kieselgallert.
wasserhell	weiss	.	.	.	sehr leicht löslich in Wasser.
braunroth, braunschwarz	gelbbraun	4.5	s. vollk. n. ∞P	7.14	z. Th. löslich in H Cl, der gelbe Rückstand in Amoniak.
gelbl. weiss honiggelb, gelblichbraun hellgrau, gelblichgrau	grauweiss	5—5.5	n. 0P	2.90—2.95	Doppelbrechung negativ, v. d. L. z. Th. schwierig zu einem hellgelben oder schwärzlichen Glas schmelzend, v. Säuren zersetzt unter Abscheidung von Kieselgallert.
ockergelb, strohgelb	gelblich	2	.	2.15—2.25	v. d. L. auf Kohle wird er erst schwarz, dann roth; in Säuren und auch Kalilauge leicht löslich.
gelblichweiss weingelb, honiggelb, pomeranzgelb etc.	.	6.5	n. 0P	3.06—3.23	v. d. L. kaum schmelzbar, mit Kobaltsolution blassroth, in Salzsäure löslich unter Abscheidung von Kieselgallert.
röthlichgelb röthlichbraun, röthlichweiss, violblau	grauweiss	3.5	.	3.18—3.20	v. d. L. schmilzt er leicht im Ox. F. zu einer schwarzen metallisch glänzenden Kugel, die etwas Funken sprüht, die Flamme grünlich, leicht löslich in Säuren.
farblos, weiss, wasserhell, grau, gelb, grün, roth, braun	grau	7.5	unvollk. n. P u. ∞P	4.4—4.7	v. d. L. schmilzt er nicht, von Borax schwer, von Phosphorsalz gar nicht aufgelöst, Säuren ohne Wirkung.
farblos, weiss	weiss	6	.	2.15—2.18	.

— 112 —

Name.	Chemische Zusammensetzung.	Krystall-System.	Krystallogr. Axen.	Opt. Axen.	Glanz.
Hyalophan	(Ba, K$_2$) Al$_2$ Si$_4$ O$_{12}$	Monosymmetrisch	a : b : c = 0·6581 : 1 : 0·5416; $\beta = 115°\,44'$		Glasglanz
Hyalotekit	Si O$_2$ = 39·62 PbO = 25·30 BaO = 20·66 CaO = 7·00	.	.	.	Glasglanz bis Fettglanz
Hydroboracit	Ca Mg B$_6$O$_{11}$ · 6 H$_2$O	.	.	.	Glasglanz
Hydrocerit	(La, Di) CO$_3$ · 3 H$_2$O	Rhombisch	a : b : c = 0·9528 : 1 : 0·9518	.	Perlmutterglanz
Hydrocerussit	wasserhaltiges kohlensaures Bleioxyd	.	.	.	.
Hydrofluocerit	84 Ceroxyd 5 Wasser, 11 Fluorwasserstoff	.	.	.	Fettglanz
Hydrokastorit	59·6 Si O$_2$ · 21·4 Al$_2$O$_3$ · 4·4 CaO · 14·7 H$_2$O	.	.	.	.
Hydromagnesit	Mg$_4$ C$_3$O$_{10}$ + 4 H$_2$O	Monosymmetrisch	a : b : c = 0·911 : 1 : 0·415; $\beta = 82°\,83'$	.	.
Hydrophit	(Fe, Mg)$_3$ Si$_2$ O$_7$ · 3 H$_2$O	.	.	.	.

— 113 —

Farbe.	Strich.	Härte.	Spaltbarkeit.	Spec. Gewicht.	Bemerkungen.
farblos, fleischroth	weiss	6—6·5	vollk. n. 0P	2·80	von Säuren kaum angreifbar.
weiss, perlgrau	.	5·5—6	.	3·81	v. d. L. klares Glas liefernd, mit Soda Pb und gelben Beschlag auf Kohle, in Säuren unlöslich.
weiss, röthlich durchscheinend	weiss	2	.	1·9—2	v. d. L. schmilzt er leicht zu klarem Glas, die Flamme grün färbend, in heisser Salz- oder Salpetersäure leicht löslich.
weiss, gelb, rosenroth	weiss	2	n. 0P	2·6—2·7	v. d. L. schrumpft er ein, unschmelzbar, wird weiss und undurchsichtig, nach dem Erkalten aber braun und metallisch glänzend, in Säuren mit Brausen löslich.
farblos, weiss	weiss	.	vollkommen monotome Spaltbarkeit	.	umhüllt als dünne Schicht das ged. Blei von Langban.
gelb, in Roth und Braun geneigt	gelb	4·5	.	.	v. d. L. auf Kohle fast schwarz, was während der Abkühlung durch Braun und Roth in dunkelgelb übergeht.
weiss	weiss	.	.	.	Umwandlungsprodukt des Kastor, ohne Lithion.
weiss	weiss	1·5—2	.	2·14—2·18	fühlt sich etwas fettig an, färbt ab; v. d. L. unschmelzbar, in Säuren leicht mit starkem Brausen löslich.
berggrün	graugrün	3—4	.	2·65	v. d. L. unschmelzbar, löslich in Salzsäure.

— 114 —

Name.	Chemische Zusammensetzung.	Krystall-System.	Krystallogr. Axen.	Opt. Axen.	Glanz.
Hydrotalkit	$Al\,(OH)_3 \cdot 3\,Mg\,(HO)_2 \cdot 3\,H_2O$	Hexagonal	.	.	Perlmutterglanz
Hydrozinkit	$Zn_3\,(HO)_4\,CO_3$	.	.	.	.
Hygrophilit	$(K, Na, Mg, Ca, Fe)_2 \cdot (Al_2)_3\,Si_8\,O_{27} \cdot 5\,H_2O$	.	.	.	Fettglanz
Hypersthen	$(Mg, Fe)\,Si\,O_3$	Rhombisch	$a:b:c =$ $1\cdot 0295:1:$ $0\cdot 5868$	in $\infty \breve{P} \infty$, stumpfe Bisectrix die Verticalaxe	metallartig schillernder Glanz, Glasglanz, Fettglanz
Hypochlorit	Gemenge von Quarz mit $Bi_2\,Fe_4\,Si_4\,O_{17}$	.	.	.	.
Hypo-xanthit	$11\cdot 14\,Si\,O_2 \cdot$ $9\cdot 47\,Al_2\,O_3 \cdot$ $65\cdot 35\,Fe_2\,O_3 \cdot$ $0\cdot 53\,Ca\,O \cdot$ $13\cdot 00\,H_2O$	.	.	.	.
Jacobsit	$Mn\,(Fe, Mn)_2\,O_4$	Regulär-holoedrisch	.	.	Metallglanz
Jadeit	$58\cdot 92\,Si\,O_2,$ $18\cdot 98\,Al_2\,O_3,$ $0\cdot 98\,Fe\,O,$ $6\cdot 04\,Ca\,O,$ $4\cdot 33\,Mg\,O,$ $11\cdot 05\,H_2O$	.	.	.	Glasglanz, Perlmutterglanz

Farbe.	Strich.	Härte.	Spaltbarkeit.	Spec. Gewicht.	Bemerkungen.
weiss	weiss	2	s. vollk. n. 0P, unvollk. n. ∞P	2·04—2·09	fühlt sich fettig an, v. d. L. blättert er sich etwas auf, leuchtet stark ohne zu schmelzen, mit Kobaltsolution schwach rosenroth, in Säuren löslich unter Entwicklung von etwas Kohlensäure.
blassgelb, schneeweiss	weiss, glänzend	2—3	.	2·252	in Salzsäure löslich.
hellgrünlichgrau	weisslich	2—2·5	.	2·670	im Wasser w. er weiss, in heisser conc. HCl löslich unter Abscheidng von flockiger SiO_2, auch in kochender Kalilauge.
pechschwarz grünlichschwarz, schwärzlichgrün, schwärzlichbraun	grau	6	s. vollk. n. $\infty\breve{P}\infty$, deutl. n. ∞P	3·3—3·4	v. d. L. mehr oder weniger leicht schmelzend zu grünlichschwarzem, oft magnetischem Glas.
zeisiggrün, olivengrün	lichter	6	.	2·9—3	es giebt auch einen analogen Antimon-Hypochlorit.
bräunlichgelb	bräunlichgelb, glänzend	2	.	3·46	klebt stark an der Zunge, brennt sich nussbraun, unschmelzbar, im Red. F. geglüht, magnetisch, in conc. HCl unverändert.
dunkelschwarz	röthlichschwarz	6·5—7	.	4·75	v. d. L. unschmelzbar, mit Phosphorsalz im Red. F. grüngelbes, im Ox. F. mit Salpeter violettbraunes Glas gebend; in Salpetersäure nicht, in Salzsäure langsam vollkommen löslich.
apfelgrün, smaragdgrün, bläulichgrün, grünlichweiss	grünlichweiss	6·5—7	.	3·20—3·4	v. d. L. leicht schmelzbar zu halbklarem Glas, dünne Splitter mit Kobaltsolution bei starkem Erhitzen schön blau.

— 116 —

Name.	Chemische Zusammensetzung.	Krystall-System.	Krystallogr. Axen.	Opt. Axen.	Glanz.
Jamesonit	$2\,Pb\,S \cdot Sb_2\,S_3$	Rhombisch	$a:b:c = 0{,}915:1:?$	.	Metallglanz
Jarosit	$K\,(Fe\,O)_3$ $(SO_4)_2 \cdot$ $3\,H_2O$	Hexagonal rhomboedr.	$a:c = 1:1{,}250$	.	Glasglanz, Diamantglanz
Idokras	$Ca_8\,(HO)_2$ $(Al\,O)_4$ $(Si\,O_4)_2$ $(Si\,O_3)_5$	Tetragonal	$a:c = 1:0{,}5372$	.	Glasglanz, Fettglanz
Idrialit	$77{,}3$ Idrialin $(C_3\,H_2)$ $17{,}8\,Hg\,S$	.	.	.	Fettglanz
Jefferisit	$Si\,O_2 = 37{,}10$, $Al_2O_3 = 17{,}57$, $Fe_2O_3 = 10{,}54$ $Fe\,O = 1{,}26$, $Mg\,O = 19{,}65$, $Ca\,O = 0{,}56$, $K_2\,(Na_2)\,O = 0{,}45$, $H_2O = 13{,}96$	Rhombisch	.	.	Perlmutterglanz auf 0P
Jeffersonit	$(Ca, Mn, Fe, Zn \cdot Mg) \cdot Si\,O_3$	Monosymmetrisch	$a:b:c = 1{,}0585:1:0{,}5942$, $\beta = 89°\,39'$	.	Fettglanz, a. d. Spaltungsflächen halbmetallisch
Ihleit	$Fe_2\,S_3\,O_{12} \cdot 12\,H_2O$	.	.	.	.

Farbe.	Strich.	Härte.	Spaltbarkeit.	Spec. Gewicht.	Bemerkungen.
stahlgrau, dunkelbleigrau	grauschwarz	2—2·5	s. vollk. n. 0P, unvollk. n. ∞P u. $\infty \breve{P} \infty$	5·56—5·62	v. d. L. zerknistert er, schmilzt, giebt Antimondämpfe, Rückstand reagirt auf Eisen; von heisser HCl zerlegt unter Abscheidung von Chlorblei.
nelkenbraun dunkelhoniggelb, schwärzlichbraun	ockergelb	3—4	deutl. u. 0P	3·244—3·256	
gelb, grün, braun, schwarz, himmelblau, spangrün	grauweiss	6·5	unvollk. n. $\infty P \infty$ u. ∞P	3·34—3·44	Doppelbrechung negativ, v. d. L. leicht unter Aufschäumen zu einem gelblichgrünen oder bräunlichen Glas schmelzend; von Säuren roh nur unvollständig zersetzt.
graulichschwarz, bräunlichschwarz	schwärzlichbraun, stark glänzend	1—1·5	.	1·4—1·6	fühlt sich fettig an, entzündet sich an der Kerzenflamme u. verbrennt unter Entwicklung von Rauch und schwefeliger Säure mit Hinterlassung einer braunrothen Asche.
braun, braungelb, gelblich	graulich	1·5	vollk. n. 0P	2·30	löslich in Salzsäure.
dunkelolivengrün, braun, schwärzlich	graugrün	4·5	n. ∞P	3·3—3·5	v. d. L. schmilzt er zu einer schwarzen Kugel, von Säuren wenig angreifbar.
orangegelb	.	.	.	1·812	im kalten Wasser löslich.

Name.	Chemische Zusammensetzung.	Krystall-System.	Krystallogr. Axen.	Opt. Axen.	Glanz.
Jodargyrit	Ag J	Hexagonal	a : c = 1 : 0·8144	.	Fettglanz bis Diamantglanz
Jodblei	$Pb_3 (J Cl)_2 O_2$	Hexagonal-rhomboedr.	.	.	.
Jodobromit	2 Ag (Cl. Br) Ag J	Regulär	.	.	.
Johannit	wasserhaltiges schwefelsaures Uranoxydul	Monosymmetrisch	a : b : c = ? $\beta = 85° 40'$	.	.
Johnstonit	Ueber-Schwefelblei	.	.	.	.
Jordanit	4 Pb S · $As_2 S_3$	Rhombisch	a : b : c = 0·5375 : 1 : 2·0308	.	Metallglanz
Jossait	Pb Cr O_4 · Zn O	Rhombisch	.	.	Glasglanz
Iridium	Jr (Pt)	Regulär	.	.	Metallglanz
Iridosmium	Jr Os	Hexagonal-rhomboedr.	a : c = 1 : 1·4105	.	Metallglanz
Irit	(Jr, Os, Fe) O (Jr, Os, Cr)$_2$ O_3	.	.	.	Metallglanz

Farbe.	Strich.	Härte.	Spaltbarkeit.	Spec. Gewicht.	Bemerkungen.
perlgrau, strohgelb, schwefelgelb, grünlichgelb citrongelb	gelblich	1—1·5	deutl. n. 0P	5·707	v. d. L. auf Kohle schmilzt er leicht, färbt die Flamme rothblau und hinterlässt ein Silberkorn; ein Körnchen auf blankes Zinkblech gelegt und mit Wasser bedeckt wird schwarz u. verwandelt sich in metallisches Silber, während sich das Wasser mit Zinkjodür schwängert.
strohgelb, honiggelb	gelb	2·5	.	6·2—6·3	dichte erdige Krusten auf Bleiglanz bildend.
schwefelgelb, olivengrün	gelb	1—2	unvollk. n. 0	5·713	in Schwefelsäure mit Zusatz von Zink sofort schwarz werdend, v. d. L. Bromdämpfe und ein Silberkorn.
grasgrün	licht grasgrün	2—2·5	n. ∞P	3·19	schwer löslich in Wasser, giebt im Kolben Wasser und wird braun, gegen Borax u. Phosphorsalz wie Uranoxyd.
grauschwarz	.	.	.	5·275—6·713	entzündet sich in der Kerzenflamme u. brennt mit blauer Flamme weiter.
schwärzlichbleigrau	schwarz	3	deutl. n. $\infty \breve{P} \infty$	6·3842	.
pomeranzgelb	pomeranzgelb	3—3·5	.	5·2	Krystalle ähnlich dem Arsenkies.
silberweiss	graulich	6—7	n. $\infty O \infty$	22·6—22·8	v. d. L. unveränderlich, in Säuren unlöslich.
bleigrau	schwarzgrau	7	.	21·1—21·2	v. d. L. auf Kohle schwarz, riecht sehr stark nach Osmium; die Weingeistflamme macht es stark leuchtend und färbt sie gelblichroth.
eisenschwarz	schwarz	.	.	6·5	abfärbend, magnetisch, v. d. L. unveränderlich, in Säuren unlöslich.

Name.	Chemische Zusammensetzung.	Krystall-System.	Krystallogr. Axen.	Opt. Axen.	Glanz.
Julianit	$3\,Cu_2\,S \cdot As_2\,S_3$	Regulär	.	.	Metallglanz
Ivaarit	.	.	.	.	.
Ixolyt	.	.	.	.	Fettglanz
Kämmererit	$H_8\,(Mg\,Fe)_5 (Al,\,Fe,\,Cr)_2 Si_3\,O_{18}$	Hexagonal-rhomboedr.	$a:c =$ $1:3{\cdot}495$	.	Perlmutterglanz auf OP
Kainit	$Mg\,SO_4\cdot K\,Cl \cdot 3\,H_2O$	Monosymmetrisch	$a:b:c =$ $1{\cdot}2186:1:$ $0{\cdot}5683,$ $\beta = 85°\,5'$	in $\infty P\infty$, spitze Bisectrix im spitz. Winkel β u. bildet mit der Verticalaxe einen Winkel von $8°$.	.
Kakoxen	$Fe_2\,(HO)_3$ $PO_4 \cdot 4\tfrac{1}{2}\,H_2O$	.	.	.	Seidenglanz
Kalait	$Al_2\,(HO)_3\,PO_4$ $\cdot H_2O$	.	.	.	wenig glänzend
Kalifeldspath	$K_2\,Al_2\,Si_6\,O_{16}$	Monosymmetrisch	$a:b:c =$ $0{\cdot}6585:1:$ $0{\cdot}5554,$ $\beta = 116°\,3'$	Ebene der opt. A. in $\infty P\infty$ gleichsinnig geneigt mit der Basis, bildet mit der Verticalaxe einen Winkel von 69°, spitze Bisectrix in $\infty P\infty$ gegen die Klinoaxe 5° geneigt	Glasglanz, auf OP Perlmutterglanz

Farbe.	Strich.	Härte.	Spaltbarkeit.	Spec. Gewicht.	Bemerkungen.
röthlichbleigrau, schwarz anlaufend	schwärzlich	2—3	.	5·12	.
.	.	.	.	.	ein Schorlomit ähnliches Mineral.
hyacinthroth	ockergelb	1	.	1·008	giebt zwischen den Fingern gerieben aromatischen Geruch, erweicht bei 67°.
kermesinroth, pfirsichblüthroth, violblau, grünlich	grauweiss	1·5—2	s. vollk. n. 0P	2·617—2·76	v. d. L. blättert er sich etwas auf, schmilzt aber nicht, von Schwefelsäure wird er zersetzt.
gelblich, lichtgrau	grauweiss	1·5—2	s. d. n. $\infty P\infty$, deutl. n. ∞P, undeutl. n. $\infty P\infty$	2·13	wird an der Luft nicht feucht, leicht löslich im Wasser.
ockergelb, citrongelb	ockergelb	0·5—1·00	.	2·3—2·4	in der Zange schmilzt er zu schwarzer glänzender Schlacke, die Flamme bläulichgrün färbend, in HCl lösl.
himmelblau, spangrün, pistazgrün, apfelgrün	grünlichweiss	6	.	2·62—2·8	v. d. L. zerknistert er heftig, wird beim Glühen schwarz und später braun, die Flamme färbt er grün, unschmelzbar, löslich in Säuren.
farblos, röthlichweiss, ziegelroth, gelblichweiss, gelb, graul.-weiss, aschgrau, schwärzlichgrau, grünlichweiss, grünlichgrau	grauweiss	6	vollk. n. 0P und $\infty P\infty$, unvollk. n. ∞P	2·53—2·58	v. d. L. schmilzt er schwierig zu einem trüben Glas, mit Kobaltsolution färbt er sich in den geschmolzenen Kanten blau, von Säuren kaum angegriffen.

— 122 —

Name.	Chemische Zusammensetzung.	Krystall-System.	Krystallogr. Axen.	Opt. Axen.	Glanz.
Kaliglimmer	$(K.Na)H_2Al_3$ $(SiO_4)_3$	Monosymmetrisch	.	Ebene d. opt. Axen senkrecht auf $\infty \bar{P} \infty$, spitze negative Bisectrix weicht wenig von der Normalen auf 0P ab	metallartiger Perlmutterglanz
Kaliharmotom	$CaAl_2 \cdot$ $Si_2 \cdot$ $Si_4O_{16} \cdot$ $6H_2O$ $CaAl_2 \cdot$ $CaAl_2 \cdot$ $Si_4O_{16} \cdot$ $6H_2O$	Monosymmetrisch	$a:b:c =$ $0.7095:1:$ $1.2563,$ $\beta = 55°37'$	Ebene d. opt. Axen steht senkrecht auf $\infty \bar{P} \infty$	Glasglanz
Kalisalpeter	KNO_3	Rhombisch	$a:b:c =$ $0.5843:1:$ 0.7028	in $\infty \bar{P} \infty$, mit der Verticalaxe als Bisectrix sehr spitze Winkel bildend	Glasglanz
Kalk, oxalsaurer	$CaC_2O_4 \cdot$ H_2O	Monosymmetrisch	.	.	.
Kalkbaryt	$BaCaSO_4.$	Rhombisch	.	.	Glasglanz
Kalkmesotyp	$CaAl \cdot Al$ $(OH)_2(SiO_3)_3$ $\cdot 2H_2O$	Monosymmetrisch Asymmetrisch	$a:b:c =$ $0.9712:1:$ $0.3576,$ $\beta = 89°6'$ $a:b:c =$ $0.9712:1:$ $0.3576,$ $\alpha = 88°30'$ $\beta = 90°41'$ $\gamma = 89°49'$	in einer Ebene durch die Ortho- resp. Makroaxe, gegen die Verticale 11°–12° geneigt, negative Bisectrix in $\infty \bar{P} \infty$ resp. $\infty \bar{P} \infty$	Glasglanz, Perlmutterglanz
Kalknatron-Feldspath (Oligoklas)	$NaAlSi$ Si_2O_8 $CaAlAl$ Si_2O_8	Asymmetrisch	$a:b:c =$ $0.6322:1:$ $0.5525,$ $\alpha = 93°4\frac{1}{2}'$ $\beta = 116°23'$ $\gamma = 90°4'$	Ebene der opt. Axe gegen die Verticalaxe geneigt, spitze Bisectrix fast normal auf $\infty \bar{P} \infty$	Fettglanz, auf 0P Glasglanz
Kalknatron-Feldspath (Labradorit)	$NaAlSi$ Si_2O_8 $CaAlAl$ Si_2O_8	Asymmetrisch	$a:b:c =$ $0.6190:1:$ $0.5385;$ $\alpha = 92°38'$ $\beta = 115°35'$ $\gamma = 90°52'$	Ebene der opt. Axe bildet mit der Verticalaxe einen Winkel von circa 90°	Glasglanz, auf $\infty \bar{P} \infty$ fettartig

Farbe.	Strich.	Härte.	Spaltbarkeit.	Spec. Gewicht.	Bemerkungen.
farblos, weiss, gelblich-, graulich-, grünlich-, röthl.-weiss, gelb, grau, grün, roth	grauweiss	2—3	s. vollk. n. 0P. unvollk. n. ∞P	2·76—3·1	v. d. L. schmilzt er mehr oder weniger leicht zu einem trüben Glas oder weissem Email; von Salz- oder Schwefelsäure nicht angegriffen.
farblos, weiss, lichtgrau, gelblich, röthlich	grauweiss	4·5	n. 0P und ∞P∞	2·15—2·20	v. d. L. bläht er sich während des Schmelzens etwas auf, in H Cl bisweilen gelatinirend.
farblos, weiss	weiss	2	n. $\infty\breve{P}\infty$ u. ∞P undeutl.	1·9—2·1	Doppelbrechung negativ, schmeckt salzig kühlend, färbt die Flamme violett.
weiss	weiss	.	.	.	.
weiss	weiss	.	.	4—4·3	mit Soda auf Platinblech eine durch die unaufgelöste Kalkerde unklare Masse.
farblos, schneeweiss, graulich-weiss, gelblich-weiss, röthlich-weiss	weiss	5—5·5	z. vollk. n. ∞P	2·20—2·39	v. d. L. krümmt und windet er sich wurmförmig und schmilzt leicht zu blasigem Glas. Von H Cl vollkommen zersetzt, jedoch ohne Bildung von Kieselgallert.
graul.-weiss, gelbl.-weiss, grünl.-weiss, gelblichgrau, gelb, roth, grünlichgrau, grün	weisslich	6	vollk. n. 0P, z. vollk. n. ∞P∞, unvollk. n. ∞P' oder ∞'P	2·60—2·66	v. d. L. schmilzt er zu klarem Glas, die Flamme gelb färbend. Von Säuren wenig zersetzt, je kalkreicher um so mehr.
farblos, weiss, grau, röthlich, bläulich, grünlich	weisslich	6	vollk. n. 0P, z. vollk. n. ∞P∞, unvollk. n. ∞P' oder ∞'P	2·68—2·74	v. d. L. noch leichter schmelzbar als Oligoklas, das feine Pulver von conc. H Cl in der Wärme zersetzt.

Name.	Chemische Zusammensetzung.	Krystall-System.	Krystallogr. Axen.	Opt. Axen.	Glanz.
Kalksalpeter	$Ca\ N_2\ O_6 \cdot H_2O$	.	.	.	.
Kalkvolborthit	$(Cu,\ Ca)_2$ $(HO)\ VO_4$	Hexagonal	.	.	Glasglanz
Kaluszit	$K_2\ Ca\ (SO_4)_2$ $\cdot H_2O$	Monosymmetrisch	$a:b:c =$ $1\cdot3699:1:$ $0\cdot8738,$ $\beta = 76°\ 0'$	Ebene d. opt. Axe in $\infty P\infty$, spitze Bisectrix bildet 2° 46' mit der Normalen auf $\infty P\infty$	Glasglanz
Kampylit	$Pb_5\ Cl$ $[(As, P)\ O_4]_3$	Hexagonal-pyram.-hemiedrisch	$a:c = 1:$ $0\cdot725$	.	Fettglanz, Diamantglanz
Kaolin	$H_4\ Al_2\ Si_2\ O_9$	Rhombisch	.	.	matt
Karminspath	$Pb_3\ As_2\ O_8 \cdot$ $5\ Fe_2\ As\ O_8$	.	.	.	Glasglanz
Karpholith	$(Mn,\ Fe)$ $(Al,\ Fe)_2$ $(HO)_4$ $(Si\ O_3)_2$	Monosymmetrisch	.	.	Seidenglanz
Kassiterit	$Sn\ O_2$	Tetragonal	$a:c = 1:$ $0\cdot6721$	.	Diamantglanz, Fettglanz

Farbe.	Strich.	Härte.	Spaltbarkeit.	Spec. Gewicht.	Bemerkungen.
weiss, grau	weiss, grau	.	.	.	.
olivengrün, grasgrün, zeisiggrün, gelb	gelb	3	.	3·49—3·55	v. d. L. mit Soda Kupfer liefernd, mit Phosphorsalz im Ox. F. licht, im Red. F. tief grün, löslich in Salpetersäure, aus der sauren Lösung das Kupfer durch Eisen metallisch abgeschieden, indem d. Solution licht smalteblau wird, auch durch Zucker w. dieselbe so gefärbt.
farblos	weiss	2·5	n. $\infty P \infty$ u. ∞P	2·603	dekrepitirt heftig, leicht schmelzbar zu einer weissen Perle, leicht angreifbar durch Wasser unter Zurücklass. v. Calciumsulfat.
pomeranzgelb	gelblichweiss	3·5—4	z. deutl. n. P, s. unvollk. n. ∞P	6·8—7·218	.
weiss, schneeweiss, röthlich-, gelblich-, grünl.-weiss	weiss	.	.	2·2	v. d. L. unschmelzbar, in Phosphorsalz lösl. mit Abscheidung der Kieselsäure, mit Kobaltsolution blau.
karminroth, ziegelroth	röthlichgelb	2·5	.	4·105	in Säuren mit gelber Farbe löslich, Kalilauge zieht Arsensäure aus.
strohgelb, wachsgelb, grüngelb	farblos	5	.	2·935	v. d. L. schwillt er an und schmilzt zu trübem bräunlichem Glas. mit Flüssen deutl. Manganreaction.
farblos, gelbl.-braun, röthl.-braun, nelkenbraun schwärzlichbraun, pechschwarz gelblichgrau rauchgrau, gelbl.-weiss, weingelb, hyacinthroth	farblos, weiss	6—7	unvollk. n. ∞P u. $\infty P \infty$	6·8—7	v. d. L. auf Kohle im Red. F. zumal bei Zusatz von etwas Soda zu Zinn reducirt. Von Säuren nicht angegriffen, nur durch Schmelzen m. Alkalien aufschliessbar.

Name.	Chemische Zusammensetzung.	Krystall-System.	Krystallogr. Axen.	Opt. Axen.	Glanz.
Kastor	(Li, Na)$_6$ Al$_8$ (Si$_2$ O$_5$)$_{15}$	Monosymmetrisch	a : b : c = 1·1535 : 1 : 0·7441; $\beta = 67° 34'$	in 0P, positive spitze Bisectrix die Orthodiagonale	Glasglanz
Kataplëit	H$_{18}$ Na$_8$ Ca$_2$ (Si Zr)$_{18}$ O$_{51}$	Hexagonal	a : c = 1 : 1·3504	.	schwacher Glasglanz
Kausimkies	Fe (S, As)$_2$	Rhombisch	.	.	Metallglanz
Keilhauit	Ca$_2$ (Al, Fe, Y)$_2$ [(Si, Ti) O$_3$]$_5$	Monosymmetrisch	a : b : c = 0·430 : 1 : 0·649; $\beta = 87° 50'$	.	auf −2P Glasglanz, sonst Fettglanz
Kentrolith	Pb O · Mn O$_2$ · Si O$_2$	Rhombisch	a : b : c = 0·633 : 1 : 0·784	.	.
Kerolith	37·95 Si O$_2$, 12·18 Al$_2$ O$_3$, 18·02 Mg O, 31 H$_2$ O	.	.	.	s. schwach fettglänzend
Kieserit	Mg SO$_4$ · H$_2$O	Monosymmetrisch	a : b : c = 0·9147 : 1 : 1·7445; $\beta = 88° 53'$	in $\infty P \infty$	.
Kilbrickenit	6 Pb S · Sb$_2$ S$_3$	.	.	.	Metallglanz

Farbe.	Strich.	Härte.	Spaltbarkeit.	Spec. Gewicht.	Bemerkungen.
graulichweiss, röthlichweiss, blassroth	grauweiss	5·5	z. vollk. n. 0P	2·397—2·405	v. d. L. schmilzt er ruhig zu trübem, etwas blasigem Glas, die Flamme roth färbend, was sehr deutl. hervortritt, wenn er mit Fluorit geschmolzen wird.
hellgelb, licht gelbl.-braun	gelb	6	deutl. n. ∞P auch P	2·8	v. d. L. schmilzt er leicht zu weissem Email, in H Cl zersetzt er sich unter Gallertbildung.
zinnweiss, bunt oder grünlichgrau anlaufend	grünlichgrau	.	.	4·92—5·00	.
bräunlichroth, dunkelbraun	schmutziggelb	6—7	vollk. nach —2P	3·51—3·72	v. d. L. schmilzt er unter Blasenwerfen zieml. leicht zu einer schwarzen glänzenden Schlacke, mit Borax Eisenreaction. Das feine Pulver von H Cl schwierig, aber vollständig zersetzt.
dunkelröthlichbraun, schwärzlich	rothbraun	5	deutl. n. ∞P	6·19	auf Kohle schmelzend, indem die Kohle sich mit einem schwachen grünlichgelben Beschlag umgiebt; mit HCl Chlor entwickelnd.
grünlichweiss, gelblichweiss, gelblichgrau gelb,röthlich	weisslich, glänzend	2—3	.	2·3—2·4	fühlt sich fettig an, im Kolben wird er schwarz, v. d. L. ist er unschmelzbar.
farblos, graulichweiss, gelblich	weiss	3	vollk. n. P und ⅓P	2·569	im Wasser sehr langsam vollständig gelöst. Mit wenig Wasser befeuchtet erhärtet er, an der Luft überzieht er sich mit einer trüben Verwitterungsrinde.
bleigrau	schwarzgrau	2—2·5	.	6·407	von H Cl in der Wärme langsam zersetzt.

Name.	Chemische Zusammensetzung.	Krystall-System.	Krystallogr. Axen.	Opt. Axen.	Glanz
Killinit	48—49 SiO_2, 31 Al_2O_3, 2.3 FeO, 6.5 K_2O, 10 H_2O	.	.	.	.
Kirwanit	40.5 SiO_2, 11.41 Al_2O_3, 23.19 FeO, 19.78 CaO, 4.35 H_2O	.	.	.	.
Kjerulfin	10.7 F. 43.7 P_2O_5, 34.7 MgO, 6.8 Mg. 3.1 CaO, 0.9 Rückstand	Monosymmetrisch	a : b : c = 0.9569 : 1 : 0.7527, $\beta = 71°53'$	in $\infty P \infty$, spitze Bisectrix bildet mit der Verticalaxe einen Winkel von 21° 30' ca.	Fettglanz
Klaprothit	3 Cu_2 S . 2 $Bi_2 S_3$	Rhombisch	a : c = 0.740 : 1 ca.	.	Metallglanz
Klinochlor	H_8 (Mg, Fe)$_5$ (Al, Fe, Cr)$_2$ $Si_3 O_{18}$	Monosymmetrisch	a : b : c = 0.5774 : 1 : 3.1272, $\beta = 76°4'$	in $\infty P \infty$, Bisectrix bildet mit 0P einen Winkel von 75° bis 78°	Glasglanz, Fettglanz, auf 0P Perlmutterglanz
Klinophaeit	(K Na)$_8$ (Fe, Mg, Ni, Co) (Fe. Al)$_2$ (HO)$_6$ (SO$_4$)$_5$ + 5 H_2O	Monosymmetrisch?	.	.	.
Klipsteinit	25.0 SiO_2, 32.17 Mn_2O_3, 4.0 Fe_2O_3, 1.7 Al_2O_3, 25.0 MnO, 2.0 MgO, 9 H_2O	.	.	.	.
Knebelit	(Mn, Fe)$_2$ SiO_4	Rhombisch	.	.	.

Farbe.	Strich.	Härte.	Spaltbarkeit.	Spec. Gewicht.	Bemerkungen.
grünlichgrau gelblich, bräunlich	grau	3.5	ungleichwerthig nach zwei Richtungen	2.65—2.71	erhitzt wird er schwarz, giebt Wasser, v. d. L. schwillt er an und schmilzt schwierig zu weissem blasigem Email. Durch Schwefelsäure zersetzbar.
dunkelolivengrün	grau	2	.	2.9	v. d. L. schwarz werdend, schmilzt theilweise, mit Borax ein dunkles Glas gebend, wahrscheinlich ein unreiner Amphibol.
blassroth, gelblich	weiss	4—5	s. unvollk. nach einem scheinbar rechtwinkeligen Prisma	3.15	ein theilweise in Apatit (siehe diesen) umgewandelter Wagnerit (siehe diesen).
gelblich, stahlgrau, bunt anlauf.	schwarz	2.5	s. deutl. n. $\infty \bar{P} \infty$	4.6	völlig löslich in Salzsäure.
lauchgrün, bläulichgrün, schwärzlichgrün	grünlichweiss, grün	1.5—3	s. vollk. n. 0P	2.65—2.78	v. d. L. wird er weiss und trübe, schmilzt schwer zu graulichgelbem Email, von Säuren wenig angegriffen.
.	.	.	.	.	mit Plagiocitrit, Wattevillit, Klinocrocit Zersetzungsproducte, entstanden aus der Einwirkung sich zersetzender Eisenkiese auf Basalttuff, in der Rhön.
dunkelleberbraun, röthlichbraun	röthlichbraun, fettglänzend	5.5	.	3.5	v. d. L. schmilzt er zu schwarzgrauer wenig glänzend. Schlacke. das Pulver von H Cl unter Chlorentwicklung und Abscheidung schleimigen Kieselpulvers leicht gelöst.
grau, graulichweiss, roth, braun, schwarz, grün	grau	5.5—6	n. ∞P v. 115°	3.714—4.122	v. d. L.unveränderlich, von H Cl zersetzt unter Abscheidung von Kieselgallert.

— 130 —

Name.	Chemische Zusammensetzung.	Krystall-System.	Krystallogr. Axen.	Opt. Axen.	Glanz.
Kobaltkies	(Ni, Co, Fe)$_3$ S$_4$	Regulär	.	.	Metallglanz
Kobaltspath	Co CO$_3$	Hexagonal-rhomboedr.	.	.	Fettglanz
Kobellit	3 Pb S · (Bi · Sb)$_2$ S$_3$	Rhombisch	.	.	Metallglanz
Kochsalz	Na Cl	Regulär	.	.	Glasglanz
Könleinit	C$_5$ H$_4$	Monosymmetrisch	.	.	Diamantglanz, Fettglanz
Köttigit	(Zn, Co)$_3$ As$_2$ O$_8$ · 8 H$_2$O	.	.	.	.
Kollyrit	(Al$_2$)$_2$ Si O$_8$ · 9 H$_2$O	.	.	.	.

Farbe.	Strich.	Härte.	Spaltbarkeit.	Spec. Gewicht.	Bemerkungen.
röthlich-silberweiss, oft gelb angelaufen	grau	5·5	unvollk. n. $\infty O \infty$	4·8—5·0	v. d. L. scheflige Säure, schmilzt im Red. F. zu e. grauen, im Bruch broncefarbig. magnetischen Kugel in warmer Salpetersäure unter Abscheidung von Schwefel löslich zu rother Solution.
äusserlich schwarz sammetähnlich, innerlich erythrinroth	pfirsichblüthroth	4	n. R.	4·02—4·13	schwärzt sich beim Erhitzen, von Salz- und Salpetersäure wenig angegriffen in der Kälte, in der Wärme mit starker Kohlensäureentwicklung löslich.
bleigrau	schwarz	2·5	.	6·29—6·32	v. d. L. schmilzt er anfangs stark aufschäumend, dann ruhig, beschlägt die Kohle weiss und gelb und hinterlässt ein weisses Metallkorn; in conc. Salzsäure löslich unter Entwicklung von Schwefelwasserstoff.
farblos, weiss, grau, gelb, roth, blau, grün	weiss	2	s. vollk. n. $\infty O \infty$	2·1—2·2	in Wasser leicht löslich, im Kolben zerknistert es, färbt die Flamme röthlichgelb, nach Zusatz von Phosphorsalz und Kupferoxyd schön blau.
weiss	weiss	1·5—2	.	1—1·2	fühlt sich fettig an, geruchlos, löslich in Aether.
pfirsichblüthroth bis weiss	weiss	.	.	.	ganz ähnlich der Kobaltblüthe.
schneeweiss, graulichweiss, gelblichweiss,	weiss	1—2	.	2—2·15	fühlt sich fettig an, klebt stark an der Zunge, v. d. L. unschmelzbar, in Säuren löslich, die Sol. giebt beim Abdampfen eine Gallert.

Name.	Chemische Zusammensetzung.	Krystall-System.	Krystallogr. Axen.	Opt. Axen.	Glanz.
Kongsbergit	95·10 Ag · 4·90 Hg	.	.	.	Metallglanz
Koppit	(Na, K)$_4$ Ca$_3$ (Ca. F) (CeO) (Nb$_2$ O$_7$)$_3$	Regulär	.	.	Fettglanz
Korund	Al$_2$ O$_3$	Hexagonal-rhomboedr.	a : c = 1 : 1·363	.	Glasglanz
Korundophilit	24·0 Si O$_2$ 25·9 Al$_2$ O$_3$ 22·7 Mg O · 14·8 Fe O · 11·9 H$_2$O	Monosymmetrisch	.	in $\infty \breve{P} \infty$	Glasglanz, Perlmutterglanz
Korynit	(Ni, Fe) (As, Sb) S	Regulär	.	.	Metallglanz
Koupholit	H$_2$ Ca$_2$ (Al · Fe)$_2$ (Si O$_4$)$_3$	Rhombisch	a : b : c = 0·8401 : 1 : 1·1253	in $\infty \breve{P} \infty$, positive Bisectrix die Verticale.	Glasglanz, auf 0P Perlmutterglanz
Krantzit	C$_{10}$ H$_{16}$O	.	.	.	starker Fettglanz
Kreittonit	(Zn, Fe) (Al, Fe)$_2$ O$_4$	Regulär	.	.	Glasglanz
Kremersit	2 (K. Am) Cl · Fe Cl$_3$ · H$_2$O	Regulär	.	.	.

Farbe.	Strich.	Härte.	Spaltbarkeit.	Spec. Gewicht.	Bemerkungen.
.	.	.	.	.	.
braun	hellbraun	.	.	4·45—4·56	siehe Dysanalyt.
farblos, weiss, blau, roth, grau, gelb, braun, oft mehrfarbig in demselben Krystall	weisslich	9	n. R und 0R	3·9—4	v. d. L. unschmelzbar und unveränderlich, mit Borax schwierig vollkommen zu klarem farblosen Glas löslich, mit Kobaltsolution im Ox. F. stark erhitzt, schön blau.
apfelgrün	graulich	2·5—3	s. vollk. n. 0P	2·71—2·90	.
silberweiss, grau. gelb, blau anlaufend	schwarz	4·5—5	unvollk. n. $\infty O \infty$	5·994	Im Kolben erst weisses Sublimat, dann Arsenspiegel, begrenzt durch eine schmale rothe und breite gelbe Zone, mit warmer Salpetersäure hellgrüne Sol. unter Abscheidung von Schwefel und Antimonoxyd.
farblos, grünlichweiss, spargelgrün, apfelgrün, lauchgrün	grünlichweiss	6—7	z. vollk. n. 0P, unvollk. n. ∞P	2·8—3	v. d. L. schmilzt er mit starken Blasenwerfen zu blasigem Glas, in HCl vollständig löslich, wenn er vorher geglüht oder geschmolzen ist.
gelb, braun, schwarz, innerlich röthlich	grauweiss	2	.	0·968	schmilzt bei 225° C., in Aether zu 6, in Alkohol zu 4 pCt. löslich, schwillt in Terpentinöl zu einer hellgelben elastischen Masse an.
sammetschwarz, grünlichschwarz	graulichgrün	7—8	n. O	4·48—4·89	v. d. L. unschmelzbar, mit Flüssen Eisenreaction.
roth	.	.	.	.	leicht löslich, leicht zerfliesslich.

Name.	Chemische Zusammensetzung.	Krystall-System.	Krystallogr. Axen.	Opt. Axen.	Glanz.
Krennerit	Te, Au, Ag, Cu	Rhombisch	a : b : c = 0·9407 : 1 : 0·5044	. .	silberweiss
Krokydolith	Na Fe Si_2 O_6 · Fe Si O_3	.	.	.	Seidenglanz
Kryolith	3 Na F · Al F_3	Monosymmetrisch	a : b : c = 0·9662 : 1 : 1·3882; $\beta = 89° 49'$	in $\infty \bar{P} \infty$, scheinbar fast normal auf $'\bar{P} \infty$	Glasglanz, auf 0P perlmutterähnlich
Kryophyllit	53·46 Si O_2 · 16·77 Al_2 O_3 · 1·97 Fe O_3 · 7·98 Fe O · 0·31 Mn O · 0·76 Mg O · 13·15 K_2O · 4·06 Li_2O · 2·50 F	Monosymmetrisch	.	in $\infty P \infty$	Glasglanz
Kryptolith	Ce_3 P_2 O_8	.	.	.	Fettglanz
Kupfer	Cu	.	.	.	Metallglanz
Kupferantimonglanz	Cu_2 S · Sb_2 S_3	Rhombisch	a : b : c = 0·539 : 1 : 0·654	. .	Metallglanz

— 135 —

Farbe.	Strich.	Härte.	Spaltbarkeit.	Spec. Gewicht.	Bemerkungen.
.	.	.	vollk. n. 0P	.	.
indigoblau, smalteblau,	lavendelblau	4	.	3·2—3·3	im Glasrohr erhitzt, braunroth, v. d. L. schmilzt er leicht zu einem aufgeblähten, schwarzen, magnetischen Glas. Säuren ohne Wirkung, Asbestform des Arfvedsonit, die gelben Var. sind Pseudomorphosen von Quarz nach Krokydolith.
gelb, roth	gelblichweiss	6			
farblos, graulichweiss, gelblich, röthlich	weiss	2·5—3	vollk. n. 0P, $\infty'P$, $\infty P'$, welche nahezu rechtwinkelig auf einander stehen, unvollk. n. $'\bar{P}'\infty$	2·95—2·97	v. d. L. sehr leicht schmelzbar zu weissem Email, die Flamme röthlichgelb färbend, auf Kohle schmilzt er sehr leicht und hinterlässt eine Kruste von Thonerde, welche mit Kobaltsolution blau w. conc. Schwefelsäure löst ihn m. Entwickl. von Flusssäure.
dunkelgrün	grau	.	vollk. n. 0P	2·909	der Kieselsäure reichste aller Glimmer.
blass weissgelb	weiss	.	.	4·6	v. d. L. unschmelzbar, das feine Pulver von conc. H_2SO_4 vollständig zerlegt.
kupferroth, oft gelb und braun angelaufen	kupferroth	2·5—3	.	8·5—8·9	v. d. L. z. l. schmelzbar, in Salpetersäure leicht löslich, ebenso in Ammoniak.
bleigrau, eisenschwarz, bunt anlaufend	schwarz	3·5	s. vollk. n. $\infty \bar{P} \infty$ unvollk. n. 0P	4·748	v. d. L. zerknistert er, schmilzt leicht. giebt m. Soda e. Kupferkorn m. Antimongeruch, lösl. i. Salpeters. unter Abscheidung v. Schwefel und Antimonoxyd.

Name.	Chemische Zusammensetzung.	Krystall-System.	Krystallogr. Axen.	Opt. Axen.	Glanz.
Kupfer-manganerz	Mn O (HO)$_2$ · Mn (HO)$_2$ · Cu (HO)$_2$	amorph	.	.	Fettglanz
Kupfer-sammeterz	Cu$_{10}$ Al$_4$ (HO)$_{32}$ (SO$_4$)$_3$ H$_2$O	Rhombisch	.	.	Seidenglanz
Kupfer-schaum	5 Cu O · As$_2$ O$_5$ · 9 H$_2$O	.	.	.	Perlmutterglanz
Kupfer-schwärze	30·05 Mn$_2$ O$_3$ 29·0 Fe$_2$ O$_3$ 11·5 Cu O 29·45 H$_2$O	amorph	.	.	.
Kupfer-silberglanz	(Cu, Ag)$_2$ S	Rhombisch	a : b : c = 0·5820 : 1 : 0·9206	.	Metallglanz
Labrador Labradorit	Na Al Si Si$_2$ O$_8$ Ca Al Al Si$_2$ O$_8$	Asymmetrisch	a : b : c = 0·6190 : 1 : 0·5385, $\alpha = 92°\ 38'$, $\beta = 115°\ 35'$, $\gamma = 90°\ 52'$	ähnlich wie bei dem Albit	Glasglanz, auf $\infty\breve{P}\infty$ fettartig
Lanarkit	Pb$_2$ SO$_5$	Monosymmetrisch	a : b : c = 0·8681 : 1 : 1·3836; $\beta = 88°\ 11'$	.	diamantähnlicher Perlmutterglanz, auf 0P, sonst Fettglanz
Langit	Cu$_4$ (HO)$_6$ SO$_4$ + 2 H$_2$O	Rhombisch	a : b : c = 0·5347 : 1 : 0·3393	in $\infty\breve{P}\infty$	auf 0P stark glänzend

— 137 —

Farbe	Strich.	Härte.	Spaltbarkeit.	Spec. Gewicht.	Bemerkungen.
bräunlichschwarz	bräunlichschwarz	3·5	.	3·1—3·2	v. d. L. auf Kohle unschmelzbar, wird braun, in H Cl löslich unter Entwicklung von Chlor.
smalteblau	blau	.	.	.	.
spangrün, himmelblau	spangrün, himmelblau	1·5	monotom. vollkommen	3—3·1	v. d. L. zerknistert er heftig, schwärzt sich und schmilzt zu einer stahlgrauen Kugel, giebt auf Kohle Arsengeruch; löslich in Säuren mit Brausen, in Ammonick mit Hinterlassung von Ca CO_3.
bräunlichschwarz, bläulichschwarz	bräunlichschwarz, bläulichschwarz	1·5	.	.	v. d. L. ein Kupferkorn, in H Cl leicht löslich.
schwärzlichbleigrau	schwärzlichbleigrau	2·5—3	.	6·2—6·3	v. d. L. leicht schmelzbar zu einer grauen metallglänzenden Kugel, in Salpetersäure unter Abscheidung v. Schwefel löslich.
farblos, weiss, grau, röthlich, bläulich, grünlich	weiss und grauweiss	6	s. vollk. n. 0P, z. vollk. n. $\infty \overset{.}{P} \infty$	2·68—2·74	v. d. L. schmilzt er etwas leichter als Oligoklas, von conc. H Cl das sehr feine Pulver nach längerem Erhitzen zersetzt.
dunkel grünlichweiss, gelblichweiss, grau	grauweiss	2—2·5	s. vollk. n. 0P	6·8—7	v. d. L. auf Kohle schmilzt er zu einer weissen Kugel, welche etwas Blei enthält, in Salpetersäure theilweise mit Brausen löslich.
grünlichblau	blaugrau	2·5	n. 0P und $\infty \overset{.}{P} \infty$	3·48—3·50	in H_2O unlöslich, dagegen in Säuren und Ammoniak löslich.

Name.	Chemische Zusammensetzung.	Krystall-System.	Krystallogr. Axen.	Opt. Axen.	Glanz.
Lapis Lazuli	45·5 SiO_2 31·76 Al_2O_3 5·89 H_2SO_4 · 9·09 Na_2O 3·52 CaO · Fe_2O_3 u. S nebst H_2O in geringen Mengen	Regulär	.	.	glasähnlicher Fettglanz
Laurit	$(Ru, Os)_2 S_3$	Regulär	.	.	Metallglanz
Låvenit	$SiO_2 = 33·71$, $ZrO_2 = 31·65$, $Fe_2O_3 = 5·64$, $MnO = 5·06$, $CaO = 11·00$, $Na_2O = 11·32$, Verlust 1·03	Monosymmetrisch	$a:b:c =$ 1·0811 : 1 : 0·8133, $\beta = 71°\,24'$	in $\infty P\infty$, spitze Bisectrix bildet mit der Verticalen einen Winkel von ca. 20° 30'	Glasglanz
Laxmannit	$(Pb, Cu)_3$ P_2O_8 · $(Pb, Cu)_3$ Cr_2O_9	Monosymmetrisch	$a:b:c =$ 0·7408 : 1 : 1·3854, $\beta = 69°\,46'$	.	Fettglanz
Leadhillit	$Pb_4 (HO)_2$ $(CO_3)_2 SO_4$	Monosymmetrisch	$a:b:c =$ 1·7476 : 1 : 2·2154, $\beta = 89°\,47\frac{1}{2}'$	Ebene d. opt. A. normal auf $\infty P\infty$, spitze Bisectrix in $\infty P\infty$, im stumpfen Winkel, mit der Verticalaxe einen Winkel v. 0° 12' 22'' bildend, also normal zu 0P	diamantartiger Perlmutterglanz auf 0P, sonst Fettglanz
Leonhardit	$CaAl_2 Si_4 O_{12}$ $+ 3H_2O$	Monosymmetrisch	.	.	Perlmutterglanz
Lepidokrokit	$H_2 (Fe\,Mn)_2$ O_4	.	.	.	.

Farbe.	Strich.	Härte.	Spaltbarkeit.	Spec. Gewicht.	Bemerkungen.
lasurblau	hellblau	5·5	unvollk. n. ∞O	2·38—2·42	mech. Gemenge einer blaugefärbten Substanz mit farblosen Körnern, v. d. L. entfärbt er sich und schmilzt zu einer weissen, blasigen Kugel, in HCl giebt er etwas Schwefelwasserstoff und zersetzt sich mit Abscheidung von Kieselgallert.
dunkeleisenschwarz	eisenschwarz	7·5	.	6·99	mit Kalihydrat und Salpeter geschmolzen braune Masse, welche sich im Wasser völlig mit prächtiger Orangefarbe auflöst.
kastanienbraun bis gelblich	gelblich	.	.	3·51	.
dunkelolivengrün, pistazgrün	lichtpistazgrün	3	.	5·77	.
gelblichweiss, grau, grüngelb, braun	weiss	2·5	s. vollk. n. 0P	6·26—6·55	v. d. L. auf Kohle schwillt er an, wird gelb, aber beim Erkalten wieder weiss und reducirt sich leicht zu Blei; in Salpetersäure mit Brausen löslich unter Zurücklassung v. Bleisulfat.
gelblichweiss	weiss	3—3·5	s. vollk. n. ∞P, unvollk. n. 0P	2·25	v. d. L. schmilzt er sehr leicht unter Aufblättern u. Aufschäumen zu einem weissen Email, an der Luft verwittert er leicht, von Säuren zersetzt.
röthlichbraun, nelkenbraun	bräunlichgelb	3·5	.	3·7—3·8	.

Name.	Chemische Zusammensetzung.	Krystall-System.	Krystallogr. Axen.	Opt. Axen.	Glanz.
Lepidolith	(Li, K, Na)$_2$ (F, HO)$_2$ Al$_2$ Si$_3$ O$_9$	Monosymmetrisch	.	Ebene der opt. A. senkrecht auf $\infty\text{P}\infty$, spitze Bisectrix weicht wenig von der Normalen auf OP ab	Perlmutterglanz
Lepidomelan	$\begin{Bmatrix} \text{K H}_2 \\ \text{(Fe Al)}_3 \\ \text{(Si O}_4\text{)}_3 \\ \text{(Fe Mg)}_6 \\ \text{(Si O}_4\text{)}_3 \end{Bmatrix}$	Monosymmetrisch	a : b : c = 0·5777 : 1 : 3·2755, $\beta = 90°$	in $\infty\text{P}\infty$	Glasglanz
Lepidophaeit	59 Mn O$_2$, 5·9 Mn O 11·5 Cu O, 21 H$_2$O	.	.	.	Seidenglanz
Lerbachit	(Hg, Pb) Se	Regulär	.	.	Metallglanz
Leuchtenbergit	H$_8$ (Mg, Fe)$_5$ (Al, Cr, Fe)$_2$ Si$_3$ O$_{18}$	Hexagonal-rhomboedr.	a : c = 1 : 3·495	.	Fettglanz, Perlmutterglanz
Leucit	K, Al (Si O$_3$)$_2$	Tetragonal	a : c = 1 : 0·5264	.	Glasglanz, im Bruch Fettglanz
Leukochalcit	47·10 Cu O· 1·56 Ca O· 2·28 Mg O· 37·89 As$_2$ O$_5$· 1·60 P$_2$ O$_5$· 9·57 Glühverl.	.	.	.	Seidenglanz
Leukophan	Na$_2$ (Be, Ca)$_3$ (Ca F)$_2$ (Si O$_3$)$_5$	Monosymmetrisch	a : b : c = 1·061 : 1 : 1·054, $\beta = 90°$	.	Glasglanz

Farbe.	Strich.	Härte.	Spaltbarkeit.	Spec. Gewicht.	Bemerkungen.
farblos, weiss, röthlich, grünlich, rosenroth, pfirsichblüthroth	weiss	2—3	vollk. n. 0P	2·75—3	v. d. L. sehr leicht unter Aufwallen zu einem farblosen braunen oder schwarzen Glas schmelzend, indem er die Flamme roth färbt, von Säuren roh unvollständig, geschmolzen vollkommen zerlegt.
rabenschwarz	berggrün	3	vollk. n. 0P	3	v. d. L. wird er braun und schmilzt dann zu einem schwarzen magnetischen Glas, von Salz- und Salpetersäure ziemlich leicht zersetzt mit Hinterlass. e. Kieselskelets.
röthlichbraun	röthlichbraun	.	.	.	abfärbend.
bleigrau, stahlgrau, eisenschwarz	schwärzlichgrau	2	n. $\infty O\infty$	7·80—7·88	körnige Aggregate, giebt im Kolben ein graues Sublimat von Selenquecksilber, mit Soda von Quecksilber.
grünlichweiss, gelblichweiss, licht ockergelb	weisslich	2—3	vollk. n. 0P	.	.
graulichweiss, aschgrau, gelblichweiss, röthlichweiss	weiss	5·5—6	unvollk. n. $\infty P\infty$ u. 0P	2·45—2·50	v. d. L. unveränderlich, m. Kobaltsolution schön blau, von HCl vollständig zersetzt unter Abscheidung von Kieselpulver.
weisslichgrün	weisslichgrün	.	.	.	.
blass grünlichgrau licht weingelb	blass grünlichgrau licht weingelb	3·5—4	vollk. n. $\infty \overset{.}{P}\infty$	2·964—2·974	v. d. L. schmilzt er zu einer klaren, schwach violetblauen Perle.

— 142 —

Name.	Chemische Zusammensetzung.	Krystall-System.	Krystallogr. Axen.	Opt. Axen.	Glanz.
Leukopyrit	$Fe_3\ As_4$	Rhombisch	$a:b:c =$ $0.658:1:$ 1.284	.	Metallglanz
Levyn	$Ca\ Al_2\ Si_3\ O_{10}$ $+ 5\ H_2 O$	Hexagonal rhomboedr.	$a:c = 1:$ 1.6717	.	Glasglanz
Leydyit	$Si\ O_2 = 51.41$, $Al_2 O_3 = 16.82$, $Fe\ O = 8.50$, $Ca\ O = 3.15$, $Mg\ O = 3.07$, $H_2 O = 17.08$	.	.	.	Wachsglanz
Libethenit	$Cu_3\ P_2\ O_8 \cdot$ $H_2\ Cu\ O_2$	Rhombisch	$a:b:c =$ $0.9601:1:$ 0.7019	.	Fettglanz
Liebenerit	$44.66\ Si\ O_2 \cdot$ $36.51\ Al_2 O_3$ $1.94\ Fe_2 O_3 \cdot$ $1.40\ Mg\ O$, $9.90\ K_2\ O$, $0.92\ Na_2 O$, $5.05\ H_2 O$	Hexagonal	.	.	schwach fettglänzend
Liebigit	$38\ U\ O_3 \cdot$ $8\ Ca\ O \cdot$ $10\ CO_2 \cdot$ $45\ H_2 O$	.	.	.	.
Liëvrit	$Ca\ Fe_2\ Fe$ $(HO)\ (Si\ O_4)_2$	Rhombisch	$a:b:c =$ $0.6665:1:$ 0.4427	.	Fettglanz, halbmetallisch
Lillit	$34.5\ Si\ O_2 \cdot$ $54.7\ Fe\ O$ u. $Fe_2\ O_3$ $10.8\ H_2 O$	.	.	.	.
Lindsayit	.	.	.	.	.

Farbe.	Strich.	Härte.	Spaltbarkeit.	Spec. Gewicht.	Bemerkungen.
zinnweiss	graulichschwarz	5—5·5	z. vollk. n. 0P unvollk. n. $\check{P}\infty$	.	syn. mit Arseneisen.
weiss, lichtgrau	weiss	4	unvollk. n. R	2·1—2·2	v. d. L. schwillt er an und schmilzt zu kleinblasigem Email; von HCl vollkommen zersetzt unter Abscheidung von schleimigem Kieselpulver.
grün, blaugrün, olivengrün, grasgrün	weiss	1·5	.	.	v. d. L. unter starkem Schäumen schmelzend, leicht löslich in kalter HCl, theilweise gelatinirend.
lauchgrün, olivengrün, schwärzlichgrün	olivengrün	4	unvollk. n. $\infty\check{P}\infty$ und $\infty\bar{P}\infty$	3·6—3·8	.
ölgrün, bläulichgrün, grünlichgrau	graugrün	3·5	unvollk. n. ∞P	2·799—2·814	v. d. L. nur an den Kanten schmelzend, von HCl unvollkommen zersetzt.
grün	grün	.	.	.	giebt mit HCl eine gelbe Lösung.
bräunlichschwarz, grünlichschwarz	schwarz	5·5—6	.	3·8—4·1	v. d. L. schmilzt er leicht zu einer schwarzen magnetischen Kugel, in HCl leicht und vollständig löslich unter Abscheidung von Kieselgallert.
schwärzlichgrün	dunkelgraugrün	2	.	3·0428	fühlt sich mager an, wird im Kolben schwarz, auf Kohle schmilzt er schwer zu schwarzer magnetischer Schlacke; in HCl löslich unter Bildung v. Kieselgallert.
.	.	.	.	.	Umwandlungsproduct von Anorthit, Grönland.

Name.	Chemische Zusammensetzung.	Krystall-System.	Krystallogr. Axen.	Opt. Axen.	Glanz.
Linsenerz	$Cu_9 Al_4$ $(HO)_{15}$ $(AsO_4)_5$ $+ 20 H_2O$	Monosymmetrisch	$a:b:c =$ $1·6809:1:$ $1·3190,$ $\beta = 88° 33'$	Ebene der opt. A. normal auf $\infty P\infty$, spitze Bisectrix die Orthodiagonale.	Glasglanz, Fettglanz
Liskeardit	$Al_3 (HO)_6$ $As O_4$ $+ 6 H_2O$	.	.	.	.
Lithiophilit	$Li_3 PO_4 \cdot$ $Mn_3 P_2 O_8$	.	.	in 0P, spitze Bisectrix senkrecht auf $\infty \breve{P} \infty$	Glasglanz, Harzglanz
Löweït	$2 Na_2 Mg$ $(SO_4)_2$ $+ 5 H_2O$	Tetragonal	.	.	Glasglanz
Löwigit	$K_2 (Al_2)_3$ $S_4 O_{22}$ $+ 9 H_2O$	Amorph	.	.	.
Ludlamit	$Fe_7 P_4 O_{17}$ $+ 9 H_2O$	Monosymmetrisch	$a:b:c =$ $2·2527:1:$ $1·9820,$ $\beta = 79° 27'$	in $\infty P\infty$, spitze Bisectrix bildet mit d. Verticalaxe einen Winkel von $67° 5'$	Glasglanz
Ludwigit	$(Mg, Fe)_2$ $Fe B O_5$	.	.	.	Seidenglanz
Magnesit Magnesit- spath	$Mg CO_3$	Hexagonal-rhomboedr.	$a:c =$ $1:0·8095$	.	Glasglanz

Farbe.	Strich.	Härte.	Spaltbarkeit.	Spec. Gewicht.	Bemerkungen.
himmelblau, spangrün	lichter	2—2·5	unvollk. n. ∞P	2·83—2·93	im Kolben wird er grün, glüht dann und erscheint darauf braun, färbt die Flamme bläulichgrün, auf Kohle schmilzt er mit Arsengeruch zu dunkelbrauner Schlacke mit einzelnen Kupferkörnern, löslich in Säuren und Ammoniak.
grünlich-blauweiss	.	.	.	.	Chyandour bei Penzance in Cornwall.
hell lachsfarbig, honiggelb, gelbbraun	.	4·5	.	3·43	v. d. L. intensiv lithionrothe Flamme mit blassgrünen Streifen am unteren Ende.
gelblich-weiss, fleischroth	weiss	2·5—3	deutl. n. 0P, undeutl. n. ∞P	2·376	schwach salzig.
licht strohgelb	.	.	.	.	löslich in Salzsäure.
hellgrün	weiss	3·5	s. vollk. n. 0P, deutl. nach ∞P∞	3·12	v. d. L. auf Kohle die Flamme schwach grün färbend und einen schwarzen Rückstand lassend, beim Erhitzen dekrepitirt er heftig, wird schön dunkelblau u. giebt Wasser, löslich in verdünnter Salz- und Schwefelsäure.
schwarzgrün in violet geneigt bis schwarz	schwarzgrün	5	.	3·9—4·1	wird beim Erhitzen roth, schwierig in feinen Splittern schmelzbar, leicht löslich mit H Cl zu gelber, mit $H_2 SO_4$ langsamer zu grüner Solution.
farblos, schneeweiss, gelbl.-weiss, weingelb, ockergelb, graul.-weiss, schwärzlichgrau	weiss	4—4·5	s. vollk. n. R	2·9—3·1	v. d. L. unschmelzbar, meist grau od. schwarz werdend, von Säuren meist nur als Pulver in der Wärme gelöst.

Name.	Chemische Zusammensetzung.	Krystall-System.	Krystallogr. Axen.	Opt. Axen.	Glanz.
Magneteisenerz **Magnetit**	$Fe_3 O_4$	Regulär	.	.	Metallglanz
Magnetkies	$Fe_7 S_8$	Hexagonal	$a : c =$ $1 : 0.862$	.	Metallglanz
Magnoferrit	$MgO \cdot Fe_2 O_3$	Regulär	.	.	Metallglanz
Magnolit	$Hg_2 Te O_4$	.	.	.	Seidenglanz
Malachit	$Cu_2 (HO)_2$ CO_3	Monosymmetrisch	$a : b : c =$ $0.7823 : 1 :$ $0.4036,$ $\beta = 89° 57'$	in $\infty P\infty$, spitze Bisectrix gegen die Basis um 85° 20' geneigt.	Diamantglanz, Glasglanz, Seidenglanz
Malthazit	$50.2\ Si\ O_2 \cdot$ $10.7\ Al_2 O_3$ $3.1\ Fe_2 O_3 \cdot$ $0.2\ Ca\ O \cdot$ $35.8\ H_2 O$	.	.	.	.
Manganepidot	Ca_2 $(Al, Mn, Fe)_3$ (HO) $(Si O_4)_3$	Monosymmetrisch	$a : b : c =$ $1.6100 : 1 :$ $1.8326 ;$ $\beta = 64° 39'$	in $\infty P\infty$	Glasglanz
Manganit	$Mn_2 O_3 + H_2O$	Rhombisch	$a : b : c =$ $0.8439 : 1 :$ 0.5447	.	unvollkommner Metallglanz
Mangankiesel, schwarzer	$36.20\ Si\ O_2,$ $1.11\ Al_2 O_3$ $0.70\ Fe_2 O_3,$ $2.00\ Mn_2 O_3,$ $0.57\ Mg\ O,$ $0.70\ Ca\ O,$ $2.43\ H_2 O$	.	.	.	.

Farbe.	Strich.	Härte.	Spaltbarkeit.	Spec. Gewicht.	Bemerkungen.
eisenschwarz	schwarz	5·5—6·5	n. O	4·9—5·2	magnetisch, v. d. L. schwer schmelzbar, das Pulver in H Cl vollkommen löslich.
broncegelb	graulichschwarz	3·5—4·5	unvollk. n. ∞P	4·54—4·64	v. d. L. auf Kohle schmilzt er im Red. F. zu einer graulichschwarzen magnetisch. Kugel; in H Cl löst er sich mit Entwickluug von Schwefelwasserstoff und Abscheidung von Schwefel.
schwarz	dunkelrothbraun	.	.	4·65	stark magnetisch.
weiss	weiss	.	.	.	in Colorado.
spangrün, smaragdgrün	spangrün, apfelgrün	3·5	s. vollk. n. 0P u. ∞P∞	3·7—4·1	giebt Wasser u. wird schwarz, auf Kohle schmilzt er und reducirt sich zu Kupfer, in Salzsäure und Ammoniak mit Brausen löslich.
graul.-weiss	graul.-weiss	.	.	1·95—2·0	in dünnen Platten u. als Ueberzug im Basalt; v. d. L. leicht schmelzbar zu weissem Email, in conc. H Cl vollständig zersetzbar mit Abscheidung von Kieselflocken.
schwärzlichviolblau, röthlichschwarz	kirschroth	.	.	.	v. d. L. schmilzt er sehr leicht zu einem schwarzen Glas, mit Borax Manganreaction.
dunkelstahlgrau, eisenschwarz	braun	3·5—4	s. vollk. n. ∞P∞, vollk. n. ∞P, unvollk. n. 0P	4·3—4·4	v. d. L. unschmelzbar, Borax im Ox. F. amethystroth, in conc. HCl löslich unter Entwicklung von Chlor. Die braune Solution entfärbt sich unter Chlorentwicklung.
eisenschwarz	gelblichbraun, halbmetallisch glänzend	1·5—2	.	.	v. d. L. schwillt er an, schmilzt im Red. F. zu grünem, zú Ox. F. zu schwarzem Glas, in Säuren leicht lösl.

— 148 —

Name.	Chemische Zusammensetzung.	Krystall-System.	Krystallogr. Axen.	Opt. Axen.	Glanz.
Manganocalcit	$(Mn, Ca, Mg, Fe) CO_3$	Rhombisch	.	.	Glasglanz
Manganosit	$Mn\ O$	Regulär	.	.	.
Manganostibiit	$Sb_2 O_5 = 24.09$ $As_2 O_5 = 7.44$, $Mn\ O = 55.77$, $Fe\ O = 5.00$, $Ca\ O = 3.62$, $Mg\ O = 3.00$		.	.	Fettglanz
Manganzinkspath	$7.62 - 14.98$ $Mn\ CO_3$ $72.42 - 85.78$ $Zn\ CO_3$	.	.	.	.
Markasit	$Fe\ S_2$	Rhombisch	$a : b : c =$ $0.7519 : 1 : 1.1845$	.	Metallglanz
Marmolith	$42 \cdot Si\ O_2 \cdot$ $38.5\ Mg\ O \cdot$ $1\ Fe\ O \cdot$ $17.5\ H_2O$	Monosymmetrisch	.	.	Perlmutterglanz bis Fettglanz
Mascagnin	$(NH_4)_2\ SO_4$	Rhombisch	$a : b : c =$ $0.5643 : 1 :$ $0.7310,$	.	Glasglanz
Masonit	$32.68\ Si\ O_2$, $26.38\ Al_2 O_3$, $18.95\ Fe_2 O_3$ $16.7\ Fe\ O$, $1.32\ Mg, O$, $4.5\ H_2O$	.	.	.	Perlmutterglanz bis Glasglanz
Matlockit	$Pb_2\ Cl_2\ O$	Tetragonal	$a : c = 1 :$ 1.7627	.	Diamantglanz

Farbe.	Strich.	Härte.	Spaltbarkeit.	Spec. Gewicht.	Bemerkungen.
fleischroth, dunkelröthl.-weiss	weiss	4—5	n. $\infty \bar{P} \infty$	3·037	.
grün	grün	5—6	n. $\infty O \infty$	5·18	.
rabenschwarz	chocoladenbraun	.	.	.	v. d. L. unschmelzbar, in HCl leicht vollkommen löslich.
.	.	.	.	.	siehe Smithsonit.
graulich, speisgelb, grünlichgrau	grünlichgrau	6—6·5	unv. n. ∞P, in Spuren n. $P \infty$	4·65—4·88	der Verwitterung und Vitriolisirung sehr stark unterworfen.
farblos, grün, gelb, grau	weisslich	2·5—3	n. 0P und $\infty P \infty$	2·44—2·47	v. d. L. zerknistert er, wird härter, spaltet sich auf, schmilzt aber nicht, wird mit Kobaltsolution schmutzig roth. Eine Serpentinvarietät.
farblos, weiss, gelblich	weiss	2—2·5	z. vollk. n. $\infty \bar{P} \infty$	1·7—1·8	schmeckt scharf und etwas bitter, in Wasser leicht löslich, im Kolben zerknistert er, schmilzt dann, giebt Wasser, zersetzt sich und verflüchtigt sich endlich gänzlich.
dunkelgrünlichgrau	grau	6·5	monotom.	3·45—3·53	v. d. L. blättert er sich etwas auf und schmilzt an den Kanten zu einer schwarzen magnetischen Masse, von Säuren angegriffen.
gelblich, grünlich	weisslich	2·5	n. 0P und ∞P	7·21	Doppelbrechung negativ, v. d. L. zu einer graulichgelben Kugel schmelzend.

Name.	Chemische Zusammensetzung.	Krystall-System.	Krystallogr. Axen.	Opt. Axen.	Glanz.
Meerschaum	$Mg_2 Si_3 O_8$	amorph	.	.	.
Megabromit	$4 Ag Cl \cdot 5 Ag Br$	Regulär	.	.	Diamantglanz
Mejonit	$Ca_6 (Al_2)_4 Si_9 O_{36}$	Tetragonal	$a:c = 1: 0.4398$	.	Glasglanz
Melanglanz	$5 Ag_2 S \cdot Sb_2 S_3$	Rhombisch	$a:b:c = 0.6311:1: 0.6879$	.	Metallglanz
Melanophlogit	$86.29\ Si\ O_2 \cdot 7.2\ SO_3,$ $2.86\ H_2O \cdot$ 0.7 Eisenoxyd und Thonerde 2.8 Strontium	Regulär	.	.	Glasglanz
Melanosiderit	$7.39\ Si\ O_2,$ $75.13\ Fe_2 O_3,$ $4.34\ Al_2 O_3,$ $13.83\ H_2O$	.	.	.	.
Melinophan	$Na_4 (Be, Ca)_{12} F_4 Si_9 O_{30}$	Tetragonal	$a:c = 1: 0.6584$		Glasglanz

— 151 —

Farbe.	Strich.	Härte.	Spaltbarkeit.	Spec. Gewicht.	Bemerkungen.
gelblich-weiss, graulich-weiss	do., wenig glänzend	2—2·5	.	0·988—1·279	fühlt sich fettig an, haftet stark an der Zunge, v. d. L. schrumpft er ein, wird hart und schmilzt an den Kanten zu weissem Email, mit Kobaltsolution blassroth, HCl zersetzt ihn mit Abscheidung schleimiger Kieselflocken.
zeisiggrün, pistazgrün bis schwarz anlaufend	zeisiggrün	2·5	n. $\infty O \infty$	6·22—6·23	.
farblos, weiss	weiss	5·5—6	vollk. n. $\infty P \infty$, unvoll. n. ∞P	2·60—2·61	v. d. L. unter starkem Schäumen zu einem blasigen Email schmelzend, von HCl vollständig aufgelöst und die SiO_2 durch Abdampfen als Pulver abgeschieden.
eisenschwarz, schwärzlichbleigrau	eisenschwarz, glänzend	2—2·5	unvollk· n. $2\breve{P}\infty$ u. $\infty\breve{P}\infty$	6·2—6·3	v. d. L. auf Kohle schmilzt er zu einer dunkelgrauen Kugel, welche im Red. F. mit Soda ein Silberkorn giebt, in verdünnter Salpetersäure leicht zersetzt unter Abscheidung von Schwefel und Antimonoxyd.
farblos, licht, bräunlich	weiss	6·5—7	z. vollk. n. $\infty O \infty$	2·04	v. d. L. erst gelblichgrau, dann graublau, zuletzt tief schwarzblau werdend, mit Borax klares farbloses Glas, mit Phosphorsalz eine farblose Perle mit Kieselskelet liefernd.
röthlichschwarz	.	.	.	.	wahrscheinlich ein Gemenge von Eisenoxydhydrat und einem Eisensilicat.
honiggelb, citrongelb, schwef.-gelb	gelbl.-weiss	5	monotom.	3·018	.

Name.	Chemische Zusammensetzung.	Krystall-System.	Krystallogr. Axen.	Opt. Axen.	Glanz.
Melonit	$Ni_2\,Te_3$	.	.	.	Metallglanz
Mendipit	$Pb\,Cl_2.\,2\,PbO$	Rhombisch	$a:b:c =$ $0{\cdot}8012:1:?$	.	diamantähnlicher Perlmutterglanz
Meneghinit	$4\,Pb\,S \cdot Sb_2\,S_3$	Monosymmetrisch	$a:b:c =$ $0{\cdot}3616:1:$ $0{\cdot}1168;$ $\beta = 87°\,40'$	.	Metallglanz
Mennige	$Pb_3\,O_4$	.	.	.	schwach fettglänzend
Mercur	Hg oft mit etwas Ag	amorph, flüssig, erstarrt bei $-40°$ C	.	.	stark metallglänzend
Meroxen	$K_2\,H\,(Al,$ $Fe)_3 \cdot (Si$ $O_4)_3\,(Mg$ $Fe)_6\,(Si$ $O_4)_3$	Monosymmetrisch	$a:b:c =$ $0{\cdot}5777:1:$ $3{\cdot}2755;$ $\beta = 90°$	in $\infty P\infty$, spitze Bisectrix weicht wenig von der Normalen a. 0P ab.	metallartiger Perlmutterglanz
Mesitin	$2\,Mg\,CO_3 \cdot Fe\,CO_3$	Hexagonal-rhomboëdr.	$a:c = 1:$ $0{\cdot}8129$	.	Glasglanz
Mesole und Mesolith	$Ca\,Al \cdot$ $Al\,(OH)_2$ $(Si\,O_3)_3$ $+ 2\,H_2O$ $Na_2\,Al \cdot$ $Al\,O \cdot$ $(Si\,O_3)_3$ $+ 2\,H_2O$	Monosymmetrisch	$a:b:c =$ $0{\cdot}9777:1:$ $0{\cdot}3226;$ $\beta = 87°\,54'$	.	.

— 153 —

Farbe.	Strich.	Härte.	Spaltbarkeit.	Spec. Gewicht.	Bemerkungen.
röthlich-weiss	.	.	monotom.	.	färbt die Flamme blau, giebt weissen Beschlag und graugrünen Rückstand, löslich in Salpetersäure zu grüner Solution.
gelblich-weiss, strohgelb, blassroth	weiss	2·5—3	s. vollk. n. ∞P	7—7·1	v. d. L. zerknistert er, schmilzt leicht und wird mehr gelb, auf Kohle giebt er Blei, in Salpetersäure leicht löslich.
bleigrau	schwarzgrau	3	d. n. ∞P∞	6·339—6·373	.
morgenroth	pomeranzgelb	2—3	.	4·6	von H Cl unter Entwicklung von Cl entfärbt und in Chlorblei umgewandelt; Salpetersäure löst das Bleioxyd und hinterlässt braunes Superoxyd.
zinnweiss	.	.	.	13·5—13·6	v. d. L. verdampft es vollständig mit Hinterlassung von etwas Silber.
grün, braun, schwarz, grau	grauweiss	2·5	s. vollk. n. 0P	2·8—3·2	v. conc. Schwefelsäure vollständig zersetzt mit Hinterlassung eines weissen Kieselpulvers.
erbsengelb, gelblichgrau	grauweiss	3·5—4·5	n. R.	3·3—3·4	.
weiss	weiss	3·5—4	.	2·09	v. d. L. schmelzbar, von H Cl zersetzbar mit Abscheidung von Kieselgallert.

Name.	Chemische Zusammensetzung.	Krystall-System.	Krystallogr. Axen.	Opt. Axen.	Glanz.
Mesotyp	$Na_2 Al \cdot Al O \cdot (Si O_3)_3 \cdot + 2 H_2O$	Rhombisch	$a:b:c =$ $0.9786:1:$ 0.3536	in $\infty \overset{.}{P} \infty$, spitze Bisectrix die Verticale.	Glasglanz
Messingblüthe	$Cu, Zn) CO_3$ $+ 2 H_2 (Cu,$ $Zn) O_2$	.	.	.	.
Miargyrit	$Ag_2 S \cdot Sb_2 S_3$	Monosymmetrisch	$a:b:c =$ $0.998:1:$ $2.91:$ $\beta = 81° 36'$	.	Metallglanz
Mikrobromit	$3 Ag Cl \cdot Ag Br$	Regulär	.	.	Diamantglanz
Mikroklin	$(K \cdot Na)$ $Al Si_3 O_8$	Asymmetrisch	$a:b:c =$ $0.65:1:0.55,$ $\alpha = 90\frac{1}{3}°,$ $\beta = 116°,$ $\gamma = 90°$ ca.	Ebene der opt. A. fast genau senkrecht auf 0P	.
Mikrolith	$(Ca, Mn, Mg)_2 Ta_2 O_7$	Regulär	.	.	Fettglanz
Mikrosommit	$(Ca, Na_2, K_2)_9$ $(Al O)_{12} Cl_4$ (SO_4) $(Si O_3)_{12}$	Hexagonal	$a:c = 1:$ 0.4183	.	Seidenglanz
Milarit	$H K Ca_2 Al_2$ $Si_{12} O_{30}$	Rhombisch	.	.	Glasglanz
Miloschin	27.5 Kieselsäure, 45.0 Thonerde, 3.6 Chromoxyd, 23.3 Wasser	amorph	.	.	.

Farbe.	Strich.	Härte.	Spaltbarkeit.	Spec. Gewicht.	Bemerkungen.
farblos, graulichweiss, gelblichweiss, isabellgelb, ockergelb	weiss, grau	5—5·5	vollk. n. ∞P	2·17—2·26	v. d. L. wird er trübe und schmilzt dann ruhig zu klarem Glas; in H Cl vollkommen löslich unter Abscheidung von Kieselgallert, in Oxalsäure meist vollkommen gelöst.
licht grünlichblau	grünlichweiss	.	.	.	.
schwärzlichbleigrau	kirschroth	2—2·5	.	5·184	im Kolben zerknistert er, schmilzt sehr leicht und giebt ein Sublimat von Schwefelantimon, mit Soda auf Kohle ein Silberkorn.
spargelgrün, grünlichgrau	grünlichgrau	2·5	.	5·75—5·76	.
hellgrün, gelblich, weiss	weiss	.	.	.	hierher gehören der Amazonenstein, Chesterlith u. Perthit.
strohgelb, dunkelröthlichbraun	strohgelb	5—5·5	unvollk. n. O	4·7—5	.
farblos,	weiss	6	s. vollk. n. ∞P, wenig vollk. n. 0P	2·42—2·53	von Salzsäure und Salpetersäure zersetzt unter Abscheidung von Kieselsäure.
farblos, wasserhell, schwach grünlich	weiss	5·5—6	.	2·59	scheinbar Hexagonal, leicht schmelzbar unter Anschwellen zu Glas, von H Cl ohne Gallertbildung zersetzbar.
indigoblau, seladongrün	indigoblau, seladongrün	2	.	2·13	v. d. L. unschmelzbar, von Säuren unvollständig zersetzbar.

Name.	Chemische Zusammensetzung.	Krystall-System.	Krystallogr. Axen.	Opt. Axen.	Glanz.
Mimetesit	$Pb_5 Cl$ $(As, O_4)_3$	Hexag. pyram. hem.	$a : c = 1 : 0.7276$	.	Fettglanz, Diamantglanz
Mizzonit	$(Ca Na)_6 Al_8$ $(Si O_4)_9$	Tetragonal	$a : c = 1 : 0.4398$	.	Glasglanz
Molybdänglanz / **Molybdänit**	$Mo S_2$	Hexagonal	.	.	Metallglanz
Molybdänocker	$Mo O_3$	.	.	.	.
Monradit	$4 (6.5\ Mg,$ $1\ Fe)\ Si O_3$ $+ H_2O$	.	.	.	auf d. vollk. Spaltungsfläche stark glänzend
Monrolith	$Al_2 Si O_5$	Rhombisch	.	in $\infty \bar{P} \infty$, spitze Bisectrix die Verticalaxe	Fettglanz
Montanit	$Bi_2 Te O_6$ $+ 2 H_2O$	amorph	.	.	Wachsglanz oder matt
Monticellit	$Ca\ (Mg, Fe)$ $Si O_4$	Rhombisch	$a : b : c =$ $0.4337 : 1 : 0.5757$	.	Glasglanz

Farbe.	Strich.	Härte.	Spaltbarkeit.	Spec. Gewicht.	Bemerkungen.
farblos, gelb, gelblichgrün grau	grauweiss, hellgrün	3·5—4	z. d. n. P. unvollk. n. ∞P	7·19—7·25	v. d. L. auf Kohle schmilzt er und giebt im Red. F. unter Arsendämpfen ein Bleikorn, löslich in Salpetersäure und Kalilauge.
farblos, weiss	weiss	5·5—6	.	2·623	.
röthlich bleigrau	auf Papier grau, auf Porzellan grünlich	1—1·5	s. vollk. n. 0P	4·6—4·9	fühlt sich fettig an, v. d. L. färbt er die Flamme zeisiggrün, unschmelzbar; auf Kohle schwefelige Säure und weissen Beschlag, durch Salpetersäure zersetzt.
schwefelgelb, citrongelb, pomeranzgelb	schwefelgelb	.	.	.	v. d. L. auf Kohle e. Beschlag gebend, der heiss gelb, kalt weiss erscheint, am inneren Rande aber v. dunkelkupferrothen Molybdaenoxyd begrenzt wird, in HCl leicht löslich, die Sol. durch met. Fe blau gefärbt.
gelblichgrau honiggelb	graugelb	6	nach zwei sich unter 130° schneidenden Richtungen, d. e. vollkommener als die andere	3·267	v. d. L. unschmelzbar.
grünlichgrau	grau	6·7	n. ∞P̄∞	3·23—3·24	.
gelblichweiss	gelblichweiss	.	.	.	im Kolben H$_2$O, v. d. L. die Reactionen des Wismuth und Tellur, in HCl löslich mit Chlorentwickelung.
farblos, gelblichgrau lichtgrünlichgrau, weisslich	grau	5—5·5	.	3·119	v. d. L. sich nur an den Kanten abrundend, bildet mit HCl eine klare Lösung, welche beim Erhitzen zu Gallert wird.

Name.	Chemische Zusammensetzung.	Krystall-System.	Krystallogr. Axen.	Opt. Axen.	Glanz.
Morenosit	$Ni\,SO_4 + 7\,H_2O$	Rhombisch	$a:b:c =$ $0.9815:1:$ 0.5656	.	Glasglanz,
Mosandrit	$Ca_3\,Ce_4$ $(Si,\,Ti)_5\,O_{19}$	Monosymmetrisch	$a:b:c =$ $1.0811:1:$ $0.8135;$ $\beta = 71°\,24.5'$	.	Glasglanz, Fettglanz
Mottramit	$5\,(Cu,\,Pb)$ $O \cdot V_2\,O_5$ $+ 2\,H_2O$	.	.	.	.
Nadelerz	$Pb\,Cu\,Bi\,S_3$	Rhombisch	.	.	Metallglanz
Nadorit	$Pb\,Sb\,Cl\,O_2$	Rhombisch	$a:b:c =$ $0.4365:1:$ 0.3896	.	Fettglanz bis Diamantglanz
Nagyager Erz **Nagyagit**	$Pb,\,Au)_4$ $(S,\,Te)_7\,?$	Rhombisch	$a:b:c =$ $0.2807:1:$ 0.2761	.	Metallglanz

Farbe.	Strich.	Härte.	Spaltbarkeit.	Spec. Gewicht.	Bemerkungen.
farblos, smaragdgrün	grünlichweiss	2	.	2·004	faserig, haarförmig, s. l. lösl. in Wasser, i. Kolben giebt er Wasser, bläht s. auf, wird gelb und undurchsichtig.
röthl.-braun, gelblichbraun	hellgelb	4	z. vollk. u. $\infty P \infty$	2·93—3·03	v. d. L. schmilzt er leicht unter Aufblähen z. e. bräunlichgrünen Perle, v. HCl zersetzt unter Abscheidung von Kieselgallert; Sol. dunkelroth, beim Erwärmen gelb werdend.
schwarz	gelb	3	.	5·894	.
schwärzlichbleigrau bis stahlgrau oft m. gelblichgrünem Ueberzug	schwärzlich	2·5	monotom.	6·757	v. d. L. schmilzt er s. l., dampft und beschlägt d. Kohle weiss und gelblich, hinterlässt ein metallisches Korn, welches m. Soda Kupfer liefert, in Salpetersäure löslich mit Hinterlassung von schwefels. Bleioxyd u. Schwefel. Beresowsk.
gelbbraun, graulichbraun	gelbbraun	3	n. $\infty P \infty$	7·02	löslich in Salzsäure und einem Gemisch wässriger Salpetersäure mit Weinsteinsäure.
schwärzlichbleigrau	schwärzlich	1—1·5	s. vollk. n. $\infty P \infty$	6·85—7·20	v. d. L. schmilzt es leicht, dampft, beschlägt die Kohle gelb und weiterhin weiss, welcher weisse Beschlag im Red. F. mit blaugrünem Schein verschwindet, zuletzt bleibt ein Goldkorn. In HCl löslich unter Abscheidung von Chlorblei u. Schwefel, in Salpetersäure unter Abscheid. v. Gold; m. Schwefels. erwärmt, giebt es e. trübe bräunliche Lösung, welche bald hyacinthroth wird u. bei Zusatz v. Wasser e. schwärzlichgrauen Niederschlag liefert.

Name.	Chemische Zusammensetzung.	Krystall-System.	Krystallogr. Axen.	Opt. Axen.	Glanz.
Nakrit	$H_4 Al_2 Si_2 O_9$	Rhombisch	.	in $\infty \breve{P} \infty$	Perlmutterglanz
Natrolith	$Na_2 Al \cdot Al O (Si O_3)_3 + 2 H_2 O$	Rhombisch	$a:b:c =$ $0.9786 : 1 :$ 0.3536	in $\infty \breve{P} \infty$, positive Bisectrix die Verticalaxe	Glasglanz
Natron	$Na_2 CO_3 + 10 H_2 O$	Monosymmetrisch	$a:b:c =$ $1.4186 : 1 :$ $1.4828;$ $\beta = 57°40'$	.	. .
Natronglimmer	$H_4 Na_2 (Al_2)_3 Si_6 O_{24}$	.	.	in einer Ebene senkrecht auf $\infty \breve{P} \infty$	Perlmutterglanz
Neolith	$48\text{-}52\ Si\ O_2,$ $28\text{-}31\ Mg\ O,$ $4\text{-}6\ H_2 O,$ $7\text{-}10\ Al_2 O_3,$ $Fe O, Mn O$	.	.	.	Fettglanz, Seidenglanz
Nephrit	$3 Mg Si O_3 \cdot Ca Si O_3$	.	.	.	Fettglanz bis matt
Neukirchit	$56.3\ Mn_2 O_3 \cdot$ $40.35\ Fe_2 O_3$ $6.7\ H_2 O$	.	.	.	.
Newberyit	$Mg_2 H_2 P_2 O_8 + 6 H_2 O$	Rhombisch	$a:b:c =$ $0.9548 : 1 :$ 0.9360	.	.

Farbe.	Strich.	Härte.	Spaltbarkeit.	Spec. Gewicht.	Bemerkungen.
gelblichweiss	gelblichweiss	0·5	vollk. n. 0P	2·35—2·63	v. d. L. bläht er sich auf und schwillt zu unschmelzbarer Masse an, mit Kobaltsolution schön blau, von HCl und H_2SO_4 zersetzt unter Abscheidung v. Kieselsäure.
farblos, graulichweiss, gelblichweiss, isabellgelb, roth	weisslich	5—5·5	vollk. n. ∞P	2·17—2·26	v. d. L. wird er trübe und schmilzt ohne Aufblähen ruhig zu klarem Glas, in HCl löst er sich unter Abscheidung von Kieselgallert, von Oxalsäure meist vollständig zersetzt.
farblos	weiss	1—1·5	n. $\infty \breve{P} \infty$ u. $\infty \breve{P} \infty$	1·4—1·5	verwittert an der Luft, schmilzt bei gelinder Wärme in seinem Krystallwasser unter Abscheidung von Thermonatrit.
gelblichweiss, graulichweiss	weisslich	2—2·5	.	2·778	v. d. L. schmelzbar, von conc. Schwefelsäure zersetzt.
dunkelgrün, bräunlichgrün, schwärzlichgrün, schwarz	graugrün	1	.	2·77	noch jetzt entstehend, geschmeidig wie Seife, fettig anzufühlen.
lauchgrün, seladongrün, grünlichweiss, grünlichgrau gelblichweiss, gelblichgrau	grau	6·5	.	2·97—3·00	fühlt sich etwas fettig an, v. d. L. brennt er sich weiss u. schmilzt in den dünnsten Kanten schwer zu einem farblosen Glas.
schwarz	.	3·5	.	3·82	kleine vierseitige Krystallnadeln auf faserigem Rotheisenstein bildend.
farblos	weiss	.	vollk. n. $\infty \breve{P} \infty$, unvollk.n.0P	.	leicht löslich in kalter Salz- u. Salpetersäure.

— 162 —

Name.	Chemische Zusammensetzung.	Krystall-System.	Krystallogr. Axen.	Opt. Axen.	Glanz.
Newjanskit	Jr Os	Hexagonal	$a:c = 1: 1.4105$	.	Metallglanz
Nickel-gymnit	$(Ni, Mg)_4 Si_3 O_{10} + 6 H_2 O$	.	.	.	.
Nigrescit	$(Fe, Mg)_2 Si_3 O_8 + 12 H_2 O$	.	.	.	.
Nontronit	$Fe_2 Si_3 O_9 + 5 H_2 O$	.	.	.	im Strich fettglänzend
Nosean	$Na_2 Al_2 Si_2 O_8 + Na_2 SO_4$	Regulär	.	.	fettartiger Glasglanz
Nuttalit	.	Tetragonal	.	.	Perlmutterglanz und Fettglanz
Oerstedtit	68·96 $Ti O_2$, und $Zr O_2$, 19·71 $Si O_2$, 5·54 $H_2 O$, der Rest $Ca O$, $Mg O$, $Fe O$	Tetragonal	.	.	Diamantglanz

Farbe.	Strich.	Härte.	Spaltbarkeit.	Spec. Gewicht.	Bemerkungen.
zinnweiss	schwärzlich	7	z. vollk. n. 0P	19.38—19.47	v. d. L. unveränderlich, v. Salpetersäure nicht angegriffen, im Kolben mit Salpeter geschmolzen giebt er Osmiumdämpfe und eine grüne Masse, welche mit H_2O gekocht blaues Iridiumoxyd hinterlässt.
grün	.	.	.	.	Ueberzug auf Chromeisenstein
frisch apfelgrün, wird bald dunkelgrau, braun bis schwarz	apfelgrün	2	.	2.845	in Blasenräumen der Basalte des Mainthales.
strohgelb, gelblichweiss, zeisiggrün	gelblichweiss	1.5	.	2.08	fühlt sich fettig an, v. d. L. zerknistert er, wird gelb, braun, schwarz und magnetisch, in warmen Säuren leicht löslich unter Abscheidung von Kieselgallert.
aschgrau, gelblichgrau graulichweiss, graulichblau grün, schwarz, weiss	grau	5.5	z. vollk. n. ∞0	2.279—2.399	v. d. L. entfärbt er sich und schmilzt an den Kanten zu blasigem Glas. HCl zersetzt ihn unter Abscheidung von Kieselgallert, ohne dass sich Schwefelwasserstoff entwickelt.
aschgrau, grünlichgrau graulichschwarz	grau	5.5	z. vollk. n. $\infty P\infty$	2.74—2.78	dem Skapolith nahe stehend, auch in seiner chemischen Zusammensetzung.
röthlichbraun, gelblichbraun	gelblichbraun	5.5	.	3.629	v. d. L. unschmelzbar.

Name.	Chemische Zusammensetzung.	Krystall-System.	Krystallogr. Axen.	Opt. Axen.	Glanz.
Okenit	$Ca\ Si_2\ O_5$ $+ 2\ H_2\ O$	Rhombisch	.	.	Perlmutterglanz
Oligonspath	$3\ Fe\ CO_3\ \cdot$ $2\ Mn\ CO_3$	Hexagonal-rhomboedr.	$a:c =$ $1:0.8175$	.	Glasglanz, Perlmutterglanz
Olivenerz } **Olivenit** }	$Cu_3\ As_2\ O_8$ $+ H_2\ Cu\ O_2$	Rhombisch	$a:b:c =$ $0.9573:1:$ 0.6892	in OP, spitze Bisectrix die Brachydiagonale	Glasglanz, Fettglanz, Seidenglanz
Onkosin	$52.52\ Si\ O_2\ \cdot$ $30.88\ Al_2\ O_3\ \cdot$ $6.38\ K_2\ O\ \cdot$ $3.82\ Mg\ O$ $0.8\ Fe\ O\ \cdot$ $4.6\ H_2\ O$	.	.	.	Fettglanz
Onofrit	$4\ Hg\ S\ \cdot$ $Hg\ Se$	.	.	.	.
Ontariolith	$Si\ O_2 =$ $48.65 - 51.30$ $Al_2\ O_3 =$ $13.45 - 19.62$ $Ca\ O =$ $17.43 - 21.60$ $Ti\ O_2 =$ $4.35 - 5.21$ $Na_2\ O = 4.35$ $K_2\ O = 1.109$ $Mg\ O = 0.468$	.	.	.	Glasglanz

— 165 —

Farbe.	Strich.	Härte.	Spaltbarkeit.	Spec. Gewicht.	Bemerkungen.
gelblichweiss, bläulichweiss	weiss	5	.	2·28—2·36	v. d. L. schmilzt er mit Aufblähen zu weissem Email, in H Cl leicht zersetzbar bei gewöhnlicher Temperatur unter Abscheidung v. Kieselgallert, sog. asbestartiger Okenit ist kein Okenit, sondern Wollastonit (siehe diesen).
schmutzigweiss, gelbbraun	weisslich	.	.	.	ein manganreicher Eisenspath.
lauchgrün, olivengrün, pistazgrün, schwarzgrün gelb, braun	olivengrün, braun	3	s. unvollk. n. ∞P	4·2—4·6	v. d. L. schmilzt er leicht, färbt d. Flamme bläulichgrün und krystallisirt beim Erkalten zu .e. schwarzbraunen diamantglänzenden strahligen Perle, auf Kohle unter Arsendämpfen zu weissem Arsenkupfer, mit Borax zu Kupfer reducirt, löslich in Säuren u. Ammoniak.
lichtapfelgrün, graulich, bräunlich	grauweiss	2·5	.	2·8	v. d. L. schmilzt er unter Aufblähen zu blasigem farblosem Glas, von Schwefelsäure vollkommen zersetzt.
dunkelbleigrau, schwärzlichgrau	.	2·5	.	7·63	.
grau	weisslich	7	.	2·608	skapolithähnliche Krystalle in blaugrauem Marmor bildend.

Name.	Chemische Zusammensetzung.	Krystall-System.	Krystallogr. Axen.	Opt. Axen.	Glanz.
Opal	amorphe SiO_2 mit 3-13 pCt. H_2O	.	.	.	Glasglanz, Fettglanz
Orangit	$2\,(ThO_2 + SiO_2) + 3H_2O$	Tetragonal	.	.	Fettglanz
Osteolith	$Ca_3\,(PO_4)_2$	.	.	.	.
Ottrelith	$H_6\,(Fe,\,Mn)_3 Al_4\,Si_6\,O_{24}$	.	.	.	Glasglanz
Pachnolith	$Na_2\,Ca_2\,Al_2 F_{12} + 2H_2O$	Monosymmetrisch	$a:b:c =$ $0{\cdot}8607:1:$ $1{\cdot}3059;$ $\beta = 89°\,33'$	.	Glasglanz
Palladium	Pd, Pt, Jr	Regulär, Hexagonal rhomboedr.	.	.	Metallglanz
Pandermit	$Ca_2\,B_6\,O_{11} + 3H_2O$	.	.	.	.
Parastilbit	$Ca\,Al_2\,Si_6\,O_{16} + 3H_2O$	.	.	.	Glasglanz
Parisit	$3\,(Ce,\,La,\,Di, Ca)\,CO_3 \cdot (Ce,\,La,\,Di, Ca)\,F_2$	Hexagonal	$a:c = 1:$ $6{\cdot}563$	.	Glasglanz, auf 0P Perlmutterglanz
Partschin	$(Fe\,Mn)_3 (Al,\,Fe)_2 (SiO_4)_3$	Monosymmetrisch	$a:b:c =$ $1{\cdot}2239:1:$ $0{\cdot}7902,$ $\beta = 52°\,96'$	.	Fettglanz

Farbe	Strich.	Härte.	Spaltbarkeit.	Spec. Gewicht.	Bemerkungen.
farblos und sehr verschieden geleckt	weiss	5·5—6·5	.	1·9—2·3	v. d. L. zerknistert er und verhält sich wie Quarz; von heisser Kalilauge fast vollständig aufgelöst. Der Edelopal bläulichweiss oder gelblichweiss, glänzend, durchsichtig oder durchscheinend, m. buntem Farbenspiel.
pomeranzgelb, gelbroth	pomeranzgelb	4·5	.	5·15—5·40	.
weiss, stellenweise braun gefärbt	weiss	.	.	2·89	klebt stark an der Zunge, giebt befeuchtet Thongeruch.
grünlichgrau, lauchgrün, schwärzlichgrün	grünlichgrau	6·5—7	monotom vollkommen	4·4	v. d. L. schmilzt er schwer an den Kanten zu einer schwarzen magnetischen Kugel. Von warmer Schwefelsäure wird das Pulver angegriffen.
farblos	weiss	.	n. 0P und ∞P	.	zerstäubt v. d. L., rasch erhitzt, augenblicklich unter Geräusch zu feinem Pulver.
licht stahlgrau	schwarz	4·5—5	vollk. n. ∞P	11·8—12·2	v. d. L. unschmelzbar, in Salpetersäure löslich, Solution roth.
schneeweiss	.	.	.	.	feinkrystallinische Knollen im Gyps von Panderma am schwarzen Meer bildend.
farblos, weiss	weiss	.	.	2·30	dem Epistilbit sehr ähnlich, siehe diesen.
bräunl.-gelb	gelblichweiss	4·5	vollk. n. 0P	4·35	v. d. L. unschmelzbar, in H Cl unter Brausen schwer löslich.
gelblichbraun, röthlichbraun	.	6·5	.	4·006	.

Name.	Chemische Zusammensetzung.	Krystall-System.	Krystallogr. Axen.	Opt. Axen.	Glanz.
Passauit	49.20 Si O_2 · 27.30 $Al_2 O_3$ · 15.48 Ca O · 4.53 Na_2 O · 1.23 K_2 O · 1.20 H_2 O · 0.92 Cl	Tetragonal	.	.	Glasglanz
Peganit	2 $Al_2 O_3 \cdot P_2 O_5$ $+ 6 H_2O$	Rhombisch	a : b : c = 0.499 : 1 : ?	.	Glasglanz, Fettglanz
Pektolith	(Ca, Na_2 H_2) Si O_3	Monosymmetrisch	.	in einer Ebene normal auf 0P	Perlmutterglanz
Pelikanit	$(Al_2)_2$ Si_9 O_{24} $+ 4 H_2O$	Amorph	.	.	.
Pencatit	Ca CO_3 · H_2 Mg O_2	.	.	.	.
Pennin	H_8 (Mg, Fe)$_5$ (Al, Fe, Cr)$_2$ Si_3 O_{18}	Hexagonal-rhomboedr.	a : c = 1 : 3.495	.	auf 0P Perlmutterglanz
Pentwithith	Mn Si O_3 $+ 2 H_2O$	.	.	.	Wachsglanz
Percylit	enthält Chlorblei, Chlorkupfer, Bleioxyd, Kupferoxyd und Wasser	Regulär	.	.	Glasglanz

Farbe.	Strich.	Härte.	Spaltbarkeit.	Spec. Gewicht.	Bemerkungen.
gelblichweiss, graulichweiss, lichtgrau	grauweiss	5·5	.	2·67—2·69	v. d. L. ziemlich leicht unter Aufwallen zu farblosem blasigem Glas schmelzend, in conc. HCl zerlegbar, gehört zu den Skapolithen (siehe diese).
smaragdgrün, grasgrün, berggrün, grünlichgrau weiss	weiss	3—4	.	2·49—2·54	v. d. L. färbt er die Flamme bläulichgrün, wird violet bis röthlichweiss, ohne zu schmelzen, von Salz- und Salpetersäure mehr oder weniger leicht gelöst.
graulichweiss, grünlichweiss	grauweiss	5	n. 0P und ∞P∞	2·74—2·88	v. d. L. schmilzt er leicht zu durchscheinendem Glas, das Pulver v. HCl gelöst unter Abscheidung schleimiger Kieselsäureflocken.
grünlich	grünlichweiss	3·5	.	2·256	v. d. L. zerknisternd und weiss werdend, unschmelzbar, mit Kobaltsolution blau.
dunkelgrau	.	.	.	.	Gemenge von Kalkstein und Brucit, kein selbstständiges Mineral.
lauchgrün, bläulichgrün schwärzlichgrün, quer auf die Axe hyacinthroth bis braun durchscheinend	grünlichweiss	2—3	s. vollk. n. 0P	2·61—2·77	v. d. L. blättert er auf, wird weiss und trübe und schmilzt an den Kanten zu gelblich-weissem Email; von HCl zersetzt unter Abscheidung von Kieselflocken.
bernsteinbraun, röthlichbraun	weisslich	3·5	.	2·49	v. d. L. an den Kanten schmelzend, HCl löst alles Mangan und hinterlässt farblose Kieselsäure.
himmelblau	.	.	.	.	mit Gold bei Sonora in Mexico.

— 170 —

Name.	Chemische Zusammensetzung.	Krystall-System.	Krystallogr. Axen.	Opt. Axen.	Glanz.
Periklas	$Mg\,O$	Regulär	.	.	Glasglanz
Perowskit	$Ca\,Ti\,O_3$	Regulär	.	.	metallartiger Diamantglanz
Petzit	$n\,Ag_2\,Te \cdot Au_2\,Te$	Regulär	.	.	Metallglanz
Pharmakolith	$H\,Ca\,As\,O_4 + 2\tfrac{1}{2}\,H_2O$	Monosymmetrisch	$a:b:c =$ $0{\cdot}6137:1:$ $0{\cdot}3622,$ $\beta = 83°\,13'$	.	auf $\infty P\infty$ Perlmutterglanz, sonst Seidenglanz
Pharmakosiderit	$Fe_4\,(HO)_3$ $(As\,O_4)_3$ $+ 6\,H_2O$	Reg. tetr.-hemiedr.	.	.	Diamantglanz, Fettglanz
Phenakit	$Be_2\,Si\,O_4$	Hexagonal rhomboedr.	$a:c = 1:$ $0{\cdot}6611$	.	Glasglanz
Philadelphit	$Si\,O_2 = 35{\cdot}73$ $Al_2O_3 = 15{\cdot}77$ $Fe_2O_3 = 19{\cdot}46$ $Fe\,O = 2{\cdot}18$ $Mg\,O = 11{\cdot}56$ $Ca\,O = 1{\cdot}46$ $Na_2O = 0{\cdot}90$ $K_2O = 6{\cdot}81$ $H_2O = 4{\cdot}34$ $Ti\,O_2 = 1{\cdot}03$ $V_2O_3 = 0{\cdot}37$ $Mn\,O = 0{\cdot}50$ $(Ni,\,Co)\,O = 0{\cdot}06$ $Cu\,O = 0{\cdot}08$ $P_2O_5 = 0{\cdot}11$	.	.	.	Perlmutterglanz

Farbe.	Strich.	Härte.	Spaltbarkeit.	Spec. Gewicht.	Bemerkungen.
dunkelgrün	grau	6	vollk. nach $\infty O \infty$	3·674—3·75	v. d. L. unschmelzbar, das Pulver in Säuren löslich.
graulichschwarz, eisenschwarz, hyacinthroth pomeranzgelb, honiggelb	röthlichbraun	5·5	n. $\infty O \infty$	4·0—4·1	v. d. L. unschmelzbar, von Säuren nur wenig angegriffen, muss durch Schmelzen mit saurem schwefelsaurem Kali aufgeschlossen werden.
bleigrau, stahlgrau	graulich	.	.	8·72—8·83	.
farblos, weiss	weiss	2—2·5	s. vollk. n. $\infty P \infty$	2·730	im Kolben Wasser. v. d. L. weiss. Email, die Flamme hellblau färbend, auf Kohle Arsendämpfe. leicht löslich in Säuren.
lauchgrün, pistazgrün, honiggelb, braun	hellgrün oder gelb	2·5	unvollk. n. $\infty O \infty$	2·9—3	im Kolben giebt er Wasser, wird roth u. bläht sich etwas auf, auf Kohle mit Arsengeruch zu stahlgrauer magnetischer Schlacke schmelzend, leicht löslich in Säuren.
farblos, wasserhell, gelblichweiss, weingelb, graugrün	weiss	7·5—8	undeutl. n. R und $\infty P 2$	2·96—3	v. d. L. unschmelzbar, mit Kobaltsolution schmutzig bläulichgrau, muss mit Phosphorsalz aufgeschloss. werden.
bräunlichroth	.	1·3	vollk. n. 0P	2·80	v. d. L. blättert er sich mit sehr grosser Gewalt auf, fühlt sich fettig an.

Name.	Chemische Zusammensetzung.	Krystall-System.	Krystallogr. Axen.	Opt. Axen.	Glanz.
Phlogopit	$K_2 (HO, F)_2$ $Mg_6 Al_2 Si_6$ O_{21}	Monosymmetrisch	.	Ebene d. opt. Axen parallel $\infty P \infty$, spitze Bisectrix weicht bis $2\frac{1}{4}°$ von der Normalen auf OP ab	Perlmutterglanz
Phoenicit Phoenikochroit	$2 Pb Cr O_4 \cdot$ $Pb O$	Rhombisch	.	.	Diamantglanz, Fettglanz
Phosphorchalcit	$Cu_3 P_2 O_8 \cdot$ $3 H_2 Cu O_2$	Monosymmetrisch	.	.	Fettglanz
Picotit	$(Mg, Fe) O \cdot$ $(Al_2 Fe_2 Cr_2)$ O_3	Regulär	.	.	Glasglanz
Pikroalumogen	$2 Mg SO_4 \cdot$ $Al_2 S_3 O_{12}$ $+ 22 H_2 O$	.	.	.	.
Pikromerit	$K_2 SO_4 \cdot$ $Mg SO_4$ $+ 6 H_2 O$	Monosymmetrisch	$a:b:c =$ $0{\cdot}7438 : 1 :$ $0{\cdot}4861,$ $\beta = 71° 50'$	.	.
Pikropharmakolith	46·97 Arsensäure, 24·65 Kalk, 4·22 Magnesia, 23·98 Wasser.	.	.	.	Perlmutterglanz
Pikrophyll	49·8 $SiO_2 \cdot$ 1·11 $Al_2O_3 \cdot$ 30·1 $Mg O \cdot$ 6·86 $Fe O \cdot$ 0·78 $Ca O \cdot$ 9·83 $H_2 O$	.	.	in einer Normalebene der Spaltungsfläche, spitze Bisectrix die Normale dieser Fläche	schillernder Glanz

Farbe.	Strich.	Härte.	Spaltbarkeit.	Spec. Gewicht.	Bemerkungen.
roth, gelb, braun	grauweiss	3·5	vollk. n. 0P	2·75—2·97	.
cochenillroth, hyacinthroth	ziegelroth	3—3·5	.	5·75	auf Kohle schmilzt er zu einer dunkeln, nach dem Erkalten krystallinisch. Masse, in HCl löslich unter Abscheidung v. Chlorblei; die Solution nach längerem Erhitzen grün werdend, indem Chlor entweicht.
schwärzlichgrün, smaragdgrün spangrün	spangrün	5	unvollk. n. $\infty P\infty$	4·1—4·3	v. d. L. langsam erhitzt, wird er schwarz und schmilzt zu einer schwarzen ein Cu Korn enthaltenden Kugel; mit HCl befeuchtet färbt er die Flamme blau, leicht löslich in Salpetersäure, wenig löslich in Ammoniak.
schwarz	hellbraun	8	unvollk. n. O	4·08	.
röthlichweiss	weiss	.	.	.	schmilzt in seinem Krystallwasser, leicht löslich in Wasser, ein monosymmetr. Alaun.
farblos	weiss	.	.	.	in den Salzkrusten der Vesuv-Fumarolen.
weiss	weiss	.	.	.	kugelige und traubige Aggregate v. Richelsdorf und Freiberg.
dunkelgrünlichgrau	grau	2·5	monotom	2·73	v. d. L. brennt er sich weiss oder braun, unschmelzbar, mit Kobaltsolution roth, ein zersetzter Pyroxen.

Name.	Chemische Zusammensetzung.	Krystall-System.	Krystallogr. Axen.	Opt. Axen.	Glanz.
Pikrosmin	$2 Mg Si O_3$ $+ H_2 O$	Rhombisch	.	.	Perlmutterglanz auf $\infty \check{P} \infty$, sonst Glasglanz
Pilinit	55·70 $Si O_2$ · 18·64 $Al_2 O_3$ · und $Fe_2 O_3$ · 19·51 $Ca O$ · 1·18 $Li_2 O$ · $Mg O, Na_2 O$ $K_2 O$. 4·97 $H_2 O$	Rhombisch	.	.	Seidenglanz
Pimelith	35·80 $Si O_2$ · 23·04 $Al_2 O_3$ · 2·69 $Fe_2 O_3$ · 2·78 $Ni O$ · 14·66 $Mg O$. 21·03 $H_2 O$ ·	.	.	.	Fettglanz
Pinguit	36·90 $Si O_2$ · 1·80 $Al_2 O_3$ · 29·50 $Fe_2 O_3$ · 6·10 $Fe O$ · 25·11 $H_2 O$	Amorph	.	.	Fettglanz
Pinit	$H_6 K_2 (Al_2)_2$ $Si_5 O_{20}$	.	.	.	Fettglanz
Pinitoid	47·7—49·7 $Si O_2$ 24—31 $Al_2 O_3$ 6·6—8·9 $Fe O$ 5·8 $K_2 O$, 1·5 $Na_2 O$ · 4·2—4·9 $H_2 O$	.	.	.	.
Pissophan	$(Fe_2)_2 SO_9$ $+ 15 H_2 O$	.	.	.	Glasglanz
Pistomesit	$Mg CO_3$ · $Fe CO_3$	Hexagonal-rhomboedr.	$a : c = 1 :$ 0·8129	.	perlmutterartiger Glasglanz

Farbe.	Strich.	Härte.	Spaltbarkeit.	Spec. Gewicht.	Bemerkungen.
grünlichweiss, grünlichgrau berggrün, lauchgrün, schwärzlichgrün	farblos, weiss	2·5—3	vollk. n. $\infty \bar{P} \infty$, w. vollk. n. $\infty \bar{P} \infty$, unvollk. n. ∞P u. $\bar{P} \infty$	2·5—2·7	im Kolben giebt er Wasser, wird schwarz, v. d. L. weiss u. hart, unschmelzbar, mit Kobaltsolution roth.
weiss, gelbl.-weiss	weiss	.	n. 0P	2·263	v. d. L. mit starkem Schäumen schmelzbar, in HCl unlöslich.
apfelgrün	grünlichweiss	2·5	.	2·23—2·3	fühlt sich fettig an, klebt nicht an der Zunge, giebt im Kolben Wasser, wird schwarz, von Säuren zerlegbar.
zeisiggrün, dunkelölgrün	ölgrün	1	.	2·3—2·35	v. d. L. schmilzt er nur an den Kanten, in HCl löslich unter Abscheidung v. Kieselpulver.
grau, grün, braun, blau	grauweiss	2—3	unvollk. n. 0P	2·74—2·85	v. d. L. schmilzt er an den Kanten zu farblosem oder dunkelgefärbtem Glas. Zersetzungsproduct des Cordierits (s. diesen).
olivengrün, lauchgrün, ölgrün, grünlichgrau grünlichweiss	grünlichweiss	2·5	.	2·788	fühlt sich fettig an, haftet an der Zunge, riecht angehaucht thonig.
olivengrün, leberbraun	grünlichweiss, blassgelb	2	.	1·9—2	v. d. L. schwarz, ohne zu schmelzen.
dunkelgelblichweiss, an der Luft braun werdend	weisslich	4	vollk. n. R	3·43—3·43	.

Name.	Chemische Zusammensetzung.	Krystall-System.	Krystallogr. Axen.	Opt. Axen.	Glanz.
Plagiocitrit	wasserhalt. Sulphat von $Al_2 O_3$, $Fe_2 O_3$, K_2O etc.	.	.	.	.
Plagionit	$4 Pb S \cdot 3 Sb_2 S_3$	Monosymmetrisch	$a:b:c =$ $1{\cdot}1361:1:$ $0{\cdot}4205;$ $\beta = 72°28'$	.	Metallglanz
Planerit	.	.	.	.	.
Platin	Pt mit Fe	Regulär	.	.	Metallglanz
Platiniridium	Pt, Ir, Rh),	.	.	.	Metallglanz
Plattnerit	PbO	Hexagonal	.	.	metallartig. Diamantglz.
Plinthit	$30{\cdot}88\ Si\ O_2$, $20{\cdot}76\ Al_2 O_3$, $26{\cdot}16\ Fe_2 O_3$, $2{\cdot}6\ Ca\ O$, $19{\cdot}6\ H_2O$	.	.	.	matt
Plombierit	$Ca\ Si\ O_3 \cdot 2\ H_2O$	.	.	.	.
Plumbocalcit	$n\ (Ca\ CO_3) \cdot Pb\ CO_3$	Hexagonal-rhomboedr.	.	.	Perlmutterglanz
Plumbostib	$10\ Pb\ S \cdot 3\ Sb_2\ S_3$	.	.	.	.
Polianit	$Mn\ O_2$	Rhombisch	$a:b:c =$ $0{\cdot}938:1:$ $0{\cdot}728$	.	Metallglanz
Pollux	$H_2\ Cs_2\ Al_2$ $(Si\ O_3)_5$	Regulär	.	.	Glasglanz

Farbe.	Strich.	Härte.	Spaltbarkeit.	Spec. Gewicht.	Bemerkungen.
.	.	.	.	.	entstanden durch Einwirkung sich zersetzender Eisenkiese auf Basalttuff.
schwärzlichbleigrau	schwarz	2·5	z. vollk. n. $-2P$	5·4	erhitzt zerknistert er heftig, schmilzt sehr leicht, zieht in die Kohle und hinterlässt met. Blei.
olivengrün	spangrün	.	.	.	ein Wavellit (s. d.) mit 3—4 pCt. Kupferoxyd und ebensoviel Eisenoxydul.
stahlgrau	schwarz	4·5—5	.	17—18	löslich in Salpetersalzsäure, die Sol. giebt mit Salmiak ein citrongelbes Präcipitat.
silberweiss	.	.	.	16·94	vielleicht nur iridiumreiches Platin.
eisenschwarz	braun	.	.	9·39—9·45	.
ziegelroth, bräunlichroth	ziegelroth	2—3	.	2·34	v. d. L. wird er schwarz aber nicht magnetisch, unschmelzbar.
schneeweiss	schneeweiss	.	.	.	
weiss	weiss	2·5	vollk. n. R.	2·772	.
zw. blei- u. stahlgrau	.	3·5	.	6·18—6·22	.
licht stahlgrau	schwarz	6·5	n. $\infty \breve{P} \infty$	4·826—5·061	.
farblos	weiss	5·5—6·5	.	2·86—2·90	v. d. L. runden sich dünne Splitter an den Kanten zu emailähnlichem Glas, die Flamme röthlichgelb färbend, in warmer HCl unter Abscheidung von Kieselpulver löslich, die Sol. mit Platinchlorid Caesiumplatinchlorid.

Name.	Chemische Zusammensetzung.	Krystall-System.	Krystallogr. Axen.	Opt. Axen.	Glanz.
Polyargit	.	.	.	.	.
Polyargyrit	12 Ag$_2$ S · Sb$_2$ S$_3$	Regulär	.	.	Metallglanz
Polydymit	(Ni, Fe, Co)$_4$ S$_5$	Regulär	.	.	Metallglanz
Polyhalit	K$_2$ Mg Ca$_2$ (SO$_4$)$_2$ · 2 H$_2$O	Rhombisch	.	.	Fettglanz
Polykras	(Ca, Fe)$_4$ (Y, Er, Ce)$_6$ U Nb$_6$ (Ti, Th, Si)$_{12}$ O$_{54}$	Rhombisch	a : b : c = 0·3462 : 1 : 0·3124	.	Glasglanz
Polymignit	46·30 Ti O$_2$ · 14·14 Zr O$_2$ · 11·5 Yr O · 4·1 Ca O · 12·2 Fe$_2$ O$_3$ · 2·7 Mn$_2$ O$_3$ · 5·0 Ce$_2$ O$_3$	Rhombisch	.	.	halb-metallischer Glasglanz
Prehnit	H$_2$ Ca$_2$ Al$_2$ Si$_3$ O$_{12}$	Rhombisch	a : b : c = 0·8401 : 1 : 1·1253	in $\infty \breve{P} \infty$, positive Bisectrix die Verticalaxe	Glasglanz, auf 0P Perlmutterglanz
Prosopit	42·33 Al$_2$ O$_3$ 32·02 Ca F$_2$ 10·81 Si F$_4$ 14·84 H$_2$O	Rhombisch	.	.	Glasglanz

Farbe.	Strich.	Härte.	Spaltbarkeit.	Spec. Gewicht.	Bemerkungen.
rosenroth, carminroth	.	.	nach 2 ungleichen Richtungen, die sich unt. 93° und 87° schneiden	.	Anorthitvarietät.
eisenschwarz, schwärzlichbleigrau	schwarz	2·5	n. ∞O∞	6·974	v. d. L. leicht schmelzbar zu schwarzer Kugel, giebt Antimondämpfe und hinterlässt ein Silberkorn.
lichtgrau, grau u. gelb anlaufend	schwärzlich	4·5	z. unvollk. n. ∞O∞	4·808—4·816	v. d. L. decrepitirt er sehr stark u. schmilzt zu schwarzgrüner magnetischer Kugel, löslich in Salpetersäure unter Abscheidung von Schwefel, Solution klar grün.
farblos, grau, fleischroth, ziegelroth	weiss	3·5	unvollk. n. ∞P	2·72—2·77	löslich im Wasser mit Hinterlassung von Gyps, schmilzt auf Kohle leicht zu einer unklaren, röthlichen Perle.
schwarz	graulichbraun	5—6	.	5—5·15	v. d. L. zerknistert er heftig, rasch bis zum Glühen erhitzt, verglimmt er zu einer graubraunen Masse; von Schwefelsäure vollkommen zersetzt.
eisenschwarz, sammetschwarz	dunkelbraun	6·5	unvollk. n. ∞P̆∞ undeutl. n. ∞P̆∞	4·75—4·85	v. d. L. allein unveränderlich, das Pulver wird von conc. Schwefelsäure zerlegt.
farblos, grünlichweiss, spargelgrün, apfelgrün, lauchgrün	grau	6—7	z. vollk. n. 0P, unvollk. n. ∞P	2·8—3	v. d. L. schmilzt er unter starkem Blasenwerfen zu blasigem Glas, geglüht oder geschmolzen in H Cl vollkommen zerlegbar unter Abscheidung v. Kieselgallert.
farblos	weiss	4·5	.	2·894	.

Name.	Chemische Zusammensetzung.	Krystall-System.	Krystallogr. Axen.	Opt. Axen.	Glanz.
Pseudotriplit	35.7 $P_2 O_5$ · ca. 50 $Fe_2 O_3$ 8.5 $Mn_2 O_3$ · 5 $H_2 O$	.	.	.	Fettglanz
Pucherit	$Bi_2 V_2 O_8$	Rhombisch	a : b : c = 0.5327 : 1 : 2.3357	.	Glasglanz, Diamantglanz
Pyknotrop	45.02 $Si O_2$, 29.31 $Al_2 O_3$, 12.60 $Mg O$, 4.43 $K_2 O$, 0.21 $Fe O$, 7.83 $H_2 O$	.	.	.	Glasglanz bis Fettglanz
Pyragillit	43.93 $Si O_2$, 28.93 $Al_2 O_3$, 5.30 $Fe O$, 2.90 $Mg O$, 1.85 $Na_2 O$, 1.05 $K_2 O$, 15.47 $H_2 O$	wahrscheinlich rhombisch	.	.	Fettglanz
Pyrochlor	53.19 Niobsäure, 10.47 Titansäure, 7.56 Thorsäure, 14.21 Kalk, 7.0 Ceroxydul. 1.84 Eisenoxydul 0.25 Magnesia, 5.01 Natron, 0.70 Wasser	Regulär	.	.	Fettglanz
Pyrochroit	$H_2 Mn O_2$	.	.	.	Perlmutterglanz
Pyrolusit	$Mn O_2$	Rhombisch	a : b : c = 0.938 : 1 : 0.728	.	halbmetallischer Glanz

Farbe.	Strich.	Härte.	Spaltbarkeit.	Spec. Gewicht.	Bemerkungen.
röthlichbraun	gelblichgrau	.	.	.	Zersetzungsproduct des Triphylins.
hyacinthroth gelblichbraun, röthlichbraun, schwärzlichbraun	gelblichbraun	4	n. $\infty \bar{P} \infty$	6·249	dekrepitirt heftig, mit HCl unter Chlorentwicklung tiefrothe Lösung gebend, die beim Stehen oder Eindampfen grün wird, mit Wasser verdünnt bildet sie einen gelblichen Niederschlag.
graulichweiss, grau, braun, röthlich	graulichweiss	2—3	nach 2 rechtwinkeligen Flächen	2·60—2·72	v. d. L. zu einem blasigen Email schmelzend.
graulichblau schwärzlichblau, leberbraun, ziegelroth	grau	3·5	.	2·5	Umwandlungsproduct von Cordierit, v. d. L. unschmelzbar, von HCl vollständig zersetzbar.
dunkelröthlichbraun, schwärzlichbraun	hellbraun	5	undeutl. n. O	4·18—4·37	v. d. L. wird er gelb und schmilzt schwer zu einer schwarzbraunen Schlacke. Mit Borax im Ox. F. röthlichgelb, im Red. F. dunkelroth; in conc. H_2SO_4 das Pulver mehr oder weniger leicht zersetzbar.
weiss, an der Luft braun und schwarz werdend	weiss	2·5	.	.	im Kolben giebt er viel Wasser, wird grün, dann grünlichgrau, zuletzt bräunlichschwarz, in HCl lösl. unter schwacher Entwicklung von Kohlensäure.
dunkelstahlgrau bis licht eisenschwarz	schwarz	2—2·5	n. ∞P, $\infty \bar{P} \infty$ und $\infty \breve{P} \infty$	4·7—5	v. d. L. unschmelzbar, in HCl unter starker Chlorentwicklung löslich.

Name.	Chemische Zusammensetzung.	Krystall-System.	Krystallogr. Axen.	Opt. Axen.	Glanz.
Pyrop	$(Mg, Fe, Ca)_3$ $Al_2 (Si O_4)_3$ mit ca. 5 pCt. $Fe_2 O_3$ und etwas Chrom (Oxydul)	Regulär	.	.	Glasglanz
Pyrophyllit	$Al_2 Si_3 O_9$ $+ H_2 O$	.	.	.	Perlmutterglanz
Pyropissit	.	.	.	.	matt, Strich glänzend
Pyroretin	$C = 80·02$, $H = 9·42$, $O = 10·56$	.	.		Fettglanz
Pyrosklerit	$(Fe, Mg)_6$ $(Al, Cr)_2$ $Si_4 O_{17}$ $+ 4 H_2 O$	Rhombisch oder Monosymmetrisch	.	.	Perlmutterglanz
Pyrosmalith	$H_7 (Fe, Mn)_4$ $(Fe Cl)$ $(Si O_4)_4$	Hexagonal	$a:c = 1: 3·1836$	.	Fettglanz, metallartiger Perlmutterglanz auf 0 P

Farbe.	Strich.	Härte.	Spaltbarkeit.	Spec. Gewicht.	Bemerkungen.
dunkelhyacinthroth blutroth	grauweiss	7.5	.	.	v. d. L. wird er schwarz und undurchsichtig, nach dem Erkalten wieder roth u. durchsichtig, schmilzt schwierig zu schwarzem, glänzendem Glas, von Säuren roh gar nicht, geschmolzen nur unvollkommen zersetzt.
spangrün, apfelgrün, grünlichweiss, gelblichweiss	weisslich	1	vollkommen monotom	2·78—2·92	im Kolben giebt er Wasser und wird silberglänzend, in der Zange blättert er sich auf und schwillt unter vielen Windungen zu einer schneeweissen, unschmelzbaren Masse an, mit Kobaltsolution blau. Von Schwefelsäure unvollkommen zersetzt.
schmutziggelb, lichtgelblichbraun	lichtgelblichbraun	.	.	0·9	bei geringer Wärme giebt er weisse schwere Dämpfe, verbrennt mit nicht unangenehmem Geruch und schmilzt in offenem Gefäss zu einer pechähnlichen Masse.
pechschwarz	dunkelholzbraun	2	.	1·05—1·18	leicht entzündlich und mit heller, stark rauchender Flamme verbrennend unter Entwicklung eines aromatischen Geruchs.
apfelgrün, smaragdgrün, graulichgrün	graulichgrün	3	nach 2 rechtwinkeligen Flächen, die eine vollkommen	2·7—2·8	v. d. L. schwer schmelzend zu grauem oder schmutziggrünem Email, in conc. H Cl vollkommen zerlegbar unter Abscheidung von Kieselpulver, wahrscheinlich ein zersetzter Diallag.
lederbraun, olivengrün	graugelb	4—4·5	vollk. n. 0P, unvollk. n. ∞P	3—3·2	v. d. L. schmilzt er zu schwarzer magnetischer Kugel, von conc. Salpetersäure vollkommen zersetzt.

Name.	Chemische Zusammensetzung.	Krystall-System.	Krystallogr. Axen.	Opt. Axen.	Glanz.
Pyrrhit	Niobsäure und Zirkonsäure	Regulär	.	.	.
Quartz **Quarz**	Si O$_2$	Hexagonal-trapezoedr.-tetart.	a : c = 1 : 1·0999	.	Glasglanz, Fettglanz
Quecksilber-lebererz	.	.	.	.	.
Quellerz	20—60 pCt. Fe$_2$ O$_3$, 7—30 pCt. H$_2$ O. 0—6 pCt. P$_2$ O$_5$, mehrere pCt. gebundene Si O$_2$ und etwas Fe O und Mn O	.	.	.	Fettglanz
Rabdionit	4 (Fe, Mn) O (HO) · Cu (HO)$_2$ · (Mn Co) (HO)$_2$	.	.	.	.
Raphilit	Silikat von Kali, Kalk u. Magnesia mit etwas Thonerde	.	.	.	Glasglanz bis Perlmutter-glanz
Razoumoff-skin	Al$_2$ (Si O$_3$)$_3$ + 4½-6 H$_2$ O	Amorph	.	.	.
Reddingit	Mn$_3$ P$_2$ O$_8$ + 3 H$_2$ O	Rhombisch	a : b : c = 0·8676 : 1 : 0·9485	.	Glasglanz
Reinit	Fe WO$_4$	Tetragonal	a : c = 1 : 1·279	.	.

Farbe.	Strich.	Härte.	Spaltbar-keit.	Spec. Gewicht.	Bemerkungen.
pomeranz-gelb	.	5·5	.	.	sehr selten.
farblos, wasserhell, grau, gelb, braun, schwarz, roth, blau, grün	weiss	7	n. R	2·5—2·8	Circularpolarisation v. d. L. unschmelzbar, Soda löst ihn unter Brausen zu klarem Glas, nur in Fluss-säure löslich.
dunkel-cochenill-roth, blei-grau, eisen-schwarz	roth	.	.	6·8—7·3	inniges Gemenge von Zinnober, Idrialin, Kohle und erdigen Theilen (s. d.).
dunkel-gelblich-braun, schwärzlich-braun, pechschwarz	gelb	.	.	3·3—3·5	Brauneisenerze (s. d.), deren Bildung noch jetzt vor sich geht.
schwarz	dunkelbraun	1·5	.	2·80	v. d. L. zu einer stahlgrauen magneti-schen Kugel schmel-zend, löslich in HCl unt. Chlorentwicklung zu smaragdgrüner Solution.
weiss, bläulichgrün	weiss	3.5	.	2.85	v. d. L. weiss un-durchsichtig und schmilzt an den Kanten.
weiss, grünlich, himmelblau, azurblau	.	.	.	.	.
blass-rosenroth, gelblich-weiss	weisslich	3—3·5	monotom	3·102	löslich in Salz- und Salpetersäure.
schwarz-braun	schwarz-braun	4	unvoll. n. ∞P	6·64	.

Name.	Chemische Zusammensetzung.	Krystall-System.	Krystallogr. Axen.	Opt. Axen.	Glanz.
Reissit	enthält Si, Al, Ca, K, Na	Monosymmetrisch	a : b : c = 0·5119 : 1 : 0·5739; $\beta = 55°\,49'$	Ebene der opt. A. in $\infty P\infty$	Glasglanz
Retinit	$C_{12}H_{18}O$	.	.	.	Fettglanz
Rhagit	$5\,Bi_2O_3 \cdot 2\,As_2O_5 + 8\,H_2O$	.	.	.	Wachsglanz
Rhodiumgold	Au mit 34—43 pCt. Rhodium	.	.	.	Metallglanz
Rhodizit	wahrscheinlich $Ca_7Cl_2B_{16}O_{30}$	Regulär, tetr.-hemiedrisch	.	.	Glasglanz
Rhodonit	(Mn, Ca, Fe) SiO_3	Asymmetrisch	a : b : c = 1·0841 : 1 : 0·8367; $\alpha = 76°\,24'$ $\beta = 71°\,27'$, $\gamma = 80°\,37'$	.	Glasglanz, z. Th. Perlmutterglanz
Rinkit	F = 5·82, SiO_2 = 29·08 TiO_2 = 13·36 (Ca, La, Di) O = 21·25 YO = 0·92, FeO = 0·44, CaO = 23·26, Na_2O = 8·98	Monosymmetrisch	a : b : c = 1·56878 : 1 · 0·292199; $\beta = 88°\,47'\,14''$	die Ebene der opt. A. liegt so, dass d. spitze Bisectrix in $\infty P\infty$, die stumpfe in $\infty P\infty$ liegt.	Glasglanz, im Bruch Fettglanz
Rittingerit	$5\,Ag_2Se \cdot As_2Se_3$	Monosymmetrisch	a : b : c = 0·528 : 1 ; 0·529; $\beta = 89°\,26'$	.	Metallglanz
Rivotit	21 Kohlensäure 42 Antimonsäure 39·5 Kupferoxyd 1·18 Silberoxyd	.	.	.	.

Farbe.	Strich.	Härte.	Spaltbarkeit.	Spec. Gewicht.	Bemerkungen.
farblos, weiss	weiss	5	s. vollk. n. $\infty \bar{P} \infty$	.	dem Epistilbit sehr nahe stehend.
gelbl.-braun	gelblich	1·5—2	.	1·05—1·15	.
graugrün	weiss	5	.	6·82	in HCl leicht löslich, in Salpetersäure schwer, im Kolben unter Wasserabgabe decrepitirend und zu einem isabellgelben Pulver zerfallend, v. d. L. schmelzend.
goldgelb	goldgelb	.	.	15·5—16·8	.
farblos, weiss, graulich	weiss	8	.	3·3—3·32	.
dunkel rosenroth, bläulichroth, röthlichbraun, grau	weisslich	5—5·5	vollk. n. 0P und $\infty \bar{P} \infty$	3·5—3·63	v. d. L. schmilzt er im Red. F. zu rothem Glas, im Ox. F. zu schwarzer, metallglänzender Kugel; mit Borax und Phosphorsalz Manganreaction.
gelbbraun	gelbbraun	5	.	3·46	v. d. L. unter starkem Aufblähen leicht zu schwarzer, glänzender Kugel schmelzbar, in verdünnter Säure leicht löslich unter Abscheidung von Si O$_2$
eisenschwrz. auf 0P schwärzlichbraun	pomeranzgelb	2·5—3	unvollk. n. 0P	5·63	v. d. L. sehr leicht schmelzend und unter Arsendämpfen viel Silber hinterlassend.
gelblichgrün graulichgrün	.	3·5—4	.	3·55—3·62	Decrepitirt und färbt die Flamme grün, mit kalter HCl erfolgt Entweichen von Kohlensäure, aber nur theilweise Auflösung.

Name.	Chemische Zusammensetzung.	Krystall-System.	Krystallogr. Axen.	Opt. Axen.	Glanz.
Römerit	(Fe, Zn) $SO_4 \cdot Fe_2 S_3$ $O_{12} + 12 H_2O$	Monosymmetrisch.	.	.	.
Röpperit	.	.	.	.	.
Röttisit	$H_2 Ni_2(SiO_3)_3$ $+ 1\frac{1}{2} H_2O$	.	.	.	.
Romeit	$Ca_2 Sb_3 O_8$	Tetragonal	a : c = 1 : 1·029	.	.
Roscoelith	$H_8 K_2$ (Mg, Fe) $(Al, V)_4$ $Si_1 O_{36}$	.	.	.	Perlmutterglanz
Rosellan	44·90 SiO_2, 34·50 Al_2O_3 3·59 CaO, 2·45 MgO, 6·63 K_2O, 6·53 H_2O	.	.	.	Glasglanz
Roselith	(Ca, Co, Mg)$_3$ $(AsO_4)_2$ $+ 2 H_2O$	Asymmetrisch	a : b : c = 2·2046 : 1 : 1·4463 ; $\alpha = 89°\ 0'$ $\beta = 90°\ 34'$, $\gamma = 89°\ 20'$	.	Glasglanz
Rosthornit	$C_{24} H_4 O$	.	.	.	Fettglanz
Rothzinkerz	ZnO	Hexagonal	a : c = 1 : 0·6208	.	.

Farbe.	Strich.	Härte.	Spaltbarkeit.	Spec. Gewicht.	Bemerkungen.
röthlichgelb	.	.	.	2·15—2·18	giebt mit kaltem Wasser eine rothe, bei starker Verdünnung eine grünliche Solution.
.	.	.	.		mit diesem Namen belegte Kenngott einen rosenrothen Manganspath (s. d.), der 43—44 pCt. Mn CO_3 50 pCt. Ca CO_3 und 6 pCt Mg CO_3 enthält und Brush einen Mangan- und Zinkhaltigen Olivin (s. d.) von Stirling.
smaragdgrün apfelgrün	apfelgrün	2—2·5	.	2·35—2·37	.
honiggelb, hyacinthroth	.	ritzt Glas	.	4·67—4·71	unlöslich in Säuren.
dunkelgrün, dunkelbraun grünlichbraun	grau	1	vollk. monotom	2·33	stark doppelt brechend.
rosenroth	.	2·5	vollk. monotom	2·72	gehört zum Anorthit. (s. d.)
dunkelrosenroth	weiss	3·5	n. $\infty P \infty$	3·46	wird beim Erhitzen blau, schmilzt v. d. L. leicht, mit HCl eine blaue, stark verdünnt, rothe Lösung.
rothbraun	hellbraun, pomeranzgelb	.	,	1·076	an der Luft erhitzt, entwickelt er aromatische, weisse Dämpfe und verbrennt dann mit gelber russender Flamme.
blutroth, hyacinthroth	pomeranzgelb	4—4·5	vollk. n. 0P und ∞P	5·4—5·7	v. d. L. unschmelzbar, mit Soda auf Kohle Zinkbeschlag, in Säuren löslich.

Name.	Chemische Zusammensetzung.	Krystall-System.	Krystallogr. Axen.	Opt. Axen.	Glanz.
Rutil	$Ti\,O_2$	Tetragonal	$a:c=$ $1:0{\cdot}6442$	.	metallartig. Diamantglanz
Saccharit	.	.	.	.	perlmutterartiger Glasglanz
Salzkupfererz	$Cu_2\,(HO)_3\,Cl$	Rhombisch	$a:b:c=$ $0{\cdot}6619:1:$ $0{\cdot}7530$	.	Glasglanz
Samarskit	$8\,(Fe,\,Y,\,Ce,$ $Er)_4$ $(Nb_2\,O_7)_3$ $+\,(Fe,Y,Ce,$ $Er)_4$ $U_5\,O_{21}$	Rhombisch	$a:b:c=$ $0{\cdot}8803:1:$ $0{\cdot}4777$	.	halbmetallischer Glanz, Fettglanz
Samoit	$Si\,O_2=31{\cdot}25,$ $Al_2O_3=37{\cdot}21,$ $Mg\,O=0{\cdot}06,$ $Na_2\,O=0{\cdot}06,$ $H_2\,O=30{\cdot}45$	.	.	.	Harzglanz
Saponit	$42{-}51\,Si\,O_2,$ $24{-}33\,Mg\,O,$ $11{-}19\,H_2\,O,$ $6{\cdot}5{-}9{\cdot}5\,Al_2\,O_3$	Amorph	.	.	matt
Sapphirin	$4\,Mg\,O,$ $5\,Al_2\,O_3\,.$ $2\,Si\,O_2$	Monosymmetrisch	.	.	Glasglanz
Sarkolith	$Na_2\,O,\,8\,Ca\,O,$ $3\,Al_2\,O_3,$ $9\,Si\,O_2$	Tetragonal	$a:c=1:$ $1{\cdot}2549$	.	Glasglanz

Farbe.	Strich.	Härte.	Spaltbarkeit.	Spec. Gewicht.	Bemerkungen.
röthl.-braun, hyacinthroth dunkelblutroth, cochenillroth, gelbl.-braun, ockergelb, schwarz	gelblichbraun	6—6.5	vollk. n. ∞P u. $\infty P \infty$, unvollk. n. P	4.2—4.3	v. d. L. unschmelzbar und unveränderlich; von Säuren nicht angegriffen, mit Borax und Phosphorsalz Reactionen der Titansäure gebend.
weiss, grünlichweiss	grauweiss	5—6	.	2.66—2.69	plagioklashaltiges gesteinartiges Gemenge von Plagioklas, Quarz, Diopsid und Granat.
lauchgrün, grasgrün, smaragdgrün	apfelgrün	3—3.5	vollk. n. $\infty \breve{P} \infty$, unvollk. n. $\infty \breve{P}$	3.691—3.705	v. d. L. färbt er die Flamme blaugrün, giebt auf Kohle einen bräunlichen und einen graulichweissen Beschlag u. ein Kupferkorn, in Säuren und Ammoniak leicht lösl.
sammetschwarz	dunkelröthlichbraun	5—6	n. $\infty \breve{P} \infty$	5.614—5.76	v. d. L. schmilzt er an den Kanten zu schwarzem Glas, von HCl schwer, aber vollkommen zersetzt zu grünlicher Flüssigkeit, leichter durch Schwefelsäure und saures schwefels. Kali zerlegt.
weiss, graulich, gelblich	.	4—4.5	.	1.7—1.9	löslich in Salz- oder Salpetersäure unter Abscheidung von Kieselgallert.
weiss, lichtgrau, gelb, röthlichbraun	weisslich	1—1.5	.	2.266	v. d. L. zu farblosem, blasigem Glas schmelzend, von H_2SO_4 leicht vollständig zersetzt.
licht berlinerblau, in bläulichgrau u. grün geneigt	grau	7.5	monotom	3.42—3.47	v. d. L. unschmelzbar.
röthlichweiss, fleischroth	weiss	5.5—6	.	2.54—2.932	v. d. L. schmilzt er zu weissem, blasigem Email und wird von Säuren unter Abscheidung von Kieselgallert zersetzt.

Name.	Chemische Zusammensetzung.	Krystall-System.	Krystallogr. Axen.	Opt. Axen.	Glanz.
Saussurit	43—49 Si O_2, 25—32 $Al_2 O_3$ und vorwiegend Kalk und Natron	·	·	·	schimmernd bis matt
Scheelbleierz	Pb W O_4	Tetragonal	$a:c = 1: 1{\cdot}567$	·	Fettglanz
Scheelit	Ca W O_4	Tetragonal-pyram.-hemiedrisch	$a:c = 1: 1{\cdot}5369$	·	Fettglanz
Scheererit	C H_4	·	·	·	Fettglanz b. Diamantglanz
Schirmerit	3 $(Ag_2 Pb)$ S · 2 $Bi_2 S_3$	·	·	·	Metallglanz
Schneebergit	enthält hauptsächl. Sb und Ca, ausserdem Fe u. Spuren von Cu, Bi. Zn, Mn und H_2 SO_4	Regulär	·	·	Glasglanz, Diamantglanz

Farbe.	Strich.	Härte.	Spaltbarkeit.	Spec. Gewicht.	Bemerkungen.
graulichweiss, grünlichweiss, grünlichgrau aschgrau	graulichweiss	6—7	.	3·318—3·389	v. d. L. schmilzt er schwierig an den Kanten zu grünl.-grauem Glas. Von Säuren nur wenig angegriffen, zersetzter Feldspath.
grau, braun, grün, roth	grauweiss	3	unvollk. n. P	7·9—8·1	v. d. L. schmilzt er sehr leicht, beschlägt die Kohle mit Bleioxyd und erstarrt bei der Abkühlung zu einem krystallinischen Korn; mit Phosphorsalz im Ox. F. ein farbloses, im Red. F. ein blaues Glas, löslich in Salpetersäure unter Abscheidung gelber Wolframsäure, auch löslich in Kalilauge.
farblos, grau, gelb, braun, roth, grün	grau	4·5—5	z. vollk. n. P, unvollk. n. 0P u. P∞	5·9—6·2	v. d. L. schmilzt er schwierig zu einem durchscheinenden Glase, mit Phosphorsalz im Ox. F, ein klares farbloses, im Red. F. ein Glas, welches heiss gelb oder grün, kalt blau erscheint. Von Salz- u. Salpetersäure zersetzt mit Hinterlassung gelber in Alkalien lösl. Wolframsäure. Die salzsaure Solution mit Zinn erwärmt tief indigoblau.
weiss	.	.	.	.	fühlt sich fettig an, schmilzt bei 45°.
grau	schwärzlich	.	.	6·737	v. d. L. sehr leicht schmelzbar.
honiggelb	gelblichweiss	6·5	n. ∞0	4·1	v. d. L. unschmelzbar, unlöslich in Säuren.

Name.	Chemische Zusammensetzung.	Krystall-System.	Krystallogr. Axen.	Opt. Axen.	Glanz.
Schreibersit	$Ni_2 Fe_4 P$	.	.	.	Metallglanz
Schrifterz	$4 Au Te_2 \cdot 3 Ag Te_2$	Monosymmetrisch	$a:b:c =$ $1{\cdot}7732:1:$ $0{\cdot}8889,$ $\beta = 55° 21'$	.	Metallglanz
Schwarzkohle	C mit O u. H	.	.	.	Glasglanz, Fettglanz
Schwefel	S	Rhombisch	$a:b:c =$ $0{\cdot}8130:1:$ $1{\cdot}9037$	in $\infty \breve{P} \infty$, spitze Bisectrix die Verticale.	Fettglanz
Selen	Se	Monosymmetrisch	$a:b:c =$ $0{\cdot}9907:1:$ $1{\cdot}2700,$ $\beta = 89° 15'$	.	Glasglanz
Selenbleikupfer	$2 Pb Se \cdot 9 Cu_2 Se$	.	.	.	Metallglanz
Selenbleispath	$Pb Se O_4$	.	.	.	.
Selenkupferblei	$(Pb, Cu_2) Se$	.	.	.	Metallglanz
Selenmercur	Hg Se	.	.	.	Metallglanz

Farbe	Strich.	Härte.	Spaltbarkeit.	Spec. Gewicht.	Bemerkungen.
stahlgrau	.	6·5	.	7·01—7·02	biegsam, stark magnetisch, im Meteoreisen verschiedener Fundorte.
licht stahlgrau, zinnweiss, silberweiss, licht speisgelb	schwärzlich	1·5—2	n. 0P und $\infty P \infty$ vollk.	7·99—8·33	v. d. L. auf Kohle weisser Beschlag und hellgelbes Korn von Goldsilber; in Salzsäure löslich unter Abscheidung v. Chlorsilber, in Salpetersäure unter Abscheidung von Gold.
schwärzlichbraun, pechschwarz graulichschwarz, sammetschwarz	bräunlichschwarz bis graulichschwarz	2—2·5	.	1·2—1·5	verbrennt leicht mit starker Flamme und aromatischem Geruch.
schwefelgelb, honiggelb, gelblichbraun, strohgelb	schwefelgelb	1·5—2·5	unvollk. n. 0P und ∞P	1·9—2·1	verbrennt mit blauer Flamme zu schwefliger Säure.
bleigrau	schwärzlich	2	.	4·3	in dünnen Splittern roth durchscheinend, v. d. L. Rettiggeruch.
dunkelbleigrau, in violblau geneigt	schwärzlich	1·5—2	.	5·6	v. d. L. sehr leicht schmelzbar, zerfliesst auf der Kohle und bildet eine graue, metallisch glänzende Masse, die mit Borax oder Soda Cu liefert.
schwefelgelb	schwefelgelb	.	monotom	.	kugelige Aggregate.
bleigrau, oft messinggelb od. blau angelaufen	schwärzlich	.	.	6·96—7·5	.
dunkelbleigrau	schwarz	2·5	.	7·10—7·37	v. d. L. auf Kohle verfliegt er mit blauer Färbung der Flamme, nur in Königswasser löslich.

Name.	Chemische Zusammensetzung.	Krystall-System.	Krystallogr. Axen.	Opt. Axen.	Glanz.
Selen-schwefel	S Se	.	.	.	Fettglanz
Selensilber	Ag_2 Se	.	.	.	Metallglanz
Sellait	$Mg F_2$	Tetragonal	$a:c = 1: 0.6619$	.	Glasglanz
Senarmontit	$Sb_2 O_3$	Regulär	.	.	Diamantglanz, Fettglanz
Sericit	$(K, Na) H_2 Al_3 (Si O_4)_3$	.	.	.	Seidenglanz
Serpentin	$Mg_3 Si_2 O_7 + 2 H_2 O$	.	.	.	matt
Serpierit	wasserhaltiges Sulfat von Zink u. Kupfer	Rhombisch	$a:b:c = 0.8586:1: 1.3637$	in $\infty\bar{P}\infty$, spitze Bisectrix die Verticale	.
Siderosilicit	$34 Si O_2$, $48.5 Fe_2 O_3$, $7.5 Al_2 O_3$, $10 H_2 O$	Amorph	.	.	.
Silaonit	Bi_3 Se	.	.	.	.
Silber	Ag	Regulär	.	.	Metallglanz

Farbe.	Strich.	Härte.	Spaltbarkeit.	Spec. Gewicht.	Bemerkungen.
pomeranzgelb, gelbl.-braun	.	.	.	.	Sublimationsprodukt auf Vulcano.
eisenschwarz	schwarz	2·5	.	8·0	in rauchender Salpetersäure leicht löslich, in verdünnt. s. wenig.
farblos	weiss	5	.	2·972	v. d. L. unter Aufschäumen zu weissem Email schmelzend, dann unschmelzbar u. stark leuchtend.
farblos, weiss, grau	weiss	2—2·5	unvollk. n. O	5·22—5·30	v. d. L. weisse Dämpfe und weisser Beschlag.
lauchgrün, grünlichweiss, gelblichweiss	grau	1·5—2	.	2·809	dichter Muscovit, v. d. L. schmilzt er zu graulichweissem oder grünlichgrauem Email.
grün, gelb, grau, roth, braun, lauchgrün, pistazgrün, schwärzlichgrün etc.	grau	3—4	.	2·5—2·7	v. d. L. brennt er sich weiss und schmilzt schwer an den Kanten. Von Salzsäure oder Schwefelsäure das Pulver vollkommen zersetzt.
blau	blaugrau	.	.	.	.
kastanienbraun, leberbraun	.	2·5	.	2·713	blutroth durchscheinend.
blaugrau, etwas röthlich	.	2·75	.	6·43—6·45	nimmt gerieben Glanz an.
silberweiss, gelb, braun, schwarz anlaufend	silberweiss	2·5—3	.	10·1—11·0	v. d. L. leicht schmelzbar, in Salpetersäure leicht löslich, die Solution mit H Cl einen weissen Niederschlag von Chlorsilber, der an der Luft dunkelt. Das güldige Silber von Kongsberg enthält 27 bis 53 pCt. Gold, oft aber weniger.

— 198 —

Name.	Chemische Zusammensetzung.	Krystall-System.	Krystallogr. Axen.	Opt. Axen.	Glanz.
Silberkies	$Ag\, Fe_3\, S_5$	Monosymmetrisch	. .	.	Metallglanz
Silberwismuthglanz	$Ag_2\, S \cdot Bi_2\, S_3$	.	.	.	Metallglanz
Sillimanit	$Al_2\, Si\, O_5$	Rhombisch	$a:b:c =$ $0{\cdot}970:1:?$	.	Fettglanz, auf $\infty \bar{P} \infty$ Glasglanz
Sipylit	.	.	.	.	metallischer Harzglanz
Sismondin	$H_{14}\, Fe_7\, Al_{16}$ $Si_8\, O_{54}$	Monosymmetrisch	.	. .	stark glänzend auf den Spaltungsflächen
Skapolith	$Ca_6\, Al_8$ $(Si\, O_4)_9$	Tetragonal	$a:c =$ $1:0{\cdot}4398$	.	Glasglanz, Fettglanz
Skolopsit	$Si\, O_2 = 34{\cdot}79,$ $Al_2 O_3 = 21{\cdot}00,$ $Fe_2 O_3 = 2{\cdot}70,$ $Mg\, O = 2{\cdot}67,$ $Ca\, O = 15{\cdot}10,$ $Na_2 O = 11{\cdot}95,$ $K_2 O = 2{\cdot}80,$ $H_2 O = 3{\cdot}29,$ $S\, O_3 = 4{\cdot}39,$ $Cl = 1{\cdot}36$	Regulär	.	. .	
Skorodit	$Fe_2\, As_2\, O_8$ $+ 4\, H_2 O$	Rhombisch	$a:b:c =$ $0{\cdot}8673:1$ $0{\cdot}9558$	in $\infty \bar{P} \infty$, spitze Bisectrix die Verticalaxe	Glasglanz

Farbe.	Strich.	Härte.	Spaltbarkeit.	Spec. Gewicht.	Bemerkungen.
stahlgrau, zinnweiss, gelb anlaufend	schwarz	3·5—4	.	6·47	scheinbar hexagonal.
grau	hellgrau	.	.	6·92	v. d. L. leicht schmelzbar, löslich in Salpetersäure unter Abscheidung von Schwefel.
farblos, gelblichgrau nelkenbraun	weisslich	6—7	s. vollk. n. $\infty \bar{P} \infty$	3·23—3·24	v. d. L. unschmelzbar, Säuren ohne Wirkung.
bräunlichschwarz	hell zimmetbraun bis blassgrau	6	.	4·89	v. d. L. glüht er sehr lebhaft auf, unschmelzbar, zersetzbar durch kochende Schwefelsäure.
schwärzlichgrün	licht grünlichgrau	5—6	s. vollk. n. 0P	3·56	v. d. L. schwer schmelzbar, brennt sich braun, das Pulver in Schwefelsäure nur schwer zerlegbar.
farblos, weiss, grau, gelb, grün, roth	weiss bis grau	5—5·5	s. vollk. n. $\infty \bar{P} \infty$, weniger deutl. n. ∞P	2·63—2·79	v. d. L. schmelzbar, unter starkem Aufschäumen zu durchscheinender nicht weiter schmelzbarer Masse, von HCl als Pulver zersetzt ohne Bildung von Kieselgallert.
graulichweiss	.	5	.	2·53	wahrscheinlich ein mehr oder weniger weit zersetzter Hauyn oder Nosean.
lauchgrün, berggrün, seladongrün, indigoblau, roth, braun	grauweiss	3·5—4	deutl. n. $\infty \bar{P} \infty$, unvollk. n. $\infty \bar{P} 2$	3·1—3·2	in Salzsäure leicht löslich, Solut. braun, v. d. L. auf Kohle Arsendämpfe gebend und zu grauer, metallisch glänzender, magnetischer Schlacke schmelzend.

Name.	Chemische Zusammensetzung.	Krystall-System.	Krystallogr. Axen.	Opt. Axen.	Glanz.
Smaltin	(Co, Ni, Fe) As_2	Regulär-pent.-hem.	.	.	Metallglanz
Smegmatit	$Al_2 Si_4 O_{11}$ + $12 H_2O$	.	.	.	.
Sodalith	$Na_5 (Al\,O)_4$ $Cl\,(Si\,O_3)_4$	Regulär	.	.	Glasglanz bis Fettglanz
Sombrerit	75—90 pCt. $Ca_3 P_2 O_8$ 3—4 pCt. $Ca\,CO_3$ 7—9 Thon	.	.	.	.
Sonomait	$3 Mg\,SO_4 \cdot Al_2 S_3 O_{12}$ + $33 H_2O$	.	.	.	Seidenglanz
Spadait	$Mg_5 Si_6 O_{17}$ + $4 H_2O$	Amorph	.	.	Fettglanz
Spathiopyrit	61·46 As · 2·37 S · 14·97 Co · 16·47 Fe · 4·22 Cu	Rhombisch	.	.	Metallglanz

Farbe.	Strich.	Härte.	Spaltbarkeit.	Spec. Gewicht.	Bemerkungen.
zinnweiss, licht stahlgrau, dunkel anlaufend	graulichschwarz	5·5	undeutl. n. $\infty O\infty$ u. O	6·37—7·3	v. d. L. auf Kohle schmilzt er leicht unter starkem Arsengeruch zu weisser oder grauer magnetischer Kugel, von Salpetersäure leicht zersetzt und in der Wärme unter Abscheidung von arseniger Säure eine rothe Solution gebend.
weiss oder blau marmorirt	weiss	1	.	.	zerfällt im Wasser; v. d. L. unschmelzbar, wird von heisser Schwefelsäure zersetzt, bildet sich noch jetzt in den Quellen von Plombières, fühlt sich fettig an.
farblos, gelbl.-weiss, grünl.-weiss, grünlichgrau spargelgrün, berlinerblau, lasurblau	weiss	5·5	n. ∞O	2·13—2·29	v. d. L. schmilzt er theils ruhig, theils unter Aufblähen zu farblosem Glas, in Salzsäure u. Salpetersäure leicht vollkommen zersetzt unter Abscheidung v. Kieselgallert.
.	.	.	.	.	ein durch überliegenden Guano umgewandelter Kalkstein.
farblos	weiss	.	.	1·604	.
röthlich	weiss	2·5	.	.	giebt im Kolben Wasser und wird grau, v. d. L. schmilzt er zu emailartigem Glas, in conc. HCl löslich unter Abscheidung von Kieselgallert.
zinnweiss, dunkelstahlgrau anlaufend	schwärzlich	4·5	.	6·7—6·9	.

Name.	Chemische Zusammensetzung.	Krystall-System.	Krystallogr. Axen.	Opt. Axen.	Glanz.
Speckstein	$H_2 Mg_3 Si_4 O_{12}$	.	.	.	.
Spinell	$Mg Al_2 O_4$	Regulär	.	.	Glasglanz
Spodumen	$Li_2 Al_2 Si_4 O_{12}$	Monosymmetrisch	$a:b:c =$ $1{\cdot}124:1:$ $0{\cdot}641,$ $\beta = 69°\,40'$	in $\infty P\infty$, spitze Bisectrix bildet mit $0P$ einen Winkel von 84° 20', mit $\infty P\infty$ einen solchen von 26°	Glasglanz, auf $\infty P\infty$ Perlmutterglanz
Stannin	$Cu_2 S$, $Fe S$, $Sn S_2$	Regulär-tetraedr.-hemiedrisch	.	.	Metallglanz
Stannit	37—39 Zinnoxyd, $Si O_2$, $Al_2 O_3$, und $Fe_2 O_3$	.	.	.	schwach fettglänzend
Staurolith	$(Fe,Mg,Mn)_3$ $Al_4 (Al O)_8$ $(HO)_2$ $(Si O_4)_6$	Rhombisch-hemiedrisch	$a:b:c =$ $0{\cdot}4803:1:$ $0{\cdot}6761$	in $\infty P\infty$, positive Bisectrix die Verticalaxe.	Glasglanz
Stellit	48.46 $Si O_2$, 5·30 $Al_2 O_3$, 30·96 $Ca O$, 5·58 $Mg O$, 3·53 $Fe O$, 6·11 $H_2 O$	Rhombisch?	.	.	Perlmutterglanz
Sternbergit	$Ag Fe_2 S_3$	Rhombisch	$a:b:c =$ $0{\cdot}5831:1:$ $0{\cdot}8387$		Metallglanz

Farbe.	Strich.	Härte.	Spaltbarkeit.	Spec. Gewicht.	Bemerkungen.
weiss, graulich, gelblich, röthlich, grün	glänzend	1·5	.	2·6—2·8	v. d. L. brennt er sich so hart, dass er Glas ritzt, von kochender Schwefelsäure wird er zersetzt.
farblos, rothe, blaue, braune, graue, schwarze Farben	grauweiss	8	unvollk. n. 0	3·5—4·1	v. d. L. unveränderlich. Säuren ohne Wirkung.
grünlichweiss, apfelgrün, grünlichgrau	grauweiss	6·5—7	vollk. n. $\infty P \infty$, deutl. n. ∞P	3·13—3·19	v. d. L. bläht er sich auf, die Flamme röthlich färbend und schmilzt zu klarem Glas; mit Kobaltsolution blau. Säuren sind ohne Wirkuug.
stahlgrau	schwarz	4	unvollk. n. $\infty O \infty$	4·3—4·5	v. d. L. auf Kohle schmilzt er in starker Hitze, wird an der Oberfläche weiss und beschlägt die Kohle dicht um die Probe mit weissem Zinnoxyd, von Salpetersäure leicht zersetzt unter Abscheidung von Zinnoxyd und Schwefel. Solution ist blau.
gelblichweiss, isabellfarbig	.	.	.	.	Gemenge von Zinnstein und Quarz (siehe diese).
röthlichbraun, schwärzlichbraun	grau	7—7·5	vollk. n. $\infty \breve{P} \infty$	3·34—3·77	v. d. L. unschmelzbar, Säuren ohne Wirkung, mit Borax und Phosphorsalz schwer lösl.
weiss	weiss	3—3·5	.	2·612	eine Varietät des Pektolith.
tombackbraun, blau anlaufend	schwarz	1—1·5	s. vollk. n. 0P	4·2—4·25	v. d. L. auf Kohle schmilzt er zu einer mit Ag bedeckten, magnetischen Kugel unter Entwicklung von schwefliger Säure.

Name.	Chemische Zusammensetzung.	Krystall-System.	Krystallogr. Axen.	Opt. Axen.	Glanz.
Stilpnomelan	45—46 SiO_2, 5—6 Al_2O_3, 35·6—38 FeO, 1—3 MgO, 9 H_2O	.	.	.	perlmutterartiger Glasglanz
Stilpnosiderit	$H_2 Fe_2 O_4$	.	.	.	Fettglanz
Stirlingit	$(Fe, Mn, Zn, Mg)_2 Si O_4$	Rhombisch	$a:b:c =$ 0·466 : 1 : 0·5866	in 0P, spitze Bisectrix die Brachydiagonale	Glasglanz
Stolpenit	45·92 SiO_2, 22·14 Al_2O_3, 3·90 CaO, 25·86 H_2O	.	.	.	.
Strengit	$Fe_2 P_2 O_8$ $+ 4 H_2O$	Rhombisch	$a:b:c =$ 0·8435 : 1 : 0·9468	.	Glasglanz
Strigovit	$H_6 (Mg, Fe)$ $(Fe, Al)_2$ $Si_2 O_{11}$	.	.	.	.
Stromnit	68·6 $Sr CO_3$, 27·5 $Ba SO_4$, 3·9 $Ca CO_3$	.	.	.	Perlmutterglanz
Strontianit	$Sr CO_3$	Rhombisch	$a:b:c =$ 0·6089 : 1 : 0·7237	.	Glasglanz
Struvit	$Am Mg PO_4$ $+ 6 H_2O$	Rhombisch hemimorph	$a:b:c =$ 0·5667 : 1 : 0·9121	in 0P, spitze Bisectrix die Brachydiagonale	Glasglanz
Stützit	$Ag_4 Te$	Monosymmetrisch	.	.	Metallglanz

Farbe.	Strich.	Härte.	Spaltbarkeit.	Spec. Gewicht.	Bemerkungen.
graulich-schwarz schwärzlich-grün	olivengrün, grünlichgrau	3—4	.	3—3.4	v. d. L. schmilzt er zu einer schwarzen, magnetischen Kugel; von Säuren nur unvollständig zerlegt, dem Cronstedit nahestehend.
pechschwarz schwärzlich-braun	gelblich-braun	4.5—5	.	3.6—3.8	.
dunkelgrün, schwarz	grau	6.5	deutl. n. $\infty \bar{P} \infty$	4.08	Varietät des Olivin.
gelblich-weiss, gelb	gelblich-weiss	1—2	.	.	.
pfirsichblüthroth kermesinroth, farblos	weiss	3—4	n. $\infty \bar{P} \infty$	2.87	v. d. L. leicht zu schwarzer glänzender Kugel schmelzbar, leicht löslich in HCl, unlöslich in Salpetersäure.
schwärzlichgrün	grün	1	.	2.588	v. d. L. ziemlich schwer zu schwarzem Glas schmelzend, leicht löslich in warmer HCl unter Abscheidung von Kieselgallert.
gelblich-weiss	weiss	.	.	3.7	Gemenge vom Strontianit, Calcit und Baryt.
farblos, graulich, gelblich, grünlich	weisslich	3.5	unvollk. n. ∞P u. $2\bar{P}\infty$	3.6—3.8	v. d. L. schmilzt er in starker Hitze an den Kanten, indem er stark anschwillt und die Flamme roth färbt, in Säuren mit Brausen leicht löslich.
farblos, gelb, lichtbraun	schmutzig weiss	1.5—2	unvollk. n. 0P, z. vollk. n. $\infty \bar{P} \infty$	1.66—1.75	.
bleigrau in Roth geneigt	schwärzlich-bleigrau	.	.	.	vollkommen hexagonal entwickelte Formenreihe.

Name.	Chemische Zusammensetzung.	Krystall-System.	Krystallogr. Axen.	Opt. Axen.	Glanz.
Stylotyp	$2 (Cu, Ag)_2 S \cdot Te S \cdot Sb_2 S_3$	Rhombisch	.	.	Metallglanz
Stypticit	$H_4 Fe_2 S_2 O_{11} \cdot 8 H_2 O$	.	.	.	.
Susannit	$H_{10} Pb_{13} C_9 S_5 O_{56}$	Hexagonal-rhomboedr.	$a:c = 1: 2 \cdot 2124$	.	Fettglanz
Sussexit	$(Mn, Mg)_2 B_2 O_5 + H_2 O$	.	.	.	Seidenglanz Perlmutterglanz
Svanbergit	17·32 Schwefelsäure, 17·80 Phosphorsäure, 37·84 Thonerde, 12·84 Natron, 6·00 Kalk, 1·40 Eisenoxydul, 6·80 Wasser	Hexagonal-rhomboedr.	$a:c = 1: 1 \cdot 206$	.	Glasglanz, Diamantglanz
Sylvin	$K Cl$	Regulär	.	.	Glasglanz
Symplesit	$Fe_3 As_2 O_8 + 8 H_2 O$	Monosymmetrisch	.	.	Perlmutterglanz auf der Spaltungsfläche
Synadelphit	$(Al, Fe, Mn)_2 O_6 (As O)_2 + 5 (Mn \cdot O_2 H_2)$	Monosymmetrisch	$a:b:c = 0 \cdot 8581 : 1 : 0 \cdot 9192;$ $\beta = 90° 0'$	normal gegen $\infty P \infty$	Metallglanz, im Bruch Glasglanz bis Fettglanz
Szabolt	$11 Fe_2 Si_3 O_9 + 2 Ca Si O_3$	Asymmetrisch	.	.	.

Farbe.	Strich.	Härte.	Spaltbarkeit.	Spec. Gewicht.	Bemerkungen.
eisenschwarz	schwarz	3	.	4·79	v. d. L. zerknistert er und schmilzt leicht zu einer stahlgrauen, magnetischen Kugel, unter Entwicklung von Antimonrauch.
gelblichweiss, schmutzig gelbgrün	weisslich	.	.	1·84	wird von kaltem Wasser theilweise gelöst.
weiss, grün, braun	weisslich	2·5	vollk. n. oR	6·55	.
gelblichweiss, fleischroth	weisslich	3	.	3·42	v. d. L. schmilzt er im Ox. F. zu schwarzer, krystallinischer Masse die Flamme gelblichgrün färbend, leicht löslich in H Cl.
honiggelb, hyacinthroth	weisslich	4·5	n. OR	2·57	theilweise löslich in Säuren.
farblos	weiss	2	vollk. n. $\infty O \infty$	1·9—2	leicht löslich in Wasser, v. d. L. leicht schmelzbar, die Flamme violett färbend.
blass indigoblau, seladongrün	weiss	2·5	s. vollk. monotom	2·957	v. d. L. auf Kohle entwickelt er Arsendämpfe, einen schwarzen, magnetischen Rückstand lassend, löslich in Salzsäure.
braunschwarz bis schwarz	chocoladebraun	4·5	.	3·46—3·50	v. d. L. leicht schmelzbar zu schwarzer, schlackiger Kugel, leicht löslich in Säuren.
bräunlichroth, rostgelb	.	6·5	n. ∞P	3·505	v. d. L. sehr schwer schmelzbar.

Name.	Chemische Zusammensetzung.	Krystall-System.	Krystallogr. Axen.	Opt. Axen.	Glanz.
Szajbelyit	$2\,Mg_5\,B_4\,O_{11}$ $+\,3\,H_2O$	.	.	.	.
Szmikit	$Mn\,SO_4$ $+\,H_2O$	Amorph	.	.	.
Tabergit	$35{\cdot}76\,Si\,O_2\cdot$ $13{\cdot}03\,Al_2\,O_3\cdot$ $6{\cdot}34\,Fe\,O\cdot$ $1{\cdot}64\,Mn\,O\,.$ $30{\cdot}00\,Mg\,O$ $2{\cdot}07\,K_2O\cdot$ $11{\cdot}76\,H_2O\cdot$ $0{\cdot}67\,F$	.	.	.	Fettglanz
Tachyhydrit	$Ca\,Mg_2\,Cl_6$ $+12\,H_2O$	Hexagonal-rhomboedr.	$a:c=1:$ $1{\cdot}900$	.	.
Tagilit	$Cu_2\,(HO)$ $PO_4+3\,H_2O$	Monosymmetrisch	.	.	Glasglanz
Talcosit	$49\,Si\,O_2\cdot$ $47\,Al_2\,O_3\cdot$ $4\,H_2O$	.	.	.	Perlmutterglanz
Talk	$H_2Mg_3\,Si_4\,O_{12}$	Monosymmetrisch	.	in $\infty P\infty$, spitze Bisectrix die Verticalaxe	Perlmutterglanz, Fettglanz
Talkeisenstein	$(Fe,\,Mg)$ $O\cdot Fe_2\,O_3$	Regulär	.	.	.
Talkoid	$67{\cdot}81\,Si\,O_2\cdot$ $26{\cdot}27\,Mg\,O\cdot$ $1{\cdot}17\,Fe\,O\cdot$ $4{\cdot}13\,H_2O$	.	.	.	.
Tapiolit	$4\,Fe\,Ta_2\,O_6$ $+\,Fe\,Nb_2\,O_6$	Tetragonal	$a:c=1:$ $0{\cdot}6464$	.	stark glänzend
Tarnowitzit	$(Ca,\,Pb)\,CO_3$	Rhombisch	$a:b:c=$ $0{\cdot}6228:1:$ $0{\cdot}7207$	.	Glasglanz

Farbe.	Strich.	Härte.	Spaltbarkeit.	Spec. Gewicht.	Bemerkungen.
schneeweiss	weiss	3·5	.	2·7	radialfaserige Kugeln im körnigen Kalk bildend.
röthlichweiss	weiss	1·5	.	3·15	.
bläulichgrün	grauweiss	2—2·5	.	2·813	grossblätterige, chloritähnliche Masse.
wachsgelb, honiggelb	weisslich	.	n. R	.	zerfliesst sehr schnell an der Luft, bildet rundliche Massen in dichtem Anhydrit.
smaragdgrün berggrün	spangrün	3	.	4·066—4·076	.
silberweiss	weiss	1—1·5	.	2·46—2·50	v. d. L. bläht er sich etwas auf.
farblos, grünlichweiss, apfelgrün, lauchgrün, grünlichgrau gelblichweiss, oelgrün, gelblichgrau	weiss	1	s. vollk. n. 0P	2·69—2·80	v. d. L. leuchtet er stark, blättert sich auf, wird hart, schmilzt nur in sehr dünnen Blättchen, mit Kobaltsolution geglüht, blassroth; zersetzter Apatit.
.	.	.	.	4·41—4·42	ein Magneteisen, in welchem ein Theil von FeO durch MgO ersetzt ist (s. d.).
schneeweiss,	weiss	.	.	2·48	.
schwarz,	.	6	.	7·2—7·5	.
farblos, gelblichweiss, grünlichweiss	weiss	3·5—4	n. $\infty \breve{P} \infty$	2·96	enthält fast 4 pCt. $PbCO_3$

Name.	Chemische Zusammensetzung.	Krystall-System.	Krystallogr. Axen.	Opt. Axen.	Glanz.
Tasmanit	79·34 C, 10·41 H, 4·93 O, 5·32 S	.	.	.	Fettglanz
Taurisoit	$Fe\, SO_4 + 7\, H_4O$	Rhombisch	.	.	.
Tellur	Te	Hexagonal rhomboedr.	$a:c = 1:1\cdot3298$	.	Metallglanz
Tellurit	$Te\, O_2$	Rhombisch	.	.	Glasglanz
Tellur-wismuth	$Bi_2\, Te_3$	Hexagonal rhomboedr.	$a:c = 1:1\cdot5865$	.	Metallglanz
Tennantit	25—27 S · 47—52 Cu · 18—20 As · 2—6 Fe	Regulär, tetr. hemiedrisch	.	.	Metallglanz
Tenorit	Cu O	Monosymmetrisch	$a:b:c = 1\cdot4902:1:1\cdot3604$, $\beta = 80°\,28'$	.	Metallglanz
Tephroit	$(Mn, Mg)_2\, Si\, O_4$	Rhombisch	.	in der vollkommensten Spaltungsfläche, spitze Bisectrix, normal auf der minder vollkommenen	fettartiger Diamantglanz
Tetradymit	$Bi_2\, Te_2\, S$	Hexagonal rhomboedr.	$a:c = 1:1\cdot5865$	.	Metallglanz

— 211 —

Farbe.	Strich.	Härte.	Spaltbarkeit.	Spec. Gewicht.	Bemerkungen.
röthlich-braun	grauweiss	.	.		bildet zahlreiche Lamellen und Schuppen innerhalb eines Schieferthons am Merseyflusse.
lauchgrün, berggrün	weisslich	2—2.5	.	1.9—2.0	schmeckt süsslich-herbe.
zinnweiss	grau	2—2.5	vollk. n. ∞R unvollk. n. R	6.1—6.3	löslich in Salpetersäure, erwärmt man es in conc. Schwefelsäure, so wird diese roth, bei stärkerer Erhitzung verliert sich diese Färbung, Wasser erzeugt in dieser Lösung ein schwarzes Präcipitat.
gelbl.-weiss, graul.-weiss	.	.	.	.	
bleigrau, stahlgrau	schwarz	2	.	.	v. d. L. leicht schmelzend und Selengeruch gebend.
schwärzlich-bleigrau, eisenschwarz	dunkel-röthlichgrau	4	unvollk. n. ∞0	4.44—4.49	v. d. L. zerknistert er, verbrennt mit blauer Flamme und Arsengeruch und giebt eine magnetische Schlacke.
dunkel stahlgrau, schwarz	schwarz	.	.	6.451	.
aschgrau, rauchgrau, röthlichgrau, braunroth, braun, schwarz	grau	5.5—6	prismatisch nach zwei auf einander rechtwinkl. Flächen, nach der einen weniger vollk. als nach der andern	4.06—4.12	v. d. L. schmilzt er sehr leicht zu schwarzer oder dunkelbrauner Schlacke, löslich in Salzsäure.
zinnweiss, stahlgrau	grau	1—2	s. vollk. n. 0R	7.4—7.5	v. d. L. leicht schmelzend unter Entwickelung von schwefliger Säure, die Kohle gelb und weiss beschlagend. in Salpetersäure löslich unter Abscheidung von Schwefel.

— 212 —

Name.	Chemische Zusammensetzung.	Krystall-System.	Krystallogr. Axen.	Opt. Axen.	Glanz.
Thaumasit	Ca Si O_3 · Ca SO_4 · Ca CO_3 · 14 H_2O	.	.	.	Fettglanz
Thenardit	$N_2 SO_4$	Rhombisch	a : b : c = 0·4734 : 1 : 0.8005	.	Glasglanz bis Fettglanz
Thermonatrit	$Na_2 CO_3$ + H_2O	Rhombisch	a : b : c = 0·3644 : 1 : 1·2254	.	Glasglanz bis Fettglanz
Thermophyllit	.	.	.	.	perlmutterglänzend
Thomsenolith	(Na, Ca) F_3 · Al F_3 + H_2O	Monosymmetrisch	a : b : c = 0·9959 : 1 : 1·0887, $\beta = 89° 37\frac{1}{2}'$	.	Glasglanz
Thorit	(Th O_2 · Si O_2) + 2 H_2O	Tetragonal	.	.	Glasglanz
Thrombolith	39·44 Cu C · 1·05 $Fe_2 O_3$ · 16·56 H_2O · 42·95 Antimonsäure u. antimonige Säure	.	.	.	Glasglanz
Thuringit	H_{18} (Fe, Mg)$_6$ (Al, Fe)$_8$ $Si_6 O_{41}$	.	.	.	Perlmutterglanz
Topas	{ Al (Al F_2) Si O_4 ; Al (Al O) Si O_4 }	Rhombisch	a : b : c = 0·5285 : 1 : 0·9539	in $\infty \breve{P} \infty$, spitze Bisectrix die Verticalaxe	Glasglanz

Farbe.	Strich.	Härte.	Spaltbarkeit.	Spec. Gewicht.	Bemerkungen.
weiss	weiss	3·5	.	1·877	Gemenge von Calcit, Gyps und Kalksilicat.
farblos, röthlich	weiss	2·5	vollk. n. 0P	2·675	schmeckt schwach salzig, v. d. L. färbt er die Flamme gelb, in Wasser leicht löslich, wird an der Luft matt durch Aufnahme von Wasser.
farblos	weiss	1·5	n. $\infty \bar{P} \infty$	1·5—1·6	schmilzt nicht in der Wärme.
weiss, grünlich	weiss	.	.	.	v. d. L. blättert er sich auf, ein dem Gymnit (s. d.) verwandtes Magnesiasilicat.
farblos	weiss	.	vollk. n. 0P	.	.
schwarz, roth anlaufend	dunkelbraun	4·5	.	4·4—4·7	v. d. L. unschmelzbar, von HCl zersetzt unter Abscheidung von Kieselgallert.
smaragdgrün, schwärzlichgrün, dunkellauchgrün	grau	3—4	.	3·38	bei Rothgluth schmelzend, in warmer HCl fast vollkommen löslich, zuerst CuO ausgezogen.
olivengrün	grünlichgrau zeisiggrün	2—2·5	.	3·15—3·19	v. d. L. schmilzt er zu schwarzer magnetischer Kugel, in HCl löslich mit Hinterlass. v. Kieselgallert.
farblos, gelbl.-weiss, weingelb, honiggelb, röthl.-weiss, hyacinthroth violblau, grünl.-weiss, berggrün, seladongrün, spargelgrün	weisslich	8	s. vollk. n. 0P	3·514—3·567	v. d. L. unschmelzbar, löst sich in Phosphorsalz mit Hinterlassung eines Kieselskeletts, mit Kobaltsolution geglüht blau.

Name.	Chemische Zusammensetzung.	Krystall-System.	Krystallogr. Axen.	Opt. Axen.	Glanz.
Totaigit	$SiO_2 = 36·19$ $Al_2O_3 = 0·26$ $Fe_2O_3 = 0·29$ $FeO = 2·96$ $MnO = 0·45$ $CaO = 3·27$ $MgO = 45·57$ $K_2O = 0·25$ $Na_2O = 0·42$ $H_2O = 10·20$	.	.	.	.
Tridymit	SiO_2	Asymmetrisch	$a:b:c =$ $0·5812:1:$ $1·1040$, $\alpha, \beta, \gamma =$ ca. $90°$	.	Glasglanz
Tripel	.	.	.	.	.
Triphylin	$Li(Fe, Mn)$ PO_4	Rhombisch	$:b:c \stackrel{\wedge}{=}$ $0·4348:1:$ $0·4745$	.	Fettglanz
Triplit	$(Fe, Mn)_2 F \cdot$ PO_4	Monosymmetrisch	.	.	Fettglanz
Triploidit	$(Mn, Fe)_2$ $(HO) PO_4$	Monosymmetrisch	$a:b:c =$ $0·9285:1:$ $0·7472;$ $\beta = 71°46'$	in $\infty P\infty$, spitze Bisectrix $3°—4°$ gegen die Verticalaxe geneigt	Glas- bis fettartiger Diamantglanz
Trippkëit	$n\,CuO \cdot$ As_2O_3	Tetragonal	$a:c = 1:$ $0·9160$	.	Glasglanz

— 215 —

Farbe.	Strich.	Härte.	Spaltbarkeit.	Spec. Gewicht.	Bemerkungen.
rehbraun, blauschwarz	grau	.	.	2·84—2·89	.
farblos, weiss	weiss	7	n. 0P	2·282—2·326	v. d. L. unschmelzbar, mit Soda giebt das Pulver eine klare Perle, in einer kochenden, gesättigten Lösung von kohlensaurem Natron löst er sich vollständig.
.	.	.	.	.	besteht aus den Kieselpanzern von Diatomeen.
grünlichgrau blau gefleckt	grau	4—5	vollk. n. 0P, unvollk. n. ∞P u. $\infty \breve{P} \infty$	3·5—3·6	v. d. L. zerknistert er und schmilzt dann s. leicht und ruhig zu einer dunkelgrauen, magnetischen Perle, die Flamme blaugrün färbend; leicht löslich in HCl. Wenn die Sol. abgedampft u. der Rückstand mit Alkohol digerirt wird, so brennt letzterer m. purpurrother Flamme.
kastanienbraun, röthlichbraun, schwärzlichbraun	gelblichgrau	5—5·5	nach 2 aufeinander senkrechten Richtungen, die eine ziemlich vollkommen	3·6—3·8	v. d. L. auf Kohle schmilzt er leicht zu einer stahlgrauen, metallglänzenden, magnetischen Kugel, löslich in Salzsäure.
gelblichbraun, röthlichbraun	grau	4·5—5	.	3·697	v. d. L. schmilzt er ruhig, die Flamme grün färbend, löslich in Säuren.
blaugrün	weiss	.	.	.	leicht löslich in Salzsäure und Salpetersäure, v. d. L. entweicht arsenige Säure. welche e. weissen Beschlag auf Kohle bild.

Name.	Chemische Zusammensetzung.	Krystall-System.	Krystallogr. Axen.	Opt. Axen.	Glanz.
Tritomit	$Ta_2 O_5 = 1{\cdot}15$ $Si O_2 = 13{\cdot}54$ $Zr O_2 = 1{\cdot}09$ $Th O_2 = 9{\cdot}51$ $Ce O_2 = 11{\cdot}69$ $Ce_2 O_3 = 10{\cdot}65$ $La_2 O_3 = 16{\cdot}31$ $Di_2 O_3 = 5{\cdot}57$ $Y_2 O_3 = 2{\cdot}97$ $Fe_2 O_3 = 1{\cdot}67$ $Mn_2 O_3 = 0{\cdot}67$ $Al_2 O_3 = 1{\cdot}18$ $Be_2 O_3 = 7{\cdot}31$ $Ca O = 7{\cdot}04$ $Na_2 O = 1{\cdot}40$ $H_2 O = 6{\cdot}40$ $Fe = 4{\cdot}29$	.	.	.	Glasglanz
Trögerit	$3 UO_3 \cdot As_2 O_5$ $+ 12 H_2 O$	Monosymmetrisch	$a:b:c =$ $0{\cdot}70:1:$ $0{\cdot}42,$ $\beta = $ ca. $80°$	.	.
Troilit	Fe S	.	.	.	Metallglanz
Trolleit	$4 Al_2 O_3 \cdot$ $3 P_2 O_5$ $+ 3 H_2 O$	.	.	.	.
Trona	$Na_4 H_2 C_3 O_9$ $+ 3 H_2 O$	Monosymmetrisch	$a:b:c =$ $2{\cdot}81:1:$ $2{\cdot}99,$ $\beta = 76\tfrac{3}{4}°$	.	Glasglanz
Troostit	$(Zn, Mn)_2$ $Si O_4$	Hexagonal-rhomboedr.	$a:c =$ $1:0{\cdot}6739$	.	Glasglanz, oft fettartig und metallartig
Tschewkinit	21 Kieselsäure, 20·17 Titansäure, 45·09 Ceroxydul, Lauthanoxyd u. Didymoxyd, 11·21 Eisenoxydul, 3·5 Kalk, etwas Manganoxydul, Magnesia, Kali, Natron	.	.	.	Glasglanz
Tuësit	$44 Si O_2,$ $40 Al_2 O_3,$ $+ 14 H_2 O$	.	.	.	.

Farbe	Strich.	Härte.	Spaltbarkeit.	Spec. Gewicht.	Bemerkungen.
dunkelbraun	gelblichbraun	5·5	.	4·16—4·66	.
citrongelb	citrongelb	.	vollk. n. $\infty P \infty$	3·23	gypsähnliche Krystalle.
broncegelb	schwarz	.	.	4·76—4·817	in Meteorsteinen.
.	.	.	.	.	
farblos	weiss	2·5—3	n. $\infty P \infty$	2·1—2·2	färbt auf Platindraht die Flamme röthlichgelb, in verdünnter HCl mit starkem Brausen löslich.
spargelgrün, gelb, grau, röthlichbraun	grau	5·5	unvollk. n. R und 0R	4—4·1	.
sammetschwarz	dunkelbraun	5—5·5	.	4·50—4·55	v. d. L. erglüht er, bläht sich stark auf und wird schwammig und porös, stärker erhitzt wird er gelb, schmilzt erst bei der stärksten Weissgluth, in HCl gelatinirt er in der Wärme.
bläulichweiss	weisslich	.	.	2·5	steinmarkähnlich.

— 218 —

Name.	Chemische Zusammensetzung.	Krystall-System.	Krystallogr. Axen.	Opt. Axen.	Glanz.
Turgit	$H_2 (Fe_2)_2 O_7$	.	.	.	matt
Turmalin	$(\dot{R}_2 \ddot{R})$ Al $(B\dot{O})$ (Al · OH) $(Si O_4)_2$ $\dot{R} = H, Na, K$ $\ddot{R} = Mg, Fe$	Hexagonal-rhomboedr.	$a : c =$ $1 : 0.4474$	.	Glasglanz
Turnerit	(Ce, La, Di) PO_4	Monosymmetrisch	$a : b : c =$ $0.9584 : 1 :$ $0.9217;$ $\beta = 77°18'$	in $\infty P \infty$	Glasglanz
Tysonit	$(Ce, La, Di)_2$ F_6	Hexagonal?	.	.	Glasglanz bis Fettglanz
Umbra	13 $Si O_2$, 5 $Al_2 O_3$, 48 $Fe_2 O_3$, 20 $Mn_2 O_3$, 14 $H_2 O$	.	.	.	.
Uran-Kalk-Carbonat	$UC_2 O_6 \cdot$ $2 Ca CO_3$ $+ 10 H_2 O$	.	.	.	Glasglanz, Perlmutterglanz auf den Spaltungsflächen
Uranocker	Uranhydroxyd gemengt mit Uranoxydsulfat	.	.	.	matt
Uranophan	$Ca_3 (U_2)_5$ $Si_6 O_{30}$ $+ 18 H_2 O$	Rhombisch?	.	.	matt oder schwach glänzend
Uranosphaerit	55·88 Uranoxyd, 44·34 Wismuthoxyd, 4·75 Wasser	.	.	.	.

— 219 —

Farbe.	Strich.	Härte.	Spaltbarkeit.	Spec. Gewicht.	Bemerkungen.
röthlichbraun	glänzend	5	.	3·54—3·74	.
farblos, wasserhell, grau, gelb, blau, roth, grün, braun, schwarz, oft mehrfarbig	weiss, grau	7—7·5	unvollk. n. R und $\infty P 2$	2.94—3·24	Doppelbrechung negativ, v. d. L. mehr oder weniger schwer schmelzbar; das geglühte Pulver von conc. Schwefelsäure in der Wärme fast vollkommen zerlegt.
olivengrün	grauweiss	5—5·5	vollk. n. 0P, deutl. nach $\infty P \infty$	4·9—5·25	v. d. L. schwer schmelzbar, in HCl löslich mit Hinterlassung eines weissen Rückstandes.
hell wachsgelb	gelb	4·5—5	n. 0P	6·12—6·16	v. d. L. schwärzt er sich, unlöslich in HCl, löslich in Schwefelsäure unter Entwicklung von Fluorwasserstoff.
leberbraun, kastanienbraun	glänzend	1·5	.	2·2	im Wasser entwickelt er sehr lebhaft Luftblasen.
zeisiggrün	zeisiggrün	2·5—3	.	.	v. d. L. auf Kohle unschmelzbar, in Salzsäure unter Brausen vollkommen löslich zu grüner Flüssigkeit.
citrongelb, pomeranzgelb, schwefelgelb	gelb	1·5—2	.	.	v. d. L. im Red. F. grün ohne zu schmelzen, in Säuren vollständig löslich, die salpetersaure Solution mit Ammoniak ein schwefelgelbes Präcipitat.
honiggelb, zeisiggrün, schwärzlichgrün	gelblich	2·5	n. $\infty \breve{P} \infty$	2·6—2·7	schwärzt sich beim Erhitzen u. wird braun, löslich in Säuren mit Abscheidung flockiger Kieselsäure.
ziegelroth, pomeranzgelb	.	.	.	6·36	.

Name.	Chemische Zusammensetzung.	Krystall-System.	Krystallogr. Axen.	Opt. Axen.	Glanz.
Uranospinit	$Ca\ U_2\ As_2\ O_{12}$	Rhombisch	.	.	Glasglanz, Perlmutterglanz
Uranothorit	$SiO_2 = 19.38$, $ThO_2 = 52.07$, $UO_3 = 9.96$, $Fe_2O_3 = 4.01$, $Al_2O_3 = 0.33$, $PbO = 0.40$, $CaO = 2.34$, $MgO = 0.04$, $Na_2O = 0.11$ $H_2O = 11.31$	.	.	.	Harzglanz bis Glasglanz
Uranotil	$Ca\ (U_2)_3$ $Si_3\ O_{16}$ $+ 9 H_2O$	Rhombisch	.	.	.
Uranpecherz	$(UO_2, Pb)_3$ $U_2\ O_9$	Regulär	.	.	Fettglanz
Urusit	$Fe_2O_3 \cdot$ $2 Na_2O \cdot$ $4 SO_3 \cdot$ $8 H_2O$	Rhombisch	.	.	.
Vanadinit	$3 Pb_2\ V_2O_8 \cdot$ $PbCl_2$	Hexagonal	$a : c = 1 : 0.727$	.	Fettglanz
Variscit	$Al_2\ P_2\ O_8$ $+ 4 H_2O$	Rhombisch	.		Fettglanz

Farbe.	Strich.	Härte.	Spaltbarkeit.	Spec. Gewicht.	Bemerkungen.
zeisiggrün	hellgrün	2—2·5	s. vollk. n. OP	3·45	
dunkelrothbraun	gelbbraun	5	.	4·126	v. d. L. unschmelzbar.
citrongelb, gelb	gelb	.	.	3·959	.
pechschwarz, grünlichschwarz, graulichschwarz	olivengrün, bräunlichschwarz	3—6	.	4·8—5	v. d. L. unschmelzbar, mit Borax und Phosphorsalz im Ox. F. ein gelbes, im Red. F. ein grünes Glas; von warmer Salpetersäure leicht gelöst. Die Solution mit Ammoniak ein schwefelgelbes Präcipitat.
citrongelb, pomeranzgelb	gelb	1·5—2	.	2·22	bildet knollige und pulverige Massen, leicht löslich in HCl, von kochendem Wasser zersetzt unter Hinterlassung von Eisenoxyd.
gelb, braun, roth	weiss	3	.	6·8—7·2	v. d. L. zerknistert er stark, schmilzt zu einer Kugel, welche sich unter Funkensprühen zu Blei reducirt, indem die Kohle gelb beschlägt; mit Phosphorsalz im Red. F. ein schön grünes Glas gebend, leicht löslich in Salpetersäure.
smaragdgrün, apfelgrün, spangrün, berggrün, farblos	weiss	4—5	.	2·34—2·38	fühlt sich fettig an, im Kolben giebt er Wasser und wird schwach rosenroth; mit Kobaltsolution blau, in HCl sehr schnell löslich.

Name.	Chemische Zusammensetzung.	Krystall-System.	Krystallogr. Axen.	Opt. Axen.	Glanz.
Varvicit	$Mn_3 O_7 + H_2 O$	.	.	.	.
Vauquelinit	$(Pb, Cu)_3 O (Cr O_4)_2$	Monosymmetrisch	$\beta = 67° 15'$	.	Fettglanz
Venasquit	$(Fe, Mg) O \cdot Al_2 O_3 \cdot 3 Si O_3 + H_2 O$	.	.	.	.
Veszelyit	$9 CuO, 5 ZnO, P_2O_5 \cdot As_2O_5 + 18 H_2O$	Asymmetrisch	$a:b:c = 0.7101:1; 0.9134,$ $\alpha = 89° 31',$ $\beta = 103° 50',$ $\gamma = 89° 34'$	.	.
Villarsit	$39.61\ SiO_2,$ $47.37\ MgO,$ $3.59\ FeO,$ $2.42\ MnO,$ $0.53\ CaO,$ $0.46\ K_2O,$ $5.80\ H_2O$	Rhombisch	.	in $\infty \bar{P} \infty$, spitze Bisectrix die Verticale	.
Violan	$50.30\ SiO_2,$ $2.31\ Al_2O_3,$ $22.35\ CaO,$ $14.80\ MgO,$ $5.03\ Na_2O,$ $4.91\ (Fe, Mn) O$	Monosymmetrisch	.	.	Glasglanz
Vitriolocker	$63\ Fe_2O_3,$ $16\ SO_4 H_2,$ $21\ H_2O$	.	.	.	.
Voglit	$4\ UC_2O_6 \cdot 7\ Ca\ CO_3 \cdot 3\ Cu\ CO_3 + 24 H_2O$	.	.	.	Perlmutterglanz

Farbe.	Strich.	Härte.	Spaltbarkeit.	Spec. Gewicht.	Bemerkungen.
eisenschwarz, stahlgrau	schwarz	2·5—3	.	4·5—4·6	.
schwärzlichgrün, olivengrün	zeisiggrün	2·5—3	.	5·5—5·8	v. d. L. schwillt er an und schmilzt unter starkem Aufschäumen zu einer dunkelgrauen metallglänzenden von kleinen Bleikörnern umgebenen Kugel, in Salpetersäure löslich mit gelbem Rückstand.
grauschwarz	grau	5·5	monotom	3·26	v. d. L. auf Kohle giebt er eine schwarze, schwach magnetische Schlacke.
grünlichblau	weiss	3·5—4	.	3·53	.
olivengrün, grünlichgelb graulichgelb	weisslich	3	.	2·9—3	v. d. L. unschmelzbar, von conc. Säuren zersetzbar.
dunkelviolblau	bläulichweiss	6	n. ∞P und $\infty P \infty$	3·21—3·23	v. d. L. schmilzt er leicht zu klarem, gelb. Glas, die Flamme gelb färbend, mit Borax im Ox. F. ein bräunlichgelbes, nach dem Erkalten violettrothes. im Red. F. ein gelbes, nach der Abkühlung farbloses Glas gebend.
ockergelb	.	.	.	.	wird beim Erhitzen braunroth und entwickelt geglüht schwefelige Säure.
smaragdgrün, grasgrün	blassgrün	1·5—2	.	.	.

Name.	Chemische Zusammensetzung.	Krystall-System.	Krystallogr. Axen.	Opt. Axen.	Glanz.
Volborthit	$(Cu, Ca)_4 V_2 O_9 + H_2O$	Hexagonal?	.	.	.
Voltait	$Fe\, Fe_2(SO_4)_4 + 15\, H_2O$	Regulär	.	.	Fettglanz
Voltzin	$Zn_5\, S_4O$	.	.	.	Perlmutterglanz, fettartiger Glasglanz
Vorhauserit	$41{\cdot}21\ Si\, O_2 \cdot$ $39{\cdot}24\ Mg\, O \cdot$ $2{\cdot}02\ Fe\, O \cdot$ $16{\cdot}16\ H_2O$	.	.	.	.
Wad	$Mn_2\, O_3 \cdot Mn\, O + H_2O$	.	.	.	matt, halbmetallisch glänzend
Wagnerit	$Mg_3\, P_2\, O_8 \cdot Mg\, F_2$	Monosymmetrisch	$a:b:c =$ $0{\cdot}9569:1:$ $0{\cdot}7527;$ $\beta = 71°\,53'$	.	Fettglanz
Walkerde	.	.	.	.	.
Walpurgin	$(Bi\, O)_{10}$ $(UO_2)_3\, (HO)_4$ $(As\, O)_4$ $+ 8\, H_2O$	Asymmetrisch	$a:b:c =$ $0{\cdot}6862:1:?$ $\alpha = 70°\,44'$ $\beta = 114°\,8'$ $\gamma = 85°\,30'$	.	Diamantglanz, Fettglanz
Wapplerit	$H\,(Ca, Mg)$ $As\, O_4 \cdot$ $+ 3\tfrac{1}{2}\, H_2O$	Asymmetrisch	$a:b:c =$ $0{\cdot}9007:1:$ $0{\cdot}2616;$ $\alpha = 90°\,14',$ $\beta = 95°\,20',$ $\gamma = 90°\,11'$	.	Glasglanz

Farbe.	Strich.	Härte.	Spaltbarkeit.	Spec. Gewicht.	Bemerkungen.
olivengrün, grasgrün, zeisiggrün, gelb	gelb	3	.	3·49—3·55	auf Kohle schmilzt er leicht und erstarrt bei stärkerer Hitze zu einer graphitähnlichen Masse, welche Kupferkörner enthält, löslich in Salpetersäure.
dunkelgrün, schwarz	grünlichgrau	3	.	2·79	schwer löslich in Wasser.
ziegelroth, gelb, grünlichweiss, braun	weisslich	4·5	.	3·66—3·80	in HCl löslich unter Entwickelung von Schwefelwasserstoff, v. d. L. auf Kohle Zinkbeschlag gebend.
dunkelbraun, schwarz	gelblichbraun	.	.	.	
nelkenbraun, schwärzlichbraun, bräunlichschwarz	braun	1·5—3	.	2·3—2·7	färbt ab.
weingelb, honiggelb, weiss	weiss	5—5·5	unvollk. n. ∞P u. $\infty P \infty$	3·0—3·15	v. d. L. schmilzt er schwer in dünnen Splittern zu einem dunkel grünlichgrauen Glas, mit Schwefelsäure befeuchtet färbt er die Flamme schwach bläulichgrün. Das Pulver in warmer Salpetersäure oder Schwefelsäure löslich.
.	.	.	.	.	unreiner Thon, Rückstand der Zersetzung gew. Silicatgesteine.
pomeranzgelb, wachsgelb	gelb	3·5	z. deutl. n. $\infty \breve{P} \infty$	5·76	.
farblos, weiss, wasserhell	weiss	2—3	n. $\infty P \infty$	2·48	.

15

Name.	Chemische Zusammensetzung.	Krystall-System.	Krystallogr. Axen.	Opt. Axen.	Glanz.
Wavellit	$Al_3(HO)_3$ $(PO_4)_2$ $+ 4\frac{1}{2} H_2O$	Rhombisch	$a:b:c =$ $0{\cdot}5048:1:$ $0{\cdot}3750$	.	Glasglanz
Weissgiltig- erz, lichtes	$4\,(Pb, Zn, Fe)\,S \cdot$ $Sb_2\,S_3$	.	.	.	Metallglanz
Weissit	$59\,Si\,O_2$, $22\,Al_2\,O_3$, $9\,Mg\,O$, $2\,(Fe, Mn)$ $O, 4{\cdot}1\,K_2O$ $0{\cdot}7\,Na_2\,O$, $3\,H_2O$	Monosymmetrisch	.	.	.
Whewellit	$Ca\,C_2\,O_4$ $+ H_2O$	Monosymmetrisch	$a:b:c =$ $1{\cdot}5745:1:$ $1{\cdot}1499,$ $\beta = 72°\,41'$	.	.
Whitneyit	$Cu_9\,As$	.	.	.	Metallglanz
Willemit	$Zn_2\,Si\,O_4$	Hexagonal-rhomboedr.	$a:c = 1:$ $0{\cdot}6758$	.	Fettglanz
Wiserin	$Y_3\,P_2\,O_8$	Tetragonal	$a:c = 1:$ $0{\cdot}6187$	.	Glasglanz
Wiserit	$Mn\,CO_3$ $+ H_2O$	.	.	.	Seidenglanz
Wismuth	Bi	Hexagonal-rhomboedr.	$a:c = 1:$ $1{\cdot}3035$	.	Metallglanz
Wismuth- kobaltkies		Regulär	.	.	Metallglanz

Farbe.	Strich.	Härte.	Spaltbarkeit.	Spec. Gewicht.	Bemerkungen.
farblos, gelblich, graulich, grün, blau	weisslich	3·5—4	n. ∞P und $\bar{P}\infty$	2·3—2·5	v. d. L. auf Kohle schwillt er an und wird schneeweiss, mit Kobaltsolution blau; löslich in Säuren und Kalilauge.
bleigrau	schwarz	2·5	.	5·43—5·7	.
grau, braun	grau	.	.	2·8	.
.	.	2·5—2·75	n. 0P	.	.
röthlichweiss, braun, u. schwarz anlaufend	schwärzlich	3·5	.	8·47	.
weiss, gelb, braun, roth, grün	weiss	5·5	z. vollk. n. 0R, unvollk. n. ∞R	3·9—4·2	v. d. L. zerknistert er, mit Kobaltsolution blau, in Säuren löslich unter Abscheidung von Kieselgallert.
gelb, honiggelb	gelblichweiss	5—6·5	n. ∞P	4·643	v. d. L. unschmelzbar, mit Borax ein klares Glas gebend.
rosenroth, weiss, grau	.	.	.	.	v. d. L. schmilzt er leicht zu einer schwarzen Kugel.
röthlichsilberweiss, bunt anlaufend	.	2·5	vollk. n. 0R und —2R	9·6—9·8	v. d. L. leicht schmelzbar, einen citrongelben Beschlag gebend.
zinnweiss, blaugrau	.	.	n. ∞0∞	.	ein durch ca. 4 pCt. Wismuth ausgezeichneter Speis-Kobalt, (siehe diesen).

Name.	Chemische Zusammensetzung.	Krystall-System.	Krystallogr. Axen.	Opt. Axen.	Glanz.
Wismuth-kupfer-blende	$Cu_3 Bi S_3$	Rhombisch	.	.	Metallglanz
Wismuth-ocker	$Bi_2 O_3$	.	.	.	matt
Witherit	$Ba CO_3$	Rhombisch	$a:b:c =$ 0·5949 : 1 : 0·7413	in $\infty \breve{P} \infty$, spitze Bisectrix die Verticalaxe	Glasglanz, im Bruch fettartig
Wöhlerit	$(Ca, Na_2, Fe)_{13} Nb_2 (Si, Zr)_{12} O_{42}$	Monosymmetrisch	$a:b:c =$ 1·0551 : 1 : 0·7092; $\beta = 70° 45'$	Ebene der opt. A. rechtwinkelig auf $\infty P \infty$, spitze Bisectrix normal auf der Orthoaxe	Fettglanz
Wolfachit	$Ni (As_1 Sb) S$	Rhombisch	.	.	Metallglanz
Wolframit	$(Mn, Fe) W O_4$	Monosymmetrisch	$a:b:c =$ 0·8300 : 1 : 0·8881; $\beta = 89° 22'$	in $\infty P \infty$, spitze Bisectrix bildet mit der Verticalen einen Winkel von 19—20°	metallartiger Diamantglanz bis Fettglanz
Wolframocker Wolframsäure	$W O_3$	.	.	.	.

Farbe.	Strich.	Härte.	Spaltbarkeit.	Spec. Gewicht.	Bemerkungen.
dunkelstahlgrau	schwarz	2·5	.	4·3	v. d. L. schmilzt er leicht unter Aufschäumen, die Kohle gelb beschlagend. In Salpetersäure löslich unter Abscheidung von Schwefel; auch in H Cl unter Entwickelung von Schwefelwasserstoff löslich.
strohgelb, licht grau bis grün	.	.	.	4·3—4·7	v. d. L. auf Platinblech leicht zu dunkelbrauner, nach der Erkaltung blassgelber Masse schmelzend; auf Kohle ein Wismuthkorn liefernd, in Salpetersäure leicht löslich.
farblos, graulich, gelblich	weiss	3—3·5	deutl. n. ∞P	4·2—4·3	v. d. L. schmilzt er zu klarem Glas, welches nach der Abkühlung emailweiss erscheint; in verdünnten Säuren mit Brausen löslich.
weingelb, honiggelb, gelblichbraun	weisslich	5—6	unvollk. n. ∞P	3·41	v. d. L. zu gelblichem Glas schmelzend, in conc. H Cl löslich unter Abscheidung von Kieselsäure und Niobsäure.
silberweiss, zinnweiss	schwarz	.	.	6·372	
bräunlichschwarz	röthlichbraun, schwärzlichbraun	5—5·5	s. vollk. n. ∞P∞, unvollk. n. ∞P∞	7·143—7·544	v. d. L. auf Kohle schmilzt er zu einer magnetischen Kugel, das Pulver von H Cl in der Wärme vollständig zersetzt mit Hinterlassung eines gelben, in Ammoniak löslichen Rückstandes.
grünlichgelb, gelblichgrün	.	.	.	.	vollständig löslich in Ammoniak.

Name.	Chemische Zusammensetzung.	Krystall-System.	Krystallogr. Axen.	Opt. Axen.	Glanz.
Wolkonskoit	wasserhaltiges Silikat von Chromoxyd und etwas Eisenoxyd	.	.	.	schimmernd
Wollastonit	$Ca\,Si\,O_3$	Monosymmetrisch	$a:b:c =$ $1{\cdot}0534:1:$ $0{\cdot}4840,$ $\beta = 84°\,30'$	in $\infty P\infty$, spitze Bisectrix bildet m. $0P$ nach vorn einen Winkel von $32°\,12'$	Glasglanz, Perlmutterglanz
Woodwardit	$Cu_{11}\,Al_6$ $(HO)_{34}\,(SO_4)_3$ $+\,6\,H_2O$	.	.	.	.
Wurtzit	$Zn\,S$	Hexagonal	$a:c = 1:$ $0{\cdot}810$	.	Glasglanz
Xanthokon	$Ag_9\,As_3\,S_{10}$	Hexagonal-rhomboedr.	$a:c = 1:$ $2{\cdot}3163$	.	Diamantglanz
Xanthophyllit	$H_8\,Ca_4\,Mg_8$ $(Al, Fe)_{14}$ $Si_4\,O_{45}$	Monosymmetrisch	.	in $\infty P\infty$, negative Bisectrix $12'$ gegen die Normale der Basis geneigt	Perlmutterglanz
Xanthosiderit	$H_4\,Fe_2\,O_5$	.	.	.	Seidenglanz
Xenotim	$(Y, Ce)_3\,P_2\,O_8$	Tetragonal	$a:c = 1:$ $0{\cdot}6187$	.	Fettglanz
Xenotlit	$4\,Ca\,Si\,O_3$ $+\,H_2O$	.	.	.	.
Xylit	$44{\cdot}06\,Si\,O_2,$ $37{\cdot}84\,Fe_2\,O_3,$ $5{\cdot}42\,Mg\,O,$ $6{\cdot}58\,Ca\,O,$ $1{\cdot}36\,Cu\,O,$ $4{\cdot}70\,H_2O$	.	.	.	.

Farbe.	Strich.	Härte.	Spaltbarkeit.	Spec. Gewicht.	Bemerkungen.
grasgrün, smaragdgrün, pistazgrün, schwärzlichgrün	ebenso, glänzend	2—2.5	.	2.2—2.3	v. d. L. unschmelzbar, mit Phosphorsalz Reaction auf Chrom und Kieselskelett.
farblos, röthlich-, gelblich-, graulich-, grünl.-weiss, isabellgelb, fleischroth	weiss	4.5—5	vollk. n. $\infty P \infty$,	2.78—2.91	v. d. L. schmilzt er schwierig zu halbdurchsichtigem Glas, in HCl vollständig löslich unter Abscheidung von Kieselgallert.
blau	.	.	.	.	bildet kleine, traubige Concretionen.
bräunlichschwarz	hellbraun	3.5—4	n. 0P u. ∞P	3.98—4.07	in conc. Salpetersäure löslich mit Hinterlassung von Schwefel, v. d. L. auf Kohle Zinkbeschlag, heftig zerknisternd.
pomeranzgelb, gelblichbraun	pomeranzgelb	2—2.5	n. R. u. 0R	5.0—5.2	v. d. L. Schwefel- u. Arsendämpfe, zuletzt ein Silberkorn.
wachsgelb, lauchgrün, bouteillengrün	grau	4.5—6	s. vollk. n. 0P	3—3.1	v. d. L. wird er trübe, unschmelzbar, in erhitzter HCl nur schwer zersetzbar.
goldiggelbbraun, braunroth	gelb	5—5.5	.	3.5	bildet radialfaserige Aggregate.
röthlichbraun, haarbraun, gelblichbraun, fleischroth	gelbl.-weiss, fleischroth	4.5	n. ∞P	4.45—4.56	v. d. L. unschmelzbar, mit Borax ein klares Glas gebend, welches bei grösserem Zusatz bei der Abkühlung unklar wird.
weiss, blaugrau	weiss	.	.	2.71—2.72	v. d. L. unschmelzbar, löslich in Säuren, unter Abscheidung von Kieselsäure.
nussbraun	. .	3	.	2.935	v. d. L. schmilzt er schwer an den äussersten Kanten, wird von Säuren wenig angegriffen.

Name.	Chemische Zusammensetzung.	Krystall-System.	Krystallogr. Axen.	Opt. Axen.	Glanz.
Yttrocerit	$5 Ca F_2 \cdot$ $(Y, Er, Ce) F_3$ $+ H_2 O$	.	.	.	.
Yttrotantalit	(Y, Er, Ce, Ca, Fe) $(Ta, Nb)_2 O_7$	Rhombisch	.	.	Glasglanz, Fettglanz
Zeagonit	(K_2, Ca) $Al_2 Si_3 O_{10}$ $+ 4 H_2 O$	Rhombisch	.	.	Glasglanz
Zepharovichit	$Al_2 P_2 O_8$ $+ 5 H_2 O$	.	.	.	Fettglanz
Zeunerit	$Cu U_2 As_2$ O_{12} $+ 8 H_2 O$	Tetragonal	$a : c = 1 :$ $2·9123$	.	Perlmutterglanz
Zinkosit	$Zn SO_4$	Rhombisch	.	.	Glasglanz, Diamantglanz
Zinkspath	$Zn CO_3$	Hexagonal-rhomboedr.	$a : c = 1 :$ $0·8062$	.	Glasglanz. Perlmutterglanz
Zoisit	$H_2 Ca_4 (Al_2)_3$ $Si_6 O_{26}$	Rhombisch	$a : b : c =$ $0·6196 : 1 :$ $0·3429$	bald in $\infty \breve{P} \infty$, bald in 0P, spitze Bisectrix stets in der Brachydiagonale	Glasglanz, auf den Spaltungsflächen Perlmutterglanz
Zundererz	.	.	.	.	.
Zunyit	$9 (Fe, K_2,$ $Na_2, Li_2, H_2)_2$ $O \cdot 6 Si O \cdot$ $8 Al_2 O_3$	Regulär-tetraedrisch	.	.	Glasglanz

Farbe.	Strich.	Härte.	Spaltbarkeit.	Spec. Gewicht.	Bemerkungen.
violblau, in Grau und Weiss geneigt	weisslich	4—5		3.4—3.5	
sammetschwarz, gelblichbraun, strohgelb	grau	5—5.5		5.39—5.88	v. d. L. unschmelzbar, von Säuren wird er nicht angegriffen, durch Schmelzen mit saurem schwefelsaurem Kali völlig zersetzbar.
wasserhell, weiss, bläulich	weiss	5—7		2.213	v. d. L. wird er weiss, blättert auf, leuchtet und schmilzt zu klarem Glas, in HCl vollkommen löslich, erst beim Abdampfen scheidet sich Kieselgallert aus.
grünl.-weiss, gelbl.-weiss, graul.-weiss	weisslich	5.5		2.38	
grasgrün	graugrün	2.5	vollk. n. 0P	3.53	
gelbl.-weiss, graul.-weiss, lichtweingelb	weiss	3		4.331	
farblos, grau, gelb, braun, grün	weiss	5	n. R	4.1—4.5	leicht löslich unter Brausen in Säuren, auch in Kalilauge löslich.
farblos, graul.-weiss, gelbl.-weiss, gelblichgrau, erbsengelb, grünl.-weiss, grün	weisslich	6	s. vollk. n. $\infty \bar{P} \infty$	3.22—3.36	v. d. L. schwillt er an und schmilzt unter Blasenwerfen an den Kanten zu klarem Glas; in Säuren, geglüht, sehr leicht löslich unter Bildung von Kieselgallert.
schmutzigkirschroth, schwärzlichroth	.	.	.	.	Gemenge von Heteromorphit, Arsenkies u. Rothgiltigerz (siehe diese).
farblos, weiss	weiss	7	n. O	2.875	Säuren ohne Wirkung, leicht zersetzbar durch Alkalien.

Systematische Uebersicht der Mineralien.[*]

I. Klasse.
Elemente.

1. Gruppe.

Diamant, | Graphit.

2. Gruppe.

Schwefel, dimorph, | Antimon,
Selen, | Allemontit (Arsenantimon),
Selenschwefel, | Wismuth,
Tellur, | Tetradymit (Tellurwismuth).
Arsen,

3. Gruppe.

Eisen, | Zink.

4. Gruppe.

Kupfer, | Silberamalgam (Arquerit, Kongs-
Blei, | bergit),
Quecksilber, | Bordosit,
Silber, | Gold,
 | Goldamalgam.

5. Gruppe.

Platin, | Osmiridium (Newjanskit),
Iridium, | Palladium,
Platiniridium, | Palladiumgold.
Iridosmium (Sysserskit),

II. Klasse.
Schwefel-, Selen-, Tellur-, Arsen-, Antimon- und Wismuthverbindungen.

A. Sulfide etc. der Metalloide.

1. Gruppe.

Realgar.

2. Gruppe.

Auripigment, | Selenwismuthglanz (Guanajuatit,
Antimonit (Antimonglanz), | Frenzelit).
Bismutit (Wismuthglanz).

3. Gruppe.

Molybdaenit (Molybdaenglanz). |

---

[*] Vgl. Groth: Tabellarische Uebersicht der Mineralien nach ihren krystallographisch-chemischen Beziehungen. 1882.

B. Sulfide etc. der Metalle.

1. Gruppe.

Oldhamit.

2. Gruppe.
(Allgemeine Formel: R S.)

Zinkblende (Sphalerit),
Wurtzit,
Erythrozinkit,
Greenockit,
Manganblende (Alabandin),
Troilit,
Eisennickelkies,

Millerit (Haarkies),
Arsennickel (Nickelin, Rothnickelkies,
Antimonnickel (Breithauptit),
Schwefelkobalt,
Arsenmangan.

3. Gruppe.
(Intermediäre Sulfide zwischen R S und RS_2.)

Magnetkies (Pyrrhotin),
Polydymit,
Kobaltnickelkies (Linneit),
Beyrichit,

Horbachit,
Melonit,
Leukopyrit.

4. Gruppe.
(Allgemeine Formel: RS_2.)

Mangankies (Hauerit),
Eisenkies (Pyrit, Schwefelkies),
Telaspyrin,
Markasit (Speerkies, Kammkies),
Arsenkies (Mispickel, Arsenopyrit),
Kobaltarsenkies (Danait, Glaukodot),
Ferrocobaltit (Stahlkobalt).
Löllingit,
Glaukopyrit,
Kobaltglanz (Kobaltin),

Arsennickelglanz (Gersdorffit),
Sommarugait,
Antimonnickelglanz (Ullmannit),
Korynit (Arsenantimonnickelglanz),
Wolfachit,
Alloklas,
Speiskobalt (Smaltin),
Chloanthit,
Chatamit,
Safflorit (Spathiopyrit),
Weissnickelkies (Rammelsbergit).

5. Gruppe.

Tesseralkies.

6. Gruppe.
(Allgemeine Formel: $\dot{R}S$ oder $\dot{R}_2 S$.)

Kupferglanz (Chalcosin),
Harrisit,
Selenkupfer,
Bleiglanz (Galenit),
Kupferbleiglanz (Cuproplumbit),
Alisonit,
Selenblei (Clausthalit),
Selenkupferblei (Zorgit),
Tellurblei (Altait),
Silberglanz (Argentit, Glaserz),
Argyrodit,
Arsenargentit,
Akanthit,
Silberkupferglanz (Stromeyerit),
Lautit,

Jalpait,
Selensilber,
Tellursilber (Hessit, Tellursilberglanz),
Stützit,
Tellurgoldsilber (Petzit),
Antimonsilber (Discrasit),
Plumbomanganit,
O'Rileyit,
Arsenargentit (Huntilith),
Animikit,
Crookesit,
Wismuthsilber,
Wismuthgold (Maldonit).

7. Gruppe.

Arsenkupfer (Domeykit),
Algodonit,

Whitneyit.

8. Gruppe.

Kupferindig (Covellin),
Cantonit,
Zinnober (Cinnabarit),
Metacinnabarit,
Selenquecksilber (Tiemannit),
Guadalcazarit,

Leviglianit,
Selenquecksilberblei,
Selenquecksilberkupferblei,
Selenschwefelquecksilber (Onofrit),
Tellurquecksilber (Coloradoit).

9. Gruppe.

Schrifterz (Sylvanit, Calaverit).
Nagyagit (Blättererz),

Krennerit.

10. Gruppe.

Laurit.

C. Sulfosalze.

a. Sulfoferrite und diesen verwandte Sulfosalze.

1. Gruppe.

Daubréelith.

2. Gruppe.

Kupferkies (Chalkopyrit),
Buntkupfererz (Bornit),

Cuban,
Carrollit.

3. Gruppe.

Sternbergit,
Argypropyrit,

Frieseit,
Argentopyrit (Silberkies).

b. Sulfarsenite, Sulfantimonite und Sulfobismutite.

1. Gruppe.

(Allgemeine Formeln: $RS \cdot 2As_2S_3$, entsprechend der Säure $As_4S_7H_2$ und $2RS \cdot 3As_2S_3$, entsprechend $As_6S_{11}H_4$.)

Guejarit,
Livingstonit,

Chiviatit.

2. Gruppe.

(Allgemeine Formel: $RS \cdot As_2S_3$, entsprechend der Säure $AsS(SH)$.)

Berthierit,
Kupferantimonglanz (Wolfsbergit),
Kupferwismuthglanz (Emplektit),
Bleiarsenglanz (Skleroklas vom Rath),
Bleiantimonglanz (Zinckenit),

Bleiwismuthglanz (Galenobismutit),
Silberantimonglanz (Miargyrit),
Kenngottit,
Silberwismuthglanz,
Alaskait.

3. Gruppe.

(Allgemeine Formel: $5RS \cdot 4As_2S_3$, entsprechend der Sulfosäure $As_8S_{17}H_{10}$.)

Plagionit.

4. Gruppe.

(Allgemeine Formel: $3RS \cdot 2As_2S_3$, entsprechend $As_4S_9H_6$.)

Binnit vom Rath,
Klaprothit,

Schirmerit.

5. Gruppe.

(Allgemeine Formel: $2RS \cdot As_2S_3$, entsprechend der Säure $As_2S_5H_4$.)

Dufrenoysit vom Rath,
Jamesonit,
Cosalit (Bjelkit),

Heteromorphit (Zundererz),
Brongniartit.

6. Gruppe.

(Allgemeine Formel: $5RS \cdot 2As_2 S_3$, entsprechend $As_4 S_{11} H_{10}$.)

Diaphorit, | Freieslebenit (Schilfglaserz).

7. Gruppe.

(Normale Sulfarsenite von der Formel $3RS \cdot As_2 S_3$, entsprechend der Säure As $(SH)_3$.)

Wittichenit,
Boulangerit,
Kobellit,
Bournonit,
Nadelerz (Patrinit),
Stylotyp,

Dürfeldtit,
Proustit (lichtes Rothgiltigerz, Arsensilberblende),
Pyrargyrit (dunkles Rothgiltigerz, Antimonsilberblende).

8. Gruppe.

(Allgemeine Formel: $4RS \cdot As_2 S_3$.)

Fahlerz (Tetraedrit),
Koppit,
Tennantit,
Fredricit,
Frigidit,
Malinofskit,
Julianit,

Aphtonit,
Rionit,
Fournetit,
Clayit,
Quecksilberfahlerz,
Jordanit,
Meneghinit.

9 Gruppe.

(Allgemeine Formel: $5RS \cdot As_2 S_3$.)

Geokronit, | Melanglanz (Stephanit, Sprödglaserz), | Rittingerit.

10. Gruppe.

(Allgemeine Formel: $6RS \cdot As_2 S_3$.)

Kilbrickenit, | Beegerit.

11. Gruppe.

(Allgemeine Formel: $9RS \cdot As_2 S_3$.)

Polybasit (Eugenglanz). |

12. Gruppe.

(Allgemeine Formel: $12RS \cdot As_2 S_3$.)

Polyargyrit. |

c. Sulfarseniate und Sulfantimoniate.

1. Gruppe.

(Normale Sulfarseniate der Formel: $\overset{..}{R}_3 As S_4 \cdot 3\overset{..}{R}S \cdot As_2 S_5$.)

Enargit,
Luzonit (Clarit),
Famatinit,

Epiboulangerit,
Xanthokon,
Feuerblende (Pyrostilpnit).

2. Gruppe.

(Allgemeine Formel: $7RS \cdot As_2 S_5$.)

Epigenit. |

d. Sulfostannate.

1. Gruppe.

Zinnkies (Stannin), | Plumbostannit.

III. Klasse.
Sauerstoffverbindungen der Elemente.
A. Oxyde.

1. Gruppe.
Eis.

2. Gruppe.
Tellurit, | Wolframocker.
Molybdaenocker,

3. Gruppe.
Arsenolith, | Antimonblüthe (Valentinit, Weiss-
Claudetit, | spiessglanzerz),.
Senarmontit, | Antimonocker (Cervantit).

4. Gruppe.
Quarz, | Oerstedtit,
Tridymit. | Tachyalphtit,
  Asmanit, | Cyrtolith,
Brookit (Arkansit), | Auerbachit,
Anatas, | Thorit (Orangit),
Rutil, | Uranothorit,
Zirkon. | Zinnerz (Kassiterit).
  Malakon,

5. Gruppe.
Periklas, | Bunsenit,
Manganosit, | Rothzinkerz (Zinkit).

6. Gruppe.
Korund, | Psilomelan (Hartmanganerz),
Eisenglanz (Haematit, Roth- | Lithiophorit (Kakochlor),
  eisenerz), | Wad (Groroilith),
Titaneisen (Ilmenit), | Kobaltmanganerz (Asbolan),
Pseudobrookit, | Mangankupfererz (Crednerit),
Braunit (Marcelin), | Hetairit,
Hausmannit, | Lepidophäit.
Polianit (Graumanganerz, Pyrolusit),

7. Gruppe.
Rothkupfererz (Cuprit, Kupfer- | Bleioxyd,
  oxydul), | Mennige,
Kupferoxyd (Tenorit, Melaconit), | Schwerbleierz.

B. Hydroxyde.

1. Gruppe.
Stiblith (Stibiconit).

2. Gruppe.
Opal (Hyalit), | Melanophlogit.

3. Gruppe.
Brucit. | Pyrochroit.

4. Gruppe.
Hydrohaematit, | Brauneisenerz (Limonit),
Diaspor, | Heubachit (Heterogenit),
Manganit, | Beauxit,
Nadeleisenerz (Goethit, Lepido- | Xanthosiderit,
  krokit), | Hydrargillit,
Neukirchit, | Borsäure (Sassolin).

5. Gruppe.
(Verbindungen mehrerer Hydroxyde·)

Hydrotalcit (Völknerit),
Pyroaurit,
Chalkophanit,
Rabdionit,

Kupfermanganerz,
Kupferschwärze (Pelokonit),
Heterogenit,
Namaqualit.

C. Oxysulfide.

1. Gruppe.

Rothspiessglanzerz (Antimonblende, Pyrostibit),

Karelinit.

2. Gruppe.

Voltzin.

IV. Klasse.
Haloidsalze.
A. Einfache Chloride, Jodide, Bromide und Fluoride.

1. Gruppe.

Sylvin (Chlorkalium),
Salmiak (Chlorammonium),
Steinsalz (Chlornatrium),
Huantajayit,
Chlorsilber (Kerargyrit),

Bromsilber (Bromargyrit),
Embolit (Chlorbromsilber),
Jodobromit (Jodbromchlorsilber),
Jodsilber.

2. Gruppe.

Chlorocalcit (Chlorcalcium),
Fluorit (Flussspath),
Sellait,

Eisenchlorür,
Lawrencit (Stagmatit).

3. Gruppe.

Tysonit,
Fluocerit (Hydrofluocerit).

Fluellit.

4. Gruppe.

Nantockit (Kupferchlorür),
Melanothallit,
Eriochalcit,

Chlorquecksilber (Kalomel, Quecksilberhornerz),
Chlorblei (Cotunnit),

5. Gruppe.
(Wasserhaltige Chloride.)

Bischofit (Chloromagnesit).

B. Doppel-Chloride und -Fluoride.

1. Gruppe.
(Doppelchoride.)

Carnallit,
Tachyhydrit,

Erythrosiderit,
Kremersit,

2. Gruppe.
(Wasserfreie Doppelfluoride).

Kryolith.
Pachnolith (Pyroconit),
Chodnewit (Nipholith),
Arksutit,

Chiolith,
Nocerin,
Proidonin.
Pseudocotunnit.

3. Gruppe.
(Wasserhaltige Doppelfluoride.

Thomsenolith,	Ralstonit,
Hagemannit,	Prosopit.
Gearksutit,	Yttrocerit.

C. Oxychloride.
1. Gruppe.

Matlockit,	Schwartzembergit.
Mendipit,	

2. Gruppe.

Atakamit,	Daubreit.

V. Klasse.
Nitrate, Carbonate, Selenite.
A. Salpetersaure Salze.
1. Gruppe.

Kalisalpeter (Salpeter),	Kalksalpeter (Nitrocalcit),
Natronsalpeter (Chilisalpeter),	Magnesiasalpeter (Nitromagnesit).
Baryumsalpeter (Baryumnitrat),	

B. Kohlensaure Salze.
a. Wasserfreie normale Carbonate.
1. Gruppe.

Calcit (Kalkspath),	Zinkspath (Smithsonit),
Plumbocalcit,	Eisenzinkspath (Monheimit),
Magnesit,	Manganspath (Rhodochrosit, Dialogit),
Dolomit (Bitterspath),	
Konit,	Eisenspath (Siderit, Spatheisenstein),
Braunspath (Ankerit),	
Breunerit (Mesitinspath, Pistomesit),	Oligonspath (Sphaerosiderit),
	Kobaltspath (Sphaerokobaltit).

2. Gruppe.

Aragonit,	Manganocalcit,
Witherit,	Cerussit (Weissbleierz),
Alstonit,	Iglesiasit.
Strontianit,	

3. Gruppe.

Barytocalcit.

b. Wasserfreie basische Carbonate.
1. Gruppe.

Bismuthosphaerit,	Bismutit (Wismuthspath).

2. Gruppe.

Zinkblüthe (Hydrozinkit),	Buratit,
Aurichalcit,	Kupferlasur (Chessylith, Azurit),
Messingblüthe,	Malachit.

3. Gruppe.

Dawsonit.

c. Chloro- und Fluocarbonate.
1. Gruppe.

Bastnäsit (Hamartit),	Kischtimit.
Parisit,	

2. Gruppe.

Phosgenit (Bleihornerz).

d. Wasserhaltige Carbonate.

1. Gruppe.

Thermonatrit, | Trona.
Soda.

2. Gruppe.

Gaylüssit (Natrocalcit).

3. Gruppe.

Lanthanit.

4. Gruppe.
(Basische Carbonate.)

Hydromagnesit, | Hydrocerussit,
  Lancasterit, | Randit,
Hydromagnocalcit (Hydro- | Liebigit,
  dolomit). | Voglit,
Nickelsmaragd (Zaratit), | Urankalkcarbonat.

C. Selenigsaure Salze.

1. Gruppe.

Chalkomenit.

VI. Klasse.

Sulfate, Chromate, Molybdate, Wolframate, Uranate.

A. Wasserfreie normale schwefelsaure und chromsaure Salze.

1. Gruppe.

Glaserit (Kalisulfat, Arcanit), | Thenardit (Natronsulfat).
Mascagnin,

2. Gruppe.

Glauberit.

3. Gruppe.

Anhydrit, | Anglesit (Vitriolbleierz),
Baryt (Schwerspath), | Selenbleispath,
Kalkbaryt (Dreelit), | Zinkosit,
Coelestin, | Hydrocyanit.
Barytocoelestin,

4. Gruppe.

Krokoit (Rothbleierz).

B. Wasserfreie molybdaensaure, wolfsamsaure und uransaure Salze.

1. Gruppe.

Molybdaenbleispath (Wulfenit, | Cuproscheelit,
  Gelbbleierz), | Reinit.
Eosit, | Scheelbleispath (Stolzit).
Scheelit,

2. Gruppe.

Hübnerit, | Ferberit.
Wolframit,

3. Gruppe.
(Uransaure Salze.)

Uranpecherz (Pechblende, Ura- | Pittinit,
   ninit), | Eliasit,
Cleveit, | Uranosphaerit.
Gummit (Gummierz),

C. Basische Sulfate und Chromate.

1. Gruppe.

Brochantit, | Linarit (Bleilasur).

2. Gruppe.

Lanarkit, | Connellit,
Dolerophanit, | Montanit,
Phönicit, | Ferrotellurit,
Vauquelinit, | Magnolit.

D. Verbindungen von Sulfaten und Carbonaten.

1. Gruppe.

Caledonit.

2. Gruppe.

Leadhillit, | Susannit.

E. Wasserhaltige schwefelsaure Salze je eines Metalles.

1. Gruppe. (Alkalisulfate.)

Guanovulit, | Glaubersalz (Mirabilit).
Lecontit,

2. Gruppe.

Gyps.

3. Gruppe.

Kieserit, | Szmikit.

4. Gruppe.

Bittersalz (Epsomit), | Nickelvitriol,
  Fauserit, | Tauriscit.
Zinkvitriol (Goslarit),

5. Gruppe.

Mallardit, | Pisanit,
Luckit, | Cupromagnesit,
Eisenvitriol (Melanterit), | Kobaltvitriol.

6. Gruppe.

Kupfervitriol.

7. Gruppe.
(Basische Kupfersulfate.)

Langit, | Serpierit.
  Herrengrundit,

8. Gruppe.

Coquimbit, | Keramohalit (Haarsalz).
Ihleit,

9. Gruppe.
(Basische Thonerde- und Eisenoxydsulfate.)

Aluminit,	Stypticit,	Uranvitriol,
Felsöbanyit,	Apatelit,	Uranocker,
Paraluminit,	Fibroferrit,	Uranblüthe,
Copiapit,	Raimondit,	Urangrün,
Misy,	Vitriolocker,	Johannit.

F. Wasserhaltige schwefelsaure Salze mehrerer Metalle.

1. Gruppe.

Syngenit (Kaluszit),	Löweit,
Wattevillit,	Pikromerit,
Blödit (Astrakanit,	Cyanochroit,
Simonyit),	Polyhalit.

2. Gruppe.

Kalialaun,	Dietrichit,
Ammoniakalaun,	Voltait,
Natronalaun (Mendozit),	Sonomait,
Pickeringit (Magnesiaalaun),	Gelbeisenerz,
Bosjemanit (Manganalaun),	Roemerit,
Halotrichit (Eisenal., Haarsalz),	Botryogen.

3. Gruppe. (Basische Salze.)

Alunit (Alaunstein),	Urusit.	Klinophaeit,
Jarosit,	Plagiocitrit,	Ettringit.

4. Gruppe.

Zinkaluminit,	Woodwardit.
Lettsomit (Cyanotrichit),	

G. Wasserhaltige Verbindungen von Sulfaten und Chloriden.

1. Gruppe.

Kainit.

VII. Klasse.

Borate, Aluminate, Ferrate, Arsenite, Antimonite.

A. Wasserfreie Aluminate, Borate u. s. w.

1. Gruppe.

Spinell,	Chromeisenerz (Chromit),
Eisenspinell (Pleonast, Ceylanit),	Manganspinell,
Chromspinell (Pikotit),	Jacobsit,
Zinkspinell (Gahnit, Automolit),	Magnoferrit,
Dysluit,	Magneteisenerz (Magnetit),
Franklinit,	Delafossit.
Hydrofranklinit,	

2. Gruppe.

Chrysoberyll (Alexandrit).

3. Gruppe.

Ludwigit,	Sussexit.
Boromagnesit (Szaibelyit),	

4. Gruppe.

Boracit,	Rhodizit.

B. Wasserhaltige borsaure Salze.

1. Gruppe.
(Neutrale Salze.)

Lagonit.

2. Gruppe.
(Saure Salze.)

Larderellit, | Kryptomorphit,
Borax (Tinkal), | Pandermit,
Borocalcit (Bechilit), | Franklandit,
Borocalcit (Hayesin), | Hydroboracit,
Boronatrocalcit (Ulexit), | Priceit.

C. Arsenigsaure und antimonigsaure Salze.

1. Gruppe.

Trippkëit, | Romëit, | Trombolith.

2. Gruppe.

Nadorit, | Ekdemit.

VIII. Klasse.
Phosphate, Arseniate, Antimoniate, Vanadate, Niobate, Tantalate.

A. Normale wasserfreie Salze.

a. Salze der Orthophosphorsäure etc.

1. Gruppe.

Osteolith, | Berzeliit.

2. Gruppe.

Triphylin, | Lithiophilit.

3. Gruppe.

Eusynchit, | Tritochorit, | Karminspath.
Aräoxen, | Brackebuschit, |

4. Gruppe.

Laxmannit.

5. Gruppe.

Ytterspath (Xenotim), | Rabdophan (Skovillit),
Monazit (Turnerit), | Fergusonit,
Kryptolith (Phosphocerit), | Sipylit.

6. Gruppe.

Pucherit.

b. Salze der Pyrosäuren.

1. Gruppe.

Atopit, | Pyrochlor, | Samarskit (Yttroil-
Mikrolith, | Hatchettolith, | menit),
Koppit, | Yttrotantalit, | Pyrophosphorit.

c. Salze der Metasäuren.

1. Gruppe.

Niobit (Columbit), | Tantalit ⎫ dimorph, | Mangantantalit.
Annerödit, | Tapiolit ⎭ |

2. Gruppe.

Dechenit.

— 245 —

B. Chlor- resp. fluorhaltige und basische wasserfreie Salze.

1. Gruppe.

Apatit (Phosphorit),
Pyromorphit (Grün- u. Braunbleierz),

Polysphaerit,
Mimetesit,
Kampylit,

Hedyphan,
Vanadinit.

2. Gruppe.

Amblygonit (Montebrasit),   Durangit.

3. Gruppe.

Wagnerit (Kjerulfin),
Triplit (Zwieselit),

Triploidit.

4. Gruppe.

Adamin,
Libethenit,
Olivenit,

Volborthit (Kalkvolborthit),
Descloizit.

5. Gruppe.

Dihydrit,
Lunnit,
Erinit,
Mottramit,

Phosphorochalcit (Pseudomalachit, Phosphorkupfererz),
Strahlerz (Abichit, Klinoklas),
Chlorotil.

6. Gruppe.

Trolleit,
Augelith,

Kraurit (Grüneisenerz).

7. Gruppe.

Lazulith,
Cirrolith,

Tavistockit,
Arseniosiderit,

Andrewsit.

C. Wasserhaltige Phosphate, Arseniate u. s. w.

a. Normale Salze.

1. Gruppe.

Struvit.

2. Gruppe.

Fillowit,
Dickinsonit,
Fairfieldit,

Roselith,
Lavendulan,
Reddingit,

Hopeit,
Trichalcit,
Pikropharmakolith.

3. Gruppe.

Hörnesit,
Vivianit,
Symplesit,
Kobaltblüthe (Erythrin),

Nickelblüthe (Annabergit),
Cabrerit,
Köttigit.

4. Gruppe.

Berlinit,
Variscit (Callait),
Schrötterit,
Strengit,

Barrandit,
Skorodit,
Haemafibrit,
Callainit,

Zepharovichit,
Gibbsit,
Churchit.

b. Saure Salze.

1. Gruppe.

Phosphorsalz,   Hannayit.

2. Gruppe.

Rösslerit,
Haidingerit,

Brushit,
Metabrushit,

Pharmakolith,
Newberyit,

Wapplerit,
Hureaulit,

Bindheimit (Bleiniere),

Barcenit.

Henwoodit.

3. Gruppe.

c. Basische Salze.

1. Gruppe.

Isoklas,
Chondroarsenit,
Ludlamit,
Konichalcit,
Pseudolibethenit,
Tagilit,

Euchroit,
Psittacinit,
Ehlit,
Cornwallit,
Tirolit (Kupferschaum),

Volborthit (V. von Perm).
Kupferglimmer (Chalkophyllit),
Veszelyit.

2. Gruppe.

Würfelerz (Pharmakosiderit),
Eleonorit,
Wavellit,
Beraunit,

Picit,
Kalait,
Peganit,
Fischerit,
Kakoxen,

Eisensinter,
Evansit,
Planerit,
Coeruleolactit.

3. Gruppe.

Calcioferrit,
Boryckit,
Eosphorit,

Childrenit,
Chalkosiderit,
Lirokonit (Linsenerz).

4. Gruppe.

Rhagit,
Phosphuranylit,
Trögerit,
Kalkuranit (Autunit),
Uranospinit,

Uranocircit (Baryumuranit),
Kupferuranit (Torbernit),
Zeunerit,
Mixit,
Walpurgin.

D. Wasserhaltige Verbindungen von Phosphaten und Arseniaten mit Sulfaten und Boraten.

1. Gruppe.

Svanbergit,
Beudantit,

Diadochit,
Lindackerit.

2. Gruppe.

Lüneburgit.

IX. Klasse.
Silikate und Titanate.

A. Basische Silikate.

1 Gruppe.
(Sauerstoffverhältniss = 11 : 6.)

Staurolith, | Dumortiérit, | Xantholith.

2. Gruppe.
(Sauerstoffverhältniss = 3 : 2.)

Kieselzinkerz (Calamin, Hemimorphit),

Moresnetit,
Eggonit.

3. Gruppe.
(Sauerstoffverhältniss = 3 : 2.)

Andalusit (Chiastolith),	Bamlit,
Sillimanit (Fibrolith, Faserkiesel),	Wörthit,
Bucholzit,	Topas,
Monrolith,	Disthen (Cyanit, Rhätizit).

4. Gruppe.
(Sauerstoffverhältniss = 3 : 2.)

Gehlenit.

5. Gruppe.
(Sauerstoffverhältniss = 3 : 2.)

Datolith,	Euklas,	Erdmannit.
Homilit,	Gadolinit,	

6. Gruppe.
(Sauerstoffverhältniss = 3 : 2.)

Turmalin (Schörl, Achroit, Rubellit).

7. Gruppe.
(Sauerstoffverhältniss = 3 : 2.)

Karpholith, | Chlorastrolith.

8. Gruppe.
(Sauerstoffverhältniss = 5 : 4.)

Liëvrit (Ilvait).

9. Gruppe.
(Sauerstoffverhältniss = 5 : 4.)

Humit,	Klinohumit.
Chondrodit,	

10. Gruppe.
(Sauerstoffverhältniss = 6 : 5.)

Ardennit (Dewalquit).

11. Gruppe.

Helvin, | Danalith.

12. Grnppe.
(Sauerstoffverhältniss = 7 : 6.)

Zoisit (Unionit, Thulit),	Orthit (Bucklandit),
Epidot (Pistazit),	Pyrorthit,
Manganepidot (Piemontit),	Bodenit.

13. Gruppe.
(Sauerstoffverhältniss = 7 : 6.)

Cerit, | Ginilsit.

14. Gruppe.
(Sauerstoffverhältniss = 15 : 14.)

Vesuvian (Idokras), | Wiluit.

B. Orthokieselsaure Salze.

a. Normale.

1. Gruppe.

Monticellit (Batrachit),	Glinkit,
Forsterit (Boltonit).	Hyalosiderit,
Olivin (Chrysolith, Peridot),	Titanolivin,

Hortonolith,
Fayalit,
Röpperit (Stirlingit),
Knebelit,

Tephroit,
Pikrotephroit,
Hillangsit.

2. Gruppe.

Phenakit,
Willemit,

Troostit,
Eukryptit.

3. Gruppe.

Danburit.

4. Gruppe.

Xenolith,
Eulytin (Kieselwismuth),

Agrikolit.

5. Gruppe.

Kalkthongranat,
Chromgranat (Uwarowit),
Kalkeisengranat,
Eisenthongranat,
Kalkthoneisengranat (Grossular),
Kalkeisenthongranat (Hessonit,
 Kaneelstein),

Aplom (Melanit),
Magnesiaeisenthongranat (Pyrop),
Eisenthoneisengranat (Almandin),
Mangangranat (Spessartin),
Topazolith,
Kolophonit,
Partschin.

6. Gruppe.

Skapolith (Wernerit, Mejonit),
 Mizzonit,
 Dipyr,
Couseranit,

Passauit,
Melitith (Humboldtilith),
Sarkolith.

b. Saure.

1. Gruppe.

Friedelit,
Dioptas,

Kieselkupfer (Chrysokoll),

Pilarit,
Asperolith.

2. Gruppe.

Prehnit.

3. Gruppe.

Axinit.

4. Gruppe.

Pyrosmalith.

5. Gruppe.
(Biotite, Magnesiaglimmer z. Th.)

Anomit,
Meroxen,
Lepidomelan,
Haughtonit,

Siderophyllit,
Manganophyll,
Philadelphit,
Rubellan,

Voigtit,
Barytglimmer.

6. Gruppe.
(Phlogopitreihe.)

Phlogopit,
 Jefferisit,
 Vermiculit,

Aspidolith,
Zinnwaldit (Kryophylit),
Rabenglimmer.

7. Gruppe.
(Muscovitreihe.)

Lepidolith,
Roscoelith,
Muscovit (Kaliglimmer),
Damourit (Onkosin),

Sericit,
Chromglimmer (Fuchsit),
Oellacherit,
Margarodit,

Euphyllit,
Pinit,
Pinitoid,
Gieseckit,
Gigantolith,
Liebenerit,

Oosit,
Killinit,
Hygrophilit,
Paragonit (Natronglimmer),
Pregrattit,
Cossait.

8. Gruppe.

Margarit (Kalkglimmer),
Emerylith,

Corundellit,
Diphanit (Perlglimmer).

9. Gruppe.
(Sprödglimmer.)

Xanthophyllit (Waluewit),
Brandisit,

Clintonit (Seybertit).

10 Gruppe.

Chloritoid (Chloritspath, Baryto-
phyllit),
Ottrelith,
Masonit,

Venasquit,
Sismondin,
Sapphirin.

11. Gruppe.
(Chloritgruppe.)

Pennin, } di-
Klinochlor, } morph,
Leuchtenbergit,
Kaemmererit,
Rhodochrom,
Pseudophit,
Kotschubeyit,
Tabergit,
Talkchlorit,
Ripidolith (Prochlo-
rit, Helminth),

Korundophilit,
Thuringit,
Cronstedtit,
Aphrosiderit,
Delessit (Grengesit),
Strigovit,
Epichlorit,
Euralit,
Hallit (Vermiculit),
Culsageeit,
Protovermiculit,

Amesit,
Epiphanit,
Vaalit,
Metachlorit,
Melanolith,
Hullit,
Sideroschisolith,
Ekmannit,
Leidyit.

12. Gruppe.

Talk (Steatit, Speck-
stein),
Meerschaum (Sa-
piolith),
Aphrodit,
Spadait,
Xonotlit,
Saponit,
Kerolith,
Pikrosmin,
Monradit,
Neolith,
Serpentin (Ophit),

Chrysotil (Serpen-
tin-Asbest),
Metaxit,
Antigorit,
Villarsit,
Pikrolith,
Williamsit,
Bowenit,
Baltimorit,
Marmolith,
Vorhauserit,
Hydrophit,
Jenkinsit,

Dermatın,
Chlorophäit,
Nigrescit,
Leukotil,
Pilolith,
Duporthit,
Pyknotrop,
Bravaisit,
Davreuxit,
Antillit,
Venerit.

13. Gruppe.

Kaolin (Nakrit, Pholerit),
Steinmark,
Gilbertit,
Talcosit,

Pyrophyllit,
Agalmatolith (Pagodit, Bild-
stein),
Pihlit (Cymatolith).

C. Metakieselsaure Salze.
a. Basische.
1. Gruppe.

Nephelin (Elaeolith),
Cancrinit,

Mikrosommit (Davyn).

2. Gruppe.

Sodalith,	Yttnerit,
Nosean,	Skolopsit,
Hauyn,	Lasurstein (Lapis lazuli).

3. Gruppe.
(Sauerstoffverhältniss = 3 : 4.)

Cordierit (Dichroit, Jolith),	Aspasiolith,	Barsowit,
Fahlunit,	Bonsdorffit,	Sphenoklas.
Praseolith,	Esmarkit,	
	Chlorophyllit,	

4. Gruppe.

Leukophan,	Melinophan

b. Normale.

1. Gruppe.
(Rhombische Pyroxene.)

Enstatit,	Diaklasit,
Bronzit,	Protobastit,
Bastit (Schillerspath),	Hypersthen.

2. Gruppe.
(Monosymmetrische Pyroxene).

Wollastonit,	Chromdiopsid,
Pektolith,	Omphacit,
Diopsid (Salit),	Diallag,
Malakolith,	Augit,
Baikalit,	Violan.
Hedenbergit (Kalkeisenaugit),	Akmit (Aegirin),
Fassait (Kokkolith),	Spodumen (Triphan).

3. Gruppe.
(Asymmetrische Pyroxene.)

Rhodonit (Pajsbergit),	Fowlerit,	Szaboit,
Mangankiesel,	Schefferit,	Astrophyllit.
Bustamit,	Jeffersonit,	
	Babingtonit,	

4. Gruppe.
(Rhombische Amphibole.)

Anthophyllit,	Grunerit,
Kupfferit,	Gedrit (Snarumit).

5. Gruppe.
(Monosymmetrische Amphibole.)

Tremolit (Grammatit, Calamit), Nephrit,	Hornblende, Arfvedsonit,
Strahlstein (Aktinolith),	Krokydolith,
Asbest (Amiant, Byssolith),	Glaukophan (Gastaldit),
Pargasit (Edenit, grüne Hornblende),	Breislakit,
Jadeit,	Hermannit (Cummingtonit),
Chloromelanit (Uralit, Traversellit),	Cossyrit.

6. Gruppe.

Leucit

7. Gruppe.

Beryll (Smaragd, Aquamarin).

c. Saure.

1. Gruppe.

Pollux (Pollucit).

D. Polykieselsaure Salze.

1. Gruppe.
(Monosymmetrische Feldspathe = Orthoklase.)

Kaliorthoklas (gem. Feldspath, Adular), Natronorthoklas (Sanidin), Perthit, Hyalophan (Barytfeldspath), Cassinit.

2. Gruppe.
(Asymmetrische Feldspathe = Plagioklase.)

Mikroklin,	Labradorit,	Rosellan,
Amazonenstein,	Anorthit (Kalkfeld-	Cyclopit,
Albit (Periklin),	spath),	Lindsayit,
Zygadit,	Amphodelit,	Tankit,
Oligoklas,	Polyargit,	Lepolith.

3. Gruppe.

Petalit (Castor).

4. Gruppe.

Milarit

E. Wasserhaltige Silikate.

a. Zeolithe.

1. Gruppe.
(Orthokieselsaure Salze.)

Thomsonit (Comptonit), Farölith, Ozarkit, Sloanit, Sasbachit, Glottalith.

2. Gruppe.
(Basische metakieselsaure Salze.)

Natrolith, Brevicit, Galaktit, Mesolith (Harringtonit), Skolezit, Lehuntit, Edingtonit.

3. Gruppe.
(Normale metakieselsaure Salze.)

Analcim, | Eudnophit.

4. Gruppe.
(Saure metakieselsaure Salze.)

Apophyllit,	Hydrocastorit,	Oryzit,
Okenit,	Epistilbit,	Pseudonatrolith,
Gyrolith,	Reissit,	Beaumontit,
Faujasit,	Heulandit,	Brewsterit.

5. Gruppe.
(Polykieselsaure Salze.)

Desmin,	Gismondin,	Levyn,
Foresit,	Puflerit,	Gmelinit,
Phillipsit (Kalkharmotom, Christianit),	Harmotom (Kreuzstein, Morvenit),	Herschelit, Laumontit,
Zeagonit,	Chabasit (Phakolith),	(Caporcianit).

b. Sonstige wasserhaltige Silikate.

1. Gruppe.

Allophan,	Samoit,	Uranotil,
Kollyrit,	Carolathin,	Uranophan.

2. Gruppe.

Garnierit (Numeait),	Melopsit,	Röttisit,
Gymnit,	Plombierit,	Konarit,
Nickelgymnit,	Penwithit,	Pimelith,

3. Gruppe.

Halloysit (Galapektit),	Nontronit,
Glagerit,	Aerinit,
Bol,	Montmorillonit (Delanovit, Erinit),
Razumowskin,	Cimolith,
Malthazit,	Pelikanit,
Chloropal (Gramenit, Pinguit),	Anauxit,
Plinthit,	Gümbelit.

F. Titan-, zirkon- und thorsaure Salze.

1. Gruppe.
(Einfache, titansaure Salze.)

Perowskit.

2. Gruppe.
(Titankieselsaure Salze.)

Titanit (Sphen),	Tschewkinit,
Greenovit,	Mosandrit,
Guarinit,	Enceladit,
Titanomorphit,	Schorlomit (Ferrotitanit).
Yttrotitanit (Keilhauit),	

3. Gruppe.
(Zirkonkieselsaure Salze.)

Eudialyt (Eukolit),	Freyalith,	Warwickit.
Katapleit,	Tritomit,	

4. Gruppe.
(Niobkiesel-, titan- und zirkonsaure Salze.)

Wöhlerit,	Polymignit,	Polykras,
Aeschynit,	Dysanalyt,	Euxenit.

X. Klasse.
Organische Verbindungen.

A. Salze organischer Säuren.

1. Gruppe.
(Oxalsaure Salze.)

Whewellit,	Oxalit (Humboldtin).
Thierschit,	

2. Gruppe.
(Mellitsaure Salze.)

Honigstein (Mellit).

B. Kohlenwasserstoffe.

1. Gruppe.

Fichtelit,	Ozokerit (Erdwachs),	Urpethit,
Hartit,	Elaterit,	Hatchettin,

Scheererit,
Könleinit,
Christmatit,

Zintrisikit,
Pyropissit,
Phyloretin,

Aragotit,
Posepnyt,
Jonit.

C. Harze.
1. Gruppe.

Succinit, (Bernstein),
  Gedanit,
Copal,
Butyrit,
Aikit,
Dopplerit,
Rosthornit,
Geocerit,
Geomyricit,
Retinit,
Krantzit,
Asphalt (Erdpech),
Bituminit (Boghead-
  kohle),
Duxit,
Ambrit,

Bathwillit,
Albertit,
Neudorfit,
Grahamit,
Muckit,
Walait,
Piauzit,
Ixolyt,
Jaulingit,
Siegburgit,
Walchowit,
Tasmanit,
Trinkerit,
Pyroretinit,
Bombiccit,
Huminit,

Köflachit,
Jdrialit,
Xyloretinit (Hartin),
Leukopetrit,
Euosmit,
Sklerotin,
Anthrakoxen,
Dysodil,
Hircit,
Schlamit,
Bernardinit,
Hofmannit,
Celestialit,
Phytocollit,
Schraufit.

Anhang:
Kohlen.

Braunkohle (Lignit),
  Gagat,
Bastkohle,
Nadelkohle,
Moorkohle,
Papierkohle,
  erdige Braunkohle,
  holzige Braunkohle,

Steinkohle, (Schwarz-
  kohle,
Backkohle,
Sinterkohle,
Sandkohle,
Glanzkohle,
Pechkohle,
Kännelkohle,

Grobkohle,
Blätterkohle,
Faserkohle,
Russkohle,
Schieferkohle,
Anthracit (Kohlen-
  blende).

Topographische Uebersicht der Mineralien.

Afrika.

Antimonglanz, Algier.
Arsennickelglanz, Algier.
Antimonocker, Algier.
Augit, Canarische Inseln.
Chromeisenstein, Westafrika.
Chrysokoll, Damaraland.
Coelestin, Aegypten.
Cuprit, Damaraland.
Diamant, Capland.
Eisenspath, Algier.
Fahlerz, Algier.
Faserquarz, Capland.
Kalisalpeter, Algier.
Kalkspath, Algier.
Krokydolith, Capland.
Kupferkies, Algier, Capland, Westafrika.
Magnetkies, Algier.

Malachit, Westafrika.
Manganalaun, Capland.
Muskovit, Westafrika.
Nadorit, Tunis.
Prehnit, Capland.
Rauchquarz, Madagaskar.
Schwefel, Teneriffa.
Senarmontit, Algier.
Spatheisenstein, Algier.
Staurolith, Algier.
Tripolit, Algier.
Trona, Aegypten.
Turmalin, Madagaskar.
Weissbleierz, Tunis.
Weissspiessglanzerz, Algier.
Zinkblende, Algier.
Zinkspath, Algier.

Amerika.

Britisch-Amerika.

Akadialit,
Amethyst,
Analcim,
Apatit,
Apophyllit,
Augit,
Bleiglanz,
Bytownit,
Chabasit,
Chondrodit,
Chromeisen,
Chrysokoll,
Chrysolith,
Coelestin,
Desmin,
Dolomit,
Eisenglanz,

Eisenkies,
Gmelinit,
Heulandit,
Hypersthen,
Kaliglimmer,
Kalkspath,
Kermesit,
Kupfer,
Kupferkies,
Kupferschwärze,
Laumontit,
Ledererit,
Loganit,
Magneteisen,
Mesolith,
Molybdaenglanz,
Mordenit,

Nadeleisenerz,
Natrolith,
Nephrit,
Peristerit,
Perthit,
Phlogopit,
Salit,
Schwerspath,
Silber,
Spatheisen,
Stilbit,
Titaneisen,
Titanit,
Turmalin,
Valentinit,
Vesuvian,
Wollastonit.

Central-Amerika und Antillen.

Alaun,
Antillit,
Chalcedon,
Kupferglanz,

Kupferkies,
Kupferschwärze,
Monetit,
Monit,

Pyrit,
Rothkupfererz,
Schwefel.

— 255 —

Grönland.

Amazonenstein,
Analcim,
Arfvedsonit,
Arksutit,
Bernstein,
Columbit,
Edenit,
Eisen,
Eudialyt,
Granat,
Graphit,
Hagemannit,
Kaersutit,
Kornerupin,
Kryolith,
Kupfferit,
Natrolith,
Pachnolith,
Quarz,
Ralstonit,
Rinkit,
Sapphirin,
Thomsenolith,
Turmalin,
Willemit.

Mexico.

Achrematit,
Amethyst,
Analcim,
Anglesit,
Antimon,
Antimonit,
Apophyllit,
Auripigment,
Barcenit,
Bleiglätte,
Bleiglanz,
Bournonit,
Braunbleierz,
Brochantit,
Bromsilber,
Brongniartit,
Buntkupfer,
Bustamit,
Calomel,
Castillit,
Cervantit,
Chalcedon,
Chlorsilber,
Durangit,
Edelopal,
Eisen,
Eisenkies,
Embolit,
Enargit,
Fahlerz,
Feueropal,
Flussspath,
Freieslebenit,
Frenzelit,
Gold,
Granat,
Graphit,
Guadalcazarit,
Guanajuatit,
Halbopal,
Jalpait,
Jamesonit,
Jodsilber,
Jodquecksilber,
Kalkspath,
Kupferglanz,
Kupferlasur,
Livingstonit,
Magneteisenerz,
Magnetkies,
Manganblende,
Markasit,
Metacinnabarit,
Miargyrit,
Molybdaenglanz,
Naumannit,
Opal,
Polybasit,
Prousit,
Pyrargyrit,
Quarz,
Rothkupfererz,
Selen,
Selenschwefelquecksilber,
Silaonit,
Silber,
Silberkupferglanz,
Stephanit,
Stibiconit,
Stiblith,
Tapalpit,
Topas,
Tridymit,
Wismuthspath,
Zinkblende,
Zinn,
Zinnober,
Zinnstein.

Südamerika.

Argentinische Republik.

Brackebuschit,
Enargit,
Chalkomenit,
Descloizit,
Famatinit,
Tritochroit,
Vanadinit.

Bolivia.

Bolivit,
Caledonit,
Daubreeit,
Schwefelkupferwismuth,
Taznit,
Tellurwismuth,
Thenardit,
Wismuth,
Wismuthglanz,
Zinnstein.

Brasilien.

Almandin,
Amethyst,
Andalusit.
Anthosiderit,
Cymophan,
Diamant,
Disthen,
Eisen,
Euklas,
Gold,
Goyazit,
Hydrargillit,
Korund,
Magnetkies,
Monazit,
Pyrophyllit,
Quarz,
Rothbleierz,
Skorodit,
Staurolith,
Topas,
Triphan,
Wavellit,
Zirkon.

Chili.

Akanthit,
Algodonit,
Alisonit,
Amalgam,
Antimonsilber,
Arquerit,
Arsenkupfer,
Atakamit,
Bromsilber,
Buntkupfererz,
Chalcocit,
Chilenit,
Chlorsilber,
Chlorbromsilber,
Copiapit,
Coquimbit,

Kalkspath.

Covellin,
Cuproplumbit,
Cuproscheelit,
Darwinit,
Dioptas,
Eisenkies,
Enargit,
Eukairit,
Fibroferrit,
Glaukodot,
Guano,
Hessit,
Jalpait,
Jodsilber,
Kieselkupfer,
Kobaltblüthe,

Krönnkit,
Kupfer,
Kupferkies,
Kupferlasur,
Lavendulan,
Phillipsit,
Proustit,
Pyrargyrit,
Silber,
Silberamalgam,
Silberglanz,
Stromeyerit,
Stylotyp,
Stypticit,
Tellurblei,
Trippkeit.

Ecuador.

Peru.

Agalmatolith,
Alabandin,
Alabaster,
Albit,
Allemontit,
Alunogen,
Amethyst,
Andalusit,
Anglesit,
Anhydrit,
Annabergit,
Anorthit,
Anthracit,
Antimonit,
Aragonit,
Arequipit,
Arsenolith,
Asphalt,
Atakamit,
Auripigment,
Axinit,
Baryt,
Berthierit,
Beryll,
Blei,
Boronatrocalcit,
Boulangerit,
Bournonit,
Braunit,
Brochantit,
Bromsilber,
Calcit,
Cassiterit,
Cerussit,
Chlorit,
Chrysokoll,
Cotunnit,
Couzeranit,
Covellin,

Crednerit,
Cuprit,
Dialogit,
Dolomit,
Dürfeldtit,
Elaterit,
Embolit,
Enargit,
Epidot,
Epsomit,
Erythrin,
Flussspath,
Fowlerit,
Freibergerit,
Freieslebenit,
Galenit,
Glauberit,
Gold,
Goslarit,
Granat,
Graphit,
Guanapit,
Guano,
Gyps,
Haematit,
Halotrichit,
Halloysit,
Hayesin,
Hornblende,
Huantajayit,
Hydrophylit,
Hypersthen,
Jamesonit,
Jarosit,
Jaspis,
Idokras,
Jodsilber,
Johnstonit,
Kamacit,

Kaolin,
Kerargyrit,
Kobellit,
Kupfer,
Labradorit,
Lampardit,
Lapis lazuli,
Leukopyrit,
Lignit,
Limonit,
Löllingit,
Magnesit,
Magnetit,
Malachit,
Manganocalcit,
Markasit,
Marmatit,
Mendipit,
Mesolith,
Meteoreisen,
Miargyrit,
Mimetesit,
Mirabilit,
Molybdaenglanz,
Nadorit,
Nakrit,
Oligoklas,
Olivin,
Opal,
Orthoklas,
Partzit,
Pegmatit,
Pennin,
Percylit,
Pharmakosiderit,
Phillipsit,
Phosphorit,
Pickeringit,
Pimelith,

Pittizit,
Polybasit,
Proustit,
Psilomelan,
Pyrargyrit,
Pyrit,
Pyrolusit,
Pyromorphit,
Pyroxen,
Raimondit,
Realgar,
Rhodonit,
Ryakolith,
Sandbergerit,
Sanidin,
Scheelit,

Senarmontit,
Serpentin,
Siderit,
Silberglanz,
Skolezit,
Skorodit,
Smithsonit,
Spianterit,
Steatit,
Stephanit,
Sternbergit,
Stromeyerit,
Sylvin,
Talk,
Tarapakit,
Tennantit,

Teschemacherit,
Tetraëdrit,
Thenardit,
Tremolit,
Turmalin,
Ulexit,
Ullmannit,
Urao,
Valentinit,
Websterit,
Wernerit,
Wolframit,
Wurtzit,
Zaratit,
Zinckenit,
Zirkon.

Uruguay.

Chalcedon (Enhydros).

Venezuela.

Kupferlasur.

Vereinigte Staaten von Nordamerika.

Alabama.

Bleiglanz,
Cyanit,
Dolomit,

Eisenkies,
Kalkspath,
Limonit,

Schwerspath,
Spatheisen,
Steatit.

Arizona.

Atakamit,
Azurit,
Brochantit,
Chrysokoll,

Endlichit,
Flussspath,
Gold,
Kerargyrit,

Malachit,
Stromeyerit,
Vanadinit.

Arkansas.

Apatit,
Bleiglanz,
Brookit (Arkansit),
Dolomit,
Elaeolith,
Fahlerz,
Hydrozinkit,

Magneteisen,
Nakrit,
Nephelin,
Perowskit,
Psilomelan,
Quarz,
Ripidolith,

Rutil,
Schorlomit,
Smithsonit,
Tennantit,
Thomsonit,
Thuringit.

Californien.

Altait,
Andalusit,
Anhydrit,
Asphalt,
Atakamit,
Biotit,
Borax,
Buntkupfererz,
Calaverit,
Chromeisenstein,
Chrysolith,
Coelestin,
Colemannit,

Eisenkies,
Enargit,
Epidot,
Gold,
Granat,
Gyps,
Hessit,
Kerargyrit,
Kupferkies,
Kupferlasur,
Magnesit,
Malachit,
Misspickel,

Molybdaenglanz
Orthoklas,
Partzit,
Pyrolusit,
Pyrophyllit,
Quarz,
Quecksilber,
Serpentin,
Tremolit,
Turmalin,
Zinkblende,
Zinnober,
Zinnstein.

Colorado.

Alaskait,	Enargit,	Kupferkies,
Coloradoit,	Flussspath,	Skorodit,
Eisenkies,	Guitermannit,	Zunyit.

Columbia.

Aktinolith,	Graphit,	Rutil,
Bleiglanz,	Kalkspath,	Schwerspath,
Cyanit,	Kupfer,	Tennantit.
Gold,	Kupferkies,	

Connecticut.

Achat,	Kaliglimmer,	Rothkupfererz,
Albit,	Kaolin,	Salit,
Andalusit,	Korund,	Schwerspath,
Apatit,	Kupferglanz,	Seifenstein,
Asbest,	Kupferkies,	Sillimannit,
Babingtonit,	Lepidolith,	Spatheisenstein,
Beryll,	Magneteisen,	Spinell,
Bleiglanz,	Magnetkies,	Spodumen,
Buntkupfererz,	Malachit,	Staurolith,
Chabasit,	Manganit,	Stilbit,
Chalcocit,	Mikroklin,	Talk,
Chlorit,	Misspickel,	Titaneisen,
Chromeisenstein,	Molybdaenglanz,	Topas,
Chrysoberyll,	Monazit,	Triplit.
Columbit,	Natrolith,	Turmalin,
Cordierit,	Orthit,	Weissnickelkies,
Cyanit,	Orthoklas,	Wismuth,
Datolith,	Prehnit,	Wismuthglanz,
Eisenkies,	Pyromorphit,	Wolfram,
Epidot,	Pyrrhotin,	Zinkblende,
Granat,	Rhodochrosit,	Zoisit.
Jolit,	Ripidolith,	

Delaware.

Adular,	Cerolith,	Indigolith,
Albit,	Cyanit,	Orthoklas,
Apatit,	Deweylit,	Pyroxen,
Beryll,	Diallag,	Sphaerosiderit,
Bronzit,	Fibrolith,	Titanit,
Bucholzit,	Hypersthen,	Vivianit.

Georgia.

Bleiglanz,	Kupferkies,	Staurolith,
Cantonit,	Lanthanit,	Wavellit,
Chlorit,	Lazulith,	Xenotim,
Cyanit,	Misspickel,	Zirkon.
Gold,	Pyromorphit,	
Hyalit,	Rutil,	

Idaho.

Argentit,	Polybasit,	Pyromorphit,
Gold,	Proustit,	Silber,
Kerargyrit,	Pyrargyrit,	Stephanit.

Illinois.

Bleiglanz,	Eisenkies,	Weissbleierz.
Chalcedon,	Flussspath,	Zinkblende.
Dolomit,	Schwerspath,	

Indiana.

Eisenkies, | Gyps, | Kalkspath.

Jowa.

Anglesit,
Bleiglanz,
Coelestin,

Gyps,
Kalkspath,
Kupferlasur,

Zinkblende.

Kentucky.

Bleiglanz,
Coelestin,
Eisenkies,
Epsomit,

Flussspath,
Gyps,
Kalkspath,
Schwerspath,

Witherit,
Zinkblende.

Maine.

Adular,
Albit,
Andalusit,
Apatit,
Beryll,
Bleiglanz,
Cancrinit,
Cassiterit,
Chromglimmer,
Chrysoberyll,
Cyanit,
Diallag,
Eisenglanz,
Eisenkies,
Elaeolith,
Epidot,

Flussspath,
Granat,
Graphit,
Hornblende,
Kalkspath,
Kupfer,
Kupferkies,
Lithionglimmer,
Magneteisen,
Magnetkies,
Molybdaenglanz,
Muskovit,
Orthoklas,
Pargasit,
Prehnit,
Pyrrhotin,

Rhodonit,
Rutil,
Skapolith,
Sodalith,
Spodumen,
Staurolith,
Talk,
Thomsonit,
Titanit,
Turmalin,
Vesuvian,
Vivianit,
Wolfram,
Zinkblende,
Zirkon.

Maryland.

Augit,
Chabasit,
Chromeisenstein,
Chromglimmer,
Eisenglanz,
Eisenkies,

Gyps,
Haydenit,
Heulandit,
Kupferkies,
Magneteisen,
Serpentin,

Spatheisenstein,
Stilbit,
Titanit,
Tremolit,
Turmalin.

Massachusetts.

Aktinolith,
Allanit,
Allophan,
Amethyst,
Andalusit,
Anthophyllit,
Anthracit,
Apatit,
Argentit,
Bleiglanz,
Buntkupfer,
Chabasit,
Chiastolith,
Chlorit,
Chromeisenstein,
Chrysotil,
Columbit,
Cummingtonit,
Cyanit,
Danalit,
Diopsid,

Eisenglanz,
Eisenkies,
Epidot,
Fibrolith,
Flussspath,
Gibbsit,
Granat,
Gyps,
Heulandit,
Hornblende,
Kaliglimmer,
Kieselmangan,
Lithionglimmer,
Magneteisen,
Markasit,
Masonit,
Menaccanit,
Nephrit,
Nuttalit,
Orthit,
Paracolumbit,

Petalit,
Prehnit,
Pyrochlor,
Pyrolusit,
Rutil,
Scheelit,
Schwerspath,
Serpentin,
Skapolith,
Spatheisenstein,
Spinell,
Spodumen,
Staurolith,
Stilbit,
Tremolit,
Turmalin,
Vermiculit,
Zinkblende,
Zinnstein,
Zoisit.

Michigan.

Algodonit,	Chabasit,	Kalkspath.
Amethyst,	Chrysokoll,	Laumontit,
Analcim.	Coelestin,	Leonhardit,
Anhydrit,	Datolith.	Orthoklas,
Apatit,	Domeykit,	Prehnit.
Apophyllit,	Eisenkies,	

Minnesota.

Aktinolith,	Harmotom,	Prehnit,
Amethyst,	Heulandit,	Saponit,
Apophyllit,	Hornblende,	Spodumen,
Chalkopyrit,	Kalkspath,	Steatit,
Chlorit,	Kupfer,	Stilbit,
Eisenkies,	Kupferkies,	Tremolit,
Epidot,	Laumontit,	Turmalin,
Fluorit,	Magneteisen,	Zinkblende.
Granat,	Malachit,	

Missouri.

Anglesit,	Kupferkies,	Weissbleierz,
Bleiglanz,	Kupferlasur,	Witherit,
Calamin.	Malachit,	Wolfram.
Caledonit,	Schwerspath,	
Eisenkies,	Siegenit,	

Nevada.

Amethyst,	Hübnerit,	Pyrargyrit,
Argentit,	Jamesonit,	Rothkupfererz,
Bleiglanz,	Kalkspath,	Scheelit,
Bournonit,	Kerargyrit,	Silber,
Eisenkies,	Kupferkies,	Skolezit,
Embolit,	Küstelit,	Stephanit.
Epidot,	Malachit.	Weissbleierz,
Flussspath,	Orthoklas,	Wulfenit.
Gold,	Polybasit,	
Gyps,	Proustit,	

New Hampshire.

Albit,	Graphit,	Rutil,
Amblygonit,	Hornblende,	Seifenstein,
Amethyst,	Jolit,	Staurolith,
Beryll,	Kupferkies,	Steatit.
Bleiglanz,	Magneteisen,	Tremolit,
Columbit,	Malachit,	Turmalin,
Cyanit,	Molybdaenglanz,	Vesuvian.
Eisenkies,	Pargasit,	Zinkblende,
Epidot,	Pyrolusit,	Zinnstein,
Flussspath,	Quarz,	Zoisit.
Granat,	Rhodonit,	

New Jersey.

Algerit,	Chondrodit,	Franklinit,
Amethyst,	Chromeisen,	Granat,
Analcim,	Datolith,	Heulandit,
Apatit,	Dolomit,	Hornblende,
Apophyllit,	Dufrenit,	Humit,
Aragonit,	Dysluit,	Hydromagnesit,
Augit,	Eisenkies,	Jeffersonit,
Automolith,	Epidot,	Kaliglimmer,
Chabasit,	Fowlerit,	Kalkspath,

— 261 —

Korund,
Kupfer,
Kupferglanz,
Laumontit,
Magneteisen,
Magnetkies,
Malachit,
Manganspath,

Pektolit,
Phlogopit,
Prehnit,
Rhodonit,
Rothkupfererz,
Rothzinkerz,
Serpentin,
Skapolith,

Spinell,
Titaneisen,
Tremolit,
Troostit,
Vivianit,
Willemit.

New York.

Aktinolith,
Allanit,
Anglesit,
Anhydrit,
Apatit,
Aragonit,
Arsenkies,
Augit,
Bergkrystall,
Bleiglanz,
Brauneisenstein,
Brucit,
Chondrodit,
Chrysoberyll,
Chrysotil,
Clintonit,
Coelestin,
Diopsid,
Dolomitspath,
Eisenkies,
Eisensinter,
Epidot,
Epsomit,

Flussspath,
Gieseckit,
Granat,
Graphit,
Gyps,
Heulandit,
Hornblende,
Humit,
Hydrargillit,
Hypersthen,
Kakoxen,
Kaliglimmer,
Kalkspath,
Korund,
Kupferkies,
Labradorit,
Magnesiaglimmer,
Magneteisen,
Magnetkies,
Mikroklin,
Millerit,
Molybdaenglanz,
Pyrrhotin,

Rensselaerit,
Rotheisenerz,
Rutil,
Schwefel,
Serpentin,
Silber,
Skapolith,
Skorodit,
Spatheisenstein,
Spinell,
Strontianit,
Talk,
Thon,
Titaneisen,
Titanit,
Turgit,
Tremolit,
Vauquelinit,
Vesuvian,
Warwickit,
Zirkon.

North Carolina.

Amethyst,
Barnhardtit,
Chromeisenstein,
Chrysokoll,
Cyanit,
Eisenglanz,
Epidot,
Gold,
Korundophilit,
Kupferkies,
Lazulith,

Malachit,
Margarit,
Meteoreisen,
Molybdaenglanz,
Monazit,
Pechblende,
Proustit,
Pyrolusit,
Pyromorphit,
Pyrophyllit,
Rothkupfererz,

Scheelit,
Schwerspath,
Silber,
Stilbit,
Tetradymit,
Uraninit,
Wavellit,
Weissbleierz,
Wolfram,
Zirkon.

Ohio.

Bleiglanz,
Coelestin,
Eisenkies,

Gyps,
Kalkspath,
Petroleum,

Schwefel,
Schwerspath.

Oregon.

Iridosmium,

Platin.

Pennsylvania.

Albit,
Allanit,
Amethyst,
Andalusit,
Anglesit,

Anthophyllit,
Aragonit,
Aurichalcit,
Baltimorit,
Beryll,

Broncit,
Brochantit,
Brucit,
Buntkupfererz,
Chesterlith,

Chondrodit,
Chromeisenstein,
Chrysokoll,
Chrysolith,
Coelestin,
Collyrit,
Cyanit,
Damourit,
Diaspor,
Eisenkies,
Emerylith,
Epidot,
Euphyllit,
Granat,
Graphit,
Hydromagnesit,
Kaliglimmer,
Kalkspath,
Kaolin,

Kieselkupfer,
Kieselzinkerz,
Klinochlor,
Korund,
Kupfer,
Kupferkies,
Lancasterit,
Magnesit,
Magneteisen,
Magnetkies,
Malachit,
Melanit,
Mikroklin,
Millerit,
Mimetesit,
Molybdaenglanz,
Nickelgymnit,
Oligoklas,
Orthoklas,

Pennin,
Pikrolith,
Pyrmorphit,
Ripidolith,
Rothkupfererz.
Rutil,
Scheelit,
Serpentin,
Staurolith,
Tremolit,
Turmalin,
Vanadinit,
Vermiculit,
Weissbleierz,
Williamsit,
Zaratit,
Zinkblende,
Zirkon.

Rhode Island.

Aktinolith,
Amethyst,
Anatas,
Anthracit,
Asbest,
Bitterspath,
Chlorit,

Cyanit,
Dolomitspath,
Eisenglanz,
Epidot,
Granat,
Graphit,
Magneteisen,

Masonit,
Nakrit,
Serpentin,
Talk,
Tremolit.

South Carolina.

Amethyst,
Chlorit,
Cyanit,
Eisenglanz,
Enargit,
Epidot,

Gold,
Granat,
Gyps,
Leadhillit,
Pyromorphit,
Pyrophyllit,

Rutil,
Schwerspath,
Turmalin,
Weissbleierz,
Wismuth,
Witherit.

Tennessee.

Alabaster,
Anhydrit,
Alisonit,
Bleiglanz,
Chlorit,
Coelestin,

Flussspath,
Gyps,
Kalkspath,
Harrisit,
Pyrrhotin,
Schwerspath,

Staurolith,
Steatit,
Tremolit,
Wavellit.

Vermont.

Aktinolith,
Albit,
Bleiglanz,
Chlorit,
Dolomit,
Eisenglanz,
Eisenkies,
Epidot,
Flussspath,

Granat,
Graphit,
Kalkspath,
Kupferkies,
Magnesit,
Magneteisen,
Molybdaenglanz,
Psilomelan,
Pyrolusit,

Quarz,
Rutil,
Serpentin,
Talk,
Tremolit,
Turmalin,
Zoisit.

Virginia.

Aktinolith,
Bleiglanz,
Buntkupfererz,
Calamin,

Chromeisenstein,
Cyanit,
Eisenglanz,
Eisenkies,

Flussspath,
Gold,
Gyps,
Kalkspath,

Kupferkies,
Malachit,
Owenit,
Rutil,
Schwefel,

Bleiglanz,
Chlorit,
Cyanit,
Eisenkies,
Epidot,

Schwerspath,
Seifenstein,
Silber,
Spatheisenstein,
Tetradymit,

Wisconsin.
Hydrozinkit,
Kalkspath,
Kupferkies,
Kupferlasur,
Malachit,

Thuringit,
Weissbleierz,
Zinkblende.

Markasit,
Meteoreisen,
Smithsonit,
Weissbleierz.

Asien.

Ceylon.
Cordierit,
Graphit,
Mondstein,
Spinell,
Zirkon.

China.
Agalmatolith,
Korund,
Nephrit.

Hinter-Indien.
Gold,
Korund,
Opal, fluoresc.,
Spinell.

Japan.
Albit,
Analcim,
Antimonit,
Apatit,
Apophyllit,
Beryll,
Chromeisenstein,
Eisenkies,
Granat,
Kupferkies,
Mendozit,
Natrolith,
Quarz,
Rauchquarz,
Topas,
Turmalin.

Kaukasus.
Ignatieffit,
Pyrolusit.

Klein-Asien.
Bolus,
Diaspor,
Korund,
Meerschaum,
Smirgel.

Palästina.
Asphalt,
Kalkspath.

Persien.
Auripigment,
Lasurstein,
Türkis.

Sibirien.
Altai.
Beryll,
Bleiglanz,
Chlorsilber,
Kieselzinkerz,
Kupfer,
Kupferglanz,
Kupferindig,
Kupferlasur,
Schwerspath,
Silber,
Tellursilber,
Weissbleierz.

Irkutsk.
Antimonglanz,
Apatit,
Aquamarin,
Beryll,
Flussspath,
Graphit,
Kaliglimmer,

Kieselzinkerz,
Kupferlasur,
Weissbleierz,
Wolfram,
Zinnober,
Zinnstein.

Kirgisensteppe.
Dioptas.

Tomsk.
Gold,
Kupfer,
Kupferlasur,
Kupferschwärze,
Rothkupfererz,
Silber,
Weissbleierz.

Transbaikalien.
Carneol,
Kalkspath,
Lasurstein,
Magnesiaglimmer
Topas,
Turmalin.

Tibet.
Tinkal.

Vorder-Indien.
Antimonglanz,
Chrysoberyll,
Granat,
Kalkspath,
Korund,
Magneteisen,
Quarz,
Rubin,
Sapphir.

Australien und umliegende Inseln.

Adular,
Albit,
Amethyst,
Analcim,
Anglesit,
Ankerit,
Antimonit,
Antimonocker,
Apatit,
Aragonit,
Arsenopyrit,
Asbest,
Atakamit,
Augit,
Beryll,
Beudantit,
Biotit,
Blei,
Bleiglanz,
Boulangerit,
Bournonit,
Brookit,
Bucholzit,
Cerussit,
Cervantit,
Chabasit,
Chalcedon,
Chalybit,
Chlorbromsilber,
Chlorit,
Chromeisenstein,
Chrysolith,
Chrysotil,
Copiapit,
Covellin,
Cuproplumbit,
Diamant, Borneo,
Dolomit,
Edelopal,
Eisenkies,
Embolit,
Epsomit,
Erubescit,
Fibrolith,
Garnierit.
Gmelinit,
Gold, Borneo,
Graphit,
Gymnit,
Gyps,
Hannayit,
Herschelit,
Heulandit,
Hornblende,
Kaliglimmer,
Kalkspath,
Kaolin,
Kermesit,
Korund,
Kupfer,
Kupferglanz,
Kupferkies,
Kupferlasur,
Kupferpecherz,
Kupfervitriol,
Labradorit,
Limonit,
Magnesit,
Magneteisen, Sandwichsinseln,
Malachit,
Maldonit,
Manganspath,
Menaccanit,
Middeltonit,
Mikroklin,
Mimetesit,
Molybdaenglanz,
Muskovit,
Natrolith.
Nephrit, Neu-Seeland
Newberyit,
Nontronit,
Oligoklas,
Olivenit,
Olivin,
Opal,
Orthoklas,
Osmiridium,
Phakolith,
Pharmakosiderit,
Phillipsit,
Pholerit.
Psilomelan,
Pyrolusit,
Pyromorphit,
Pyrrhotin,
Retinit,
Richmondit,
Rothkupfererz,
Rutil,
Sapphir,
Scheelit.
Schwefel,
Schwerspath,
Selwynit,
Silber,
Silberglanz,
Skorodit,
Steatit,
Steinsalz,
Stiblit,
Talk,
Titaneisen,
Topas,
Tremolit,
Tridymit, Neu-Seeland,
Turmalin.
Valentinit,
Vivianit,
Wad.
Wismuth,
Wismuthglanz,
Wolfram,
Wolfsbergit,
Zink,
Zinkblende,
Zinnstein,
Zirkon.

Europa.

Belgien.

Anatas,
Ardennit,
Bleiglanz,
Davreuxit,

Delvauxit,
Eisenkies,
Epidot,
Kieselzinkerz,

Ottrelit,
Pyromorphit,
Rotheisenerz,
Zinkspath.

Bulgarien.

Boulangerit.

Kaolin,

Dänemark (Bornholm).
Quarz.

England.

Bristol.
Coelestin.

Cornwall.
Axinit,
Bismutit,
Bleiglanz,
Bournonit,
Chalkosiderit,
Chalkotrichit,
Connellit,
Cronstedtit,
Dufrenit,
Eisenkies,
Fahlerz,
Fluorit,
Granat,
Jaspis,
Kalkspath,
Klinoklas,
Kupfer,
Kupferglanz,
Kupferkies,
Kupferuranit,
Kupfervitriol,
Langit,
Lirokonit,
Mimetesit,
Nadeleisenerz,
Olivenit,
Pechblende,
Pharmakosiderit,
Pyrolusit,
Pyromorphit,
Rothkupfererz,
Scheelit,
Serpentin,
Spatheisenstein,
Staurolith,
Vivianit,
Weissbleierz,
Wolfram,
Zinnkies,
Zinnstein.

Cumberland.
Alstonit,
Aragonit,
Barytocalcit,
Bleiglanz,
Brochantit,

Apophyllit,
Chabasit,
Chalcedon,
Desmin,

Dolomit,
Eisenkies,
Eisenglanz,
Epidot,
Flussspath,
Graphit,
Kalkspath,
Kieselzinkerz,
Kupferkies,
Linarit,
Mimetesit,
Pyromorphit,
Quarz,
Scheelit,
Schwerspath,
Spatheisenstein,
Weissbleierz,
Wismuthglanz,
Witherit,
Wolfram,
Zinkblende,
Zinkspath.

Derbyshire.
Bleiglanz,
Fluorit,
Kalkspath.

Devonshire.
Bleiglanz,
Kalkspath,
Wavellit.

Durham.
Fluorit,
Kalkspath.

Irland.
Analcim,
Aquamarin,
Beryll,
Gold,
Jaspis,
Kupfer,
Magneteisen,
Natrolith,
Orthoklas,
Topas,
Wavellit,
Weissbleierz.

Faeröer.
Farölit,
Heulandit,
Hypostilbit,
Kalkspath,

Kent.
Markasit.

Lancashire.
Witherit.

Lancaster.
Eisenglanz.

Northumberland.
Gyps,
Witherit.

Oxford.
Gyps.

Schottland.
Abriachanit,
Analcim,
Brewsterit,
Desmin,
Greenockit,
Harmotom,
Kalkspath,
Kieselzinkerz,
Leadhillit,
Linarit,
Magneteisen,
Mottramit,
Prehnit,
Pyromorphit,
Rutil,
Serpentin,
Stilbit,
Strontianit,
Thomsonit,
Topas,
Vanadinit,
Weissbleierz.

Shettlands-Inseln.
Hydromagnesit.

Sommersetshire.
Nadeleisenerz.

Wales und Anglesa.
Bleivitriol,
Brookit.

Worcester.
Kalkspath.

Levyn,
Mesolith,
Natrolith,
Preunerit.

— 266 —

Frankreich.

Dép. Ardèche.
Eisenspath,
Vivianit.

Dép. Aude.
Antimonnickelglanz,
Bournonit,
Plagionit,
Zinkenit.

Auvergne.
Amethyst,
Antimonit,
Apatit,
Aragonit,
Baryt,
Berthierit,
Brauneisenstein,
Dumortierit,
Eisenglanz,
Fibrolith,
Gyps,
Hyalit,
Kaolin,
Lignit,
Martit,
Menilit,
Orthoklas,
Peridot,
Phillipsit,
Pseudobrookit,
Pyroxen,
Retinit,
Schwefel,
Szaboit,
Turmalin,
Zinkblende,
Zirkon.

Bretagne.
Bleigummi,
Pyrit,
Pyromorphit.

Champagne.
Markasit.

Dép. du Cher.
Opal.

Dép. Corrèze und Haute Vienne.
Alluaudit,
Beryll,
Dufrenit,
Hureaulit,
Meymacit,
Montmorillonit,
Scheelit,
Triplit,
Wolfram.

Dép. Creuse.
Amblygonit,
Kalait,
Kassiterit.

Dauphinée.
Anatas,
Antimon,
Antimonarsen,
Axinit,
Bergkrystall,
Brookit,
Crichtonit,
Epidot,
Gold,
Kalkspath,
Prehnit,

Dép. Dordogne.
Nontronit.

Dép. Gers.
Kalait.

Dép. Hérault.
Beauxit,
Bleiglanz,
Orthoklas.

Dép. Isère.
Antimonglanz,
Eisenkies,
Prehnit.

Dép. Laudes.
Aragonit.

Dép. de la Meurthe.
Gyps.

Mine de la Garonne.
Adamin,
Chalkophyllit,
Lettsomit,
Mimetesit,
Olivenit,
Pyromorphit.

Dép. Morbihan.
Albit,
Andalusit,
Apatit,
Beryll,
Cerussit,
Chamoisit,
Cordierit,
Crichtonit,
Damourit,
Diopsid,
Disthen,
Fibrolith,
Glaukophan,
Granat,
Kakoxen,
Kraurit,
Oligoklas,
Phenakit,
Prehnit,
Pyromorphit,
Sismondin,
Skorodit,
Symplesit,
Titanit,
Topas,
Vesuvian,
Wollastonit,
Würfelerz,
Zinkblende,
Zinnerz.

Dép. du Rhône.
Bleigummi,
Dreelit,
Dumortierit,
Kupferlasur,
Kupfervitriol,
Malachit,
Rothkupfererz.

Dép. Saône et Loire.
Chiastolith.

Dep. Savoien.
Flussspath.

Dép. Seine et Marne.
Kalkspath,
Gyps.

Dép. Seine et Oise.
Aluminit,
Gyps,
Quarz.

Dép. du Var.
Andesin,
Beauxit,
Grunerit.

Adamin,
Aragonit,
Anthracit,
Antimonit,
Antimonocker,
Aurichalcit,
Baryt,
Cabrerit,
Calamin,

Apophyllit,
Chabasit,
Chalcedon,
Desmin,
Epistilbit,
Geyserit,
Hafnefjordit,

Campania. Vesuv.
Amphibol,
Analcim,
Andesin,
Anorthit,
Apatit,
Aphthalose,
Aragonit,
Atakamit,
Atelin,
Azurit,
Biotit,
Breislackit,
Cavolinit,
Chlorocalcit,
Cuspidin,
Cotunnit,
Davyn,
Dolerophan,
Dolomit,
Eisenglanz,
Eisenglimmer,
Euchlorin,
Fluorit,
Forsterit,
Gismondin,
Granat,
Granulin,
Guarinit,
Gyps,
Hauyn,
Humboldtilith,
Humit,
Hydrocyanit,
Hydrodolomit,
Hydrogiobertit,
Kalkspath,
Kriphiolith,
Leucit,
Litidionit,

Griechenland.
Cerussit,
Dolomit,
Eisenspath,
Fluorit,
Glaukophan,
Granat,
Gyps,
Kupferlasur,
Malachit,

Island.
Heulandit,
Kacholong,
Kalkspath,
Krablit,
Krisuvigit,
Levyn,
Okenit,

Italien.
Magnetit,
Magnoferrit,
Malachit,
Mejonit,
Melilith,
Meroxen,
Mikrosommit,
Mizzonit,
Neochrysolith,
Neocyan,
Nephelin,
Nocerin,
Olivin,
Periklas,
Phillipsit,
Pleonast,
Pseudocotunnit,
Pyromorphit,
Pyrrhotin,
Pyroxen,
Realgar,
Rhyakolith,
Salmiak,
Sarkolith,
Schwefel,
Selenschwefel,
Sodalith,
Sommit,
Steinsalz,
Tenorit,
Thomsonit,
Titanit,
Vesbin,
Vesuvian,
Wollastonit,
Zinkblende,
Zirkon.

Elba.
Albit,

Marmairolith,
Mennige,
Pyromorphit,
Rothkupfererz,
Serpierit,
Smirgel,
Smithsonit,
Vanadinit,
Zoisit.

Palagonit,
Parastilbit,
Quarz,
Skolezit,
Stilbit,
Xylochlor.

Andalusit,
Asbest,
Bergkrystall,
Beryll,
Brauneisenerz,
Castor,
Cerussit,
Chalkanthit,
Chonikrit,
Eisenglanz,
Eisenkies,
Eisenspath,
Epidot,
Foresit,
Granat,
Hedenbergit,
Hydrocastorit,
Kalkglimmer,
Kupfervitriol,
Leukopyrit,
Lievrit,
Limonit,
Magneteisen,
Mikrolith,
Orthoklas,
Oryzit,
Pikroalumogen,
Pollux,
Pseudonatrolith,
Psilomelan,
Pyrosklerit,
Quarz,
Rosterit,
Rubellit,
Topas,
Turmalin,
Uranit,
Vesuvian,
Zinnstein.

Latium.
Granat,
Hauyn,
Lazulith,
Leucit,
Melilith,
Magnesiaglimmer.

Liparische Inseln.
Sassolin.

Lombardei.
Achat,
Amphibol,
Aragonit,
Asbest,
Augit,
Baryt,
Bergkrystall,
Blende,
Braunkohle,
Calcit,
Chalcedon,
Chalkopyrit,
Chlorit,
Coelestin,
Diallag,
Disthen,
Dolomit,
Epsomit,
Feuerstein,
Fluorit,
Galenit,
Gold,
Grammatit,
Granat,
Graphit,
Gyps,
Haematit,
Hemimorphit,
Hornstein,
Hypersthen,
Jaspis,
Jserin,
Karstenit,
Keramohalit,
Korund,
Limonit,
Magnetit,
Milchquarz,
Misspickel,
Opal,
Pyrit,
Pyrolusit,
Pyrrhotin,
Rhodonit,
Rosenquarz,
Serpentin,
Siderit,
Soda,
Staurolith,
Steatit,
Turmalin,
Wad,
Zinnober,
Zirkon.

Massa Carrara.
Aragonit,
Bergkrystall,
Datolith,
Eisenkies.

Piemont.
Apatit,
Asbest,
Bergkrystall,
Beryll,
Columbit,
Diopsid,
Dolomit,
Eisenglanz,
Eisenkies,
Eisenspath,
Epidot,
Gastaldit,
Granat,
Kalkspath,
Klinochlor,
Korund,
Kupferkies,
Magneteisen,
Mesitinspath,
Ripidolith,
Roméit,
Scheelit,
Titanit,
Topazolith,
Traversellit,
Vesuvian,
Violan.

Sardinien.
Albit,
Bleiglanz,
Bleivitriol,
Calamin,
Gold,
Orthoklas,
Phosgenit,
Rutil,
Silber,
Ullmannit,
Weissbleierz,
Wollastonit.

Sicilien.
Coelestin,
Glaserit,
Kalkspath,
Melanophlogit,
Schwefel.

Toscana.
Alaunstein,
Antimonglanz,
Bergkrystall,
Bleiglanz,
Borsäure,
Boulangerit,
Buntkupfererz,
Buratit,
Bustamit,
Chrysotil,
Diallag,
Eisenocker,
Fahlerz,
Flussspath,
Gyps,
Hedenbergit,
Heteromorphit,
Jamesonit,
Kalkspath,
Kieselmangan,
Kieselzinkerz,
Kupfer,
Kupferkies,
Kupfervitriol,
Larderellit,
Meneghinit,
Millerit,
Mossotit,
Pikranalcim,
Pisanit,
Pyrrhotin,
Quecksilber,
Sassolin,
Savit,
Wolfram,
Zinkblende,
Zinkvitriol,
Zinnober,
Zinnstein.

Veltlin, Genua, Mailand, Verona, Bologna.
Datolith,
Diallag,
Epidot,
Glaukonit,
Gyps,
Hatchettin,
Hofmannit,
Hypersthen,
Kupferkies,
Quarz,
Sloanit.

Venedig.
Achat,
Agalmatolith,
Amethyst,
Analcim,
Anthracit,
Apophyllit,

Aragonit,
Asbest,
Baryt,
Bergkrystall,
Blende,
Braunkohle,
Calcit,
Cerussit,
Chalcedon,
Chalkopyrit,
Coelestin,
Cuprit,
Dolomit,
Eisen,
Epsomit,
Galenit,
Gmelinit,

Christiania.

Adular,
Akmit,
Albit,
Anthophyllit,
Arsenkies,
Baryt,
Eisenkies,
Enstatit,
Flussspath,
Galenit,
Gold,
Helminth,
Kaliglimmer,
Kalkspath,
Kobaltblüthe,
Kobaltglanz,
Kupferkies,
Labradorit,
Laumontit,
Magneteisen,
Magnetkies,
Melanglanz,

Azorit,
Bleiglanz,
Eisenglanz,
Eisenglimmer,

Apatit,
Bleiglanz,
Braunkohle,

Finnland.

Ainalit,
Amphodelit,
Anorthit,
Apatit,

Goslarit,
Gyps,
Haematit,
Harmotom,
Hemimorphit,
Jaspis,
Jserin,
Kaolin,
Karneol,
Korund,
Laumontit,
Limonit,
Magnetit,
Malachit,
Merkur,
Natrolith,
Olivin,

Norwegen.

Molybdaenglanz,
Nephelin,
Oerstedit,
Oligoklas,
Polykras,
Polymignit,
Pyrochlor,
Quarz,
Rotheisenerz,
Serpentin,
Silber,
Silberglanz,
Sodalith,
Tellurwismuth,
Turmalin,
Vesuvian,
Wöhlerit,
Ytterspath,
Zinkblende,
Zirkon.

Christiansand.

Apatit,
Augit,

Portugal (mit Azoren).

Hyalit,
Malachit,
Olivin,
Plagioklas,

Rumelien.

Eisenkies,
Hornblende,
Kupferkies,

Russland.

Augit,
Bergleder,
Beryll,
Biotit,
Bonsdorffit,
Chrysoberyll,

Opal.
Pleonast,
Prehnit,
Pyrit,
Pyrolusit,
Quarz,
Rutil,
Sanidin,
Schwarzkohle,
Schwefel,
Seladonit,
Smithsonit,
Stilbit,
Vivianit,
Zirkon.

Clevëit,
Cordierit,
Datolith,
Epidot,
Euxenit,
Fergusonit,
Granat,
Hornblende,
Magnesiaglimmer,
Magneteisen,
Mikroklin,
Monazit,
Oligoklas,
Rutil,
Skapolith,
Titaneisen,
Titanit.

Drontheim.

Orthit.

Tellemarken.

Zoisit.

Pseudobrookit,
Pyrrhit,
Szaboit.

Magnetit,
Orthoklas,
Zinkblende.

Cordierit,
Degeroit,
Dolomitspath,
Eisenkies,
Epidot,
Fluorit,

— 270 —

Gold,
Granat,
Graphit,
Hornblende,
Humit,
Hypersthen,
Jvaarit,
Kaliglimmer,
Kieselmangan,
Kupferkies,
Labrador,
Lepolit,
Lindsayit,
Magnetkies,
Malakolith,
Molybdaenglanz,
Muskovit,
Nadeleisenerz,
Oligoklas,
Pargasit,
Pyrallolith,
Pyrargillit,
Romanzovit,
Scheelit,
Skapolith,
Sordawalit,
Spinell,
Spodumen,
Tantalit,
Termophyllit,
Tremolit,
Triphylin,
Turmalin,
Uralit,
Vesuvian,
Wollastonit,
Zinnstein.

Olonez (Onega See).
Nadeleisenerz,
Quarz.

Bleiglanz,
Brauneisenerz,
Chromeisen,
Eisenkies,

Dalekarlien.
Anthophyllit,
Beryll,
Epsomit,
Gadolinit,
Granat,
Kaliglimmer,
Kupferkies,
Kupfervitriol,
Magneteisen,
Malakolith,
Molybdaenglanz,

Perm.
Brookit,
Graphit,
Kieselmangan,
Malachit,
Mengit,
Molybdaenglanz,
Nadelerz,
Perowskit,
Pyrolusit,
Silber,
Volborthit,
Wad.

Tschernigow.
Aeschynit,
Albit,
Alexandrit,
Amazonenstein,
Apatit,
Axinit,
Baryt,
Beryll,
Brochantit,
Chiolith,
Chrysoberyll,
Cyanit,
Demidowit,
Diallag,
Diamant,
Diopsid,
Dolomitspath,
Ehlit,
Epidot,
Fahlerz,
Gold,
Granat,
Hornblende,
Hydrargillit,

Ural.
Magneteisen,
Melanochroit,
Pyrochlor,
Pyromorphit,
Molybdaenocker,
Orthit,
Selenblei,
Spinell,
Tantalit,
Topas,
Ytterspath,
Zinnstein.

Nerike.
Antimon,
Apatit,
Arseneisen,

Jridosmium,
Kaliglimmer,
Kalkspath,
Kieselkupfer,
Klinochlor,
Korund,
Kotschubeyit,
Kupfer,
Kupferblau,
Kupferglanz,
Kupferschwärze,
Libethenit,
Lithionglimmer,
Magnesiaglimmer,
Malachit,
Mikroklin,
Monazit,
Nephelin,
Orthit,
Osmiridium,
Pennin,
Phenakit,
Platin,
Platiniridium,
Rauchquarz,
Rothkupfererz,
Smaragd,
Talk,
Titanit,
Topas,
Tschewkinit,
Turmalin,
Vanadinit,
Vesuvian,
Waluewit,
Xanthophyllit,
Zinnober,
Zirkon.

Rothbleierz,
Samarskit,
Titaneisen,
Vauquelinit.

Schweden.
Boulangerit,
Kalkspath,
Magnetkies.

Ostgothland.
Kokkolith.

Smaland.
Selenkupfer.

Südermanland.
Cordierit,
Glaukodot,

Kobaltglanz,
Malakolith,
Petalit,
Spinell,
Spodumen,
Zinnstein.

Tornea Lappmark.

Korund,
Magneteisen.

Upland.

Eisenkies,
Gadolinit,
Magnesiaglimmer,
Magneteisen,
Oligoklas,
Yttrotantalit.

Wermland.

Aimafibrit,
Aimatolit,
Allaktit,
Bjelkit,
Braunit,
Chlorit,

Adular,
Aktinolith,
Alaun,
Albit,
Allophan,
Amethyst,
Amianth,
Amphibol,
Anatas,
Andalusit,
Anglesit,
Anhydrit,
Annivit,
Antimonglanz,
Antimonocker,
Arsenikkies,
Arsenomelan,
Asbest,
Asphalt,
Auripigment,
Axinit,
Azurit,
Baryt,
Barytfeldspath,
Barytocoelestin,
Basanomelan,
Bergkork,
Bergkrystall,
Bergleder,
Bergpapier,

Cyanit,
Diadelphit,
Diopsid,
Eckmannit,
Epiphanit,
Erdpech,
Granat,
Hausmannit,
Hillangsit,
Hisingerit,
Hydrotephroit,
Jacobsit,
Jgelströmit,
Kalkspath,
Kataspilit,
Kieselmangan,
Magneteisen,
Manganidokras,
Manganophyll,
Manganostibiit,
Melanotekit,
Menaccanit,
Pajsbergit,
Persbergit,
Piemontit,
Plumboferrit,

Schweiz. *)

Bergtheer,
Binnit,
Bitterkalk,
Bittersalz,
Blauspath,
Bleiglanz,
Bohnerz,
Bol,
Bornit,
Brauneisenerz,
Brongniartin,
Brookit,
Buntkupfererz,
Byssolith,
Calcit,
Cerussit,
Chabasit,
Chalcedon,
Chalkopyrit,
Chalkosin,
Chloanthit,
Chlorit,
Chloritoid,
Chrysokoll,
Citrin,
Cölestin,
Cyanit,
Danburit, Scopi,
Desmin,
Diaspor,

Polyarsenit,
Pyrochroit,
Pyrophyllit,
Pyrorthit,
Pyrosmalit,
Richterit,
Rutil,
Schefferit,
Silfbergit,
Synadelphit,
Tabergit,
Talktriplit,
Tephroit,
Wismuth,
Wismuthglanz,
Xanthoarsenit.

Westmanland.

Cerit,
Glaucodot,
Kobaltglanz,
Tellurwismuth,
Turmalin,
Wismuthglanz.

Diopsid,
Disthen,
Dopplerit,
Dufrenoysit,
Eisenglanz,
Eisenspath,
Eisenvitriol,
Epidot,
Epsomit,
Erdöl,
Erdpech,
Fahlerz,
Federalaun,
Feuerstein,
Fichtelit,
Fluorit,
Gismondin,
Glaubersalz,
Gold,
Grammatit,
Granat,
Gyps,
Hausmannit,
Helminth,
Hessenbergit,
Heulandit,
Hyalophan,
Hydrotalkit,
Jaspis,
Jdokras,

---

*) Wegen der Fundorte muss auf Kenngott „Die Minerale der Schweiz, Leipzig 1866" verwiesen werden.

Ilmenit,
Jordanit,
Kaliglimmer,
Keramohalit,
Kieselmangan,
Klinochlor,
Koenleinit,
Korund,
Kupfer,
Kupfergrün,
Kupferkies,
Kupferlasur,
Laumontit,
Lazulith,
Magnesiaglimmer,
Magnesit,
Magnetit,
Magnetkies,
Malachit,
Manganglanz,
Manganit,
Mangankiesel,
Manganspath,
Margarit,
Markasit,
Melanterit,

Mirabilit,
Molybdaenit,
Molybdaenocker,
Morion,
Nadeleisenerz,
Nickelgymnit,
Orthoklas,
Pennin,
Periklin,
Phenakit. Reckingen,
Perowskit,
Prehnit,
Pyrit,
Pyrrhotin,
Quarz,
Rammelsbergit,
Rauchquarz,
Realgar,
Ripidolith,
Rotheisenerz,
Rothnickelkies,
Rutil,
Sagenit,
Scheererit,
Schwefel,
Serpentin,

Silber,
Skleroklas,
Skolezit,
Smaragdit,
Soda,
Staurolith,
Steinsalz,
Stilbit,
Strontianit,
Talk,
Tauriscit,
Titanit,
Turmalin,
Turnerit,
Valentinit,
Vivianit,
Weissnickelkies,
Wiserin,
Wiserit,
Wolframit,
Wulfenit,
Zinkblende,
Zirkon,
Zoisit.

Serbien.

Avalit,
Calamin,

Rothkupferz,

Zinnober.

Spanien.

Amalgam,
Andalusit,
Antimonocker,
Apatit,
Aragonit,
Arsensilber,
Bergleder,
Bittersalz,
Bleiglanz,
Bleivitriol,
Cassiterit,
Chalkanthit,
Dichroit,
Dolomitspath,
Eisenglanz,
Eisenkies,
Eisenkiesel,
Fahlerz,
Ferberit,

Freieslebenit,
Glauberit,
Graphit,
Gyps,
Halloysit,
Hornerz,
Jarosit,
Iberit,
Kieselzinkerz,
Kupfer,
Kupferlasur,
Kupferschwärze,
Linarit,
Mennige,
Mimetesit,
Opal,
Pyrargyrit,
Quarz,
Quecksilber,

Rothkupfererz,
Rutil,
Schwefel,
Silberglanz,
Speiskobalt,
Staurolith,
Stilbit,
Tantalit,
Teruelit,
Thenardit,
Turmalin,
Vanadinit,
Weissbleierz,
Wolfram,
Zinkblende,
Zinkblüthe,
Zinnober.

Deutschland.

Baden, Grossherzogthum.

Antimonglanz, Gr. Wenzel bei Wolfach, Gr. Ludwig b. Hausach, Sulzburg.
Antimonsilber, Gr. Wenzel bei Wolfach.
Apatit, Kaiserstuhl, Rosskopf bei Freiburg, Schlierbach.
Apophyllit, Lützelberg im Kaiserstuhl, Oberschaffhausen.
Aragonit, Kaiserstuhl.
Arsenik, Gr. Teufelsgrund im Münsterthal.
Arsenikkies,Kobaltgrube bei Sulzburg, Karthaus bei Freiburg.
Arseniknickel, Gr. Sophie bei Wittichen.
Augit, Kaiserstuhl.
Auripigment, Gr. Sophie bei Wittichen.
Bergkrystall, Dossenheim,Schriesheim, Altenbach.
Bleiglanz, Haus Baden bei Badenweiler, Wiesloch, Gr. Wenzel bei Wolfach, Gr. Friedrich-Christian im Schapbachthal, Bernhard bei Hausach, Baberast bei Hasslach, Amalie bei Biberach, Michael bei Weiler, Silberloch im Bretten-Thal, Karoline bei Sexau, Teufelsgrund im Münsterthal, Riestergrube, Himmelsehre und Kobaltgrube bei Sulzburg, Hofsgrund, Maus bei Todtnau, Neu Glück bei St. Blasien, Grosssachsen, Sophie bei Wittichen, Waldshut.
Bleivitriol, Hofsgrund, Haus Baden bei Badenweiler, Ubstadt.
Brauneisenerz, Friedrich-Christian im Schapbach Thal, Silberloch i. Bretten-Th., Zell am Harmersbach, Zunsweier, Durbach, Sulzburg, Diersburg, Waldshut, Haus Baden bei Badenweiler, Wiesloch.
Braunspath, Gr. Wenzel bei Wolfach, Münsterthal, Maus bei Todtnau, Sophie bei Wittichen.
Bronzit, Schapbach, Todtmoos.
Buntkupfererz, Herrensegen bei Schapbach, Haus-Baden bei Badenweiler.
Chabasit, Eckardsberg und Lützelberg im Kaiserstuhl.
Desmin, Eckardsberg im Kaiserstuhl.

Dysanalyt, Vogtsburg im Kaiserstuhl.
Eisenglanz, Heidelberg, Dossenheim, Schriesheim, Weinheim, Wittichen, Neustadt, Lenzkirch, Gersbach, St. Blasien.
Eisenkies, Meisach, Königshütte bei Wieden, St. Märgen, Friedrich-Christian und Herrensegen im Schapbach-Thal, Kobaltgrube bei Sulzburg, Karthaus bei Freiburg, Gersbach, Waibstadt.
Eisenspath, Gr. Teufelsgrund im Münster-Thal.
Epidot, Hemsbach, Weinheim, Neustadt.
Erdkobalt, Gr. Sophie b.Wittichen.
Eusynchit, Hofsgrund.
Fahlerz, Wenzel bei Wolfach, Silberloch im Bretten-Thal, Karoline bei Sexau, Himmelsehre und Amalie bei Sulzburg, Schriesheim, Altenbach.
Faujasit, Kaiserstuhl.
Fibrolith, Petersthal, Au und Rosskopf b. Freiburg, Albbruck.
Flussspath, Friedrich-Christian, Haus Baden bei Badenweiler, Baberast bei Hasslach,Münsterthal, Maus bei Todtnau, Sophie bei Wittichen, Oetzbach bei Durbach, Schriesheim, Waldshut.
Gold, Philippsburg.
Granat, Petersthal, Hummelsberg bei Gaggenau, Rothenfels im Murgthal, Rosskopf b. Freiburg, Heidelberg, Weissenbach im Murgthal.
Gyps, Gr. Wenzel bei Wolfach, Münster-Thal.
Halbopal, Baden, Oppenau,
Horbachit, St. Blasien.
Hornblende, Weinheim, Fischenberg bei Kandern, Gersbach, Schoenau, Schweighof, Belchen, Todtmoos, Utzenfeld, Todtnau, Hebsack bei Freiburg, Aiteren, Kaiserstuhl.
Hyalit, Kaiserstuhl.
Hyalosiderit, Kaiserstuhl.
Jaspis.Kandern,Oppenau,Dossenheim, Altenbach.
Ittnerit, Kaiserstuhl.
Kalkspath, Gr. Wenzel bei Wol-

18

fach, Friedrich-Christian im Schapbach-Thal, Bernhard bei Hausach, Münster-Thal, Sophie bei Wittichen, Waldshut, Wiesloch, Kaiserstuhl.

Karneol, Waldshut, Brenden, Birkendorf.

Kieselkupfer, Friedrich-Christian und Herrensegen im Schapbach-Thal, Haus-Baden bei Badenweiler.

Kieselzinkerz, Hofsgrund, Haus Baden bei Badenweiler.

Kobaltblüthe, Sophie b. Wittichen.

Koppit, Kaiserstuhl.

Kupfer, Gr. Leopold.

Kupferglanz, Friedrich-Christian im Schapbach-Thal, Leopold, Haus Baden bei Badenweiler.

Kupferindig, Haus Baden bei Badenweiler.

Kupferkies, Friedrich-Christian und Herrensegen im Schapbach-Thal, Leopold, Grosssachsen, Daniel bei Gallenbach, Sulzburg, Haus Baden bei Badenweiler.

Kupferlasur, Silberloch i. Bretten-Thal, Karoline bei Sexau, Amalie bei Sulzburg, Grosssachsen, Herrensegen i. Schapbach-Thal, Waldshut, Wiesloch.

Kupferpecherz, Friedrich-Christian im Schapbach-Thal.

Labradorit, Kaiserstuhl.

Lepidokrokit, Zell am Harmersbach.

Leucit, Kaiserstuhl.

Linarit, Friedrich-Christian im Schapbach-Thal, Haus-Baden bei Badenweiler.

Magnesit, Vogtsburg und Schelingen im Kaiserstuhl.

Magneteisen, Höllenthal, Kinzigthal, Kaiserstuhl.

Magnetkies, Kaiserstuhl.

Malachit, Friedrich-Christian und Herrensegen im Schapbach-Thal, Leopold, Silberloch im Bretten-Thal, Grosssachsen, Altenbach, Schriesheim.

Manganit, Unterkirnach, Zell am Harmersbach.

Markasit, Teufelsgrund i. Münster-Thal.

Melanit, Kaiserstuhl.

Mennige, Haus-Baden bei Badenweiler.

Mesotyp, Oberschaffhausen.

Mimetesit, Haus-Baden bei Badenweiler.

Nickelblüthe, Sophie b. Wittichen.

Oligoklas, Wolfach.

Olivin, Scheibenberg, Mahlberg.

Oosit, Yburg.

Opal, Kaiserstuhl.

Orthit, Fuchsmühle bei Weinheim, Bärenthal bei Peterthal.

Palagonit, Lützelberg im Kaiserstuhl.

Perowskit, Vogtsburg und Schelingen im Kaiserstuhl.

Pharmakolith, Sophie b. Wittichen.

Phillipsit, Kaiserstuhl.

Pinit, Rosskopf bei Freiburg, Heidelberg, Forbach, Geroldsau, Schönmünzach, Lautenbach, Hornberg.

Psilomelan, Zunsweier, Unterkirnach, Handschuchsheim, Dossenheim, Schriesheim, Altenbach, Weinheim.

Pyrargyrit, Wenzel bei Wolfach, Maria Josephe bei Hausach, Baberast bei Hasslach, Teufelsgrund im Münster-Thal, Sophie bei Wittichen.

Pyrochlor, Schelingen im Kaiserstuhl.

Pyrolusit, Zell am Harmersbach, Unterkirnach.

Pyromorphit, Friedrich-Christian im Schapbach-Thal, Hofsgrund, Neu Glück, Diersburg.

Pyrop, Capellenberg bei Rothweil.

Quarz, Friedrich-Christian und Herrensegen im Schapbach-Thal, Leopold, Maria Josephe und Ludwig bei Haasach, Baberast bei Hasslach, Silberloch im Bretten-Thal, Karoline bei Sexau, Münster-Thal, Riester-Grube und Himmelsehre bei Sulzburg, Forbach, Gernsbach.

Realgar, Teufelsgrund i. Münster-Thal, Sophie bei Wittichen, Wiesloch.

Rotheisenstein, Zunsweier.

Rothkupfererz, Grube Leopold.

Rutil, Peterthal.

Sanidin, Leutersberg bei Bischoffingen.

Schieferspath, Raugach bei Wolfach.

Schwerspath, Wenzel bei Wolfach, Friedrich-Christian im Schapbach-Thal, Baberast bei Hasslach, Silberloch im Bretten-Thal, Münster-Thal, Kobaltgrube, Riester-Grube und Himmelsehre bei Sulzburg, Zell am Harmersbach, Sulzbach im Odenwald, Sophie und St. Joseph bei Wittichen, Schries-

heim, Altenbach, Badenweiler, Waldshut, Kaiserstuhl.
Selbit, Grube Wenzel bei Wolfach.
Siderit, Zell am Harmersbach, Waldshut.
Silber, Gr. Wenzel bei Wolfach, Maria Josephe bei Hausach, Sophie bei Wittichen.
Silberglanz, Grube Wenzel bei Wolfach.
Skolezit, Kaiserstuhl.
Speiskobalt, Kobaltgrube b. Sulzburg, Sophie bei Wittichen, Anton und Ferdinand bei Schiltach.
Titaneisen, Kaiserstuhl.
Titanit, Kaiserstuhl.
Turmalin, Bärenthal, Petersthal, Bühl, Freiburg, Höllenthal, Schlierbach, Heidelberg, Michelbach, Gaggenau, Neustadt, Villingen etc.

Wad, Baden.
Weissbleierz, Friedrich-Christian im Schapbach-Thal, Silberloch im Bretten-Thal, Hofsgrund, Neu Glück bei St. Blasien, Grosssachsen, Schriesheim, Altenbach, Haus Baden bei Badenweiler.
Wismuth, Sophie bei Wittichen.
Wismuthkupfererz, St. Joseph bei Wittichen, Daniel bei Gallenbach.
Wismuthsilbererz, Friedrich-Christian im Schapbach-Thal.
Wulfenit, Friedrich-Christian im Schapbach-Thal, Silberloch im Bretten-Thal, Haus-Baden bei Badenweiler.
Zinkblende, Wenzel bei Wolfach, Silberloch im Bretten-Thal, Haus-Baden bei Badenweiler.
Zinkspath, Hofsgrund, Wiesloch.

Baiern, Königreich.

Amazonit, Bodenmais.
Anatas, Hof.
Andalusit, Gefrees, Bodenmais.
Anhydrit, Berchtesgaden, Kreuth.
Anthophyllit, Kupferberg.
Antimonit, Goldkronach.
Apatit, Aschaffenburg.
Aragonit, Würzburg.
Beryll, Rabenstein bei Zwiesel, Heubach bei Aschaffenburg.
Bittersalz, Berchtesgaden.
Bleiglanz, Kreuth.
Brauneisenerz, Bodenmais, Arzberg.
Bronzit, Kupferberg.
Bucholzit, Bodenmais.
Carneol, Schweinheim b. Aschaffenburg.
Chiastolith, Gefrees.
Columbit, Bodenmais, Rabenstein bei Zwiesel.
Cordierit, Bodenmais,
Cyanit, Aschaffenburg.
Diallag, Wurlitz.
Eisenglanz, Fichtelgebirge.
Eisenkies, Bodenmais.
Eklogit, Silberbach.
Fahlerz, Sommerkahl.
Fairfieldit, Bodenmais.
Faserquarz, Zwiesel.
Fichtelit, Zeitelmoos.
Fluorit, Nabburg, Hohlenbrunn bei Wunsiedel, Amberg.
Gelbbleierz, Partenkirchen.
Gelberde, Amberg.
Granat, Fichtelgebirge.
Graphit, Wunsiedel, Passau.
Gyps, Berchtesgaden, Kreuth.

Kakoxen, Amberg.
Kalkspath, Kreuth, Miltenberg, Gammelshorn b. Aschaffenburg.
Klaprothit, Sommerkahl.
Klinochlor, Peterlstein b. Leugast.
Kreittonit, Bodenmais.
Kupferlasur, Sommerkahl.
Leukochalcit, Sommerkahl.
Magneteisen, Rudolphstein, Bodenmais.
Magnetkies, Bodenmais.
Oligoklas, Bodenmais.
Orthoklas, Redwitz, Silberhaus, Ochsenkopf und Epprechtstein bei Wunsiedel, Zwiesel.
Pharmakosiderit, Schöllkrippen b. Aschaffenburg.
Pinitoid, Strehlenberg.
Polyhalit, Berchtesgaden.
Psilomelan, Solenhofen.
Quarz, Wunsiedel, Redwitz, Hof, Zwiesel.
Rosenquarz, Bodenmais.
Rutil, Passau.
Schwerspath, Schöllkrippen bei Aschaffenburg.
Spatheisenstein, Bodenmais.
Speckstein, Göpfersgrün bei Wunsiedel.
Spinell, Bodenmais.
Staurolith, Feldkahl b. Aschaffenburg.
Steinsalz, Berchtesgaden.
Titaneisen, Aschaffenburg.
Triphylin, Rabenstein b. Zwiesel.
Triplit, Zwiesel.
Turmalin, Hörlberg b. Bodenmais.

Uranglimmer, Bodenmais.
Vivianit, Bodenmais.
Wad, Arzberg.

Zinkblüthe, Kreuth.
Zoisit, Gefrees.
Zwieselit, Bodenmais.

Brandenburg, Provinz.

Coelestin, Rüdersdorf.
Glaukonit, Rüdersdorf.

Kalkspath, Rüdersdorf, Hermsdorf bei Oranienburg.
Thon, Hermsdorf b. Oranienburg.

Braunschweig, Grossherzogthum.

Vivianit, Braunschweig.

Elsass-Lothringen, Reichsland.

Andesin, Vogesen.
Arsen, Markirch.
Buntkupfererz, Framont.
Eisenglanz, Framont.
Fahlerz, Framont.
Pharmakolith, Markirch.

Phenakit, Framont.
Scheelit, Framont.
Serpentin, Bonhomme b. Markirch.
Speiskobalt, Bluttenberg bei Markirch.
Steinsalz, Dieuze.

Hannover, Provinz.

Boracit, Lüneburg.
Coelestin, Lüneburg.
Gyps, Hannover.

Kieselguhr, Lüneburg.
Magnetkies, Mindenberg.
Markasit, Göttingen.

Harz.

Allagit, Elbingerode.
Analcim, Andreasberg.
Antimon, Andreasberg.
Antimonit, Wolfsberg.
Antimonnickel, Andreasberg.
Antimonsilber, Andreasberg.
Apophyllit, Andreasberg.
Arsen, Andreasberg.
Axinit, Treseburg.
Bleiglanz, Neudorf, Andreasberg, Bockwiese. Rammelsberg.
Bleivitriol, Tanne.
Bournonit, Neudorf.
Braunit, Ilefeld.
Brauneisenerz, Langelsheim bei Goslar.
Buntkupfererz, Lauterberg.
Bronzit, Baste.
Chabasit, Samsonschacht bei Andreasberg.
Coelestin, Wilhelmshütte bei Seesen.
Datolith, Trutenbeck bei Andreasberg.
Desmin, Samsonschacht bei Andreasberg.
Eisenkies, Grund, Clausthal, Andreasberg.
Eisenspath, Neudorf, Spiegelthal bei Clausthal, Stolberg, Strassberg.
Eisenvitriol, Rammelsberg.
Fahlerz, Neudorf, Rammelsberg, Clausthal.
Fluorit, Stolberg, Andreasberg, Lauterberg, Neudorf.

Gersdorffit, Tanne, Albertine bei Harzgerode.
Gyps, Steigerthal bei Ilefeld, Rammelsberg.
Harmotom, Andreasberg.
Hydropit, Elbingerode.
Jamesonit, Wolfsberg.
Kalkspath, Andreasberg, Neudorf, Wolfsberg, Ilefeld, Clausthal, Iberg, Rammelsberg.
Kieselmangan, Ilefeld.
Kupferkies, Neudorf, Stolberg, Rammelsberg, Clausthal, Ramberg bei Andreasberg.
Kupferlasur, Schulenberg, Lauterberg.
Linarit, Zellerfeld.
Malachit, Lauterberg.
Manganit, Ilefeld.
Photicit, Elbingerode.
Plagionit, Neudorf.
Pyrargyrit, Samson bei Andreasberg.
Pyromorphit, Galgenberg bei Clausthal.
Quarz, Andreasberg, Stolberg, Schulenberg, Clausthal, Neudorf, Ilefeld.
Realgar, Andreasberg, Wolfsberg.
Rotheisenerz, Ilefeld, Lauterberg, Zorge.
Scheelit, Neudorf, Wolfsberg.
Schwerspath, Clausthal, Iberg bei Grund, Ilefeld.
Selenblei, Tilkerode, Zorge.
Selenkupferblei, Tilkerode.

Silber, Andreasberg.
Speiskobalt, Andreasberg.
Stilbit, Andreasberg.
Strontianit, Bergwerks Wohlfahrt bei Clausthal.
Turmalin, Andreasberg, Teuerdank.
Wad, Iberg bei Grund.
Weissbleierz, Zellerfeld.
Wolfram, Neudorf.
Wolfsbergit, Wolfsberg.
Zinckenit, Wolfsberg.
Zinkblende, Rammelsberg, Andreasberg, Stolberg, Ilefeld, Neudorf.
Zygadit, Katharina Neufang bei Andreasberg.

Hessen-Darmstadt, Grossherzogthum.

Amethyst, Butzbach.
Apatit, Meiches.
Arsenkies, Bangertshöhe bei Auerbach.
Axinit, Auerbach a. d. Bergstrasse.
Brauneisenerz. Giessen, Griedel, Pohlgöns, Atzenhain, Hungen u. s. w.
Braunkohle, Bauernheim, Dornheim, Langgöns, Wolfersheim, Dornassenheim etc.
Cerussit, Reichenbach.
Chabasit, Annerod bei Giessen, Nidda.
Cuprit, Reichenbach.
Dolomitspath. Nixfeld.
Eisenglanz, Hering und Lengfeld im Odenwald, Auerbach.
Epidot, Auerbach.
Galenit, Auerbach.
Gismondin, Schiffenberg bei Giessen.
Gold, Auerbach.
Grammatit, Odenwald.
Granat, Auerbach.
Graphit, Winkel. Leidenbach, Kirschhausen, Mittershausen, Heppenheim, Gadernheim etc.
Gyps, Rossberg bei Darmstadt, Langgöns.
Halbopal, Klimbach (Rabenau) bei Giessen, Steinheim bei Hanau.
Kalkspath, Auerbach, Haingrund, Klein-Linden bei Giessen etc.
Kaolin, Leimberg bei Reichelsheim.
Kieselguhr, Altenschlirf.
Kobaltblüthe, Auerbach.
Kupfer, Reichenbach.
Kupferkies, Reichenbach im Odenwald.
Kupferlasur, Haingrund, Reichenbach.
Kupfervitriol, Reichenbach.
Malachit, Reichenbach im Odenwald.
Manganepidot. Auerbach.
Mimetesit, Reichenbach.
Molybdaenglanz. Auerbach.
Natrolith, Rossberg bei Darmstadt.
Nephelin, Meiches.
Olivenit, Reichenbach.
Phillipsit, Nidda.
Psilomelan, Giessen.
Pyrolusit, Giessen.
Pyromorphit, Reichenbach.
Quarz, Butzbach. Klein-Umstadt.
Rotheisenerz, Hirschhorn, Heddesbach und Alt-Neudorf im Odenwald.
Rothnickelkies, Bieber.
Rutil, Auerbach.
Schwerspath. Butzbach, Rockenberg a. d. Wetter, Wiebelsbach, Klein-Umstadt. Ober-Ostern u. Kainsbach im Odenwald, Hochstädter Thal.
Silber, Auerbach.
Silberfahlerz, Auerbach.
Skapolith, Auerbach.
Spathiopyrit, Auerbach.
Speiskobalt, Bieber, Auerbach.
Sphaerosiderit, Auerbach, Wieseck, Wölfersheim, Salzhausen u. s. w.
Struvit, Homburg v. d. Höhe.
Titanit, Auerbach.
Topas, Auerbach.
Turmalin, Auerbach.
Wollastonit, Auerbach.
Zirkon, Auerbach.

Hessen-Nassau, Provinz,
incl. Kreis Wetzlar, zur Rheinprovinz gehörig.

Adinole, Merkenbach bei Herborn, Dillenburg.
Albit, Rossert im Taunus, Odersbach, Kirschhofen, Löhnberg, Weilburg, Diez, Amdorf bei Herborn, Wiesbaden, Königsteiner Burgberg, Holzhausen a. d. Haide, Bellingen bei Marienberg.
Allophan, Obernhof, Dehrn bei Limburg, Dillenburg, Gaudernbach.

Amalgam, Ems.
Amethyst, Streitfeld b. Eschbach.
Amphibol, Härtlingen, Wölferlingen, Naurod, Weilburg. Burg, Weidenhahn bei Wallmerod, Helferskirchen, Dahlen, Selters, Schönberg, Bellingen.
Analcim, Löhnberg, Niederscheid, Oberscheid, Uckersdorf.
Anglesit, Holzappel b. Dörnberg.
Anthracit, Dernbach.
Apatit, Gr. Kleinfeld bei Birlenbach. Staffel.
Aphrosiderit. Weilburg, Limburg, Diez, Balduinstein, Leun, Dillenburg, Wiesbaden.
Apophyllit, Hornköppel bei Oberbrechen, Herborn.
Aragonit, Oberscheid, Herbornseelbach, Gusternheim, Beselicher Kopf bei Niedertiefenbach, Härtlingen, Leun, Guckstein, Steinen und Hof am Westerwald, Rabenscheid bei Herborn, Braubach, Wellmich, Ems, Wetzlar.
Asbest, Weilburg, Gräveneck.
Atakamit, Koppenstein bei Oberlahnstein.
Azurit, Holzappel bei Dörnberg, Mehlbach bei Rohnstadt, Langenaubach, Ems, Uebernthal, Bergebersbach.
Babingtonit, Herbornseelbach.
Baryt, Niederrossbach, Donsbach, Lohrheim, Naurod bei Wiesbaden, Marienfels, Michelbach, Oberscheid, Dillenburg, Burg bei Herborn, Hörkopf bei Assmannshausen, Ahlbach bei Hadamar.
Bastit, Burg bei Herborn.
Beauxit, Mühlbach bei Hadamar.
Bergmilch, Spelzmühle bei Wiesbaden.
Beudantit, Schöne Aussicht bei Dernbach.
Biotit. Nordhofen, Härtlingen, Neuterhausen, Wölferlingen, Leuterod, Niederahr, Helferskirchen, Wirges.
Bittersalz, Gr. Waldwiese bei Hambach.
Blei, Schöne Aussicht bei Dernbach.
Bleiglanz, Michelbach, Marienfels, Aurora b. Niederrossbach, Holzappel bei Dörnberg, Obernhof, Nassau, Montabaur, Langenschwalbach, Daisbach, Weilburg, Merkenbach, Usingen, Donsbach, Klein-Gladenbach, Dillenburg, Assmannshausen, Burgebersbach, Ems etc.
Bleigummi, Bergmannstrost bei Ems.
Bleiniere, Friedrichssegen bei Oberlahnstein.
Bol, Thalheim bei Hadamar, Beilstein bei Wahlrod, Weilburg.
Bornit, Naurod, Niederrossbach, Stangenwage bei Donsbach.
Bournonit, Mercur bei Ems.
Brauneisenerz, überall in der Dill- u. Lahngegend verbreitet.
Braunkohle, im Westerwald sehr verbreitet.
Brochantit, Hoheley bei Nassau.
Bronzit, Naurod bei Wiesbaden.
Caeruleolactin, Gr. Rindsberg bei Katzenelnbogen.
Carminspath, Ems.
Cerussit, Holzappel bei Dörnberg, Friedrichssegen bei Oberlahnstein, Ems, Merkenbach, Cramberg bei Usingen, Weilmünster, Altweilnau, Hohenstein bei Langenschwalbach, Niederrossbach, Dernbach.
Chabasit, Härtlingen, Gusternhain, Uckersdorf, Oberbrechen, Niederahr, Westerburg. Ewighausen, Gemünden, Molsberg, Oberötzingen, Dillenburg, Marienberg, Stempel b. Marburg.
Chalcedon, Weilburg, Oberscheid, Westerburg, Oberrossbach.
Chalkotrichit, Rachelshausen.
Chloanthit, Hilfe Gottes bei Nanzenbach, Gr. Hubertus bei Odersbach.
Chlorit, Holzappel, Falkenstein. Eppenhain, Nievern, Obernhof bei Nassau.
Chloritoid, Falkenstein, Ruppertshain, Schlangenbad.
Chromophyllit, Limburg, Dillenburg, Weilburg, Wetzlar, Leun, Berghausen bei Nastätten.
Chrysokoll, Nanzenbach, Uebernthal, Dillenburg, Holzappel bei Dörnberg, Gemünden bei Usingen, Naurod bei Wiesbaden, Herbornseelbach.
Chrysotil, Nanzenbach, Eibach, Weinbach bei Weilburg, Niedertiefenbach.
Coelestin, Donsbach.
Cuprit, Friedrichssegen bei Oberlahnstein, Oberrossbach, Nanzenbach, Rachelshausen.
Desmin, Burg, Uckersdorf.
Dolomit, Caub, Wellmich, Rohnstadt, Winden, Langenaubach,

Nanzenbach, Kirschhausen, Limburg, Steeten, Wetzlar, Diez, Kirschhofen, Weilburg.Rodheim.
Eisenalaun, Gr. Wohlfahrt bei Gusternhain.
Eisenkies, Cronberg, Königstein, Dotzheim, Nerothal bei Wiesbaden, Ems, Caub, Egenroth, Langhecke, Wissenbach, Weilburg, Donsbach, Nanzenbach.
Eisenkiesel, Weilburg, Dillenburg, Herborn, Wetzlar etc.
Eisenmanganspath, Oberneisen.
Eisennickelkies, Gladenbach.
Eisenspath, Holzappel, Obernhof, Wellmich, Hachenburg, Ems, Braubach, Strassebersbach, Grenzhausen, Nanzenbach, Manderbach.
Eisenvitriol, Hilfe Gottes bei Nanzenbach, Westerburg, Ems, Obertiefenbach, Fellingshausen, Münster.
Eleonorit, Fellingshausen, Waldgirmes.
Epidot, Gräveneck, Weilburg, Kirschhofen, Edelsberg, Amdorf, Burg, Bicken, Dillenburg, Balduinstein.Villmar, Aumenau, Freienfels, Königstein, Naurod bei Wiesbaden, Eppenheim, Kerkerbach zwischen Hofen u. Eschenau, Bechlingen bei Wetzlar.
Erythrin, Hilfe Gottes bei Nanzenbach, Ems.
Fahlerz, Aurora bei Niederrossbach, Holzappel, Klein-Gladenbach. Mehlbach bei Rohnstadt, Weyer, Bergebersbach.
Faujasit, Stempel bei Marburg, Trierischhausen bei Selters, Elbingen b. Wallmerod.
Flussspath, Assmannshausen, Dotzheim b. Wiesbaden, Oberneisen, Oberscheld, Fleisbach, Rossert im Taunus.
Franklinit, Victoria bei Eibach, Nanzenbach.
Gelbeisenstein, Oberrossbach bei Hachenburg, Münster, Cubach.
Gelberde, Krümmel, Nordhofen, Sessenhausen, Manderbach, Wissenbach.
Gersdorffit. Ems.
Glanzkobalt, Hilfe Gottes bei Nanzenbach.
Goethit, Hachenburg, Niedertiefenbach, Friedrichssegen bei Oberlahnstein, Fellingshausen, Fortuna bei Altenberg unweit Wetzlar.

Granat, Neunkirchen, Naurod bei Wiesbaden.
Graphit, Wirges.
Grüneisenstein, Bölsberg bei Marienberg, Schöne Aussicht bei Dernbach, St. Goarshausen, Wildsachsen, Breitenau, Waldgirmes.
Grünerde, Weilburger Tunnel.
Gyps, Westerburg, Dillenburg, Weilburg, Bierstadt, Donsbach, Flörsheim. Mainz.
Haematit, Eibach, Nanzenbach, Weilburg, Aumenau, Gaudernbach, Hachenburg, Herborn, Rachelshausen, Fellingshausen, Balduinstein etc.
Halbopal, Wiesbaden, Rabenscheid, Marienberg. Westerburg, Breitscheid, Merenberg, Oberneisen.
Halloysit, Niedertiefenbach.
Harmotom, Arndorf bei Herborn.
Herschelit. Ewighausen bei Wallmerod, Härtlingen.
Heulandit, Uckersdorf, Neuhaus b. Dillenburg, Niederscheld, Burg.
Hornstein, Hornberg und Reutersberg bei Herborn, Breitscheid, Lohrheim, Oberrossbach.
Hyalit, Beselicher Kopf bei Niedertiefenbach, Uckersdorf, Amdorf, Neunkirchen, Marienberg, Wallmerod, Falkenbach, Weilburg.
Hyalosiderit, Mühlenberg bei Holzappel, Molsberg, Weidenhahn, Westerburg, Rennerod, Rabenscheid.
Hydrophan, Beselicher Kopf bei Niedertiefenbach.
Hypersthen, Schwarze Steine bei Wallenfels, Weissberg b. Burg.
Jodobromit, Schöne Aussicht bei Dernbach.
Kakoxen, Marienberg, Dernbach, Montabaur, Weyer bei St. Goarshausen, Wildsachsen, Waldgirmes, Fellingshausen, Selters.
Kalait, Rindsberg bei Katzenelnbogen.
Kalkspath, Diez, Villmar, Wiesbaden, Flörsheim, Cronberg, Höchst, Weilburg, Phillipstein, Dillenburg, Donsbach, Kirschhofen, Eibach, Steeten, Uckersdorf, Naurod, Caub, Höhn, Rennerod, Gemünden, Schönberg, Wetzlar, Rodheim, Fellingshausen.

Kalkwavellit, Dehrn bei Limburg, Ahlbach, Waldgirmes.
Kaolin, Nebelsburg bei Dillenburg. Löhnberger Hütte bei Weilburg.
Karneol, Streitfeld bei Eschbach.
Kieselschiefer, Gräveneck, Herborn, Erdbach, Oberndorf, Weilburg, Wetzlar, Nauborn.
Klipsteinit, Herbornseelbach.
Kollyrit, Niedertiefenbach.
Kupfer, Nanzenbach, Rachelshausen, Nievern, Friedrichssegen b. Oberlahnstein, Strassebersbach, Oberndorf.
Kupferglanz, Georgsborn, Stangenwage bei Donsbach, Nanzenbach, Laubuseschbach, Essershausen, Friedrichssegen bei Oberlahnstein.
Kupferindig, Stangenwage bei Donsbach, Friedrichssegen bei Oberlahnstein.
Kupferkies, Michelbach, Nanzenbach, Dillenburg, Ueberuthal, Stangenwage bei Donsbach, Weilburg, Ems, Obernhof, Weyer, Runkel, Mehlbach bei Rohnstadt, Gemünden b. Usingen, Caub, Bonscheuer bei Mudershausen, Niederrossbach.
Kupferpecherz, Ehringshausen, Stangenwage bei Donsbach, Maria bei Philippstein, Uckersdorf, Medenbach, Dillenburg.
Kupferschwärze, Stangenwage b. Donsbach.
Kupfervitriol, Ems.
Labrador, Sechshelden, Dillenburg, Gräveneck, Birlenburg, Weilburg, Tringenstein.
Laumontit, Amdorf und Uckersdorf bei Herborn, Dillenburg, Weilburg.
Lepidokrokit, Gaudernbach bei Runkel, Elz bei Hadamar, Balduinstein, Lautzenbrücken bei Hachenburg.
Lepidomelan, Gr. Friedericke bei Kirschhofen.
Liëvrit, Nanzenbach bei Herbornseelbach, Dollenberg bei Herborn, Burg, Hörbach, Eisemroth.
Linarit, Ems, Niederrossbach, Bergebersbach, Mehlbach bei Rohnstadt.
Magnetit, Wied-Selters, Fehl, Bellingen und Neukirch bei Marienberg, Hof Bubenrod bei Wetzlar, Hilfe Gottes bei Nanzenbach, Hirzenhain, Kirschhofen, Odersbach, Aumenau Stockhausen, Dillenburg, Grä-

veneck, Niedertiefenbach, Herborn, Arzbacher Kopf bei Ems.
Magnetkies, Weilburg, Naurod bei Wiesbaden, Ruppachthal.
Malachit, Dillenburg, Herborn, Fleimsbach, Herbornseelbach, Weilburg, Weilmünster, Ems. Niederrossbach. Wehen, Stangenwage bei Donsbach, Nanzenbach.
Manganit, Niedertiefenbach, Oberneisen.
Manganspath, Oberneisen, Elz, Hambach. Gückingen.
Manganvitriol, Gr. Hub b. Hambach.
Markasit, Ems, Nanzenbach, Breitscheid, Bierstadt, Merenberg, Königstein.
Melanit, Grenzhausen.
Menilit, Schützenhof bei Wiesbaden.
Mennige, Mehlbach b. Rohnstadt.
Mesitin, Nanzenbach.
Millerit, Weidelbach bei Dillenburg, Weidenhausen bei Gladenbach, Nanzenbach.
Mimetesit, Schöne Aussicht bei Dernbach.
Muskovit, Helferskirchen, Lindscheid, Heimbach, Idstein, Wallenfels, Uckersdorf, Neunkirchen, Merenberg.
Natrolith, Weilburg, Oberbrechen, Arborn und Rabenscheid bei Herborn, Hüblingen, Dillenburg, Blessenbach, Westerburg, Montabaur, Wallmerod, Marienberg, Langendernbach, Härtlingen, Dahlen, Stempel bei Marburg.
Neolith, Weilburg.
Nephelin, Naurod bei Wiesbaden, Bellingen bei Marienberg.
Nickelblüthe, Grube Hubertus b. Odersbach, Hilfe Gottes bei Nanzenbach.
Nontronit, Eiserne Hand bei Oberscheld.
Olivin, Wolfsholz bei Langwiesen, Naurod bei Wiesbaden, Weilburg, Limburg, Welschneuburg, Dreihausen bei Marburg.
Opal, Beselicher Kopf bei Niedertiefenbach.
Orthoklas, Wiesbaden, Dotzheim, Weilburg, Altendiez, Wallhausen bei Weilburg, Heimbach, Donsbach. Dillenburg, Merenberg, Herborn, Rennerod.
Palagonit, Beselicher Kopf bei Niedertiefenbach, Lautzenbrücken im Westerwalde.

Phillipsit, Oberbrechen, Höhn, Härtlingen, Stahlhofen, Gemünden, Ewighausen, Ritzhausen, Wallmerod, Hachenburg, Westerburg, Weilburg, Dillenburg, Stempel b. Marburg.

Phosphorcalcit, Herbornseelbach.

Phosphorit, Dehrn, Ahlbach, Heckholzhausen, Gräveneck, Gückingen, Allendorf, Oberneisen, Königsberg, Merenberg, Leun, Waldgirmes.

Plasma, Wilhelmsfund b. Westerburg.

Prehnit, Weilburg, Herborn, Niederscheld, Oberscheld, Amdorf, Uckersdorf, Herbornseelbach.

Psilomelan, Cubach, Weilburg, Katzenelnbogen, Usingen, Herborn, Drommershausen, Odersbach, Rennerod, Kramberg, Assmannshausen.

Pyrargyrit, Gr. Mehlbach b. Rohnstadt, Alte Hoffnung b. Weyer, Bergmannstrost bei Nievern.

Pyrolusit, Assmannshausen, Weinbach, Niedertiefenbach, Braunfels, Hadamar, Cubach, Hirschhausen, Schupbach, Gaudernbach, Freiendiez, Oranienstein, Birlenbach, Diez.

Pyromorphit, Cransberg b. Usingen, Weyer bei Runkel, Weilmünster, Holzappel, Schöne Aussicht bei Dernbach, Merkenbach bei Herborn, Ems.

Pyroxen, Weilburg, Oberlahr, Niedersayn, Härtlingen, Ewighausen, Gusternhain, Naurod bei Wiesbaden, Birlenbach, Gräveneck, Sechshelden, Beselicher Kopf bei Niedertiefenbach, Westerburg.

Quarz, Assmannshausen, Eschbach, Holzappel, Obernhof, Ems, Niederrossbach, Dillenburg, Caub, Gräveneck, Oberscheld, Donsbach, Nanzenbach, Herborn, Weilburg, Fellingshausen, Uckersdorf, Hachenburg, Hartenrod.

Raseneisenerz, Dernbach, Weilburg, Rennerod.

Retinit, Bommersheim b. Königstein, Langenaubach u. Breitscheid im Dillkreise.

Rhodonit, Donsbach, Niedertiefenbach.

Rotheisenstein, überall in der Lahn- und Dillgegend.

Rothnickelkies, Hilfe Gottes bei Nanzenbach.

Sanidin, Helferskirchen, Weidenhahn, Wölferlingen, Schönberg, Kemmenau, Hachenburg, Rabenscheid, Oberbrechen, Hartenfels, Obersayn, Oberötzingen, Langenbach, Gusternhain.

Scheererit, Bach bei Marienberg, Gr. Wilhelmsfund bei Westerburg.

Schwefel, Ems.

Sericit, Hallgarten im Rheingau u. im Taunus sehr verbreitet.

Serpentin, Dillenburg. Nanzenbach und Merkenbach b. Herborn, Weilburg.

Silber, Holzappel bei Dörnberg, Ems, Nievern.

Skolezit, Gusternhain.

Skorodit, Schöne Aussicht bei Dernbach.

Sordawalit, Herbornseelbach,

Speckstein, Härtlingen, Gemünden, Stockum, Selters, Herborn, Nerothal bei Wiesbaden, Aumenau, Gusternhain, Marienberg, Guckheim bei Wallmerod, Schönberg.

Sphaerosiderit, Hambach, Gückingen, Staffel, Elz, Montabaur, Fellingshausen.

Steinmark, Niederrossbach, Oberrossbach, Ahausen, Löhnberg, Nanzenbach.

Stilpnomelan, Kirschhofen, Mudershausen, Villmar.

Stilpnosiderit, Schöne Aussicht bei Dernbach, Johannisberg, Wildsachsen und Frauenstein im Taunus, Lautzenbrücken, Marienberg, Essershausen, Weilburg.

Strahlstein, Burg bei Dillenburg.

Strengit, Waldgirmes, Fellingshausen.

Talk, Höchstenbach bei Hachenburg, Weilburg, Oberrossbach.

Thomsonit, Hornköppel bei Oberbrechen.

Thon, Dillenburg, Herborn, Weilburg, Montabaur, Selters, Geisenheim.

Tirolit, Mehlbach bei Rohnstadt.

Titaneisenstein, Dahlen u. Heilberscheid bei Montabaur, Hartenfels bei Selters, Härtlingen b. Wallmerod, Naurod b. Wiesbaden, Weilburg.

Titanit, Weidenhahn bei Wallmerod, Fehl bei Marienberg.

Tremolit, Herbornseelbach.

Umbra, Gräveneck.

Vanadinocker. Neue Constanz bei Herbornseelbach.
Varvicit, Laisa bei Battenberg.
Vivianit, Neunkirchen, Weilburg, Mosbach, Flörsheim, Altenberg bei Wetzlar.
Wad, Weinbach, Steeten, Dehrn, Niedertiefenbach, Hadamar, Elz, Birlenbach, Beselicher Kopf b. Niedertiefenbach, Herborn, Dillenburg.
Walkerde. Breitscheid. Medenbach, Langenaubach, Merenberg.
Wavellit, Weinbach b. Weilburg, Dehrn b. Limburg, Waldgirmes,
Wildsachsen bei Hochheim, Oberscheld, Dünsberg bei Fellingshausen.
Ziegelerz, Dillenburg. Weilmünster, Weilburg, Odersbach.
Zinkblende, Oberrossbach b. Dillenburg, Nanzenbach, Holzappel, Ems, Langendernbach, Hachenburg, Weilburg, Mühlenberg bei Würzenborn. Obernhof.
Zinkspath, Höhr bei Montabaur, Gr. Pauline bei Scheuern.
Zinnober, Nanzenbach, Hohensolms, Dillenburg.
Zirkon, Caden bei Westerburg.

Pommern, Provinz.

Feuerstein, Rügen.

Gyps, Lebbin.

Rheinpfalz.

Amalgam, Moschellandsberg.
Aragonit, Friedelhausen.
Brauneisenerz. Nellenburg.
Kupferlasur, Landsberg.
Prehnit, Niederkirchen.
Pyromorphit, Nothweiler bei Landau.
Quecksilber, Moschellandsberg.
Quecksilberhornerz, Moschellandsberg.

Salmiak, St. Ingbert bei Zweibrücken.
Schwerspath, Königsberg bei Wolfstein.
Zinnober, Zweibrücken, Moschellandsberg. Mörsfeld, Königsberg bei Wolfstein, Dreikönigszug bei Potsberg.

Rheinprovinz mit Birkenfeld.

Amethyst, Oberstein.
Andalusit, Laach.
Anglesit, Gr. Friedrich b. Wissen.
Antimonglanz. Gr. Silberwiese b. Peterlahr, Brück im Ahrthale, Horhausen.
Apatit. Laach, Dockweiler, Herchenberg.
Apophyllit. Minderberg bei Linz.
Aragonit, Dattenberg bei Linz.
Beyrichit, Lommerichskauls-Fundgrube.
Bleiglanz, Trarbach a. d. Mosel, Düren, Mechernich, Bernkastel, Horhausen.
Boulangerit. Oberlahr, Mayen.
Bournonit, Horhausen.
Brauneisenerz. Reichenweiler bei St. Wendel, Horhausen, Daaden, Kirchen etc.
Chabasit, Mettweiler bei St. Wendel, Oelberg im Siebengebirge, Oberstein.
Chalkotrichit, Rheinbreitbach.
Cordierit, Laach, Dreiser Weiler, Goldberg.
Dihydrit, Rheinbreitbach.
Dolomitspath, Gerhard bei Saarbrücken.

Ehlit, Ehl bei Linz.
Ehrenbergit, Drachenfels im Siebengebirge.
Eisenglanz, Oberstein.
Eisenocker. Cottenheim b. Mayen.
Ettringit, Ettringer Bellerberg.
Fahlerz, Horhausen, Barbara und Helena bei Bernkastel a. d. Mosel.
Gold, Bernkastel a. d. Mosel.
Granat, Laach.
Grünauit, Grünau (Sayn-Altenkirchen).
Grüneisenstein. Gr. Hollerterzug bei Kirchen.
Harmotom, Oberstein.
Hauyn, Niedermendig, Hochsimmer bei Laach, Strohn, Scharteberg.
Hopeït, Altenberg bei Aachen.
Hornblende, Laach, Königswinter, Stenzelberg im Siebengebirge.
Jamesonit, Horhausen.
Kalkeisenspath, Altenberg bei Aachen.
Kalkspath, Minderberg, Bischmisheim bei Saarbrücken, Oberkassel, Stenzelberg im Siebengebirge, Oberstein etc.

Kieselzinkerz, Altenberg bei Aachen.
Korund, Niedermendig, Laach, Unkel, Oelberg i. Siebengebirge.
Kupfer, Sonne bei Wissen a. d. Sieg. Rheinbreitbach, Bingen, Reichenbach bei St. Wendel.
Kupferglanz, Virneberg b. Rheinbreitbach.
Kupferkies, Horhausen, Bernkastel a. d. Mosel, Duttweiler b. Saarbrücken, Daaden etc.
Kupferlasur, Virneberg b. Rheinbreitbach, Wallerfangen bei Saarlouis.
Leucit, Niedermendig, Laach, Herchenberg.
Lunnit, Ehl bei Linz.
Magneteisen, Reichenstein, Stenzelberg im Siebengebirge.
Magnetkies, Minderberg bei Linz am Rhein.
Malachit, Wallerfangen bei Saarlouis, Wissen.
Manganspath, Horhausen, Daaden.
Markasit, Duttweiler bei Saarbrücken.
Mejonit, Laach.
Melilith, Gerolstein, Herchenberg, Birresborn, Riemerich, Rusbüsch, Uedersdorf, Gossberg b. Neroth.
Mennige, Bleialf.
Mesitinspath, Duttweiler bei Saarbrücken.
Millerit, Wissen.
Nadeleisenerz, Mettweiler.
Natrolith, Oelberg im Siebengebirge, Minderberg bei Linz, Siegburg.
Nephelin, Herchenberg.
Nickelkies, Duttweiler bei Saarbrücken.
Nickelwismuthglanz, Grünau (Sayn—Altenkirchen).
Nosean, Rieden, Laach, Kyllerhöhe, Gossberg bei Neroth.
Olivin, Niedermendig, Dreiser Weiher, Oberkassel, Dockweiler.
Orthit, Laach.
Perowskit, Leienhäuschen b. Birresborn, Rusbüsch, Rodderkopf, Schartenberg, Warth b. Daun.

Pharmakosiderit, Horhausen.
Phillipsit, Minderberg bei Linz, Oelberg im Siebengebirge.
Picotit, Dohrn, Mosenberg.
Pleonast, Dreiser Weiher, Mosenberg.
Polydymit, Grünau (Sayn--Altenkirchen).
Psilomelan, Horhausen.
Pyrolusit, Bohlszeche bei Offhausen, Wasserberg bei Coblenz, Horhausen.
Pyromorphit, Commern, Kautenbach bei Bernkastel a. d. Mosel.
Quarz, Bernkastel a. d. Mosel, Eckersweiler, Mettweiler und Reichweiler bei St. Wendel, Drachenfels und Perlenhardt im Siebengebirge.
Rothkupfererz, Rheinbreitbach.
Rubellan, Eifel.
Salmiak, Duttweiler bei Saarbrücken.
Sanidin, Drachenfels und Oelberg im Siebengebirge, Laach, Mayen.
Saynit, Sayn.
Schwefel, Duttweiler bei Saarbrücken, Aachen, Gr. Friedrich bei Wissen.
Siegburgit, Siegburg.
Sodalith, Laach.
Spatheisenstein, Horhausen, Daaden u. s. w.
Stiblith, Mayen.
Titaneisen, Unkel am Rhein.
Titanit, Laach.
Tridymit, Perlenhardt im Siebengebirge.
Ullmannit, Freusburg b. Kirchen.
Valentinit, Horhausen.
Weissbleierz, Bernkastel an der Mosel, Diepenlinchen bei Aachen, Commern.
Willemit, Altenberg bei Aachen.
Zinkblende, Horhausen, Daaden, Kirchen, Bensberg, Lintorf etc.
Zinkblüthe, Euskirchen.
Zinkeisenspath, Altenberg bei Aachen.
Zirkon, Niedermendig, Unkel, Laach, Oelberg im Siebengebirge.

Sachsen, Provinz.

Aluminit, Halle.
Anatas, Wittin.
Anhydrit, Nordhausen, Stassfurt.
Antimonnickelglanz, Kamsdorf.
Aragonit, Kamsdorf.
Astrakanit, Stassfurt.
Atakamit, Kamsdorf.
Bischofit, Leopoldshall.
Boracit, Stassfurt.

Brochantit, Kamsdorf.
Brauneisenerz, Kamsdorf.
Buntkupfererz, Mansfeld.
Carnallit, Stassfurt.
Dolomit, Kamsdorf.
Eisenkies, Kamsdorf, Gommern, Plötzky.
Fahlerz, Kamsdorf.
Gaylussit, Sangerhausen.

— 284 —

Gyps, Nordhausen, Eisleben.
Kainit, Stassfurt,
Kalkspath, Nordhausen, Kamsdorf etc.
Kaolin, Seilitz.
Kieserit, Stassfurt.
Kobaltmanganerz, Kamsdorf.
Krugit, Stassfurt.
Kupfer, Kamsdorf.
Kupferindig, Sangerhausen.
Kupferkies, Kamsdorf.
Kupferlasur, Kamsdorf.
Malachit, Kamsdorf.

Pinnoit, Stassfurt.
Polyhalit, Stassfurt,
Pyropissit, Weissenfels.
Reichardtit, Stassfurt.
Rothnickelkies, Kamsdorf.
Schoenit, Stassfurt.
Schwefel, Stassfurt.
Schwerspath, Kamsdorf.
Speiskobalt, Kamsdorf.
Steinsalz, Stassfurt, Dürnberg.
Sylvin, Stassfurt.
Tachyhydrit, Stassfurt.

Sachsen, Königreich.[*]

Abichit,
Achat,
Agalmatolith,
Agricolit,
Akanthit,
Alabandin,
Alaun,
Albit,
Allochroit,
Allophan,
Almandin,
Alumocalcit,
Amazonenstein,
Amblygonit,
Amethyst,
Amphibol,
Anatas,
Andalusit,
Anglesit,
Ankerit,
Annabergit,
Anthophyllit,
Anthracit,
Antimonarsen,
Antimonglanz,
Antimonhypochlorit,
Antimonocker,
Apatit,
Aplom,
Apophyllit,
Aragonit,
Argentit,
Argentopyrit,
Argyrodit,
Arsen,
Arsenblüthe,
Arsenglanz,
Arsenmangan,
Arsenopyrit,
Arsenuran,
Arsenwismuth,
Asbest,
Asbolan,
Asmanit,

Atelestit,
Auripigment,
Avanturin,
Axinit,
Azurit,
Barrandit,
Baryt,
Barytocoelestin,
Beraunit,
Bergkork,
Bergkrystall,
Bergleder,
Bernstein,
Berthierit,
Beryll,
Biotit,
Bismutin,
Bismutit,
Bismutoferrit,
Blei,
Bleierde,
Bleiglanz,
Bodenit,
Bol,
Bolopherit,
Bornit,
Bournonit,
Brauneisenerz,
Braunit,
Braunkohle,
Braunsalz,
Breunerit,
Bronzit,
Bucholzit,
Carneol,
Cerussit,
Chabasit,
Chalcedon,
Chalkanthit,
Chalkophyllit,
Chalkopyrit,
Chalkosin,
Chalkotrichit,
Cheleutit,

Chiastolith,
Chloanthit,
Chlorit,
Chloropal,
Chlorophaeit,
Chlorophanerit,
Chondrodit,
Christophit,
Chromeisenerz,
Chromocker,
Chrysokoll,
Chrysopras,
Chrysotil,
Clausthalit,
Coelestin,
Conit,
Cordierit,
Cottait,
Covellin,
Cuprein,
Cuprit,
Daleminzit,
Dauberit,
Delessit,
Dermatin,
Desmin,
Diadochit,
Diallag,
Diaphorit,
Diopsid,
Disthen,
Dolomitspath,
Domeykit,
Egeran,
Eisen,
Eisenblüthe,
Eisenkiesel,
Eisenkobaltkies,
Eisennickelkies,
Eisensinter,
Eisenspath,
Eisenvitriol,
Embolit,
Emplektit,

---

[*] Wegen der Fundorte muss auf „A. Frenzel, Mineralogisches Lexikon für das Königreich Sachsen, Leipzig 1874" verwiesen werden.

— 285 —

Epidot,
Epsomit,
Erlan,
Erythrin,
Eulytin,
Fahlerz,
Ferrowolframit,
Feuerblende,
Feuerstein,
Fluorit,
Freibergit,
Freieslebenit,
Fritzschëit,
Ganomatit,
Gelbeisenerz,
Germarit,
Gersdorffit,
Geyerit,
Giftkies,
Gilbertit,
Glagerit,
Glaukonit,
Globosit,
Goethit,
Gold,
Goslarit,
Granat,
Graphit,
Greenockit,
Grothit,
Gummierz,
Gyps,
Haematit,
Haidingerit,
Harmotom,
Hausmannit,
Hauyn,
Hedenbergit,
Heliotrop,
Helvin,
Hemichalcit,
Herderit,
Hessonit,
Heterogenit,
Heteromorphit,
Himbeerspath,
Homichlin,
Hornblende,
Hornstein,
Hyalit,
Hydrohaematit,
Hydrophan,
Hypersthen,
Jarosit,
Jaspis,
Jaspohaematit,
Jocketan,
Johannit,
Kakochlor,
Kakoxen,
Kalamit,
Kalkbaryt,

Kalksinter,
Kalkspath,
Kallait,
Kammkies,
Kaolin,
Kascholong,
Kassiterit,
Katzenauge,
Keramohalit,
Kerolith,
Kerstenit,
Kieselschiefer,
Kieselsinter,
Kobaltkies,
Köttigit,
Kolophonit,
Konarit,
Kornit,
Korund,
Kraurit,
Kupfer,
Kupferblende,
Kupferblüthe,
Kupferpecherz,
Kupferuranit,
Kuphoit,
Kymatin,
Kyrosit,
Labradorit,
Laumontit,
Lavendulan,
Lepidolith,
Leptonematit,
Leucit,
Leukopyrit,
Liebigit,
Limbachit,
Linarit,
Lirokonit,
Lithiophorit,
Lonchydit,
Magnetit,
Malachit,
Malakon,
Malthazit,
Manganit,
Manganowolframit,
Manganspath,
Markasit,
Marmatit,
Martit,
Megabasit,
Melilith,
Meneghinit,
Mesolith,
Metaxit,
Miargyrit,
Mikroklin,
Milchopal,
Millerit,
Mimetesit,
Miriquidit,

Misspickel,
Molybdaenit,
Molybdaenocker,
Muldan,
Muromontit,
Muskovit,
Myelin,
Nakrit,
Natrolith,
Neolith,
Nephelin,
Nickeleisen,
Nickelin,
Nickeloxydul,
Oligoklas,
Oligonspath,
Olivenit,
Olivin,
Omphazit,
Opal,
Orthit,
Orthoklas,
Paradoxit,
Peganit,
Pegmatolith,
Pelosiderit,
Pennin,
Periklin,
Pharmakolith,
Pharmakosiderit,
Phillipsit,
Phosphorcalcit,
Pikrolith,
Pikropharmakolith,
Pikrosmin,
Pinguit,
Pinit,
Pinitoid,
Pissophan,
Pistopyrit,
Pittizit,
Plinian,
Polianit,
Polybasit,
Polysphaerit,
Polytelit,
Prasem,
Prehnit,
Prosopit,
Proustit,
Pseudoapatit,
Psilomelan,
Pucherit,
Pyknit,
Pyknotrop,
Pyrargyrit,
Pyrit,
Pyrolusit,
Pyromorphit,
Pyrop,
Pyroxen,
Pyrrhotin,

Quarz,
Rabenglimmer,
Raimondit,
Rammelsbergit,
Raseneisenerz,
Rauchquarz,
Realgar,
Retinit,
Roselith,
Rosenquarz,
Rosenspath,
Rotheisenstein,
Rutil,
Salit,
Salmiak,
Sanidin,
Scheelit,
Schreibersit,
Schwefel,
Schweruranerz,
Semelin,
Serpentin,
Sideroplesit,
Silber,
Skapolith,
Skorodit,
Smirgel,
Speckstein,
Speiskobalt,
Sphaerosiderit,
Spiauterit,
Spinell,
Sprödglaserz,
Staurolith,
Steinkohle,
Steinmark,

Sternbergit,
Stilbith,
Stilpnosiderit,
Stolpenit,
Stolzit,
Strahlkies,
Strahlstein,
Striegisan,
Strontianit,
Struvit,
Talk,
Tannenit,
Tautoklin,
Tekticit,
Tennantit,
Teratolith,
Thalheimit,
Tharandit,
Thoneisenstein,
Thraulit,
Titaneisenerz,
Titanit,
Topas,
Trappeisenerz,
Tremolit,
Triplit,
Trögerit
Troilit,
Turmalin,
Tyrolit,
Uranit,
Uranochalcit,
Uranocircit,
Uranocker,
Uranosphaerit,
Uranospinit,

Uranotil,
Uranpecherz,
Valentinit,
Variscit,
Vestan,
Vesuvian,
Vivianit,
Voigtit,
Wad,
Waldheimit,
Walpurgin,
Wapplerit,
Wavellit,
Weissgiltigerz,
Weissigit,
Weisskupfererz,
Wismuth,
Wismuthblende,
Wismuthhypochlorit,
Wismuthocker,
Wolframit,
Wollastonit,
Wulfenit,
Xanthokon,
Zellkies,
Zeunerit,
Zinckenit,
Zinkblende,
Zinnkies,
Zinnober,
Zippëit,
Zirkon,
Zöblitzit,
Zoisit.

Schlesien, Provinz.

Adular, Eulengrund.
Aegirin, Lomnitz.
Aeschynit, Döbschütz.
Aktinolith, Kupferberg, Ober-Schmiedeberg, Rudelstadt.
Albit, Lomnitz, Striegau, Koenigshain, Wolfshau.
Alvit, Striegau.
Allophan, Rochlitz.
Anatas, Hirschberg, Eulengrund, Koenigshain.
Andalusit, Landeck.
Andesin, Geppersdorf bei Strehlen.
Ankerit, Volpersdorf.
Apatit, Goldener Wald b. Schweidnitz.
Aphrosiderit, Koenigshain.
Aragonit, Jauernik, Striegau, Kauffung.
Arsen, Juliane bei Rudelstadt.
Arseneisen, Reichenstein.
Arsenkies, Altenberg, Rothenzechau, Reichenstein.

Asbest, Görlitz, Röhrigskoppe bei Kupferberg, Ober-Jannowitz, Ober-Rochlitz, Gläsendorf, Geppersdorf.
Avanturin, Voigtsdort bei Warmbrunn.
Axinit, Striegau.
Azurit, Ober-Schmottseifen, Ludwigsdorf, Goldberg.
Baryt, Ludwigsdorf, Tarnowitz, Neuhaus b. Waldenburg, Gottesberg, Ober-Schmottseifen.
Beryll, Peilau, Königshain, Striegau, Goldener Wald b. Schweidnitz, Girlachsdorf.
Bleiglanz, Beuthen, Tarnowitz, Striegau, Reichenstein, Görlitz, Silberberg, Miechowitz.
Bleihornerz, Beuthen.
Bleivitriol, Tarnowitz.
Bol, Steinberg bei Lauban, Bobrek, Striegau.
Boulangerit, Altenberg.

— 287 —

Brauneisenerz, Kalbnitz bei Jauer, Bobreck, Beuthen, Waltersdorf bei Lähn, Kupferberg.
Brookit, Eulengrund.
Buntkupfererz, Kupferberg, Rudelstadt.
Carolathin, Königin Louise bei Zabrze.
Cassiterit, Königshain.
Chabasit, Striegau, Sirgwitz bei Löwenberg.
Chalcedon, Jordansmühl.
Chalkophyllit, Kupferberg.
Chloanthit, Rudelstadt.
Chlorit, Striegau, Reichenstein, Königshain.
Chromeisenstein, Peilau, Grochau, Silberberg, Volpersdorf.
Chrysopras, Gläsendorf, Baumgarten, Kosemütz.
Chrysotil, Reichenstein, Alt-Kemnitz, Ober-Schmiedeberg.
Coelestin, Pschow bei Rybnick.
Covellin, Ludwigsdorf, Kupferberg.
Damourit, Striegau.
Desmin, Pangel bei Nimptsch, Striegau, Schmiedeberg.
Diallag, Neurode.
Diaspor, Jordansmühl, Königshain.
Diopsid, Reichenstein.
Dolomit, Tarnowitz, Florsdorf und Ludwigsdorf bei Görlitz, Willmannsdorf, Hermsdorf.
Eisenglanz, Striegau, Ober-Schmottseifen, Kupferberg, Willmansdorf, Königshain.
Eisenkies, Rudelstadt, Kupferberg, Striegau, Beuthen, Ober-Schmiedeberg, Reichenstein, Hermsdorf. Königshain.
Eisenspath, Ponoschau, Waldenburg.
Enstatit, Gröditzberg bei Liegnitz.
Epiboulangerit, Altenberg.
Epidot, Buchwald bei Schmiedeberg, Striegau, Bunzlau, Königshain.
Epistilbit, Finkenhübel.
Erythrin, Kohlendorf bei Neurode.
Fahlerz, Gablau bei Gottesberg, Altenberg, Kupferberg, Landeshut, Rudelstadt, Ober-Schmottseifen.
Fergusonit, Königshain, Schreiberhau.
Flussspath, Klessengrund, Riesengrund, Striegau, Königshain, Arnsdorf, Gross-Aupa.
Gadolinit, Schreiberhau.
Gold, Goldkoppe bei Freiwaldau, Striegau.

Granat, Hirschberg, Friedeberg, Rosenbach, Peilau, Striegau, Schmiedeberg, Jordansmühl, Auerbach.
Graphit, Geppersdorf bei Strehlen.
Grochauit, Grochau.
Gyps, Katscher bei Ratibor, Löwenberg, Muskau.
Halloysit, Tarnowitz, Bobrek, Miechowitz.
Hornblende, Lomnitz.
Hyalit, Striegau, Königshain, Jordansmühl.
Hypersthen, Volpersdorf.
Jaspis, Buchberg bei Landeshut.
Kaliglimmer, Peilau.
Kalkspath, Florsdorf bei Görlitz, Striegau, Schmiedeberg, Reichenstein, Miechowitz, Nieder Rochlitz, Tarnowitz, Kauffung, Rudelstadt, Ober-Schmottseifen, Kunnersdorf, Königshain.
Kalkuranit, Rohrlach.
Kerolith, Frankenstein.
Kieselkupfer, Kupferberg, Ober-Rochlitz, Ludwigsdorf.
Kieselzinkerz, Scharley-Grube bei Beuthen, Tarnowitz, Radzionkau, Bobrek.
Kochelit, Schreiberhau.
Korund, Wolfshau.
Kupfer, Ludwigsdorf, Kupferberg.
Kupferglanz, Rudelstadt, Kupferberg, Ludwigsdorf.
Kupferkies, Kupferberg, Altenberg, Reichenstein, Rudelstadt, Kesselkoppe, Ludwigsdorf.
Kupferpecherz, Kupferberg, Rudelstadt.
Labrador, Neurode.
Laumontit, Striegau.
Liëvrit, Gr. Einigkeit bei Kupferberg.
Lithionglimmer, Striegau, Königshain, Mariannenfelsen bei Fischbach.
Lithiophorit, Rengersdorf.
Löwigit, Königin Louisen-Grube bei Zabrze.
Magnesit, Baumgarten und Grochbergen bei Frankenstein, Reichenstein, Naselwitz.
Magneteisen, Kupferberg, Königshain, Schmiedeberg, Moltkefelsen bei Schreiberhau, Reichenstein, Töppendorf bei Strehlen.
Magnetkies, Ober-Schmiedeberg, Auerbach.
Malachit, Kupferberg, Prittwitzdorf, Ober-Rochlitz, Ober-Schmottseifen.

Manganspath, Gr. Eleonore bei Radzionkau.
Markasit, Hennersdorf.
Metaxit, Reichenstein.
Mikroklin, Königshain.
Molybdaenglanz, Mengelsdorf, Striegau, Lomnitz.
Monheimit. Beuthen.
Muskovit. Thiemendorf bei Reichenbach.
Nakrit, Striegau.
Natrolith, Landskrone bei Görlitz.
Nephrit, Jordansmühl.
Oligoklas, Volpersdorf, Kunnersdorf, Boberstein.
Olivin, Gröditzberg bei Goldberg, Niesky.
Opal, Jordansmühl, Grochau, Schwentnig bei Zobten, Prieborn und Geppersdorf bei Strehlen.
Orangit, Schwalbenberg bei Königshain.
Orthit, Striegau, Hain bei Giersdorf.
Orthoklas, Rauchloch, Schwarzbach, Schreiberhau, Hirschberg, Krummhübel, Lomnitz, Kunnersdorf, Seidorf, Königshain, Striegau, Warmbrunn.
Pennin, Striegau.
Periklin, Boberröhrsdorf.
Phillipsit, Wingendorfer Steinberg bei Lauban, Landskrone bei Görlitz, Thielitzer Weinberg bei Moys unweit Görlitz.
Phosphorcalcit, Kupferberg.
Pikrolith, Naselwitz, Gläsendorf bei Frankenstein, Reichenstein.
Pikrosmin, Reichenstein.
Pilinit, Striegau.
Pimelith, Grochau, Frankenstein, Kosemütz.
Pinguit, Görlitz.
Prasem, Kupferberg.
Prehnit, Kupferberg.
Proustit. Rudelstadt.
Psilomelan, Striegau, Järischau, Waltersdorf bei Lähn, Königshain.
Pyrolusit, Liebstein.
Pyromorphit, Trockenberg bei Tarnowitz.
Quarz (Bergkrystall, Amethyst, Rauchquarz). Järischau, Striegau, Hirschberg, Fischbach, Ober - Schmottseifen, Lähn, Hohenwiese bei Schmiedeberg, Warmbrunn, Königshain, Jannowitz, Giersdorf bei Warmbrunn.
Raseneisenstein, Seifersdorf bei Freistadt, Erkelsdorf bei Wartenberg. Wehren bei Muskau.
Razoumoffskin, Kosemütz.
Rothkupfererz, Kupferberg.
Rutil, Lampersdorf.
Saccharit, Gumberg bei Frankenstein.
Salit, Alt-Kemnitz.
Saussurit, Langenbielau, Neurode.
Scheelit. Riesengrund.
Schwefel, Pschow bei Rybnik.
Schuchardtit, Gläsendorf bei Neurode.
Selenkupfer, Kupferberg.
Serpentin, Reichenstein, Frankenstein, Grochau, Kupferberg.
Silber, Rudelstadt.
Silberglanz, Rudelstadt.
Silberkupferglanz, Rudelstadt.
Skolezit, Striegau.
Speckstein, Girlachsdorf bei Frankenstein.
Speiskobalt. Rudelstadt.
Steinmark, Tarnowitz.
Strigovit. Striegau.
Talk, Katschdorf, Naselwitz bei Zobten.
Tarnowitzit, Tarnowitz.
Thuringit, Biesnitz.
Titaneisen, Scheund'l Wiesen bei Schreiberhau.
Titanit (Titanomorphit), Lampersdorf.
Tremolit, Kupferberg, Reichenstein.
Türkis. Jordansmühl, Bramberg bei Horscha.
Turmalin, Peilau, Rosenbach, Langenbielau, Striegau, Königshain, Pilgramsdorf bei Jauer, Girlachsdorf.
Uranophan, Kupferberg.
Uranpecherz, Wolfshau.
Uwarowit, Jordansmühl.
Vesuvian, Jordansmühl.
Vivianit, Trachenberg.
Weissbleierz, Tarnowitz, Beuthen, Scharley, Dorothea b. Kupferberg.
Wolframit, Mengelsdorf.
Xanthokon, Rudelstadt.
Xenotim, Schwalbenberg bei Königshain.
Yttergranat. Schreiberhau.
Ziegelerz, Kupferberg.
Zinkblende, Beuthen, Miechowitz, Kupferberg.
Zinkspath, Tarnowitz, Radzionkau, Beuthen, Bobrek.
Zirkon, Goldberg, Königshain, Schmottseifen.

Schleswig-Holstein, Provinz.

Boracit, Segeberg. | Gyps, Segeberg.

Thüringische Staaten.

Albit, Schmiedemüllerskopf im Ilmthal.
Anatas, Brand bei Oberhof.
Antimonit, Gr. Halbermond bei Schleiz.
Antimonnickelglanz, Lobenstein.
Aragonit, Saalfeld, Gera.
Braunit, Ilmenau.
Coelestin, Dornburg bei Jena.
Crednerit, Friedrichsroda.
Datolith, Schmiedemüllerskopf im Ilmthal.
Dolomit, Gera, Hausberg bei Jena.
Eisenkies, Lobenstein.
Eisensinter, Saalfeld.
Eisenspath, Lobenstein.
Flussspath, Blankenburg.
Gold, in der Schwarza.
Granat, Steinbach.
Grüneisenstein, Ullersreuth bei Lobenstein.
Gyps, Reinhardsbrunn, Friedrichsroda, Gotha, Saalfeld.
Hausmannit, Ilmenau.
Kakoxen, Kohlung bei Gefell, Lobenstein.
Kalkspath, Saalfeld.
Kupfer, Saalfeld.
Kupferkies, Lobenstein,
Kupferlasur, Gebersdorf bei Saalfeld.
Manganit, Oehrenstock, Ilmenau.
Orthit, Schwarzer Krux b. Schmiedefeld, Brotterode, Meyersgrund, Glasbachskopf, Schloss Altenstein bei Ruhla, Zwei-Wiesen.
Orthoklas, Ilmenau.
Pharmakolith, Saalfeld.
Psilomelan, Ilmenau, Elgersburg.
Pyrit, Elgersburg.
Quarz, Ilmenau, Friedrichsroda.
Rothnickelkies, Saalfeld.
Schwefel, Frankenhausen.
Schwerspath, Blankenburg.
Speiskobalt, Saalfeld.
Symplesit, Lobenstein.
Titanit, Meyersgrund, Zwei-Wiesen.

Waldeck, Fürstenthum.

Calcit, Martenberg bei Adorf
Eisenkies, Martenberg bei Adorf.
| Rotheisenerz, Adorf.
Schwerspath, Martenberg b. Adorf.

Westfalen, Provinz.

Anatas, Bochtenbeck bei Niederfeld.
Antimonglanz, Arnsberg.
Antimonnickelglanz, Gr. Petersbach bei Hamm, Einsiedel bei Siegen, Gosenbach, Eisern.
Antimonocker, Casparizeche bei Arnsberg.
Arsennickelglanz, Jungfer bei Müsen.
Bleiglanz, Silbergrube bei Siegen, Brilon, Müsen, Gonderbach bei Laasphe.
Bleihornerz, Brilon.
Bleivitriol, Müsen.
Brauneisenerz, Silberberg.
Buntkupfererz, Siegen.
Cerussit, Kurfürst Ernst bei Bönkhausen(Arnsberg), Müsen, Segen Gottes bei Brilon.
Dumortierit, Oehrenstein bei Niedersfeld.
Eisenglanz, Siegen, Gr. Gottessegen bei Schutzbach, Gr. Südbruch bei Sutrup.
Eisenkies, Siegen, Minden, Landskrone bei Willnsdorf etc.
Eisenspath', Schwabengrube bei Müsen, Gosenbach bei Siegen, Einsiedel bei Siegen etc.
Fahlerz, Schwabengrube bei Müsen, Merkur bei Olpe.
Glaukonit, Werl.
Kalksinter, Dechenhöhle bei Lethmate.
Kalkspath, Eisenberg bei Brilon, Enkenberg, Habach bei Siegen u. s. w.
Kieselkupfer, Stadtberge.
Kobaltblüthe, Siegen.
Kobaltkies, Schwabengrube und Jungfer bei Müsen.
Kraurit, Siegen.
Kupferglanz, Stadtberge, Siegen.
Kupferkies, Müsen.
Kupferlasur, Friederike bei Stadtberge.
Kupferschwärze, Siegen.
Magneteisen, Gr. Alte Birke bei Siegen.

Malachit, Müsen, Stadtberge, Neue Hardt bei Siegen.
Nadeleisenerz, Eiserfeld.
Nickelvitriol, Jungfer bei Müsen.
Nickelwismuthglanz, Siegen.
Plagionit, Arnsberg.
Psilomelan, Siegen.
Pyrargyrit, Gonderbach bei Laasphe.
Pyrolusit, Siegen.
Pyromorphit, Alter Bleiberg bei Burbach.
Quarz, Brilon, Guttrop, Sundwig bei Iserlohn, Padberg bei Brilon.
Rotheisenerz, Siegen, Gr. Gottessegen bei Schutzbach, Gr. Südbruch bei Sutrup etc.
Rothkupfererz, Siegen.
Schwefel, Gr. Dörnberg bei Ramsbeck.
Senarmontit, Casparizeche bei Arnsberg.
Silber, Heinrichssegen bei Müsen, Gonderbach bei Laasphe.
Speiskobalt, Gosenbach b. Siegen, Philippshoffnung bei Siegen.
Strontianit, Drensteinfurt, Hamm.
Wad, Siegen.
Zinkblende, Arnsberg, Brilon, Landskrone bei Willnsdorf, Burbach, Gonderbach b. Laasphe.
Zinkblüthe, Willibald bei Ramsbeck.
Zinnober, Gr. Georg bei Silberg (Arnsberg), Ronard bei Olpe.

Würtemberg, Königreich.

Natrolith, Hohentwiel.

Steinsalz, Hassmersheim a. Neckar.

Oesterreich-Ungarn*).

Böhmen.

Akanthit,
Aktinolith,
Albit,
Allemontit,
Allophan,
Amalgam,
Amphibol,
Analcim,
Anauxit,
Andalusit,
Anglesit,
Ankerit,
Annabergit,
Anthracit,
Anthrakoxen,
Antimon,
Antimonit,
Apatit,
Apophyllit,
Aragonit,
Argentit,
Argentopyrit,
Arsen,
Arsenit,
Asbest,
Asphalt,
Atakamit,
Augit,
Azurit,
Barrandit,

Baryt,
Beraunit,
Bergkrystall,
Bergseife,
Bernstein,
Beryll,
Biotit,
Bismutin,
Bismutit,
Bleiniere,
Blende,
Bohnerz,
Bol,
Bornit,
Boulangerit,
Bournonit,
Braunkohle,
Bronzit,
Bucholzit,
Calcit,
Cerussit,
Chabasit,
Chalcedon,
Chalkanthit,
Chalkolith,
Chalkopyrit,
Chamoisit,
Chloanthit,
Chlorit,
Chromit,

Chrysokoll,
Cimolit,
Coelestin,
Columbit,
Comptonit,
Covellin,
Cronstedtit,
Cuprit,
Datolith,
Delvauxit,
Desmin,
Diadochit,
Diallag,
Diaphorit,
Digenit,
Diopsid,
Disthen,
Dolomit,
Dufrenit,
Ehlit,
Eisen,
Eisenkiesel,
Eliasit,
Enstatit,
Epidot,
Epsomit,
Erythrin,
Fichtelit,
Fluorit,
Freibergit,

---

*) Wegen der Fundorte muss auf „von Zepharovich: Mineralogisches Lexikon für das Kaiserthum Oesterreich, Wien 1859 und 1873," und die Monographieen der einzelnen Länder der Monarchie verwiesen werden.

— 291 —

Freieslebenit,
Fritzscheit,
Galenit,
Ganomatit,
Gilbertit,
Gold,
Grammatit,
Granat,
Graphit,
Greenockit,
Grossular,
Gummierz,
Gummit,
Gyps,
Haematit,
Haidingerit,
Harmotom,
Hauyn,
Hedenbergit,
Hemimorphit,
Hercynit,
Heteromorphit,
Hornstein,
Hypersthen,
Jamesonit,
Jaspis,
Ilmenit,
Johannit,
Iserin,
Isoklas,
Kakoxen,
Kalomel,
Kaolin,
Karpholit,
Kassiterit,
Keramohalit,
Kerargyrit,
Kerolit,
Kerstenit,
Kobaltmanganerz,
Korund,
Kupfer,
Kupferblau,
Kupfermanganerz,
Kupferschwärze,
Labradorit,
Laumontit,
Lavendulan,
Leucit,
Leukopyrit,
Levyn,
Lillit,
Limonit,
Lindackerit,
Lithionit,
Magnesit,
Magnetit,
Malachit,
Manganit,
Markasit,
Medjidit,
Magabasit,

Melanchym,
Melanterit,
Mellit,
Melopsit,
Mennige,
Merkur,
Mesitin,
Mesolith,
Miargyrit,
Millerit,
Mimetesit,
Mirabilit,
Misspickel,
Misy,
Molybdaenit,
Molybdit,
Muskovit,
Nakrit,
Naphta,
Natrolith,
Neolith,
Nephelin,
Nickelin,
Nosean,
Oligoklas,
Olivenit,
Onkosin,
Opal,
Orthoklas,
Osteolith,
Oxalit,
Paterait,
Peganit,
Phakolith,
Pharmakolith,
Phillipsit,
Picit,
Pikrosmin,
Pinit,
Pitticit,
Pleonast,
Plinian,
Polianit,
Polybasit,
Prehnit,
Přilepit,
Proustit,
Psilomelan,
Pyknit,
Pyrantimonit,
Pyrargyrit,
Pyrit,
Pyrolusit,
Pyromorphit,
Pyrop,
Pyroretin,
Pyrostilpnit,
Pyrrhosiderit,
Pyrrhotin,
Quarz,
Rauchquarz,
Realgar,

Redruthit,
Retinit,
Rittingerit,
Rösslerit,
Rosenquarz,
Rubellan,
Rutil,
Sanidin,
Scheelit,
Scheererit,
Schreibersit,
Schwarzkohle,
Schwefel,
Seladonit,
Serpentin,
Siderit,
Silber,
Skolezit,
Skorodit,
Smaltit,
Smithsonit,
Soda,
Sodalith,
Sphaerit,
Spinell,
Stannin,
Staurolith,
Steatit,
Steinsalz,
Stephanit,
Sternbergit,
Stilbit,
Stilpnosiderit,
Stolzit,
Strakonitzit,
Succinit,
Talk,
Tennantit,
Tetradymit,
Tetraedrit,
Titanit,
Topas,
Triplit,
Tschermigit,
Turmalin,
Uranit,
Uranochalcit,
Uranocker,
Uranpecherz,
Valentinit,
Vesuvian,
Vivianit,
Voglit,
Voltzin,
Wad,
Wavellit,
Wismuth,
Wismuthocker,
Wittichenit,
Wolframit,
Wulfenit,
Wurtzit,

Zepharovichit,
Zeunerit,

Zinnober,
Zippëit,

Zirkon,
Zoisit.

Buckowina.

Amphibol,
Anglesit,
Apatit,
Aragonit,
Argentit,
Asbest,
Augit,
Auripigment,
Azurit,
Baryt,
Bergkrystall,
Blende,
Braunkohle,
Bronzit,
Calcit,
Cerussit,
Chalkanthit,
Chalkopyrit,
Chromit,
Chrysokoll,
Diallag,
Dolomit,

Epidot,
Epsomit,
Feuerstein,
Fluorit,
Franklinit,
Galenit,
Gold,
Goslarit,
Greenockit,
Gyps,
Haematit,
Hausmannit,
Jaspis,
Keramohalit,
Kupfer,
Labradorit,
Laumontit,
Limonit,
Magnetit,
Malachit,
Markasit,
Melanterit,

Mesitin,
Misspickel,
Natrolith,
Olivin,
Pharmakolith,
Proustit,
Psilomelan,
Pyrit,
Pyromorphit,
Realgar,
Rhodochrosit,
Sanidin,
Schraufit,
Schwefel,
Serpentin,
Siderit,
Steinsalz,
Succinit,
Tetraedrit,
Titanit.
Vivianit,
Wad.

Croatien.

Baryt,
Bergkrystall,
Bohnerz,
Braunkohle,
Calcit,
Chalkopyrit,
Eisen,

Epsomit,
Galenit,
Gold,
Gyps,
Haematit,
Hypersthen,
Limonit,

Naphta,
Schwefel,
Siderit,
Smithsonit,
Strontianit,
Zinnober.

Dalmatien.

Aragonit,
Asphalt,
Bohnerz,
Braunkohle,
Calcit,

Galenit,
Gyps,
Hausmannit,
Kupfer,
Limonit,

Prehnit,
Psilomelan,
Succinit.

Galizien.

Apatit,
Asphalt,
Baryt,
Bergkrystall,
Bernstein,
Blende,
Braunkohle,
Calcit,
Carnallit,
Coelestin,
Delessit,
Dolomit,
Epsomit,
Feuerstein,
Fluorit,

Galenit,
Greenockit,
Gyps,
Haematit,
Halloysit,
Hatchettin,
Hemimorphit,
Ilmenit,
Kainit,
Karstenit,
Kieserit,
Kupfer,
Limonit,
Markasit,
Melanterit,

Merkur,
Naphta,
Opal,
Ozokerit,
Pyrit,
Quarz,
Schwarzkohle,
Schwefel,
Siderit,
Smithsonit,
Steinsalz,
Succinit,
Sylvin,
Syngenit.

Kärnthen.

Aktinolith,
Albit,
Allopban,
Amphibol,
Analcim,
Andalusit,
Anglesit,
Ankerit,
Anthophyllit,
Anthracit,
Antimonit,
Apatit,
Aragonit,
Arsen,
Asbest,
Asphalt,
Augit,
Auripigment,
Azurit,
Baryt,
Bergkrystall,
Bernstein,
Beryll,
Biotit,
Bismutit,
Blende,
Bohnerz,
Bournonit,
Braunkohle,
Calcit,
Cerussit,
Chalcedon,
Chalkanthit,
Chalkopyrit,
Chloanthit,
Chlorit,
Chrysokoll,
Cuprit,
Dechenit,
Diopsid,
Discrasit,
Disthen,
Dolomit,

Epidot,
Fluorit,
Galenit,
Gold,
Grammatit,
Granat,
Graphit,
Gyps,
Haematit,
Hartit,
Hemimorphit,
Heteromorphit,
Hydrozinkit,
Jaspis,
Ilsemannit,
Kaolin,
Karneol,
Karstenit,
Klinochlor,
Korynit,
Laumontit,
Limonit,
Linarit,
Löllingit,
Magnesit,
Magnetit,
Malachit,
Manganit,
Margarodit,
Markasit,
Melanterit,
Merkur,
Milchquarz,
Misspickel,
Molybdaenit,
Muskovit,
Naphta,
Opal,
Orthoklas,
Pharmakosiderit,
Pitticit,
Plumbocalcit,
Prehnit,

Psilomelan,
Pyrit,
Pyrolusit,
Pyromorphit,
Pyrrhosiderit,
Pyrrhotin,
Quarz,
Rammelsbergit,
Realgar,
Rhodochrosit,
Rhodonit,
Ripidolith,
Rosenquarz,
Rosthornit,
Rutil,
Scheererit,
Serpentin,
Siderit,
Skorodit,
Smithsonit,
Steatit,
Stilbit,
Symplesit,
Tetradymit,
Tetraedrit,
Titanit,
Tridymit,
Turmalin,
Ullmannit,
Vanadinit,
Vesuvian,
Vivianit,
Wad,
Wismuth,
Wismuthocker,
Witherit,
Wölchit,
Wulfenit,
Xanthosiderit,
Zinnober,
Zirkon,
Zoisit.

Krain.

Anthracit,
Antimonit,
Aragonit,
Bauxit,
Bergkrystall,
Blende,
Bohnerz,
Bornit,
Braunkohle,
Calcit,

Chalkopyrit,
Dolomit,
Epsomit,
Galenit,
Gyps,
Haematit,
Idrialit,
Kalomel,
Limonit,
Magnetit,

Merkur,
Piauzit,
Pyrolusit,
Quarz,
Redruthit,
Siderit,
Smithsonit,
Tetraedrit,
Wulfenit,
Zinnober.

Küstenland.

Asphalt,
Bohnerz,
Braunkohle,
Calcit,

Limonit,
Merkur,
Pyrit,
Schwarzkohle,

Smektit,
Zinnober.

Mähren.

Aktinolith,
Albit,
Allophan,
Alunit,
Amethyst,
Amphibol,
Analcim,
Andalusit,
Anglesit,
Ankerit,
Annabergit,
Anthophyllit,
Antimonit,
Apatit,
Apophyllit,
Aragonit,
Argentit,
Asbest,
Asphalt,
Aspidolith,
Augit,
Automolith,
Avanturin,
Axinit,
Baryt,
Bergkrystall,
Beryll,
Biotit,
Blei,
Blende,
Bohnerz,
Bournonit,
Braunkohle,
Bronzit,
Bucholzit,
Calcit,
Cerussit,
Cervantit,
Chabasit,
Chalcedon,
Chalkophyllit,
Chalkopyrit,
Chlorit,
Chondrodit,
Chromit,
Chromocker,
Chrysoberyll,
Chrysokoll,
Cimolit,
Citrin,
Coelestin,
Cuprit,
Desmin,
Diallag,
Dichroit,
Diopsid,
Disthen,
Dolomit,
Eisen,
Eisenalaun,

Eisenkiesel,
Enstatit,
Epidot,
Epsomit,
Erythrin,
Fergusonit,
Fluorit,
Fuchsit,
Gadolinit,
Galenit,
Ganomatit,
Gersdorffit,
Gold,
Grammatit,
Granat,
Graphit,
Grossular,
Gyps,
Haematit,
Hatchettin,
Hemimorphit,
Hornstein,
Hydromagnesit,
Hypersthen,
Jaspis,
Ilmenit,
Kakoxen,
Kaolin,
Karneol,
Karstenit,
Kassiterit,
Kerolith,
Kobaltin,
Kobaltmanganerz,
Kollyrit,
Korund,
Krokydolith,
Kupfer,
Kupferschwärze,
Laumontit,
Levyn,
Limonit,
Linneit,
Lithionit,
Löllingit,
Magnesit,
Magnetit,
Malachit,
Manganit,
Markasit,
Meerschaum,
Melanterit,
Mellit,
Milchquarz,
Misspickel,
Molybdaenit,
Morion,
Muskovit,
Naphta,
Natrolith,

Nephelin,
Nephrit,
Nickelin,
Olivin,
Opal,
Oropion,
Orthoklas,
Ozokerit,
Pennin,
Petalit,
Pimelit,
Pinguit,
Pinit,
Pitticit,
Plasma,
Pleonast,
Polymignit,
Prasem,
Prehnit,
Proustit,
Pseudophit,
Psilomelan,
Pyrargyrit,
Pyrit,
Pyrolusit,
Pyromorphit,
Pyrrhosiderit,
Pyrrhotin,
Quarz,
Rauchquarz,
Redruthit,
Retinit,
Rhodochrosit,
Rhodonit,
Rosenquarz,
Rutil,
Schwarzkohle,
Schwefel,
Seladonit,
Sericit,
Serpentin,
Siderit,
Silber,
Skapolith,
Skolezit,
Smaltit,
Smektit,
Smithsonit,
Sodalith,
Spinell,
Spodumen,
Staurolith,
Steatit,
Stilbit,
Stilpnomelan,
Stilpnosiderit,
Strontianit,
Succinit,
Tantalit,
Tetraedrit,

Thulit,
Tirolit,
Titanit,
Topas,
Turgit,
Turmalin,
Ullmannit,

Unghwarit,
Vesuvian,
Vivianit,
Wad,
Walchowit,
Witherit,
Wolframit,

Wollastonit,
Wulfenit,
Yttrotitanit,
Zirkon,
Zoisit.

Militärgrenze.

Allophan,
Anthracit,
Aragonit,
Baryt,
Bornit,
Braunkohle,
Brochantit,
Calcit,
Cerussit,
Chalkopyrit,
Chromit,
Coelestin,
Cuprit,
Dolomit,
Galenit,

Gersdorffit,
Gold,
Granat,
Hemimorphit,
Hydromagnesit,
Krokoit,
Kupfer,
Limonit,
Magnetit,
Malachit,
Melanterit,
Naphta,
Nitrit,
Polianit,
Pyrit,

Pyrolusit,
Pyromorphit,
Pyrrhotin,
Schwarzkohle,
Schwefel,
Serpentin,
Siderit,
Smektit,
Soda,
Steatit,
Stilbit,
Tetraedrit,
Wulfenit.

Oesterreich.

Achat,
Allochroit,
Amethyst,
Amphibol,
Andalusit,
Ankerit,
Aragonit,
Asbest,
Azurit,
Baryt,
Bastit,
Bergkrystall,
Blödit,
Bohnerz,
Bol,
Bornit,
Braunkohle,
Calcit,
Cerussit,
Chalcedon,
Chalkanthit,
Chalkopyrit,
Chlorit,
Coelestin,
Cuprit,
Diopsid,
Disthen,
Dolomit,
Eisen,
Epidot,
Epsomit,
Fluorit,
Galenit,

Gold,
Granat,
Graphit,
Gyps,
Haematit,
Hartin,
Hartit,
Hemimorphit,
Hornstein,
Jaspis,
Jaulingit,
Iserin,
Ixolit,
Kaolin,
Karstenit,
Keramohalit,
Kerargyrit,
Kieserit,
Kollyrit,
Korund,
Kupfer,
Kupferpecherz,
Lazulith,
Limonit,
Löwëit,
Magnesit,
Magnetit,
Malachit,
Mirabilit,
Muskovit,
Naphta,
Olivin,
Opal,

Oropion,
Orthoklas,
Ozokerit,
Polyhalit,
Psilomelan,
Pyrit,
Pyrolusit,
Pyromorphit,
Pyrop,
Pyrrhotin,
Quarz,
Retinit,
Schwarzkohle,
Schwefel,
Serpentin,
Siderit,
Silber,
Simonyit,
Smektit,
Soda,
Steatit,
Steinsalz,
Stilpnosiderit,
Succinit,
Talk,
Tetradymit,
Tirolit,
Titanit,
Turmalin,
Wulfenit,
Zinnober.

Salzburg.

Achat,
Aktinolith,
Albit,
Allophan,
Amalgam,
Amethyst,
Amphibol,
Anatas,
Ankerit,
Anthophyllit,
Anthracit,
Antimonit,
Apatit,
Aragonit,
Argentit,
Arsenit,
Asbest,
Asphalt,
Azurit,
Baryt,
Bergkrystall,
Beryll,
Bieberit,
Biotit,
Bismutin,
Blende,
Bohnerz,
Bornit,
Braunkohle,
Brochantit,
Broncit,
Calcit,
Cerussit,
Cervantit,
Chalcedon,
Chalkanthit,
Chalkopyrit,
Chlorit,
Chromit,
Chrysokoll,
Chrysopras,
Coelestin,
Covellin,
Cuprit,
Damourit,

Desmin,
Diallag,
Discrasit,
Disthen,
Dolomit,
Epidot,
Epsomit,
Erythrin,
Fluorit,
Galenit,
Gersdorffit,
Gold,
Goslarit,
Grammatit,
Granat,
Graphit,
Gyps,
Haematit,
Hemimorphit,
Heteromorphit,
Hornstein,
Jaspis,
Ilmenit,
Kaolin,
Karstenit,
Keramohalit,
Kobaltmanganerz,
Krokydolith,
Kupfer,
Lazulith,
Limonit,
Magnesit,
Magnetit,
Malachit,
Margarit,
Markasit,
Melanterit,
Merkur,
Mesitin,
Mirabilit,
Misspickel,
Molybdaenit,
Muskovit,
Naphta,
Nickelin,

Olivin,
Onkosin,
Orthoklas,
Pharmakolith,
Pitticit,
Polyhalit,
Prasem,
Prehnit,
Pyrargyrit,
Pyrit,
Pyrolusit,
Pyrrhotin,
Quarz,
Realgar,
Redruthit,
Retinit,
Rhodochrosit,
Rhodonit,
Ripidolith,
Rutil,
Sanidin,
Scheelit,
Serpentin,
Siderit,
Silber,
Smaltit,
Spodumen,
Staurolith,
Steatit,
Steinsalz,
Stilpnosiderit,
Strontianit,
Talk,
Tetradymit,
Tetraedrit,
Titanit,
Turmalin,
Vesuvian,
Vivianit,
Wagnerit,
Wavellit,
Wismuth,
Zinnober,
Zoisit.

Schlesien. (Oesterreich-)

Aktinolith,
Albit,
Allophan,
Aluminit,
Amphibol,
Analcim,
Andalusit,
Anthracit,
Antimonit,
Argentit,
Asbest,
Asphalt,

Augit,
Azurit,
Baryt,
Bernstein,
Blende,
Braunkohle,
Bucholzit,
Calcit,
Cerussit,
Chalkopyrit,
Chlorit,
Coelestin,

Cronstedtit,
Cuprit,
Dolomit,
Eisenkiesel,
Epidot,
Galenit,
Glockerit,
Gold,
Grammatit,
Granat,
Graphit,
Grossular,

— 297 —

Gyps,
Haematit,
Harmotom,
Hedenbergit,
Hypersthen,
Kaolin,
Limonit,
Magnetit,
Malachit,
Markasit,

Melinit,
Misspickel,
Muskovit,
Olivin,
Opal,
Orthoklas,
Pyrit,
Pyrrhotin,
Quarz,
Schwarzkohle,

Serpentin,
Siderit,
Skapolith,
Stilpnomelan,
Strontianit,
Turmalin,
Vivianit,
Wad.

Siebenbürgen.

Agalmatolith,
Aktinolith,
Alabandin,
Albit,
Allophan,
Aluminit,
Amphibol,
Analcim,
Anatas,
Anglesit,
Ankerit,
Annabergit,
Anthophyllit,
Anthracit,
Antimon,
Antimonit,
Aragonit,
Argentit,
Arsen,
Arsenit,
Asbest,
Asphalt,
Augit,
Auripigment,
Avanturin,
Azurit,
Baryt,
Bastit,
Bergkrystall,
Biotit,
Bismutin,
Blei,
Bleigummi,
Blende,
Bohnerz,
Bol,
Bornit,
Bournonit,
Braunkohle,
Calcit,
Caledonit,
Cancrinit,
Cerussit,
Cervantit,
Chabasit,
Chalcedon,
Chalkanthit,
Chalkopyrit,
Chlorit,
Chrysopras,

Citrin,
Coelestin,
Cuprit,
Desmin,
Dichroit,
Diopsid,
Discrasit,
Disthen,
Dolomit,
Eisen,
Eisenkiesel,
Enstatit,
Epidot,
Epistilbit,
Epsomit,
Erythrin,
Eukairit,
Fluorit,
Galenit,
Gold,
Grammatit,
Granat,
Gyps,
Haematit,
Heliotrop,
Hemimorphit,
Hessit,
Heteromorphit,
Ilmenit,
Iserin,
Kaolin,
Karneol,
Karstenit,
Keramohalit,
Kerargyrit,
Kobaltmanganerz,
Korund,
Kupfer,
Kupferpecherz,
Kupferschwärze,
Laumontit,
Leadhillit,
Leucit,
Limonit,
Linarit,
Lithionit,
Magnesit,
Magnetit,
Malachit,
Manganit,

Manganocalcit
Markasit,
Melanterit,
Melinit,
Merkur,
Mesitin,
Misspickel,
Molybdaenit,
Morion,
Muskovit,
Nagyagit,
Naphta,
Natrolith,
Nephelin,
Nickelin,
Nitrit,
Oligoklas,
Olivin,
Opal,
Orthoklas,
Ozokerit,
Partschin,
Petzit,
Pharmakolith,
Pharmakosiderit,
Pitticit,
Plasma,
Platin,
Prasem,
Pseudobrookit,
Psilomelan,
Pyrantimonit,
Pyrargyrit,
Pyrit,
Pyrochlor,
Pyrolusit,
Pyromorphit,
Pyrop,
Pyrrhosiderit,
Pyrrhotin,
Quarz,
Rauchquarz,
Realgar,
Redruthit,
Retinit,
Rhodochrosit,
Rhodonit,
Ripidolith,
Rosenquarz,
Rutil,

Sanidin,
Scheererit,
Schwefel,
Seladonit,
Semseyit,
Serpentin,
Siderit,
Silber,
Sillimanit,
Skorodit,
Smaltit,
Smektit,
Smelit,
Smithsonit,
Sodalith,

Spinell,
Stannin,
Staurolith,
Steatit,
Steinsalz,
Stephanit,
Stilbit,
Strontianit,
Succinit,
Sylvanit,
Szaboit,
Tellur,
Tellurit,
Tetradymit,
Tetraedrit,

Titanit,
Topas,
Tridymit,
Turmalin.
Valentinit,
Vesuvian,
Vivianit,
Wad,
Wismuth,
Wismuthocker,
Witherit,
Wöhlerit,
Wulfenit,
Zinnober,
Zirkon.

Slavonien.

Blei,
Braunkohle,
Chromit,
Chrysokoll,

Dolomit,
Gold,
Limonit,
Magnesit,

Naphta,
Plasma.

Steiermark.

Aktinolith,
Alunit,
Amphibol,
Andalusit,
Ankerit,
Annabergit,
Anthophyllit,
Anthracit,
Antimonit,
Apatit,
Aragonit,
Arsen,
Asbest,
Augit,
Avanturin,
Azurit,
Baryt,
Beraunit,
Bergholz,
Bergkrystall,
Blende,
Blödit,
Bohnerz,
Bornit,
Braunkohle,
Bronzit,
Brucit,
Calcit,
Cerussit,
Chalcedon,
Chalkopyrit,
Chlorit,
Chromit,
Cuprit,
Delvauxit,
Diopsid,
Disthen,

Dolomit,
Dopplerit,
Epidot,
Feuerstein,
Fluorit,
Galenit,
Gersdorffit,
Gold,
Grammatit,
Granat,
Graphit,
Gymnit,
Gyps,
Haematit,
Hartit,
Hemimorphit,
Hornstein,
Hydromagnesit,
Jaspis,
Jaulingit,
Kämmererit,
Kaolin,
Karstenit,
Kupfer,
Lasurstein,
Lazulith,
Limonit,
Löllingit,
Magnesit,
Magnetit,
Malachit,
Manganit,
Markasit,
Melanterit,
Melinit,
Mesitin,
Mirabilit,

Misspickel,
Muskovit,
Nickelin,
Olivin,
Opal,
Orthoklas,
Palagonit,
Piauzit,
Pikrosmin,
Polyhalit,
Prasem,
Psilomelan,
Pyrargyrit,
Pyrit,
Pyrolusit,
Pyrrhotin,
Quarz,
Realgar,
Rhodochrom,
Rutil,
Sanidin,
Saussurit,
Schrötterit,
Schwarzkohle,
Schwefel,
Serpentin,
Siderit,
Smaltit,
Smektit,
Smithsonit,
Staurolith,
Steatit,
Steinsalz,
Stilpnosiderit,
Talk,
Tetradymit,
Tetraedrit,

Titanit,
Trinkerit,
Turmalin,
Vivianit,

Wad,
Wismuth,
Witherit,
Wulfenit,

Zinnober,
Zoisit.

Tyrol.

Achat,
Aktinolith,
Albit,
Allochroit,
Allophan,
Amethyst,
Amphibol,
Analcim,
Andalusit,
Andesin,
Ankerit,
Anthophyllit,
Anthracit,
Antigorit,
Antimonit,
Apatit,
Apophyllit,
Aragonit,
Argentit,
Asbest,
Asphalt,
Aspidolith,
Augit,
Auripigment,
Avanturin,
Axinit,
Azurit,
Baryt,
Barytocoelestin,
Batrachit,
Bauxit,
Bergholz,
Bergkrystall,
Beryll,
Beustit,
Binnit,
Biotit,
Blende,
Blödit,
Bohnerz,
Bol,
Bornit,
Brandisit,
Braunkohle,
Bronzit,
Brucit,
Bucholzit,
Calcit,
Cerussit,
Cervantit,
Chabasit,
Chalcedon,
Chalkanthit,
Chalkopyrit,
Chlorit,
Chloritoid,

Chlorophaeit,
Chromglimmer,
Chromit,
Chromocker,
Chrysotil,
Citrin,
Coelestin,
Comptonit,
Cuprit,
Datolith,
Delessit,
Desmin,
Diallag,
Didrimit,
Diopsid,
Disthen,
Dolomit,
Eisenkiesel,
Epidot,
Epsomit,
Erythin,
Eukamptit,
Feuerstein,
Fluorit,
Fuchsit,
Galenit,
Gehlenit,
Gersdorffit,
Gold,
Grammatit,
Granat,
Graphit,
Grengesit,
Grossular,
Gymnit,
Gyps,
Haematit,
Heliotrop,
Helminth,
Hemimorphit,
Heteromorphit,
Hornstein,
Hydrozinkit,
Hypersthen,
Jaspis,
Ilmenit,
Iserin,
Kaolin,
Karneol,
Karstenit,
Keramohalit,
Klinochlor,
Kobaltmanganerz,
Krokydolith,
Kupfer,
Kupferschwärze,

Labardorit,
Lanarkit,
Laumontit,
Leonhardit,
Liebenerit,
Lievrit,
Limonit,
Löwëit,
Magnesit,
Magnetit,
Malachit,
Margarit,
Margarodit,
Markasit,
Mejonit,
Melanterit,
Melinit,
Merkur,
Mesitin,
Mesolith,
Metaxit,
Mirabilit,
Misspickel,
Molybdaenit,
Molybdit,
Monzonit,
Morion,
Muskovit,
Naphta,
Natrolith,
Nickelin,
Nitrit,
Oellacherit,
Oligoklas,
Olivin,
Onkosin,
Orthit,
Orthoklas,
Paragonit,
Pektolith,
Pencatit,
Pennin,
Perowskit,
Pikrosmin,
Pinit,
Pleonast,
Polyhalit,
Predazzit,
Pregrattit,
Prehnit,
Pyrargyrit,
Pyrit,
Pyrolusit,
Pyrop,
Pyrrhosiderit,
Pyrrhotin,

Quarz,
Rauchquarz,
Realgar,
Retinit,
Ripidolith,
Rubellan,
Rutil,
Saussurit,
Scheelit,
Schneebergit,
Schwarzkohle,
Schwarzit,
Schwefel,
Seladonit,
Sericit,
Serpentin,

Siderit,
Silber,
Skapolith,
Skolezit,
Smektit,
Smithsonit,
Soda,
Spessartin,
Spodumen,
Staurolith,
Steatit,
Steinsalz,
Stilbit,
Stilpnosiderit,
Succinit,
Talk,

Tetradymit,
Tetraedrit,
Tirolit,
Titanit,
Turmalin,
Vermiculit,
Vesuvian,
Vorhauserit,
Wad,
Wollastonit,
Wulfenit,
Zinnober,
Zirkon,
Zirlit,
Zoisit.

Ungarn.

Agalmatolith,
Aktinolith,
Alabandin,
Albit,
Allochroit,
Alloklas,
Allophan,
Alumocalcit,
Alunit,
Amalgam,
Amethyst,
Amphibol,
Analcim,
Anatas,
Andesin,
Anglesit,
Ankerit,
Annabergit,
Anorthit,
Anthophyllit,
Anthracit,
Antimon,
Antimonblende,
Antimonit,
Apatit,
Apophyllit,
Aragonit,
Argentit,
Arsen,
Arsenit,
Asbest,
Augit,
Auripigment,
Avanturin,
Axinit,
Azurit,
Baryt,
Bergkrystall,
Berthierit,
Biharit,
Biotit,
Bismit,
Bismutin,
Bleiglätte,
Blende,

Bohnerz,
Bol,
Bornit,
Bournonit,
Braunkohle,
Brochantit,
Bronzit,
Brucit,
Buratit,
Calcit,
Caledonit,
Cerussit,
Cervantit,
Chabasit,
Chalcedon,
Chalkanthit,
Chalkopyrit,
Chloanthit,
Chlorit,
Chromit,
Chrysokoll,
Coelestin,
Comptonit,
Cuprit,
Damourit,
Desmin,
Diadochit,
Diallag,
Diaspor,
Dichroit,
Digenit,
Dillnit,
Diopsid,
Discrasit,
Dolomit,
Ehlit,
Eisen,
Eisenkiesel,
Enargit,
Epidot,
Epsomit,
Erythrin,
Euchroit,
Eukamptit,
Evansit,

Fauserit,
Felsöbanyt,
Feuerstein,
Fluorit,
Galenit,
Ganomatit,
Gaylussit,
Gersdorffit,
Gold,
Goslarit,
Grammatit,
Granat,
Graphit,
Grossular,
Gyps,
Haematit,
Haidingerit,
Hauerit,
Hausmannit,
Hemimorphit,
Hessit,
Heteromorphit,
Hörnesit,
Hornstein,
Hypersthen,
Jamesonit,
Jaspis,
Iserin,
Kaolin,
Kapnicit,
Karneol,
Karstenit,
Kenngottit,
Keramohalit,
Kieselschiefer,
Kobaltin,
Kobaltmanganerz,
Kollyrit,
Krokoit,
Kupfer,
Kupferpecherz,
Kupferschwärze,
Labradorit,
Laumontit,
Leonhardit,

— 301 —

Libethenit,
Löllingit,
Limonit,
Linarit,
Lirokonit,
Löwigit,
Lunnit,
Magnetit,
Malachit,
Manganit,
Manganocalcit,
Markasit,
Melanterit,
Mennige,
Merkur,
Milchquarz,
Misspickel,
Molybdaenit,
Muskovit,
Myelin,
Nagyagit,
Naphta,
Natrolith,
Nickelin,
Nitrit,
Oligoklas,
Olivenit,
Olivin,
Opal,
Orthoklas,
Palagonit,
Pholerit,
Pitticit,
Pleonast,

Polybasit,
Prasin,
Prehnit,
Proustit,
Psilomelan,
Pyrantimonit,
Pyrargyrit,
Pyrit,
Pyrolusit,
Pyromorphit,
Pyrrhosiderit,
Pyrrhotin,
Quarz,
Realgar,
Redruthit,
Rezbanyit,
Rhodochrosit,
Rhodonit,
Rutil,
Sanidin,
Scheelit,
Schreibersit,
Schwarzkohle,
Schwazit,
Schwefel,
Seladonit,
Semseyit,
Senarmontit,
Serpentin,
Siderit,
Silber,
Smaltit,
Smelit,
Smithsonit,

Soda,
Steatit,
Steinsalz,
Stephanit,
Stiblith,
Stilbit,
Stilpnosiderit,
Succinit,
Sylvanit,
Szajbelyit,
Talk,
Tellur,
Tetradymit,
Tetraedrit,
Thrombolith,
Tirolit,
Tridymit,
Tschermigit,
Turmalin,
Unghwarit,
Valentinit,
Vesuvian,
Vivianit,
Voigtit,
Voltait,
Wad,
Wehrlit,
Wismuth,
Witherit,
Wollastonit,
Wulfenit,
Zinnober.

Woiwodina.

Allophan,
Amethyst,
Amphibol,
Analcim,
Ankerit,
Antimonit,
Apophyllit,
Aragonit,
Arsen,
Asbest,
Asphalt,
Auripigment,
Azurit,
Bergkrystall,
Bismutin,
Blende,
Bohnerz,
Bornit,
Brochantit,
Calcit,
Cerussit,
Chabasit,
Chalcedon,
Chalkanthit,
Chalkopyrit,
Chlorit,
Chrysokoll,

Cuprit,
Cyanotrichit,
Desmin,
Epidot,
Erythrin,
Fluorit,
Galenit,
Glaukodot,
Gold,
Goslarit,
Grammatit,
Granat,
Graphit,
Grossular,
Gyps,
Haematit,
Heliotrop,
Hemimorphit,
Kaolin,
Kupfer,
Kupferpecherz,
Kupferschwärze,
Limonit,
Magnetit,
Malachit,
Markasit,
Melanterit,

Mesitin,
Misspickel,
Molybdaenit,
Muskovit,
Nickelin,
Ochran,
Opal,
Psilomelan,
Pyrit,
Pyrolusit,
Pyromorphit,
Pyrrhotin,
Realgar,
Redruthit,
Retinit,
Schwarzkohle,
Serpentin,
Siderit,
Smaltit,
Smithsonit,
Steatit,
Tetraedrit,
Vesuvian,
Wad,
Wollastonit,
Wulfenit.

Krystallographie.

I. Reguläres System.

Tessularisches, tesserales, isometrisches System.
Drei untereinander rechtwinkelige gleiche Axen.

a. Holoedrische Formen.

	Naumann.	Weiss.	Miller.
Octaeder	O	$a:a:a$	(111)
Hexaeder	$\infty O \infty$	$a:\infty a:\infty a$	(100)
Dodekaeder	∞O	$a:a:\infty a$	(110)
Tetrakishexaeder	$\infty O n$	$a:na:\infty a$	(h k o)
Ikositetraeder	$m O m$	$a:ma:ma$	(h k k) $_{(h>k)}$
Triakisoctaeder	$m O$	$a:a:ma$	(h h k) $_{(h>k)}$
Hexakisoctaeder	$m O n$	$a:ma:na$	(h k l)

b. Hemiedrische Formen.
1. Tetraedrische Hemiedrie.

	Naumann.	Weiss.	Miller.
Tetraeder	$\pm \dfrac{O}{2}$	$\pm \tfrac{1}{2}(a:a:a)$	$\pm\,x$ (111)
Triakistetraeder	$\pm \dfrac{m O m}{2}$	$\pm \tfrac{1}{2}(a:ma:ma)$	$\pm\,x$ (h k k) $_{(h>k)}$
Deltoiddodekaeder	$\pm \dfrac{m O}{2}$	$\pm \tfrac{1}{2}(a:a:ma)$	$\pm\,x$ (h h k) $_{(h>k)}$
Hexakistetraeder	$\pm \dfrac{m O n}{2}$	$\pm \tfrac{1}{2}(a:ma:na)$	$\pm\,x$ (h k l)

2. Pyritoedrische Hemiedrie.

	Naumann.	Weiss.	Miller.
Pentagondodekaeder (Pyritoeder)	$\pm \left[\dfrac{\infty O n}{2}\right]$	$\pm \tfrac{1}{2}(a:na:\infty a)$	$\pm\,\pi$ (h k o)
Dyakisdodekaeder (Diploeder)	$\pm \left[\dfrac{m O n}{3}\right]$	$\pm \tfrac{1}{2}(a:ma:na)$	$\pm\,\pi$ (h k l)

II. Quadratisches System.

Tetragonales, viergliederiges, zwei- und einaxiges, pyramidales, monodimetrisches System.

Drei auf einander senkrecht stehende Axen, von denen zwei gleiche von der dritten verschieden sind.

a. Holoedrische Formen.

	Naumann.	Weiss.	Miller.
Dioctaeder	mPn	$a:na:mc$	$(hkl)_{(h>k)}$
Ditetragonale Prismen	∞Pn	$na:a:\infty c$	$(hk0)$
Octaeder I. Stell.	mP	$a:a:mc$	(hhl)
Octaeder II. Stell.	$mP\infty$	$a:\infty a:mc$	$(h0l)$
Quadr. Prisma I. Stell.	∞P	$a:a:\infty c$	(110)
Quadr. Prisma II. Stell.	$\infty P\infty$	$a:\infty a:\infty c$	(100)
Basis	$0P$	$\infty a:\infty a:c$	(001)

b. Hemiedrische Formen.

1. Trapezoedrische Hemiedrie.

	Naumann.	Weiss.	Miller.
Trapezoeder	$\pm \dfrac{mPn}{2}$	$\pm \frac{1}{2}(a:na \cdot mc)$	$\pm \chi^{\scriptscriptstyle \parallel} (hkl)_{(h>k)}$

2. Sphenoidische Hemiedrie.

	Naumann.	Weiss.	Miller.
Skalenoeder	$\pm \dfrac{mPn}{2}$	$\pm \frac{1}{2}(a:na:mc)$	$\pm \chi\,(hkl)_{(h>k)}$
Sphenoide (Tetraeder)	$\pm \dfrac{mP}{2}$	$\pm \frac{1}{2}(a:a:mc)$	$\pm \chi\,(hhl)$

3. Pyramidale Hemiedrie.

	Naumann.	Weiss.	Miller.
Octaeder III. Stell.	$\pm \dfrac{mPn}{2}$	$\pm \frac{1}{2}(a:na:mc)$	$\pm \pi\,(hkl)_{(h>k)}$
Quadr. Prisma III. Stell.	$\pm \dfrac{\infty Pn}{2}$	$\pm \frac{1}{2}(na:a:\infty c)$	$\pm \pi\,(hk0)$

III. Rhombisches System.

Ein- und einaxiges, orthotypes, prismatisches, anisometrisches System.

Drei auf einander rechtwinkelige ungleiche Axen.

a. Holoedrische Formen.

	Naumann.	Weiss.	Miller.
Octaeder	$m \breve{P} n$	$n a : b : m c$	(h k l) (h<k)
	$m \grave{P} n$	$a : n b : m c$	(h k l) (h>k)
	P	$a : b : c$	(111)
Prismen	$\infty \breve{P} n$	$n a : b : \infty c$	(h k 0) (h<k)
	$\infty \grave{P} n$	$a : n b : \infty c$	(h k 0) (h>k)
	∞P	$a : b : \infty c$	(110)
Makrodomen	$m \grave{P} \infty$	$a : \infty b : m c$	(h 0 l)
	$\grave{P} \infty$	$a : \infty b : c$	(101)
Brachydomen	$m \breve{P} \infty$	$\infty a : b : m c$	(0 k l)
	$\breve{P} \infty$	$\infty a : b : c$	(011)
Basis	$0 P$	$\infty a : \infty b : c$	(001)
Makropinakoid	$\infty \grave{P} \infty$	$a : \infty b : \infty c$	(100)
Brachypinakoid	$\infty \breve{P} \infty$	$\infty a : b : \infty c$	(010)

b. Hemiedrische Formen.

	Naumann.	Weiss.	Miller.
Tetraeder	$\pm \dfrac{P}{2}$	$\frac{1}{2} (a : b : c)$	$\varkappa$ (111)

IV. Hexagonales System.

Sechsgliederiges, drei- und einaxiges, rhomboedrisches, monotrimetrisches System.

Vier Axen, drei gleiche liegen in einer Ebene und schneiden sich unter 60 Grad, eine vierte ungleiche steht auf diesen senkrecht.

a. Holoedrische Formen.

	Naumann.	Weiss.	Miller.
Didodekaeder	$m P n$	$a : n a : \dfrac{n}{n-1} a : m c$	(h k $\bar{1}$ i)
Dihexagonale Prisma	$\infty P n$	$a : n a : \dfrac{n}{n-1} a : \infty c$	(h k $\bar{1}$ 0)
Dihexaeder I. Stell.	$m P$	$a : a : \infty a : m c$	(h 0 $\bar{h}$ i)
Dihexaeder II. Stell.	$m P 2$	$2 a : a : 2 a : m c$	(h · h · 2$\bar{h}$ · i)
Hexag. Prisma I. St.	∞P	$a : \infty a : -a : \infty c$	(10$\bar{1}$0)
Hexag. Prisma II. St.	$\infty P 2$	$2 a : 2 a : -a : \infty c$	(11$\bar{2}$0)
Basis	$0 P$	$\infty a : \infty a : \infty a : c$	(0001)

b. Hemiedrische Formen.

1. Trapezoedrische Hemiedrie.

	Naumann.	Weiss.	Miller.
Trapezoeder	$\pm \dfrac{mPn}{2}$	$\pm \tfrac{1}{2}(a:na:\dfrac{n}{n-1}a:mc)$	$\pm x^{||}$ (h k l i)

2. Rhomboedrische Hemiedrie.

	Naumann.	Weiss.	Miller.
Skalenoeder 1. u. 2. Ordnung	$\pm mRn$	$\pm \tfrac{1}{2}(a:na:\dfrac{n}{n-1}a:mc)$	π (h k $\bar{1}$ i) und π (k h $\bar{1}$ i) (h > k)
Rhomboeder 1. u. 2. Ordnung	$\pm mR$	$\pm \tfrac{1}{2}(a:a:\infty a:mc)$	π (h 0 $\bar{h}$ i) u. π (0 h $\bar{h}$ i)
Dihexaeder II. Stell.	$mP2$	$2a:a:2a:mc$	π (h · h · $\overline{2h}$ · i)
Dihexagonale Prisma	∞Pn	$a:na:\dfrac{n}{n-1}a:\infty c$	π (h k $\bar{1}$ 0)
Hexag. Prisma I. St.	∞R	$a:a:\infty a:\infty c$	π (10$\bar{1}$0)
Hexag. Prisma II. St.	$\infty P2$	$a:\tfrac{1}{2}a:a:\infty c$	π (11$\bar{2}$0)
Basis	$0R$	$\infty a:\infty a:\infty a:c$	π (0001)

3. Pyramidale Hemiedrie.

	Naumann.	Weiss.	Miller.
Pyramiden III. Ordn.	$\pm \left[\dfrac{mPn}{2}\right]$	$\pm \tfrac{1}{2}(a:na:\dfrac{n}{n-1}a:mc)$	$\pm \pi$ (h k l i)
Prismen III. Ordn.	$\pm \left[\dfrac{\infty Pn}{2}\right]$	$\pm \tfrac{1}{2}(a:na:\dfrac{n}{n-1}a:\infty c)$	$\pm \pi$ (h k 0 i)

c. Tetartoedrische Formen.

	Naumann.	Weiss.	Miller.
Trapezoeder	$\pm \left[\dfrac{mPn}{4}\right]$	$\pm \tfrac{1}{4}(a:na:\dfrac{n}{n-1}a:mc)$	$\pm x\pi$ (h k l i)
Trigonale Pyramiden	$\pm \left[\dfrac{mP2}{4}\right]$	$\pm \tfrac{1}{4}(2a:a:2a:mc)$	$\pm x\pi$ (h · h · $\overline{2h}$ · i)
Ditrigonales Prisma	$\pm \left[\dfrac{\infty Pn}{4}\right]$	$\pm \tfrac{1}{4}(a:na:\dfrac{n}{n-1}a:\infty c)$	$\pm x\pi$ (h k $\bar{1}$ 0)
Trigonales Prisma	$\pm \left[\dfrac{\infty P2}{4}\right]$	$\pm \tfrac{1}{4}(a:2a:-a:\infty c)$	$\pm x\pi$ (11$\bar{2}$0)
Rhomboeder 3. Ordn.	$\pm \left[\dfrac{mPn}{4}\right]$	$\pm \tfrac{1}{4}(a:na:\dfrac{n}{n-1}a:mc)$	$\pm x^{||}\pi$ (h k l i)

V. Monoklines System.
Zwei- und eingliederiges, hemiorthotypes, klinorhombisches, monosymmetrisches System.

Drei ungleiche Axen, von denen sich zwei unter einem schiefen Winkel schneiden, während die dritte Axe auf ihnen beiden rechtwinkelig ist.

	Naumann.	Weiss.	Miller.
Hemipyramiden	$\pm m\mathbf{P}n$	$\mp a:nb:mc$	$(\bar{h}kl)$ resp. $(hkl)_{(h>k)}$
	$\pm m\mathbf{P}'n$	$\mp na:b:mc$	$(\bar{h}kl)$ resp. $(hkl)_{(h<k)}$
	$\pm \mathbf{P}$	$\mp a:b:c$	$(\bar{1}11)$ resp. (111)
	$\pm \mathbf{P}2$	$\mp 2a:b:2c$	$(\bar{1}22)$ resp. (212)
Verticalprismen	$\infty \mathbf{P}n$	$a:nb:\infty c$	$(hk0)_{(h>k)}$
	$\infty \mathbf{P}'n$	$na:b:\infty c$	$(hk0)_{(h<k)}$
Klinodomen	$m\mathbf{P}\infty$	$\infty a:b:mc$	$(0kl)$
Klinodoma	$\mathbf{P}\infty$	$\infty a:b:c$	(011)
Hemidomen	$\pm m\mathbf{P}\infty$	$\mp a:\infty b:mc$	$(\bar{h}0l)$ resp. $(h0l)$
Orthodoma	$\pm \mathbf{P}\infty$	$\mp a:\infty b:c$	$(\bar{1}01)$ resp. (101)
Orthopinakoid	$\infty \mathbf{P}\infty$	$a:\infty b:\infty c$	(100)
Basis	$0\mathbf{P}$	$\infty a:\infty b:c$	(001)
Klinopinakoid	$\infty \mathbf{P}\infty$	$\infty a:b:\infty c$	(010)

VI. Triklines System.
Ein- und eingliederiges, anorthotypes, anorthisches, asymmetrisches System.

Drei unter einander schiefwinkelige ungleiche Axen.

	Naumann.	Weiss.	Miller.
Viertelpyramiden			
oben rechts	$m\mathbf{P}'\bar{n}$	$a:nb:mc$	$(hkl)_{(h>k)}$
	$m\mathbf{P}'\breve{n}$	$na:b:mc$	$(hkl)_{(h<k)}$
oben links	$m^{\scriptscriptstyle |}\mathbf{P}\bar{n}$	$a:-nb:mc$	$(h\bar{k}l)_{(h>k)}$
	$m^{\scriptscriptstyle |}\mathbf{P}\breve{n}$	$na:-b:mc$	$(h\bar{k}l)_{(h<k)}$
unten rechts	$m\mathbf{P}_{|}\bar{n}$	$a:nb:-mc$	$(hk\bar{l})_{(h>k)}$
	$m\mathbf{P}_{|}\breve{n}$	$na:b:-mc$	$(hk\bar{l})_{(h<k)}$
unten links	$m_{|}\mathbf{P}\bar{n}$	$a:-nb:-mc$	$(h\bar{k}\bar{l})_{(h<k)}$
	$m_{|}\mathbf{P}\breve{n}$	$na:-b:-mc$	$(h\bar{k}\bar{l})_{(h>k)}$
Rechtes Hemiprisma	$\infty\mathbf{P}'_{|}\bar{n}$	$a:nb:\infty c$	$(hk0)_{(h>k)}$
	$\infty\mathbf{P}'_{|}\breve{n}$	$na:b:\infty c$	$(hk0)_{(h<k)}$
Linkes Hemiprisma	$\infty_{|}{}'\mathbf{P}\bar{n}$	$a:-nb:\infty c$	$(h\bar{k}0)_{(h>k)}$
	$\infty_{|}{}'\mathbf{P}\breve{n}$	$na:-b:\infty c$	$(h\bar{k}0)_{(h<k)}$
Oberes Makrodoma	$m^{\scriptscriptstyle |}\mathbf{P}'\bar{\infty}$	$a:\infty b:mc$	$(h0l)$

VI. Triklines System. (Fortsetzung.)

	Naumann.	Weiss.	Miller.
Unteres Makrodoma	$m_,P_,\overline{\infty}$	$-a : \infty b : mc$	$(h\,0\,\bar{1})$
Rechtes Brachydoma	$m_,P_,\breve{\infty}$	$\infty a : b : mc$	$(0\,k\,l)$
Linkes Brachydoma	$m'P_,\breve{\infty}$	$\infty a : -b : mc$	$(0\,\bar{k}\,l)$
Makropinakoid	$\infty P \overline{\infty}$	$a : \infty b : \infty c$	(100)
Brachypinakoid	$\infty P \breve{\infty}$	$\infty a : b : \infty c$	(010)
Basis	$0\,P$	$\infty a : \infty b : c$	(001)

Elemente.

Name.	Symbol.	Werthigkeit.	Atomgewicht.	Name.	Symbol.	Werthigkeit.	Atomgewicht.
Aluminium	Al	III	27·3	Natrium	Na	I	23
Antimon	Sb	III	122	Nickel	Ni	II	59
Arsen	As	III	75	Niob	Nb	V	94
Baryum	Ba	II	137	Osmium	Os	IV	199·2
Beryllium	Be	II	9·3	Palladium	Po	II	106
Blei	Pb	II	207	Phosphor	P	III	31
Bor	B	III	11	Platin	Pt	IV	198
Brom	Br	I	80	Quecksilber	Hg	II	200
Cadmium	Cd	II	112	Rhodium	Rh	II	104
Caesium	Cs	I	133	Rubidium	Rb	IV	85·5
Calcium	Ca	II	40	Ruthenium	Ru	I	104·4
Cer	Ce	II	92	Sauerstoff	O	II	16
Chlor	Cl	I	35·5	Schwefel	S	II	32
Chrom	Cr	III	52	Selen	Se	II	79
Didym	Di	II	96	Silber	Ag	I	108
Eisen	Fe	II	56	Silicium	Si	IV	28
Erbium	Er	II	112·6	Stickstoff	N	III	14
Fluor	F	I	19	Strontium	Sr	II	88
Gallium	G	IV	69·7	Tantal	Ta	V	182
Germanium	Ge	IV	36·14	Tellur	Te	II	128
Gold	Au	III	196	Thallium	Tl	I	204
Indium	Jn	II	113·7	Thor	Th	IV	234
Jod	J	I	127	Titan	Ti	IV	48
Iridium	Ir	IV	198	Uran	U	II	240
Kalium	K	I	39	Vanadium	V	III	51·4
Kobalt	Co	II	59	Wasserstoff	H	I	1
Kohlenstoff	C	IV	12	Wismuth	Bi	III	208
Kupfer	Cu	II	63·4	Wolfram	W	IV	184
Lanthan	La	II	92·5	Yttrium	Y	II	61·7
Lithium	Li	I	7	Zink	Zn	II	65
Magnesium	Mg	II	24	Zinn	Sn	IV	118
Mangan	Mn	II	55	Zirkonium	Zr	IV	90
Molybdaen	Mo	VI	92				

Literatur.

A. Geschichte der Mineralogie.

1825 **Marx,** Geschichte der Krystallkunde.
1839 **Whewell,** Geschichte der inductiven Wissenschaften (Deutsch von Littrow).
1861 **Lenz,** Die Mineralogie der alten Griechen und Römer.
1865 **Kobell, v.,** Geschichte der Mineralogie.

B. Krystallographie und Physik der Mineralien.

1772 **Romé de l'Isle,** Essai de cristallographie.
1774 **Werner, A. G.,** Von den äusseren Kennzeichen der Fossilien.
1783 **Romé de l'Isle,** Cristallographie. 4 Bde.
1822 **Hauy,** Traité de cristallographie. 2 Bde.
1825 **Naumann,** Grundriss der Krystallographie.
1830 **Naumann,** Lehrbuch der reinen und angewandten Krystallographie. 2 Bde.
1831 **Kupffer,** Handbuch der rechnenden Krystallonomie.
1839 **Miller,** A treatise on crystallography.
1840 **Quenstedt,** Methode der Krystallographie.
1846 **Kenngott,** Lehrbuch der reinen Krystallographie.
1852 **Rammelsberg,** Lehrbuch der Krystallkunde.
1854 **Naumann,** Anfangsgründe der Krystallographie.
1855 **Kenngott,** Synonymik der Krystallographie.
1856 **Naumann,** Elemente der theoretischen Krystallographie.
1861 **Karsten,** Lehrbuch der Krystallographie.
1862 **Kopp,** Einleitung in die Krystallographie.
1866 **Lang, V. v.,** Lehrbuch der Krystallographie.
1866—68 **Schrauf,** Lehrbuch der physikalischen Mineralogie. 2 Bde.
1873 **Quenstedt,** Grundriss der bestimmenden und rechnenden Krystallographie.
1873 **Rose, G.** und **Sadebeck, A.,** Elemente der Krystallographie.
1876 **Sadebeck,** Angewandte Krystallographie.
1876 **Klein, C.,** Einleitung in die Krystallberechnung.
1876 **Groth, P.,** Physikalische Krystallographie. (Bereits neue Auflage erschienen.)
1879 **Sohnke,** Entwickelung einer Theorie der Krystallstructur.
1881 **Liebisch,** Geometrische Krystallographie.
1883 **Rammelsberg,** Elemente der Krystallographie für Chemiker.
1883 **Březina,** Methodik der Krystallbestimmung.
1886 **Goldschmidt, V.,** Index der Krystallformen der Mineralien (im Erscheinen).

C. Lehrbücher und Handbücher der Mineralogie.

1801—5 **Reuss,** Lehrbuch der Mineralogie. 3 Bde.
1811—17 **Hoffmann,** Handbuch der Mineralogie (beendigt von Breithaupt) 4 Bde.
1822 **Hauy,** Traité de minéralogie. 4 Bde. mit Atlas. 2. Aufl.
1822—24 **Mohs,** Grundriss der Mineralogie.

1826 **Leonhard, C. C. v.**, Handbuch der Oryktognosie. 2. Aufl.
1828 **Naumann**, Lehrbuch der Mineralogie, mit Atlas.
1828—47 **Hausmann**, Vollständiges Handbuch der Mineralogie. 2 Bde.
1829 **Haidinger**, Anfangsgründe der Mineralogie.
1830—32 **Beudant**, Traité élementaire de minéralogie. 2 Bde. 2. Aufl.
1831 **Glocker**, Handbuch der Mineralogie.
1832 **Breithaupt**, Vollständige Charakteristik des Mineralsystems. 3. Aufl.
1836—47 **Breithaupt**, Vollständiges Handbuch der Mineralogie. 3 Bde.
1838 **Kobell, v.**, Grundzüge der Mineralogie.
1843 **Hartmann**, Handbuch der Mineralogie. 2 Bde. mit Nachtrag 1850.
1851 **Haidinger**, Handbuch der bestimmenden Mineralogie. 2. Aufl.
1852 **Phillips**, Elementary introduction in mineralogy. 5. Aufl.
1856—59 **Dufrénoy**, Traité de minéralogie. 4 Bde. mit Atlas.
1860 **Leonhard, G.**, Grundzüge der Mineralogie. 2. Aufl.
1860 **Pfaff**, Grundriss der Mineralogie.
1862 **Girard**, Handbuch der Mineralogie.
1862—74 **Des Cloizeaux**, Manuel de minéralogie. 2 Bde. (im Erscheinen).
1864 **Andrä**, Lehrbuch der gesammten Mineralogie.
1869 **Dana, J. D.**, A system of mineralogy. 5. Aufl. mit 3 Nachträgen 1872—1882.
1873—75 **Bombicci**, Corso di mineralogia. 2 Bde. 2. Aufl.
1874 **Blum**, Lehrbuch der Mineralogie. 4. Aufl.
1877 **Dana, Edw. S.**, A text-book of mineralogy.
1877 **Quenstedt**, Handbuch der Mineralogie. 3. Aufl.
1878 **Kobell, v.**, Die Mineralogie, leicht fasslich dargestellt. 5. Aufl.
1880 **Kenngott**, Lehrbuch der Mineralogie. 5. Aufl.
1885 **Tschermak**, Lehrbuch der Mineralogie. 2. Aufl.
1885 **Naumann**, Elemente der Mineralogie. 12. Aufl. bearbeitet von Zirkel.
1886 **Bauer**, Lehrbuch der Mineralogie.
1886 **Hornstein**, Kleines Lehrbuch der Mineralogie. 4. Aufl.

D. Mikroskopisches Verhalten der Mineralien.

1873 **Zirkel**, Mikroskopische Physiographie der petrographisch wichtigen Mineralien.
1876 **Dölter**, Die Bestimmung der petrographisch wichtigeren Mineralien durch das Mikroskop.
1879 **Fouqué et Michel Lévy**, Minéralogie micrographique.
1881 **Zirkel**, Die Einführung des Mikroskops in das mineralog.-geolog. Studium.
1881—83 **Cohen**, Sammlung von Mikrophotographien zur Veranschaulichung der mikroskop. Structur der Mineralien.
1883 **Tschermak**, Die mikroskopische Beschaffenheit der Meteoriten.
1885 **Hussak**, Anleitung zum Bestimmen der gesteinbildenden Mineralien.

E. Chemische Verhältnisse der Mineralien.

1841—53 **Rammelsberg**, Handwörterbuch des chemischen Theils der Mineralogie. Mit 5 Suppl.
1854 **Volger**, Studien zur Entwickelungsgeschichte der Mineralien.
1863—66 **Bischof**, Lehrbuch der chemischen und physikalischen Geologie, 3 Bde. 2. Aufl. mit 1 Suppl. 1871.
1875 **Rammelsberg**, Handbuch der Mineralchemie. 2. Aufl.
1879—85 **Roth**, Allgemeine und chemische Geologie (im Erscheinen).

F. Werke zur Untersuchung der Mineralien.

1848 **Zimmermann**, Handbuch zum Bestimmen der Mineralien.
1862 **Kerl**, Leitfaden bei qualitativen und quantitativen Löthrohruntersuchungen. 2. Aufl.

1873 **Helmhacker,** Tafeln zur Bestimmung häufig vorkommender Mineralien.
1874 **Senft,** Analytische Tabellen zur Bestimmung der Mineralien.
1875 **Hirschwald,** Löthrohrtabellen.
1878 **Plattner,** Probirkunst mit dem Löthrohr. 5. Aufl.
1878 **Brush,** Manuel of determinative Mineralogy. 3. Aufl.
1878 **Weisbach,** Tabellen zur Bestimmung der Mineralien nach äusseren Kennzeichen. 2. Aufl.
1879 **Laube,** Hülfstafeln zur Bestimmung der Mineralien. 2. Aufl.
1884 **Kobell, v.,** Tafeln zur Bestimmung der Mineralien mittelst einfacher chemischer Versuche. 12. Aufl. von Oebbecke.

G. Uebersichten über das System.

1808 **Karsten,** Mineralogische Tabellen. 2. Aufl.
1830 **Breithaupt,** Uebersicht des Mineralsystems.
1849 **Nordenskjöld,** Ueber das atomistische Mineralsystem.
1852 **Rose, G.,** Das krystallo-chemische Mineralsystem.
1882 **Groth,** Tabellarische Uebersicht der Mineralien. 2. Aufl.
1882 **Werner, G.,** Mineralogische und geologische Tabellen.
1884 **Weisbach,** Synopsis mineralogica. 2. Aufl.

H. Vorkommen der Mineralien.

1825 **Monticelli e Covelli,** Prodromo della mineralogia vesuviana.
1826 **Hisinger,** Mineralogische Geographie von Schweden. Deutsch von Wöhler.
1837—42 **Rose, G.,** Mineralogisch-geognostische Reise nach dem Ural u. s. w. 2 Bde.
1849 **Breithaupt,** Die Paragenesis der Mineralien.
1852 **Nordenskjöld,** Verzeichniss der in Finnland gefundenen Mineralien.
1853—83 **Koksoharow, v.,** Materialien zur Mineralogie Russlands. 9 Bde. mit Atlas (noch unvollendet).
1855 **Haidinger,** Geologische Uebersicht der Bergbaue der österreichischen Monarchie.
1857 **Roth, J.,** Der Vesuv und die Umgebung von Neapel.
1857 **Vogl,** Gangverhältnisse und Mineralreichthum Joachimsthals.
1858 **Greg and Lettsom,** Manuel of the mineralogy of Great Britain and Ireland.
1858—73 **Zepharovich, v.,** Mineralogisches Lexikon des Kaiserthums Oesterreich. 2 Bde.
1863 **Fiedler,** Die Mineralien Schlesiens.
1866 **Kenngott,** Mineralien der Schweiz.
1869 **Grimm,** Die Lagerstätten der nutzbaren Mineralien.
1873 **Dechen, von,** Die nutzbaren Mineralien und Gebirgsarten im Deutschen Reiche.
1873 **d'Acchiardi,** Mineralogia della Toscana 2. Bde.
1874 **Frenzel,** Mineralogisches Lexikon für das Königreich Sachsen.
1875 **Genth,** Report of the mineralogy of Pensylvania. Mit Nachtrag 1876.
1875 **Gonnard,** Minéralogie du département du Puy-de-Dôme.
1875 **How,** Mineralogy of Nova Scotia.
1876 **Leonhard, G.,** Die Mineralien Badens nach ihrem Vorkommen. 3. Aufl.
1878 **Fugger,** Die Mineralien des Erzherzogthums Salzburg.
1878 **Giesecke,** Mineralogische Reise nach Grönland (herausgegeben von Johnstrup).
1878 **Raimondi,** Minéraux du Peru. (Aus dem Spanischen übersetzt von Martinet.)
1879 **Groddeck, v.,** Die Lehre von den Lagerstätten der Erze.
1879 **Domeyko,** Mineralojia. 3. Aufl.

— 311 —

1879 **Brackebusch,** Las Especies minerales de la Republica argentina.
1880 **Wenckenbach, Fr.,** Uebersicht über die in Nassau aufgefundenen einfachen Mineralien.
1884 **Brunlechner,** Die Minerale des Herzogthums Kärnten.
1885 **Hatle,** Die Minerale des Herzogthums Steiermark.

I. Beschreibung von Mineraliensammlungen.

1804 **Mohs,** Des Herrn F. F. von der Null's Mineraliencabinet.
1834 **Kayser,** Beschreibung der Mineraliensammlung des Medicinalraths Bergemann in Berlin.
1837 **Levy,** Description d'une collection de minéraux formée par M. Heuland. 3 Bde. mit Atlas.
1843 **Haidinger,** Bericht über die Mineraliensammlung der k. k. Hofkammer.
1868 **Roemer,** Das mineralogische Museum der Königlichen Universität Breslau.
1874 **Rose u. Sadebeck,** Das mineralogische Museum der Universität Berlin.
1878 **Groth,** Die Mineraliensammlung der Kaiser-Wilhelms-Universität in Strassburg.
1879 **Geinitz,** Führer durch das K. mineralogisch-geologische Museum in Dresden.
1885 **Hirschwald,** Das mineralogische Museum der Königlichen technischen Hochschule Berlin.

K. Zeitschriften, in welchen mineralogische Arbeiten publicirt werden.

Neues Jahrbuch für Mineralogie, Geologie und Palaeontologie von Bauer, Dames und Liebisch.
Mineralogische und petrographische Mittheilungen von Tschermak.
Zeitschrift für Krystallographie und Mineralogie von Groth.
Annalen der Physik und Chemie von Wiedemann.
Berg- und hüttenmännische Zeitung.
Verhandlungen und Schriften der Kaiserlich russischen Gesellschaft für die gesammte Mineralogie.
Annales de chimie et physique.
Bulletin de la société minéralogique de France.
Bulletin de la société géologique de France.
Annales des mines.
The mineralogical Magazine.
Proceedings of the cristallological society.
American Journal of sciences and arts von Silliman.
Zeitschrift der deutschen geologischen Gesellschaft.
Berichte der oberhessischen Gesellschaft für Natur- und Heilkunde.
Geol. Föreningens i Stockholm Förhandl.
Nachrichten der königlichen Gesellschaft der Wissenschaften zu Göttingen.
Sitzungsberichte der königlichen preussischen Akademie der Wissenschaften.
Jahrbücher des nassauischen Vereins für Naturkunde.
Verhandlungen des naturhistorischen Vereins der preussischen Rheinlande und Westfalens
   und viele andere Vereinszeitschriften.

Namenregister.

Aarit Ni (Sb As).
Abichit 2, 245.
Abrazit = Gismondin 92, 251.
Abriachanit 2.
Acadialith = Chabasit 46, 251.
Achat, abw. L. amorpher u. kryst. Si O_2
Achatjaspis = v. Jaspis.
Achirit = v. Dioptas 68, 248.
Achmatit = Epidot 78, 247.
Achrematit 3 (3 Pb_3 As_2 O_8 + Pb Cl_2) + 4 (Pb_2 Mo O_5).
Achroit = v. Turmalin 218, 247.
Achtaragdit = Pseud. n. Hauyn.
Aciculit = Nadelerz 158, 237.
Adamin 2, 245.
Adamsit = Kaliglimmer 122, 248.
Adelpholith, tetr. H_2O haltiges, niobs. Fe u. Mn.
Adiaphanspath = Gehlenit 90, 247.
Adinol = Albit 4, 251.
Adular 2, 251.
Aedelforsit = v. Caporcianit 42, 251.
Aedelit = Prehnit 178, 248.
Aegirin 2, 250.
Aenigmatit = v. Epidot 78, 247.
Aërinit (Ca, Fe, $Mg)_9$ Al, $Fe)_{10}$ Si_{18} O_{60} + 18 H_2O, blau 252.
Aërosit = Antimonsilberblende 12, 237.
Aeschynit 2, 252.
Aftonit = v. Fahlerz 80, 237.
Agalmatolith 2, 249.

Agaphit = Kalait 120,
Aglait = v. Spodumen 202, 250.
Agnesit = Wismuthcarbonat.
Agricolit = Bi_4 (Si $O_4)_{31}$ 248.
Aikinit = Nadelerz 158, 237.
Ajkit = foss. Harz 253.
Aimafibrit 2.
Aimatolith 2.
Ainalit= v. Kassiterit 124, 238.
Akanthit 2, 235.
Akanticon = Epidot 78, 247.
Akmit 4, 250.
Akontit = Arsenikkies 18, 235.
Aktinolith 4, 250.
Aktinote = Aktinolith 4, 250.
Alabandin 4, 235.
Alabaster = Gyps 100, 242.
Alalit = v. Augit 20, 250.
Alaskait = Pb, Zn, Ag_9, Cu_2) S + (Bi, $Sb)_2$ S_3 236.
Alaun 4, 243.
Alaunstein 4, 243.
Albertit = foss. Harz 253.
Albin 4.
Albit 4, 251.
Alexandrit 4, 243.
Algerit = v. Skapolith 198, 248.
Algodonit = Cu_6 As, 235.
Alipit = (Mg, $Ni)_2$ (Al, $Fe)_2$ Si_3 O_{11} + 6 H_2O.
Alisonit = (Cu_2Pb) S 235.
Alizit = Alipit.
Allagit = Gem. v. Hornstein u. Rhodonit.
Allaktit 4.
Allanit 6.
Allemontit = Antimonarsen 10, 234.

Allochroit = Ca_3 Fe_2 (Si $O_4)_3$.
Allogonit = Herderit 106, 241.
Alloklas 6, 235.
Allomorphit = v. Baryt 22, 241.
Allopalladium = Pd m. Pt u. Ir.
Allophan 6, 252.
Alluaudit = Grüneisenerz 98, 245.
Almandin 6, 248.
Alshedit = v. Greenovit 98, 252.
Alstonit 6, 240.
Altait 6, 235.
Alumian (Al_2) S_2 O_9.
Aluminilit = Alunit 6, 243.
Aluminit 6, 243.
Alumocalcit = unreiner Opal 166, 238.
Alunit 6, 243.
Alunogen = Haarsalz 100, 242.
Alurgit = v. Meroxen, roth 152, 248.
Alvit = v. Zirkon, s. Hyacinth 110, 238.
Amalgam 6, 234.
Amaussit = v. Albit 4, 251.
Amazonenstein = Perthit art. verw. Mikroklin u. Albit 251.
Amazonit = Amazonenstein.
Amber = Bernstein 26, 253.
Amblygonit 6, 245.
Amblystegit 8.
Ambrit = Amber 253.
Amesit H_6 (Mg, $Fe)_4$ (Al, $Fe)_4$ Si_2 O_{17} 249.
Amethyst 8.
Amianth = fas. Aktinolith 4, 250.
Amianthoid = feinf. Aktinolith 4, 250.
Ammoniakalaun 4, 8, 243.

— 313 —

Amoibit = Arsennickelglanz 18, 235.
Amphibol 8, 250.
Amphibol - Anthophyllit 8, 250.
Amphigen = Leucit 140, 250.
Amphilogit = v. Kaliglimmer 122, 248.
Amphodelit = v. Anorthit 10, 251.
Anagonit = Chromocker 54.
Analcim 8, 251.
Anatas 8, 238.
Anauxit 8, 252.
Andalusit 8, 247.
Andesin = Kalknatronfeldspath 122.
Andradit = Allochroit.
Andreasbergolit = Barytkreuzstein 22.
Andreolit = Barytkreuzstein 22.
Andrewsit 245.
Anglarit 8.
Anglesit 10, 241.
Anhydrit 10, 241.
Animikit = Ag_9 Sb 235.
Ankerit 10, 240.
Annabergit 10, 245.
Annerödit 10, 244.
Annit = v. Lepidomelan 140, 248.
Annivit = v. Fahlerz 80, 237.
Anomit 10, 248.
Anorthit 10, 251.
Anorthoit = v. Anorthit 10, 251.
Antholit = Anthophyllit 10, 250.
Anthophyllit 10, 250.
Anthosiderit = Gem. v. Andalusit u. Glimmer.
Anthracit 10, 253.
Anthrakonit = Gem. v. Calcit u. Kohle.
Anthrakoxen 253.
Antiëdrit =Edingtonit 70, 251.
Antigorit = H_4 (Mg, Fe)$_3$ Si_2 O_9 249.
Antillit 249.
Antimon 10, 234.
Antimonarsen 10.
Antimonbleiblende 12.
Antimonblende 12, 239.
Antimonblüthe 12, 238.
Antimonfahlerz = (Ag, Cu)$_6$ · (Fe, Zn)$_4$ Sb_2 S_7.
Antimonglanz 12, 234.

Antimonhypochlorit 115.
Antimonit 12, 234.
Antimonkupferglanz = Bournonit 36, 237.
Antimonnickel 12, 235.
Antimonnickelglanz 12, 235.
Antimonocker 12, 238.
Antimonophyllit = Antimonblüthe 12, 238.
Antimonoxyd 12.
Antimonsilber 12, 235.
Antimonsilberblende 12, 237.
Antimonspath = Antimonblüthe 12, 238.
Antozonit = Fluorit 86, 239.
Antrimolith = v. Mesolith 152, 251.
Apatelit = (Fe O)$_2$ Fe$_4$ (HO)$_4$ (SO$_4$)$_5$, 243.
Apatit 14, 245.
Aphanesit = Abichit 2, 245.
Apherèse = Libethenit 142, 245.
Aphrit = Schaumkalk, v. Calcit 42, 240.
Aphrizit = v. Turmalin 218, 247.
Aphrodit = H_6 Mg_6 Si_4 O_{15}, 249.
Aphrosiderit 14, 249.
Aphthalose 14.
Aphthonit 14, 237.
Apjohnit = Mn SO$_4$ + Al$_2$ S$_3$ O$_6$ + 22 H$_2$O.
Aplom = Kalkeisengranat 96, 248.
Apophyllit 14, 251.
Apyrit = Turmalin 218, 247.
Aquamarin 14, 250.
Araeoxen = (Pb, Zn)$_3$ (V, As)$_2$ O$_8$, 244.
Aragonit 14, 240.
Aragonitsinter = Aragonit 14, 240.
Aragotit, 253.
Arcanit 14, 241.
Ardennit 14, 247.
Arendalit = Epidot 78, 247.
Arequipit = Gem. versch. Kupfererze.
Arfvedsonit 14, 250.
Argentit 14, 235.
Argentopyrit 16, 236.
Argyrit = Argentit 14, 235.

Argyroceratit = Chlorsilber 52, 239.
Argyrodit 16, 235.
Argyropyrit = Silberkies 16, 198, 236.
Argyrose = Argentit 14, 235.
Argyrithrose = Antimonsilberblende 12, 237.
Aricit = Gismondin 92, 251.
Arkanit 14, 241.
Arkansit 16, 238.
Arksutit 16, 239.
Arkticit = Skapolith 198, 248.
Arktolith = H_2 (Ca, Mg, Na$_2$, K$_2$)$_2$ (Al$_2$, Fe$_2$)$_2$ (Si, Ti)$_3$ O$_{19}$.
Arquerit 16, 234.
Arrhenit = Nb, Ta, Ce, Di, La, Y, Er haltig, roth. Feldspath ähnlich.
Arsen 16, 234.
Arsenantimon = Antimonarsen 10, 234.
Arsenantimonnickelglanz 235.
Arsenargentit = Ag_3 As 235.
Arsenblende, rothe 16.
Arsenblende, gelbe 16.
Arseneisen 16.
Arseneisensinter 16.
Arsenfahlerz 16.
Arsenglanz 18.
Arsenicit = Pharmakolith 170, 245.
Arsenige Säure 18.
Arsenikalkies 18.
Arsenikantimon = Allemontit 10, 234.
Arsanikbleispath = Mimetesit 156, 245.
Arsenikblüthe =Arsenige Säure 18.
Arsenikeisen = Arseneisen 16.
Arsenikkalk = Arsenige Säure 18.
Arsenikkies, 18.
Arsenikkobalt = Spathiopyrit 200, 235.
Arsenikkobaltkies 18.
Arsenikkupfer = Arsenkupfer 18, 235.
Arseniknickel 18, 235.
Arseniknickelkies 18.
Arseniksilber = Gem. v. Arsenkies u. Diskrasit.
Arsenikspiessglanz = Allemontit 10, 234.

Arseniosiderit 18, 245.
Arsenit = Arsenige Säure 18.
Arsenkies 18, 235.
Arsenkupfer 18, 235.
Arsenmangan = Mn As 235.
Arsennickel 18, 235.
Arsennickelglanz 18, 235.
Arsenokrokit = Arseniosiderit 18, 245.
Arsenolith = Arsenige Säure 18, 238.
Arsenomelan 18.
Arsenopyrit = Arsenikkies 18.
Arsenosiderit = Arsennickalkies 18.
Arsensilber 18.
Arsensilberblende 20, 237.
Arsenuran = Uranpecherz 220, 242.
Arsenwismuth = As mit 3 pCt. Bi.
Asbest = v. Aktinolith, feinfaserig 4, 250.
Asbolan = (Co, Cu) O + 2 Mn O_2 + 4 H_2O 238.
Asmannit = Si O_2, in Meteoriten, 238.
Aspasiolith 20, 250.
Asperolith 20, 248.
Asphalt 20, 253.
Aspidolith 20, 248.
Astrachanit = Astrakanit 20, 243.
Astrakanit 20, 243.
Astrophyllit = [(Fe, Mn, Mg, Ca, K_2, Na_2) O. (Al_2, Fe_2) O_3] $_2 \cdot 3$ (Si, Ti) O_2, 250.
Atakamit = Salzkupfererz 190, 240.
Atelestit = Wismutharseniat.
Atelin = Cu Cl_2 + 2 (H_2 Cu O_2) + H_2 O.
Ateriastit = v. Skapolith 198, 248.
Atlaserz = Malachit 146, 240.
Atlasit = v. Malachit mit 8 pCt. Cu Cl_2, 146, 240.
Atlasspath = v. Calcit 42, 240.
Atopit 20, 244.
Attacolith = v. Childrenit 48, 246.
Auerbachit 20, 238.
Augelith = Al_2 O_3 · P_2 O_5 + 3 H_2 O, 245.
Augit 20, 250.

Auralit = v. Fahlunit 250.
Aurichalcit 20, 240.
Auripigment = gelbe Arsenblende 16, 234.
Automolit 20, 243.
Autunit 20, 246.
Avalit = Chromoxyd — Thonerde — Silicat.
Avanturin = mit Eisenglimmerschuppen erfüllter Quarz.
Avasit = 5 Fe_2 O_3 · 2 Si O_2 + 9 H_2 O,
Axinit 22, 248.
Azorit = v. Kryptolith 134, 244.
Azurit 22, 240.

Babingtonit 22, 250.
Backkohle = Schwarzkohle 194, 253.
Bagrationit 22.
Baierin = Columbit 56, 244.
Baikalit = Diopsid 68, 250.
Baikerinit = foss. Harz.
Baikerit = Erdwachs 78, 252.
Ballesterosit = v. Eisenkies 72, 235.
Baltimorit = v. Chrysotil, reich an Fe, 54, 249.
Balvraidit = Magnesiafeldspath, röthl.-braun.
Bamlit = v. Sillimanit 198, 247.
Bandachat = v. Achat.
Bandjaspis = v. Jaspis.
Baralit = v. Chamosit 48.
Barcenit = Gem. v. Sbsaurem Hg und Ca mit Sb-säure — Anhydrit 246.
Bardiglione = Anhydrit 10, 241.
Barnhardtit = v. Bornit, Cu arm 34, 236.
Barolit = Witherit 228, 240·
Baroselenit = Baryt 22, 241.
Barrandit 22, 245.
Barsowit 22, 250.
Barylit = Ba_4 (Al_2)$_2$ Si_7 O_{24}.
Barystrontianit = v. Strontianit 204, 240.
Baryt 22, 241.
Baryterde = erdiger Baryt 22, 241.
Barytfeldspath 251.
Barytglimmer 22, 248.

Barytkreuzstein 22.
Barytocalcit 24, 240.
Barytocoelestin 24, 241.
Barytophyllit 24, 249.
Barytplagioklas 24.
Barytturanit = Baryumuranit 24, 246.
Baryumnitrat 240.
Baryumsalpeter 240.
Baryumuranit 24, 246.
Basaltjaspis = halbverglaster Mergel.
Basaltspeckstein = Neolith 160, 249.
Basanit = Kieselschiefer.
Basanomelan = Crichtonit 60.
Basicerit = Fluocerit 86, 239.
Bastit = zers. Bronzit 40, 250.
Bastkohle = v. Braunkohle 36, 253.
Bastnäsit 24, 240.
Bastonit = v. Ottrelit 166, 249.
Bathvillit = foss. Harz, 253.
Batrachit = Monticellit 156, 247.
Baudisserit = Gem. v. Hydromagnesit u. Si O_2.
Baulit = Gem. v. Orthoklas u. Quarz.
Bauxit 24, 238.
Bavalit = v. Chamosit 48.
Bayldonit = 4 (Pb, Cu) O · As_2 O_5 + H_2 O.
Beaumontit = v. Heulandit 106, 251.
Beauxit = Bauxit 24, 238.
Beccarit = v. Zirkon, s. Hyacinth 110, 238.
Bechilith 24, 244.
Beckit = Chalcedon.
Beegerit 24, 237.
Beilstein = Nephrit 160, 250.
Beraunit 24, 246.
Bergamaskit = v. Amphibol 8, 251.
Berengelit = v. Asphalt 20, 253.
Bergbutter = v. Alaun 4, 243.
Bergfleisch = Bergholz 24.
Berggrün = Malachit 146, 240.
Bergholz 24.
Bergkork = Bergholz 24.
Bergkrystall 24.
Bergleder = Bergholz 24.

— 315 —

Bergmannit = v. Natrolith 160, 251.
Bergmilch = lockerer erdiger Absatz von Ca C O_3.
Bergöl 24.
Bergpech = Asphalt 20, 253.
Bergseife = $Fe_2 O_3$ und $Al_2 O_3$ — Silicat.
Bergtheer = Bergöl 24.
Berlauit = v. Chlorit 50.
Berlinit = $2 Al_2 P_2 O_8 + H_2 O$, 245.
Bernardinit = foss. Harz, 253.
Bernstein 26, 253.
Berthierit 26, 236.
Beryll 26, 250.
Berzelianit = Berzelin 26.
Berzeliit 26, 244.
Berzelin 26.
Beudantit 26, 246.
Beustit = Epidot 78, 247.
Beyrichit 26, 235.
Bhreckit = v. Chrysotil 54, 249.
Bieberit 26.
Biharit = Agalmatolith 2, 249.
Bjelkit 26, 236.
Bildstein = Agalmatolith 2, 249.
Binarit = Markasit 148, 235.
Binarkies = Markasit 148, 235.
Bindheimit = $3 Pb O \cdot Sb_2 O_5 + 4 H_2 O$, 246.
Binnit 26, 236.
Biotin = v. Anorthit 10, 251.
Biotit 26, 248.
Bischofit 28, 239.
Bismit = Wismuthocker 228.
Bismuthaurit = Wismuthgold 235.
Bismutin 28.
Bismutit 28, 234, 240.
Bismutoferrit = Hypochlorit 114.
Bismutosphaerit 28, 240.
Bittersalz 28, 242.
Bitterspath 28, 240.
Bitterstein = Zoisit 232, 247.
Bituminit 28, 253.
Blackband = thoniger Siderit mit C verunr.
Blackmorit = v. Opal 166.
Blättererz 236.

Blätterkies = Markasit 148, 235.
Blätterkohle = Schwarzkohle 194, 253.
Blättertellur 28.
Blätterzeolith = Heulandit 106, 251.
Blakeit = v. Voltait 224, 243.
Blaubleierz 28.
Blaueisenerde = Blaueisenerz 28.
Blaueisenerz 28.
Blauspath 28.
Blei 30, 234.
Bleiantimonglanz 30, 236.
Bleiantimonit 30, 236.
Bleiarsenglanz 30, 236.
Bleiarsenit 30, 236.
Bleibaryt = Anglesit 10, 241.
Bleibismutit 30.
Bleicarbonat 30.
Bleichromat 30.
Bleierde, unr. erd. Cerussit 44, 240.
Bleiglätte 30.
Bleiglanz 32, 235.
Bleiglas = Anglesit 10, 241.
Bleigummi 32.
Bleihornerz 32, 241.
Bleilasur 32, 242.
Bleinerit = Bindheimit 246.
Bleiniere = best. aus Pb O, $Sb_2 O_3$ u. $H_2 O$ 246.
Bleioxyd 238.
Bleischweif = Bleiglanz 32, 235.
Bleispath = Bleicarbonat 30.
Bleisulfat = Anglesit 10, 241.
Bleivitriol = Anglesit 10, 241.
Bleiwismuthglanz 236.
Blende 32.
Blödit = Astrakanit 20, 243.
Blumenbachit = Alabandin 4, 235.
Blumit = Megabasit.
Blutstein 32.
Bobierrit = $Mg_3 P_2 O_8$.
Bodenit = v. Bucklandit 40, 247.
Bogheadkohle = Bituminit 28, 253.
Bohnerz = v. Brauneisenerz 36, 238.
Bol 32, 252.

Bolivit = $Bi_2 S_3 + Bi_2 O_3$.
Bologneserspath = Baryt 22, 241.
Bolopherit = v. Augit 20, 250.
Boltonit 32, 247.
Bombiccit 32, 253.
Bonsdorffit 32, 250.
Boracit 34, 243.
Borax 34, 244.
Bordosit 234.
Bornit 34, 236.
Borocalcit 34, 244.
Boromagnesit 243.
Boronatrocalcit 34, 244.
Borsäure 34, 238.
Boryckit 246.
Bosjemanit = (Mn, Mg) $S O_4 + Al_2 S_3 O_6 + 22 H_2 O$, 243.
Botallackit = Salzkupfererz 190.
Botryogen 34, 243.
Botryolith 34.
Botyrit = Botryogen 34, 243.
Boulangerit 36, 237.
Bourboulit = Eisenvitriol 74, 242.
Bournonit 36, 237.
Boussingaultit = v. Mascagnin 148, 241.
Bowenit = v. Serpentin 196, 249.
Bowlingit = $(Fe, Mg)_2 (Al_2, Fe_2) Si_3 O_{11} + 5 H_2 O$, 243.
Brackebuschit = (Pb, Fe, Mn)$_3 V_2 O_8 + H_2 O$, 244.
Bragit = v. Fergusonit 84, 244.
Branchit = Hartit 102, 252.
Branderz = Idrialit 116, 253.
Brandisit 36, 249.
Braunbleierz 36, 245.
Braunbleioxyd = Plattnerit 176.
Brauneisenerz = Brauneisenstein 36, 238.
Braunit 36, 238.
Braunkohle 36, 253.
Braunsalz 36.
Braunspath 36, 240.
Braunstein 38.
Bravaisit 38, 249.
Bredbergit = v. Granat 96, 248.
Breislakit = v. Amphibol 8, 250.
Breithauptit 38, 235.

— 316 —

Breunerit 38, 240.
Brevicit 38, 251.
Brewsterit 38, 251.
Brithynallophan = Kupfermanganerz 136, 239.
Brithynsalz = Brongniartin 38.
Brochantit 38, 242.
Bröggerit = 6 $\overset{IV}{U}$ (Th, Pb, Ce, Y) (O_6 $\overset{VI}{U}$) + $\overset{IV}{U}_3$ (O_6 $\overset{VI}{U}$)$_2$.
Bromargyrit = Bromit 38, 239.
Bromlit = Alstonit 6, 240.
Bromsilber = Bromargyrit 38, 239.
Bromyrit = Bromargyrit 38, 239.
Brongniartin 38.
Brongniartit 38, 236.
Bronzit 40, 250.
Brookit 40, 238.
Brosit = Brossit = v. Braunspath 36, 240.
Brucit 40, 238.
Brucknerellit = Leukopetrit 253.
Brushit 40, 245.
Bucaramangit = v. Walchowit 253.
Bucholzit = v. Sillimanit 198, 247.
Bucklandit 40, 247.
Bunsenin = Tellurgoldsilber mit Ag u. Cu
Bunsenit 40, 238.
Buntbleierz = Braunbleierz 36, 245.
Buntkupfererz = Bornit 34, 236.
Buntkupferkies = Bornit 34, 236.
Buratit 40, 240.
Bustamit 40, 250.
Butyrellit = foss. Harz.
Butyrit 40, 253.
Byssolith = Aktinolith 4, 250.
Bytownit = Gem. v. Anorthit, Quarz, Amphibol u. Magnetit.

Cabrerit 40, 245.
Cacheutait = v. Clausthalit 56, 235.
Cadmiumblende = Greenockit 98, 235.
Caeruleolactin 40.
Calait = Kalait 120, 245.
Calamin 42, 246.

Calamit 42, 250.
Calaverit = Krennerit 24, 134, 236.
Calcareobaryt = v. Baryt 22, 241.
Calcimangit = Spartait.
Calciocoelestin = v. Coelestin 56, 241.
Calcit 42, 240.
Calcioferrit 246.
Calcoferrit = (Ca, Mg)$_3$ (Fe, Al)$_3$ (H O)$_3$ (P O$_4$)$_4$ + 8 H$_2$ O.
Calderit = v. Granat 96, 248.
Caledonit 42, 242.
Callainit = v. Kalait 120.
Callait = Kalait 120, 245.
Calstronbaryt = v. Baryt 22, 241.
Calvonigrit = v. Pyrolusit 180, 238.
Calyptolith = Zirkon, s. Hyacinth 110, 238.
Canaanit = v. Skapolith 198, 248.
Cancrinit 42, 249.
Cantonit = Pseud. v. Covellin n. Galenit 236.
Caporcianit 42, 251.
Cappellenit 42.
Caprit = Zinkspath 232, 240.
Carinthin = v. Amphibol 8, 250.
Carmenit = Chalcocit 46.
Carminit = Karminspath 124.
Carnallit 239.
Carnat 44.
Carnatit = Labrador 136.
Carolathin 44, 252.
Carrollit 44, 236.
Cassinit = Barytplagioklas 24, 251.
Cassiterotantalit = v. Tantalit 244.
Castellit = v. Greenovit 98, 252.
Castelnaudit = v. Xenotim 230, 244.
Castillit = Bornit, Ag haltig 34, 236.
Castor = Kastor 251.
Cavolinit = Nephelin, s. Elaeolith 74, 249.
Celestialit 253.
Centrallassit = v. Okenit 164.
Cerin = Bucklandit 40, 247.

Cerinstein = Cerit 40, 247.
Cerit 40, 247.
Cerussit 44, 240.
Cervantit 44, 238.
Ceylanit 44, 243.
Chabasit 44, 251.
Chalcedon = Gem. amorpher u. krystallinischer Si O$_2$.
Chalchuit = v. Kalait 120, 245.
Chalcocit 46.
Chalcodit = Stilpnomelan 204.
Chalcophaeit = Linsenerz 144, 246.
Chalilith 46.
Chalkanthit 46.
Chalkolith 46.
Chalkomenit 46, 241.
Chalkophanit 46, 239.
Chalkophyllit 46, 246.
Chalkopyrit 46, 236.
Chalkopyrrhotit = Fe$_4$ Cu S$_6$.
Chalkosiderit 48, 246.
Chalkosin = Chalcocit 46, 235.
Chalkostibit = Kupferantimonglanz 134, 236.
Chalkotrichit 48.
Chalkozinkit = Gem. v. Calcit u. Zinkit.
Chalybit = Eisenspath 72, 240.
Chamasit = Fe$_4$ Ni$_3$.
Chamoisit = Chamosit 48.
Chanarcillit = Ag$_2$ (As, Sb)$_3$.
Chatamit = v. Chloanthit 50, 235.
Cheleutit = Wismuthkobaltkies 226.
Chelmsfordit = Skapolith 198, 248.
Chenevixit 48.
Chenocoprolith = Gänseköthigerz.
Cherokin = Braunbleierz 36, 245.
Chessylith = Azurit 22, 240.
Chesterlith = v. Mikroklin 154, 251.
Chiastolith 48, 247.
Childrenit 48, 246.
Chilëit = 6 Pb O · V O$_3$ + 6 Cu O · VO$_3$.
Chilenit Ag$_{10}$ Bi.
Chilisalpeter 48, 240.

— 317 —

Chiltonit = v. Prehnit 178, 248.
Chimborazit = Aragonit 14. 240.
Chiolith 48, 239.
Chiviatit = $2\,PbS \cdot 3\,Bi_2 S_3$, 236.
Chladnit 48.
Chloanthit 50, 235.
Chloraluminit = $Al_2 Cl_6 + n\,H_2O$.
Chlorammonium 50, 239.
Chlorastrolith = $(Ca, Fe, Na_2)(Al, Fe)(HO)Si O_4$, 247.
Chlorblei 50, 239.
Chlorbromsilber 50, 239.
Chlorcalcium 50. 239.
Chlorkalium 239.
Chlorit 50.
Chloritoid 50, 249.
Chloritspath 50, 249.
Chlormercur = Chlorquecksilber 52, 239.
Chlornatrium 239.
Chlorocalcit = Chlorcalcium 50, 239.
Chloromagnesit 239.
Chloromelan 50.
Chloromelanit 250.
Chloropal 50, 252.
Chlorophaeit 52. 249.
Chlorophan = Fluorit 86, 239.
Chlorophanerit = Glaukonit.
Chlorophyllit 52, 250.
Chlorospinell = v. Spinell, CuO haltig 243.
Chlorotil = $Cu_3 As_2 O_8 + 6\,H_2O$, 245.
Chlorothionit = $K_2 SO_4 + Cu Cl_2$.
Chlorquecksilber 52, 239.
Chlorsilber 52, 239.
Chodnewit = $2\,Na\,Fl \cdot Al\,Fl_3$, 239.
Chondroarsenit $(Mn, Ca, Mg)_5 (HO)_4 (As O_4)_2 + \frac{1}{2}H_2O$ 246.
Chondrodit 52, 247.
Chonikrit = zers. Diallag 66, 250.
Christianit = Kaliharmotom 122, 251.
Christmatit 253.
Christophit 52.
Chromchlorit = v. Chrysotil 54, 249.
Chromdiopsid 52, 250.
Chromeisenerz 52, 243.
Chromglimmer 54, 248.

Chromgranat 248.
Chromit = Chromeisenerz 52, 243.
Chromocker 54.
Chrompicotit 54, 243.
Chromspinell 243.
Chromwulfenit = v. Gelbbleierz Cr haltig 90, 241.
Chrysoberyll 54. 243.
Chrysokoll 54, 248.
Chrysolith 54, 247.
Chrysophan 54.
Chrysopras = SiO_2, durch Ni grün gefärbt.
Chrysotil 54. 249.
Churchit 245.
Chusit = v. Chrysolith 54, 247.
Cimolit 56, 252.
Cinnabarit 56, 236.
Cirrolith 245.
Citrin = v. Bergkrystall 24.
Clarit 56, 237.
Claudetit 56. 238.
Clausthalit 56, 235.
Clayit = v. Fahlerz 80, 237.
Cleavelandit = v. Albit 4, 251.
Cleiophan = v. Blende 32.
Cleveit 56, 242.
Clingmanit = Emerylith 76, 249.
Clintonit = Chrysophan 54, 249.
Cluthalith = zers. Analcim 8, 251.
Coccinit = $Hg S_2$.
Coccolith — v. Augit 20, 250.
Coelestin 56, 241.
Coeruleolactin = Caeruleolactin 40.
Coeruleolactit 246.
Colemannit 56.
Collyrit = $2\,Al_2 Si O_5 + 9\,H_2O$.
Coloradoit = $Hg Fe$ 236.
Columbit 56, 244.
Comptonit 58, 251.
Condurrit = $Cu_3 As$.
Confolensit = Montmorillonit 252.
Conichalcit = $3(Cu, Ca) O \cdot (As, P)_2 O_5 + Cu O \cdot H_2O + O \cdot 5 H_2O$.
Conit = Braunspath 36, 240.
Connellit, wahrsch. basisch schwefelsaures Kupfer 242.

Copal 253.
Copalin 58.
Copiapit 58, 243.
Coquimbit 58, 242.
Coracit 58, 243.
Cordierit 58, 250.
Cornwallit = $Cu_5 (HO)_4 \cdot (As O_4)_2 + 3 H_2O$ 246.
Corongit = $6 Sb_2 O_3 + 3 Pb\,O + Ag_2 O + 2 H_2 O$.
Corsilyt = v. Amphibol 8, 250.
Corundellit = Emerylith 76, 249.
Corundophilit 58, 249.
Cosalit 58, 236.
Cossait = v. Natronglimmer 160, 249.
Cossyrit = v. Amphibol 8, 250.
Cottait = Orthoklas mit 8 pCt. $Na_2 O$ 251.
Cotterit = v. Quarz 184, 238.
Cotunnit = Chlorblei 50, 239.
Couseranit 58, 248.
Covellin 60, 236.
Crednerit 60, 238.
Crichtonit 60.
Crispit = Rutil 190, 238.
Cristianit = Anorthit 10, 251.
Crocalit = v. Natrolith 160, 251.
Crocoisit = Bleichromat 30.
Cronstedtit = Chloromelan 50, 249.
Crookesit 60, 235.
Crucialith = zers. Staurolith 202, 246.
Cryptohalit = $NH_4 Fl \cdot Si Fl_2$.
Cuban 60, 236.
Cubizit = Analcim 8, 251.
Culsageeit = $(Fe, Mg, Mn)_3 (Al_2, Fe_2) Si_3 O_{12} + 3 H_2O$ 249.
Cumengit = Volgerit.
Cummingtonit = v. Amphibol 8, 250.
Cuprein 60.
Cuprit 60, 238.
Cuprocalcit = $(Cu_2\,O) C O_2 + 2 Ca\,CO_3 + H_2O$.
Cuprodescloizit = $(Pb, Zn, Cu)_4 Hg_2 V_2 O_{10}$.
Cupromagnesit 60, 242.
Cuproplumbit 60, 235.

Cuproscheelit = v. Scheelit 192, 241.
Cuprouranit = Chalcolith 46.
Cuspidin 60.
Cyanit 60, 247.
Cyanochroit = v. Chalkanthit 46, 243.
Cyanochrom 62.
Cyanolith = v. Okenit 164, 251.
Cyanosit = Chalkanthit 46.
Cyanotrichit = Kupfersammeterz 136, 243.
Cyklopit 62, 251.
Cyamatolith 62, 249.
Cymophan = Chrysoberyll 54, 243.
Cyprin = v. Egeran, Cu O-haltig 70.
Cyprit = Chalcocit 46.
Cyprusit = v. Eisenvitriol 74, 242.
Cyrtholith = zers. Zirkon, s. Hyacinth 110, 238.

Dalarnit = Arsenikkies 18.
Daleminzit = Ag S.
Damourit 62, 248.
Danait 62, 235.
Danalith 62, 247.
Danburit 62. 248.
Dannemorit = v. Amphibol 8, 250.
Daourit = v. Turmalin 218, 247.
Darwinit 62.
Datolith 62, 247.
Dauberit = Zippeit.
Daubreeit 64, 240.
Daubreelith 64, 236.
Davidsonit = v. Beryll 26, 250.
Davit = Haarsalz 100, 242.
Davreuxit 64, 249.
Davyn 64, 249.
Dawsonit = $Al_2(CO_2 Na)_2 (OH)_4$ 240.
Dechenit 64, 244.
Degeröit = v. Hisingerit 108.
Delafossit = $Cu_2 Fe_2 O_4$ 243.
Delanovit = $H_2 Al_4 (SiO_3)_7 + H_2 O$ 252.
Delawarit = v. Orthoklas, s. Feldspath 84, 251.
Delessit 64, 249.
Delphinit = Epidot 78, 247.

Delvauxit = $Ca_3 Fe_6 (HO)_{19} (AsO_4)_4$.
Demant 64.
Demantoid 64, 234.
Demidowit 64.
Dermatin 64, 249.
Dernbachit = Beudantit 26, 246.
Descloizit 66, 245.
Desmin 66, 251.
Destinezit, Eisenphosphat v. unbek. Zus.
Devillin = Gem. v. Gyps u. Langit.
Dewalquit = Ardennit 14, 247.
Deweylit 66.
Diabantachronnyn = v. Delessit 64, 249.
Diabantit = v. Delessit 64, 249.
Diadelphit 66.
Diadochit 66, 246.
Diagonit = Brewsterit 38, 251.
Diaklasit = Bronzit 40, 250.
Diallag 66, 250.
Dialogit 66, 240.
Diamagnetit = Pseud. v. Magnetit n. Liévrit.
Diamant = Demant 64, 234.
Diamantspath 66.
Diaphorit 66, 237.
Diaspor 68, 238.
Diastatit = v. Amphibol 8. 250.
Dichroit = Cordierit 58. 250.
Dickinsonit 68, 245.
Didrimit = v. Kaliglimmer 122, 248.
Didymit = Talk, schieferig 208, 249.
Dietrichit 68, 243.
Digenit = $Cu_6 S_5$.
Dihydrit 68, 245.
Dillenburgit = Chrysokoll 54, 248.
Dillnit = Gem. v. Diaspor u. Kaolin.
Dimorphin = gelbe Arsenblende 16.
Diopsid 68, 250.
Dioptas 68, 248.
Dioxylit = Lanarkit 136, 242.
Diphanit 68, 249.
Diploit = v. Anorthit 10, 251.
Dipyr 68, 248.

Diskrasit = Antimonsilber 12, 235.
Disomose = Arsennickelglanz 18, 235.
Disterrit = Brandisit 36, 249.
Disthen = Cyanit, 60, 247.
Dolerophanit = $Cu_2 SO_4$, 242.
Dolomit = Braunspath 36, 240.
Domeykit = Arsenkupfer 18, 235.
Donacargyrit = Freieslebenit 86, 237.
Dopplerit 68, 253.
Doranit = v. Chabasit 46, 251.
Douglasit = $2 K Cl, Fe Cl_2, 2 H_2 O$.
Dreelit 68. 241.
Ducktownit = v. Barnhardtit.
Dudleyit = v. Emerylith 76, 249.
Duerfeldit = v. Stylotyp 206, 237.
Dufrenit 70.
Dufrenoysit 70, 236.
Dumasit = v. Chlorit 50.
Dumortierit 70, 246.
Dumreicherit = v. Alaun 4, 243.
Duporthit = 70, 249.
Durangit 70, 245.
Duxit = foss. Harz, schwarzbraun, 253.
Dyoxylit = Lanarkit 136, 242.
Dysanalyt 70, 252.
Dysklasit = Okenit 164, 251.
Dyskolit = Saussurit 192.
Dysluit 70, 243.
Dyssnit = v. Rhodonit 186, 250.
Dyssodil = v. Braunkohle 36, 253.
Dyssyntribit = Gieseckit.
Dystomglanz = Bournonit 36, 237.
Dystommalachit = Brochantit 38, 242.
Dystomspath = Datolith 62, 247.

Eckebergit = Skapolith 198, 248.
Eckmannit = $2 (\frac{2}{7} Fe, Mn + \frac{1}{3} H_2) O + \frac{1}{3} H_2 O$ 249.
Edelith = Prehnit 178, 248.

— 319 —

Edenit = v. Amphibol 8, 250.
Edingtonit 70, 251.
Edwardsit 70.
Egeran=Vesuvian 70,247.
Eggonit 72, 246.
Ehlit 72, 246.
Ehrenbergit = v. Cimolit 56, 252.
Eisen 72, 234.
Eisenalaun 72, 243.
Eisenantimonglanz = Berthierit 26, 236.
Eisenapatit 72.
Eisenblau = Anglarit 8.
Eisenblüthe = Aragonit 14, 240.
Eisenbrucit = v.Brucit 40, 238.
Eisenchlorür 239.
Eisenerde, grüne = Hypochlorit 114.
Eisenglanz 72, 238.
Eisenglimmer = Eisenglanz 72, 238.
Eisenkies 72, 235.
Eisenkiesel = durch $Fe_2 O_3$ gefärbte $Si O_2$.
Eisenkobalterz = v. Smaltin, Fe haltig 200, 235.
Eisenmulm 72.
Eisennickelkies 72, 235.
Eisenoolith = v. Eisenglanz 72, 238.
Eisenopal = v. Opal 166, 238.
Eisenoxyd = Eisenglanz 72, 238.
Eisenoxyd, blättriges, basisches schwefelsaures = Copiapit 58, 243.
Eisenoxyd, strahliges, schwefelsaures 72.
Eisenpecherz = Stilpnosiderit u. z. Th. Triplit.
Eisenperidot = Fayalit 82, 248.
Eisenphyllit=Anglarit 8.
Eisenplatin 72.
Eisenrahm = v. Eisenglanz 72, 238.
Eisenresin = Humboldtin 110, 252.
Eisenrose = Crichtonit 60.
Eisenrutil = Goethit 94.
Eisensinter = Diadochit u. Arseneisensinter 246.
Eisenspath 72, 240.
Eisenspinell 243.
Eisensteinmark 74.
Eisenthoneisengranat 248.
Eisenthongranat 248.

Eisenvitriol 74, 242.
Eisenzinkspath 74, 240.
Eisstein = Kryolith 134, 239.
Ekdemit 74. 244.
Elaeolith 74, 249.
Elainspath = Skapolith 198, 248.
Elaterit 74, 252.
Elektrum 74.
Eleonorit 74, 246.
Elhuyarit = Allophan 6, 252.
Eliasit 74, 242.
Ellagit = v. Natrolith, Fe haltig 160, 251.
Ellonit = v. Cimolit 56, 252.
Elroquit = wahrsch. ein Gestein.
Embolit = Chlorbromsilber 50, 239.
Embrithit 76.
Emerald — Nickel 76.
Emerylith 76, 249.
Emmonit = v. Strontianit 204.
Empholit 76.
Emplektit 76, 236.
Enargit 76, 237.
Enceladit = Warwickit 252.
Endlichit = Pb_5 Cl (As $O_4)_3$ + Pb_5 Cl (V $O_4)_3$.
Engelhardtit = v. Zirkon, s. Hyacinth 110, 238.
Enhydros = Chalcedon mit $H_2 O$ erfüllt.
Enophit = zers. Prod. v. Serpentin 196, 249.
Enstatit 76, 250.
Enysit = $Cu S O_4$ + $H_2 Cu O_2$ + $3 H_6 Al_2 O_6$.
Eosit 241.
Eosphorit 76. 246.
Ephesit=v. Emerylith 76, 249.
Epiboulangerit 76, 237.
Epichlorit 76, 249.
Epidot 78, 247.
Epigenit 78, 237.
Epiglaubit = v. Metabrushit.
Epiphanit = v. Biotit 26, 248.
Epistilbit 78, 251.
Epsomit = Bittersalz 28, 242.
Erbsenstein = Aragonit, radialfas. 14, 240.

Ercinit = Barytkreuzstein 22.
Erdharz = Asphalt 20, 253.
Erdkobalt = Asbolan 238.
Erdmannit = $R_3 Si O_5$ + $Be_2 Si O_5$ + $3 H_2 O$ 247.
Erdöl = Bergöl 24.
Erdpech = Asphalt 20, 253.
Erdwachs 78, 252.
Eremit = Edwardsit 70.
Erinit 78, 245, 252.
Eriochalcit = Kupferchlorid 239.
Ersbyit = v. Mikroklin, röthlich 154, 251.
Erubescit = Bornit 34, 236.
Erusibit = v. Jarosit 116, 243.
Erythrin 78. 245.
Erythrosiderit 239.
Erythrozinkit 235.
Escherit=Epidot 78, 247.
Esmarkit = v. Anorthit 10, 250.
Ettringit 78, 243.
Euchlorin = $(K, Na)_2 Cu_3 S_3 O_{13}$.
Euchlorit = v. Biotit 26, 248.
Euchlormalachit = Chalkophyllit 46, 246.
Euchroit 78, 246.
Euchysiderit = v. Augit 20, 250.
Eudialyt 78, 252.
Eudnophit 80, 251.
Eugenesit = v. Allopalladium.
Eugenglanz 80, 237.
Eukairit = $(Cu, Ag)_2$ Se.
Eukamptit = v. Biotit 26, 248.
Euklas 80, 247.
Eukolit = Eudialyt 78, 252.
Eukrasit 80.
Eukryptit = $Li_2 Al_2 Si_4 O_8$ 248.
Eulytin 80, 248.
Eumanit = v. Brookit 40, 238.
Euosmit = foss. Harz 253.
Euphyllit = v. Damourit 62, 249.
Eupyrochroit = zers. Phosphorit 245.
Euralit=H_{16}(Mg, Fe,Ca)$_9$ (Al, Fe)$_4 Si_{17} O_{37}$ 249.
Eusynchit = $(Zn, Pb)_3 V_2 O_8$, 244.

Eutomglanz = Molybdaenglanz 156, 234.
Euxenit 80, 252.
Euzeolith = Heulandit 106, 251.
Evansit = $Al_3 (H O)_6 P O_4 + 6 H_2 O$, 246.
Evigtokit = $Ca Al Fl_5 + 6 H_2 O$.
Exanthalose = v. Glaubersalz 92, 242.
Exitelit = Antimonblüthe 12, 238.

Fahlerz 80, 237.
Fahlunit = zers. Cordierit 58, 250.
Fairfieldit 82, 245.
Famatinit 82, 237.
Fargit = v. Natrolith 160, 251.
Faröelit = Comptonit 58, 251.
Fasciculit = Amphibol 8, 250.
Faserbaryt = v. Baryt 22, 241.
Fasergyps = v. Gyps 100, 242.
Faserkalk = v. Calcit 42, 240.
Faserkiesel = Sillimanit 198, 247.
Faserkohle = Schwarzkohle 194, 253.
Faserquarz = v. Quarz 184, 238.
Fassait 82, 250.
Faujasit 82, 251.
Fauserit 82, 242.
Fayalit 82, 248.
Federalaun 82.
Federerz 82.
Feldspath 84, 251.
Feldspath, gemeiner 84. 251.
Feldspath, glasiger 84,251.
Feldstein = Feldspath 84.
Felsöbanyit 84, 243.
Ferberit 84, 242.
Fergusonit 84, 244.
Ferrit = Zers. Prod. v. Augit 20, 250.
Ferrocalcit = v. Calcit 42, 240.
Ferrocobaltit = v. Glanzkobalt 92, 235.
Ferrotantalit = v. Ixiolith.
Ferrotellurit 242.
Ferrotitanit 84, 252.

Ferrowolframit = v. Wolframit 228, 242.
Festungsachat = v. Achat.
Fettbol = Bol 32, 252.
Fettquarz = v. Quarz 184, 238.
Fettstein = Elaeolith 74, 248.
Feuerblende 84, 237.
Feueropal = v. Opal 166, 238.
Feuerstein = Gem. amorpher u. krystallinischer $Si O_2$.
Fibroferrit 84, 243.
Fibrolith = Sillimanit 198, 247.
Fichtelit 84, 252.
Fieldit = v. Fahlerz 80, 237.
Fillowit 84, 245.
Fiorit = v. Opal 166, 238.
Fischerit 86, 246.
Fliegenstein = v. Arsen 16, 234.
Flint = Feuerstein.
Flockenerz = v. Mimetesit 156, 245.
Fluellit = $Al Fl_3 + H_2 O$, 239.
Fluocerit 86, 239.
Fluochlor = Pyrochlor 180, 244.
Fluorit 86, 239.
Fluss = Fluorit 86, 239.
Flussspath 86, 239.
Forbesit = $2 (Ni, Co) O As_2 O_5 + 8 H_2 O$.
Forcherit = v. Opal, durch As S gelb gefärbt 166, 238.
Foresit 86, 251.
Forsterit 86, 247.
Fournetit = Gem. v. Fahlerz, Blei- und Kupfer-Erzen 237.
Fowlerit 86, 250.
Francolit = Apatit 14, 245.
Franklandit 86, 244.
Franklinit 86, 243.
Fredricit = zinnhaltiges Silberfahlerz 80, 237.
Freibergit = v. Fahlerz Ag haltig 80, 237.
Freieslebenit 86, 237.
Frenzelit 86, 234.
Freyalith 88, 252.
Friedelit 88, 248.
Frieseit 88, 236.
Frigidit 237.
Fritzcheit 88.
Frugardit = v. Egeran 70.

Fuchsit 88, 248.
Fullonit = v. Goethit 94, 238.
Funkit = v. Augit 20, 250.
Fuscit = Skapolith 198, 243.

Gadolinit 88, 247.
Gänseköthigerz = v. Arseneisensinter, Sb htg 16.
Gagat = v. Braunkohle 36, 253.
Gahnit = Automolit 20, 243.
Galaktit = v. Natrolith 160, 251.
Galapektit = Halloysit 102, 252.
Galenit = Bleiglanz 32, 235.
Galenobismutit 88, 236.
Galenoceratit = Bleihornerz 32, 241.
Gallicinit = Goslarit 96, 242.
Galmei = Calamin 42, 246.
Ganomalith 88.
Ganomatit = Gänseköthigerz.
Garnierit 90, 252.
Garnsdorffit = Pissophan 174.
Garnsigradit = v. Amphibol 8, 250.
Gastaldit 90, 250.
Gaylussit 90, 241.
Gearksutit = $3 Ca Fl_2 + 2 Al Fl_3 + Al (O H)_3 + 3 H_2 O$ 240.

Gedanit = Bernstein 26, 253.
Gedrit 90, 250.
Gehlenit 90, 247.
Geierit 90.
Gekrösestein = Anhydrit 10, 241.
Gelbantimonerz = Cervantit 44, 238.
Gelbbleierz 90, 241.
Gelbeisenerz 243.
Gelbeisenstein 90, 243.
Gelberde 90.
Gelberz = v. Petzit 170, 235.
Gelbmenakerz = Greenovit 98, 252.
Gelbnickelkies = Haarkies 100, 235.
Gelferz = v. Chalkopyrit 46, 236.

— 321 —

Genthit = Nickelgymnit 162, 252.
Geocerellit = foss. Harz.
Geocerit = foss. Harz 253.
Geokronit = Pb$_5$ Sb$_2$ S$_8$, 237.
Geomyricit = foss. Harz 253.
Gerhardtit 92.
Germarit = v. Amphibol 10, 250.
Gersdorffit = Arsennickelglanz 18, 235.
Geyserit = v. Opal 166, 238.
Gibbsit 92, 245.
Gieseckit = zers. Cordierit 58, 249.
Giftkies = Arsenkies 18, 235.
Gigantolith = zers. Cordierit 58, 249.
Gilbertit 92, 249.
Gillingit =Hisingerit 108.
Ginilsit = (Mg, Ca)$_8$ (Al$_2$ Fe$_2$)$_2$ Si$_7$ O$_{28}$ + 2 H$_2$O 247.
Giobertit = Magnesit 144, 240.
Gismondin 92, 251.
Giufit = Milarit 154, 251.
Glätte = Bleiglätte 30.
Glagerit 92, 252.
Glanzarsenkies = Arseneisen 16.
Glanzeisenerz = Eisenglanz 72, 238.
Glanzkobalt 92.
Glanzkohle = v. Schwarzkohle 194, 253.
Glaserit = Arkanit 14, 241.
Glaserz = Argentit 14, 235.
Glaskopf, brauner = Brauneisenerz 36, 238.
Glaskopf, rother = Eisenglanz 72, 238.
Glaskopf, schwarzer 92.
Glauberit = Brongniartin 38, 241.
Glaubersalz 92, 242.
Glaukodot 94, 235.
Glaukolith = Skapolith 94, 248.
Glaukonit, ein K$_2$O haltiges Fe$_2$O$_3$ — u. Al$_2$O$_3$ — Silicat.
Glaukophan 94, 250.
Glaukopyrit 94, 235.
Glaukosiderit = Anglarit 8.

Glinkit 94, 247.
Globosit = v. Dufrenit 70.
Glockerit 94.
Glottalith 94, 251.
Gmelinit 94, 251.
Goekumit = v. Egeran 70.
Goethit 94, 238.
Gold 94, 234.
Goldamalgam 96, 234.
Goldtellur = Schrifterz 194, 236.
Gongylit = v. Pinit 174, 249.
Goshenit = Beryll 26, 250.
Goslarit 96, 242.
Gotthardtit = Dufrenoysit 70, 236.
Goyazit = Ca$_3$ Al$_{10}$ P$_2$ O$_{23}$ + 9 H$_2$ O.
Grahamit = v. Asphalt 20, 253.
Gramenit 96, 252.
Grammatit 96, 250.
Grammit = v. Wollastonit 230, 250.
Granat 96, 248.
Granatblende = Blende 32.
Granatit = Staurolith 202, 246.
Granulin = Kieselsäurehydrat.
Graphit 96, 234.
Grastit = v. Klinochlor 128, 249.
Graubraunsteinerz = theils Pyrolusit, theils Manganit.
Grauerz = Bleiglanz 32, 235.
Graugiltigerz = Fahlerz 80, 237.
Graukobalterz = Co S.
Graukupfererz = Tennantit 210, 237.
Graulit = Braunsalz 36.
Graumanganerz 238.
Graunickelkies = Arsennickelglanz 18, 235.
Grausilber 96.
Grauspiessglaserz = Antimonglanz 12, 235.
Greenockit 98, 235.
Greenovit 98, 252.
Grengesit = Delessit 64, 249.
Grobkohle = v. Schwarzkohle 194, 253.
Groddeckit 98.
Groppit 98.
Groroilith = v. Wad 224, 238.

Grossular = v. Granat 96, 248.
Grothit = v. Greenovit 98, 252.
Grünauit = verunr. Polydymit 178, 235.
Grünbleierz = Braunbleierz 36, 245.
Grüneisenerz 98, 245.
Grünerde 98.
Grünsand = Glaukonit.
Grunerit 98, 250.
Guadalcazarit = 6 Hg S + Zn S 236.
Guanajuatit = Frenzelit 86, 234.
Guanit = Struvit 204, 245.
Guanovulit 242.
Guarinit = rhomb. Greenovit 98, 252.
Guayacinit = Enargit 76, 237.
Guayaquillit = foss. Harz.
Guejarit 98, 236.
Gümbelit 98, 252.
Guitermannit = 10 Pb S + 3 As$_2$ S$_3$.
Gummierz 100, 242.
Gummit 100, 242.
Gunnisonit 100.
Gurhofian 100.
Gurolit = zers. Apophyllit 14, 251.
Gymnit = Deweylit 66, 252.
Gyps 100, 242.
Gyrolith = zers. Apophyllit 14, 251.

Haarkies 100, 235.
Haarsalz 100, 242, 243.
Haddamit = Mikrolith 154, 244.
Haemafibrit 100, 245.
Haematit = Eisenglanz 72, 238.
Haematoconit = v. Calcit 42, 240.
Hafnefjordit = v. Oligoklas 122, 251.
Hagemannit = unr. Thomsenolith, gelbbraun 212, 240.
Haidingerit 100, 245.
Haimatolith = Diadelphit 66.
Halblasurblei = Caledonit 42, 242.
Halbopal = v. Opal 166, 238.
Halit = Kochsalz 130, 239.
Hallit 102, 249.

21

Halloysit 102, 252.
Halochalcit = Salzkupfererz 190, 240.
Halotrichit = Haarsalz 100, 243.
Hamartit 102, 240.
Hampshirit = Aphrodit 249.
Hanksit = $4 Na_2 S O_4 + Na_2 C O_3$.
Hannayit 102, 245.
Harmotom = Barytkreuzstein 22, 251.
Harringtonit 102, 251.
Harrisit = Pseud. v. Kupferglanz n. Bleiglanz 235.
Hartin = foss. Harz 253.
Hartit 102, 252.
Hartmanganerz = schwarzer Glaskopf 92, 238.
Hartmannit = Breithauptit 38, 235.
Hatchettin 102, 252.
Hatchettolith = zers. Pyrochlor 180, 244.
Hauerit 102, 235.
Haughtonit = v. Biotit 26, 248.
Hausmannit 102, 238.
Hauyn 104, 250.
Haydenit = Chabasit 46, 251.
Hayesin = Borocalcit 34, 244.
Haytorit = Pseud. v. Chalcedon n. Datolith.
Hebetin = Willemit 226, 248.
Hebronit = Amblygonit 6, 245.
Hecatolith = Mondstein, v. Orthoklas 84, 251.
Hedenbergit 104, 250.
Hedyphan 104, 245.
Heldburgit = zers.Zirkon, s. Hyacinth 110, 238.
Heliolith = Sonnenstein, v. Oligoklas 122, 251.
Heliotrop = v. Chalcedon, grün m. rothen Flecken.
Helminth 104, 249.
Helvetan = v. Biotit 26, 248.
Helvin 104, 247.
Hemichalcit = Emplektit 76, 240.
Hemimorphit = Calamin 42, 245.
Henwoodit 104, 246.
Hepatinerz = Gem. v. Eisenoxydhydrat und Chrysokoll.
Hepatit = Baryt 22, 241.
Hepatopyrit 104.
Hercynit 104.
Herderit 106.
Hermannit = $Mn Si O_3$ 250.
Hermannolith = v. Columbit 56, 244.
Hermesit = v. Fahlerz 80, 237.
Herrengrundit 106, 242.
Herrerit 106.
Herschelit 106, 251.
Hessenbergit = Danburit 62, 248.
Hessit 106, 235.
Hessonit = v. Granat 96, 248.
Hetairit 106, 238.
Hetairolit = $Zn O \cdot Al_2 O_3$.
Hetepozit = Zers. Prod. d. Triphylin 214, 244.
Heteroclin = Braunit 36, 238.
Heterogenit 106, 238.
Heteromerit = v. Egeran 70.
Heteromorphit = Federerz 82, 236.
Heterosit = Hetepozit.
Heubachit 106, 238.
Heulandit 106, 251.
Hiddenit = v. Spodumen 108, 250.
Hjelmit 108.
Hieratit = $4 K Fl \cdot Si Fl_4$.
Hillängsit = Silfbergit 248.
Himbeerspath = Dialogit 66, 240.
Hircit 253.
Hisingerit 108.
Hislopit = v. Glaukonit.
Hitchcockit = v. Braunbleierz 36, 245.
Högauit = Natrolith 160, 251.
Hörnesit 108, 245.
Hövelit = Sylvin 206, 239.
Hofmannit 108, 253.
Hohlspath = Chiastolith 48, 247.
Holmesit = Chrysophan 54.
Holmit = Chrysophan 54.
Holzopal = v. Opal 166, 238.
Holzstein = kryptokrystallinische $Si O_2$.

Holzzinnerz = Kassiterit 124, 238.
Homichlin 108.
Homilit 108, 247.
Honigstein 108, 252.
Hopeit 108, 245.
Horbachit 110, 235.
Hornblei = Bleihornerz 32, 241.
Hornblende = Amphibol 8, 250.
Hornquecksilber = Chlorquecksilber 52, 239.
Hornsilber = Chlorsilber 52, 239.
Hornstein = kryptokrystallinische $Si O_2$.
Hortonit = Pseud. v. Steatit n. Augit.
Hortonolith 110, 248.
Houghit = Zers. Prod. d. Spinells 202.
Hovit = v. Calcit 42, 240.
Huantajayit 110, 239.
Huascolit = v. Bleiglanz 32, 235.
Hudsonit = v. Augit 20, 250.
Hübnerit 110, 242.
Hullit = v. Delessit 64, 249.
Humboldtilith 110, 248.
Humboldtin 110, 252.
Huminit 253.
Humit 110, 247.
Hunterit = Cimolit 56, 252.
Huntilith = $Ag_3 As$ 235.
Hureaulith 110, 246.
Huronit = Zers. Prod. v. Cordierits 58, 250.
Huyssenit = v. Stassfurtit.
Hversalt = v. Eisenalaun 72, 243.
Hyacinth 110, 228.
Hyalit 110, 238.
Hyalophan 112, 251.
Hyalosiderit = v. Chrysolith. Fe reich 54, 247.
Hyalotekit 112.
Hydrargillit = Gibbsit 92, 238.
Hydroapatit = v. Apatit 14, 245.
Hydrobiotit = v. Biotit 26, 248.
Hydroboracit 112, 244.
Hydroborocalcit = Borocalcit 34, 244.
Hydrocerit 112.
Hydrocerussit 112, 241.

— 323 —

Hydrochlor = Pyrochlor 180, 244.
Hydrocyanit = Cu S O_4 241.
Hydrodolomit = Gem. v. Hydromagnesit u. Dolomit 241.
Hydrofluocerit 112, 239.
Hydrofranklinit 243.
Hydrohaematit = $H_2(Fe_2)_2 O_7$ 238.
Hydroilmenit = v. Crichtonit 60.
Hydrokastorit 112, 251.
Hydromagnesit 112, 241.
Hydromagnocalcit = Hydrodolomit 241.
Hydrophan = v. Opal 166, 238.
Hydrophit 112, 249.
Hydropyrit = Markasit 148, 235.
Hydrorhodonit = (Mn, Fe, Mg, Ca, Li_2, Na_2) Si O_3 + H_2 O.
Hydrotalkit 114, 239.
Hydrotephroit = v. Tephroit 210, 248.
Hydrotit = Gmelinit 94, 251.
Hydrotitanit = Perowskit 170, 252.
Hydrozinkit 114, 240.
Hygrophilit 114, 249.
Hypargyrit = Miargyrit 154, 236.
Hypersthen 114, 250.
Hypochlorit 114.
Hyposiderit = Stilpnosiderit 204.
Hyposklerit = m. Pyroxen gem. Albit.
Hypostatit = Crichtonit 60.
Hypostilbit = v. Kaliharmotom 122, 251.
Hypoxanthit 114.

Jacksonit = Prehnit 178, 248.
Jacobsit 114, 243.
Jade = Jadeit 114, 250.
Jadeit 114, 250.
Jalpait = (Ag, $Cu)_2$ S 235.
Jamesonit 116, 236.
Jarosit 116, 243.
Jaspis = v. Eisenkiesel.
Jaspohaematit = v. Eisenglanz 72, 238.
Jaspopal = v. Opal 166.
Jaulingit = foss. Harz 253.

Iberit = zers. Cordierit 58, 250.
Ichthyophthalm = Apophyllit 14, 251.
Idokras 116, 247.
Idrialit 116, 253.
Jefferisit 116, 248.
Jeffersonit 116, 250.
Jelletit = v. Granat 96, 248.
Jenkinsit 249.
Jenzschit = Opal 166, 238.
Jereméjewit = ($Al_2 O_3$, $Fe_2 O_3$) B O_3.
Jewreinowit = v. Idokras 116, 247.
Igelströmit = 2 [(Fe, $Mg)_2$ Si O_4] + (Mn, $Mg)_2$ Si O_4.
Iglesiasit = 6 Pb C O_3 + Zn C O_3 240.
Iglit = Aragonit 14, 240.
Igloit = Aragonit 14, 240.
Ignatieffit = v. Alaunstein 4, 243.
Ihlëit 116, 242.
Ilesit = (Fe, Mn, Zn) S O_4 + 4 H_2 O.
Illuderit = Zoisit 232, 247.
Ilmenit = Crichtonit 60, 238.
Ilmenorutil = v. Rutil mit 11 pCt. $F_2 O_3$ 190, 238.
Ilvait = Liëvrit 142, 247.
Indianait = Halloysit 102, 252.
Indianit = Anorthit 10, 251.
Indigolith = v. Turmalin, blau 218, 247.
Inolit = v. Calcit 42, 240.
Jodargyrit 118, 239.
Jodblei 118.
Jodbromchlorsilber 239.
Jodit = Jodargyrit 118, 239.
Jodobromit 118, 239.
Jodquecksilber = Coccinit.
Jodsilber = Jodargyrit 118, 239.
Jodyrit = Jodargyrit 118, 239.
Johannit 118, 243.
Johnit = Kalait 120, 246.
Johnstonit 118.
Jolith 250.
Jonit 253.
Jordanit 118, 237.
Jossait 118.
Jossëit = $Bi_3 Te_2$ (S, $Se)_2$.

Iridium 118, 234.
Iridosmium 118, 234.
Irit 118.
Iserin = Crichtonit 60.
Iserit = Fe $Ti_2 O_5$.
Isoklas = Ca_4 P_2 O_9 + 5 H_2 O 246.
Isophan = Franklinit 86, 243.
Isopyr = unreiner Opal 166, 238.
Ittnerit = umgew. Hauyn oder Nosean.
Julianit 120, 237.
Junckerit = Eisenspath 72, 240.
Jurinit = Brookit 40, 238.
Ivaarit 120.
Ixiolith = Fe (Ta, $Nb)_2 O_6$.
Ixionolith = Ixiolith.
Ixolyt 120, 253.

Kämmererit 120, 249.
Kännelkohle = Schwarzkohle 194, 253.
Kaersutit = 5 (Fe, Ca, Mg) (Si, Ti, $Sn)_2$ O_3 + $Al_2 O_3$.
Kainit 120, 243.
Kakochlor = Lithiophorit 238.
Kakoxen 120, 246.
Kalait 120, 246.
Kali, schwefelsaures = Arkanit 14, 241.
Kalialaun = v. Alaun 4, 243.
Kalifeldspath 120, 251.
Kaliglimmer 122, 248.
Kaliharmotom 122.
Kalinit = K_2 SO_4 + Al_2 S_3 O_6 + 24 H_2 O.
Kaliorthoklas 251.
Kaliphit = v. Brauneisenerz 36, 238.
Kalisalpeter 122, 240.
Kalisulphat = Arkanit 14, 241.
Kalk, oxalsaurer 122.
Kalkalabaster = v. Gyps, körnig 100, 242.
Kalkbaryt 122, 241.
Kalkeisenaugit 250.
Kalkeisengranat 248.
Kalkeisenthongranat 248.
Kalkfeldspath = Anorthit 10, 251.
Kalkglimmer = Emerylith 76, 249.
Kalkharmotom = Kaliharmotom 122, 251.

21*

Kalkmalachit = Gem. v. Malachit u. Gyps.
Kalkmesotyp 122.
Kalknatronfeldspath 122, 251.
Kalksalpeter 124. 240.
Kalksinter = v. Calcit 42, 240.
Kalkspath = Calcit 42, 240.
Kalkthoneisengranat 248.
Kalkthongranat 248.
Kalktuff = v. Calcit 42, 240.
Kalkuranit = Autunit 20, 246.
Kalkvolborthit 124, 245.
Kallait = Kalait 120, 246.
Kallochrom = Bleichromat 30.
Kalomel = Chlorquecksilber 52, 239.
Kaluszit 124, 243.
Kammkies = Markasit, wiederholte Zwillingsbildung n. ∞P 148, 235.
Kampylit 124, 245.
Kaneelstein = v. Granat 96, 248.
Kaneit = Arsenmangan 235.
Kaolin 124, 249.
Kaolinit = v. Kaolin 124, 249.
Kapnicit = v. Wavellit 226, 246.
Kapnit = Dialogit 66, 240.
Karelinit = $Bi_4 O_3 S$ 239.
Karinthin = v. Amphibol 8, 250.
Karminspath 124, 244.
Karneol = v. Chalcedon.
Karpholith 124, 247.
Karphostilbit = Comptonit 58, 251.
Karstenit = Anhydrit 10, 241.
Kascholong = amorphe $Si O_2$ m. 3·5 H_2O.
Kassiterit 124, 238.
Kastor 126, 251.
Kataplëit 126, 252.
Kataspilit = v. Pinit 174, 249.
Katzenauge = m. Amianthfasern durchwachsener Quarz 184, 238.
Kausimkies 126.
Keatingit = Rhodonit 186, 250.

Keffekelith = v. Halloysit 102, 252.
Keilhauit 126, 252.
Kelyphit = $(Al_{20} Fe_2 Cr_2)$ $(Fe_8 Ca_8 Mg_{56}) Si_{54} O_{216}$ + $12 H_2 O$.
Kenngottit = v. Miargyrit 154, 236.
Kentrolith 126.
Keramohalit = Haarsalz 100, 242.
Keraphyllit = v. Amphibol 8, 250.
Kerargyrit = Chlorsilber 52, 239.
Kerasin = Bleihornerz 32, 241.
Kerat = Chlorsilber 52, 239.
Kermesit = Antimonblende 12, 239.
Kerolith 126, 249.
Kerstenit = Wismuthkobaltkies 226.
Kibdelophan = Crichtonit 60.
Kjerulfin 128, 245.
Kieseleisenstein = v. Eisenglanz, $Si O_2$ reich 72, 238.
Kieselguhr = besteht aus Kieselpanzern v. Diatomeen
Kieselkupfer = Chrysokoll 54, 248.
Kieselmagnesit = Gem. v. Magnesit u. Magnesiumsilicat.
Kieselmalachit = Chrysokoll 54, 248.
Kieselmangan = Rhodonit 186, 250.
Kieselschiefer = kryptokryst. $Si O_2$, dunkle Farben.
Kieselsinter = v. Opal 166, 238.
Kieselspath = Albit 4, 251.
Kieselwismuth = Eulytin 80, 248.
Kieselzinkerz = Calamin 42, 246.
Kieserit 126, 242.
Kilbrickenit 126, 237.
Killinit 128, 249.
Kirwanit 126.
Kischtimit = $3 La C O_3$ + $Ce_2 (F, O)_3$ + $H_2 O$ 240.
Klaprothin = Blauspath 28.

Klaprothit 128, 236.
Klinochlor 128, 249.
Klinocrokit = Klinophaeit 128, 243.
Klinohumit = v. Humit 110, 247.
Klinoklas 245.
Klinophaeit 128, 243.
Klipsteinit 128.
Knauffit = Volborthit 224, 245, 246.
Knebelit 128, 248.
Knistersalz = Kochsalz 130.
Kobaltarsenkies = (Fe, Co) $\cdot S_2 \cdot$ (Fe, Co) As_2 235.
Kobaltbeschlag = Erythrin 78, 245.
Kobaltblau = Lavendulan.
Kobaltbleiglanz = Clausthalit 56, 235.
Kobaltblüthe = Erythrin 78, 245.
Kobaltglanz = Glanzkobalt 92, 235.
Kobaltin = Glanzkobalt 92, 235.
Kobaltkies 130, 235.
Kobaltmanganerz = Asbolan 238.
Kobaltnickelkies = Kobaltkies 130, 235.
Kobaltschwärze = Asbolan 238.
Kobaltspath 130, 240.
Kobaltvitriol = Bieberit 26, 242.
Kobaltwismutherz = Wismuthkobaltkies 226.
Kobellit 130, 237.
Kochsalz 130.
Köflachit 253.
Kölbingit = v. Epidot 78, 247.
Könleinit 130, 253.
Könlit = foss. Harz.
Köttigit 130, 245.
Kohlenblende = Anthracit 10, 253.
Kohleneisenstein = Gem. v. Siderit u. Kohle.
Kokkolith = Augit, körnig 20, 250.
Kokscharowit = v. Amphibol 8, 250.
Kollyrit 130, 252.
Kolophonit = v. Granat 70, 248.
Komarit = Röttisit 188, 252.

— 325 —

Konarit = Röttisit 188, 252.
Kongsbergit 132, 234.
Konichalcit = (Cu, Ca)$_3$ As$_2$ O$_8$ + H$_2$ Cu O$_2$ + ¼ H$_2$ O 246.
Konit = v. Calcit, mit Si O$_2$ gem. 240.
Koppit 132, 244.
Korallenachat = v. Achat.
Korallenerz = Gem. v. Zinnober, Idrialit und Kohle.
Kornerupin = Mg Al$_2$ Si O$_6$.
Korund 132, 238.
Korundophilit 132, 249.
Korynit 132, 235.
Kotschubeyit = v. Klinochlor, Cr reich 128, 249.
Koupholith 132.
Krablit = Gem. v. Orthoklas u. Quarz.
Krantzit 132, 253.
Kraurit = Grüneisenerz 98, 245.
Kreide = erd. Calcit 42, 240.
Kreittonit 132, 243.
Kremersit 132, 239.
Krennerit 134, 236.
Kreuzstein = Barytkreuzstein 22, 251.
Krisuvigit = Brochantit 38, 242.
Kröberit = v. Magnetkies 146, 235.
Krokalit = v. Natrolith 160, 251.
Krokoit = Bleichromat 30, 241.
Krokydolith 134, 250.
Krugit = K$_2$, Mg, Ca$_4$ (SO$_4$)$_6$ + 2 H$_2$ O.
Kryolith 134, 239.
Kryophyllit 134, 248.
Kryptolith 244.
Kryptomorphit 244.
Kubizit = Analcim 8, 251.
Kuboit = Analcim 8, 251.
Kühnit = Berzeliit 26, 244.
Küstelit = Silber, Pb u. Au haltig 196, 234.
Kugeljaspis = v. Eisenkiesel.
Kupaphrit = Kupferschaum 136, 246.
Kupfer 134, 234.
Kupferantimonglanz 134, 236.

Kupferblau = Chrysokoll 54, 248.
Kupferbleiglanz = Cuproplumbit 60, 235.
Kupferbleispath = Bleilasur 32, 242.
Kupferblende = v. Fahlerz mit 9 pCt. Zink 80, 237.
Kupferblüthe = Chalkotrichit 48.
Kupferchlorür 239.
Kupferdiaspor = Phosphorchalcit 172, 245.
Kupferglanz = Chalcocit 46, 235.
Kupferglas = Chalcocit 46, 235.
Kupferglimmer = Chalkophyllit 46, 246.
Kupfergrün = Chrysokoll 54, 248.
Kupferhornerz = Salzkupfererz 190, 240.
Kupferindig = Covellin 60, 236.
Kupferit = v. Antophyllit 10, 250.
Kupferkies = Chalkopyrit 46, 236.
Kupferlasur = Azurit 22, 240.
Kupferlebererz = Cuprit 60, 238.
Kupfermanganerz 136, 239.
Kupfermanganschwärze = Kupfermanganerz 136, 239.
Kupfernickel = Arseniknickel 18, 235.
Kupferoxyd 238.
Kupferoxydul 238.
Kupferpecherz = Gem. v. Eisenoxydhydrat und Kupfergrün.
Kupferroth = Cuprit 60, 238.
Kupfersammeterz 136.
Kupferschaum 136, 246.
Kupferschwärze 136, 239.
Kupfersilberglanz 136.
Kupferuranit = Chalkolith 46, 246.
Kupfervitriol = Chalkanthit 46, 242.
Kupferwismuthglanz = Emplektit 76, 236.
Kupfferit = (Mg, Cr, Ca) Si O$_3$ 250.
Kyanit = Cyanit 60, 247.
Kymatin = Amphibol 8, 250.

Kypholit = Serpentin 196, 249.
Kyrosit = v. Markasit mit 1·5—2 pCt. Cu u. 1 pCt. As 148, 235.

Labrador 136, 251.
Labradorit 136, 251.
Lagonit = Fe$_2$ B$_6$ O$_{12}$ + 3 H$_2$O 244.
Lagunit = Lagonit 244.
Lampadit = Gem. v Kupfermangan u. Wad.
Lanarkit 136, 242.
Lancasterit = Mg$_2$ CO$_4$ + 2 H$_2$O 241.
Langit 136, 242.
Lanthanit = Hydrocerit 112, 241.
Lanthanocerit = v. Cerit 44, 247.
Lapis Lazuli 138, 250.
Larderellit = Am$_2$ B$_8$ O$_{13}$ + 4 H$_2$O 244.
Lardit = Agalmatolith 2, 249.
Lasionit = Wavellit 226, 246.
Lasurit = Lapis Lazuli 138, 250.
Lasurmalachit = Bleilasur 32, 242.
Lasurstein = Lapis Lazuli 138, 250.
Latialit = Hauyn 104, 250.
Latrobit = v. Anorthit 10, 251.
Laumontit = Caporcianit 42, 251.
Laurit 138, 236.
Lautit = (Cu, Ag) As S 235.
Lavendulan Cu$_3$ (As O$_4$)$_2$ + 2 H$_2$O 245.
Låvenit 138.
Lavroffit = v. Augit, Va haltig 20, 250.
Lawrencit 239.
Lawrowit = v. Augit, Va haltig 20, 250.
Laxmannit 138, 244.
Lazulith = Blauspath 28, 245.
Leadhillit 138, 242.
Leberblende = Blende 32.
Leberkies = Markasit 148, 235.
Leberstein = v. Baryt 22, 241.
Lecontit = [Na, K (NH$_4$)] SO$_4$ + 2 H$_2$O 242.

Ledererit = Gmelinit 94, 251.
Leedsit = Gem. v. Ba SO_4 u. Ca SO_4.
Leelit = v. gem. Feldspath 84, 251.
Lehmanit = v. Zoisit 232, 247.
Lehuntit = v. Natrolith 160, 251.
Leidyit = (Fe, Ca, Mg, H_2) (Al_2) Si_5 O_{15} + 5 H_2O 249.
Lennilit = v. gem. Feldspath 84, 251.
Lenzin = Halloysit 102, 252.
Leonhardit 138.
Leopoldit = Sylvin 206, 239.
Lepidokrokit 138, 238.
Lepidolith 140, 248.
Lepidomelan 140, 248.
Lepidophaeit 140, 238.
Lepolith = v. Anorthit 10, 251.
Lerbachit 140.
Lernilith = Zers. Prod. v. Serpentin 196, 249.
Lettsomit = Kupfersammeterz 136, 243.
Leucanterit = v. Jarosit 116, 243.
Leucaugit = v. Augit 20, 250.
Leuchtenbergit 140, 249.
Leucit 140, 250.
Leukochalcit 140.
Leukocyclit = v. Apophyllit 14, 251.
Leukolit = v. Topas 212, 247.
Leukopetrit = foss. Harz 253.
Leukophan 140, 250.
Leukopyrit 142, 235.
Leukotil = (Mg, Ca, Na_2, K_2) (Al, $Fe)_2$ Si_4 O_{19} + 8 H_2O 249.
Leukoxen = Zers. P. v. Titaneisen 238.
Leviglianit 236.
Levyn 142, 251.
Leydyit 142.
Libethenit 142, 245.
Liebenerit 142, 249.
Liebigit 142, 241.
Liévrit 142, 247.
Lignit = Braunkohle 36, 253.
Ligurit = Greenovit 98, 252.

Lilalit = Lepidolith 140, 248.
Lillit 142.
Limbilit = v. Chrysolith 54, 247.
Limnit = Brauneisenerz 36, 235.
Limonit = Brauneisenerz 36, 238.
Linarit = Bleilasur 32, 242.
Lincolnit = Heulandit 106, 251.
Lindackerit = 2 Cu_3 As_2 O_8 + Ni_3 SO_7 + 7 H_2O 246.
Lindsayit 142, 251.
Linnëit = Kobaltkies 130, 235.
Linsëit = Lindsayit 142, 251.
Linsenerz 144, 246.
Lintonit = Comptonit 58, 251.
Lionit, unreines ged. Tellur 210, 234.
Lirokonit = Linsenerz 144, 246.
Lirokonmalachit = Pharmakosiderit 170, 246.
Liskeardit 144.
Lithionglimmer = Lepidolith 140, 248.
Lithionit = Lepidolith 140, 248.
Lithiophilit 144, 244.
Lithiophorit = v. Schwarzer Glaskopf, Li O haltig 92, 238.
Litidionit, blau, wahrsch. ein Mineralgemenge.
Livingstonit = Hg_2 S · 4 Sb_2 S_3 236.
Loboit = v. Idokras 116, 247.
Löllingit = Arseneisen 16, 235.
Löweit 144, 243.
Löwigit 144.
Loganit = Pennin 168, 249.
Lonchidit = Kausimkies 126.
Lophoit = Delessit 64, 249.
Lotalit = Hedenbergit 104, 250.
Louisit, neues, noch nicht genau genug bekanntes Mineral, lauchgrün.
Loxoklas = v. Gem. Feldspath 84, 251.

Luchssapphir = Cordierit 58, 250.
Luckit = (Fe, Mn) SO_4 + 7 H_2O 242.
Ludlamit 144, 246.
Ludwigit 144, 243.
Lüneburgit = 2 H Mg PO_4 + Mg B_2 O_4 + 7 H_2O 246.
Lumachell = Muschelmarmor = v. Calcit 42, 240.
Lunnit = Dihydrit 68, 245.
Luzonit = Clarit 56, 237.
Lydit = Kieselschiefer.
Lyellit = Devillin.

Maclureit = Fassait 82, 250.
Magnesiaalaun = Alaun 4, 243.
Magnesiaeisenthongranat 248.
Magnesiaglimmer = Phlogopit u. Meroxen 248.
Magnesiasalpeter = Mg N O_6 + H_2O 240.
Magnesioferrit = Magnoferrit 146, 243.
Magnesit 144, 240.
Magnesitspath 144, 240.
Magneteisenerz 146, 243.
Magnetit 146, 243.
Magnetkies 146, 235.
Magnetopyrit = Magnetkies 146, 235.
Magnoferrit 146, 243.
Magnolit 146, 242.
Malachit 146, 240.
Malachitkiesel = Chrysokoll 54, 248.
Malakolith = Diopsid 68, 250.
Malakon = zers. Zirkon, s. Hyacinth 110, 238.
Maldonit = Au_2 Bi 235.
Malinowskit = v. Fahlerz Ag haltig 80, 237.
Mallardit = Mn SO_4 + 7 H_2O 242.
Malthazit 146, 252.
Mamanit = v. Polyhalit 178, 243.
Manganalaun = Alaun 4, 243.
Manganblende = Alabandin 4, 235.
Manganepidot 146, 247.
Manganglanz = Alabandin 4, 235.
Mangangranat 248.

— 327 —

Manganidokras = v. Idokras 116, 247.
Manganit 146, 238.
Mangankies = Hauerit 102, 235.
Mangankiesel = Rhodonit 186, 250.
Mangankiesel, schwarzer 146, 250.
Mangankupfererz = Crednerit 60, 238.
Manganocalcit 148, 240.
Manganophyll = v. Meroxen 152, 248.
Manganosit 148, 238.
Manganostibiit 148.
Manganotantalit = v. Ixiolith.
Manganowolframit = v. Wolframit 228, 242.
Manganschaum = Wad 224, 238.
Manganspath = Dialogit 66, 240.
Manganspinell 243.
Mangantantalit 244.
Manganvitriol = Fauserit 82, 242.
Manganzinkspath 148.
Marasmolit = v. Blende 32.
Marcelin = Braunit 36, 238.
Marcylit = Gem. versch. Erze.
Margarit = Emerylith 76, 249.
Margarodit = Kaliglimmer 122, 248.
Marialith = v. Mizzonit 156, 248.
Marionit = Hydrozinkit 114, 240.
Markasit 148, 235.
Marmairolith = (Fe, Mn, Mg, Ca, K_2, Na_2) Si O_3
Marmatit = Blende 32.
Marmolith 148, 249.
Martinsit = Gem. v. Kieserit u. Kochsalz.
Martit = Ps. v. Rotheisen n. Magnetit.
Mascagnin 148, 241.
Masonit 148, 249.
Massicot = Bleiglätte 30.
Matlockit 148, 240.
Matricit = Mg_2 Si O_4 + H_2O.
Maulit = v. Labradorit 136, 251.
Maxit = Leadhillit 138, 242.

Medjidit = (U_2 O_3 + 3 Ca O) S O_4 + 15 H_2 O.
Meerschaum 150, 249.
Megabasit = v. Wolframit mit 20—23 pCt. Mn O 228, 242.
Megabromit 150.
Mejonit 150, 248.
Melaconit = Pseud. v. Tenorit n. Bornit.
Melanasphalt = Albertit, foss. Harz 253.
Melanchlor = v. Triphylin 214, 244.
Melanchym = foss. Harz.
Melanellit = foss. Harz.
Melanerz = Polymygnit 178, 252.
Melanglanz 150, 237.
Melanit = v. Granat 96, 248.
Melanochroit = Phoenicit 172, 242.
Melanolith = v. Hisingerit 108, 249.
Melanophlogit 150, 238.
Melanosiderit 150.
Melanotekit = Pb_2 (Fe_2) Si_2 O_9.
Melanthallit = Cu Cl_2 + Cu O + H_2 O 239.
Melanterit = Eisenvitriol 74, 242.
Melichromharz = Honigstein 108, 252.
Melilith = Humboldtilith 110, 248.
Melinit = Gelberde 90.
Melinophan 150, 250.
Meliphanit = Melinophan 150, 250.
Mellit = Honigstein 108, 252.
Melonit 152, 235.
Melopsit = v. Deweylit 66, 252.
Menaccanit = Crichtonit 60.
Mendipit 152, 240.
Mendozit = v. Alaun 4, 243.
Meneghinit 152, 237.
Mengit = Edwardsit 70.
Menilit = v. Opal, knollig, leberbraun 166, 238.
Mennige 152, 238.
Mercur 152.
Mercurblende = Cinnabarit 56, 236.
Meroxen 152, 248.
Mesitin 152.
Mesitinspath 152, 240.

Mesole 152, 251.
Mesolith 152, 251.
Mesotyp 154, 251.
Messingblüthe 154, 240.
Metabrushit = 2 H Ca P O_4 + 3 H_2 O 245.
Metachlorit = v. Chlorit 50, 249.
Metacinnabarit = Hg S 236.
Metasericit = v. Sericit 196, 248.
Metavoltin = 5 (K_2 Na_2 $Fe)_2$ O · 3 Fe_2 O_3 · 12 S O_3 · 18 H_2 O.
Metaxit = v. Serpentin 196, 249.
Meteoreisen = Eisen mit Ni Gehalt 72, 234.
Miargyrit 154, 236.
Micaphilit = Andalusit 8, 247.
Micarell = Pinit 174, 249.
Michaelit = Fiorit, v. Opal 166, 238.
Michaelsonit = v. Allanit 6.
Middletonit = foss. Harz.
Miemit = v. Braunspath 36, 240.
Miesit = Braunbleierz 36, 245.
Mikrobromit 154, 245.
Mikroklin 154, 251.
Mikroklinperthit = Perthit 251.
Mikrolith 154, 244.
Mikrosommit 154, 249.
Milarit 154, 251.
Milchopal = v. Opal 166, 238.
Milchquarz = v. Quarz 184, 238.
Millerit = Haarkies 100, 235.
Miloschin 154.
Mimetesit 156, 245.
Mirabilit = Glaubersalz 92, 242.
Misenit = H K S O_4.
Misit = Gelbeisenerz 90, 243.
Misspickel = Arsenikkies 18.
Misy = Fe_2 S_3 O_{12} + 9 H_2 O 243.
Mixit = Cu_{20} Bi_2 As_{10} H_{44} O_{70} 249.
Mizzonit 156, 248.
Mohsit = Crichtonit 60.
Mokkastein = Moosachat.
Mollit = Blauspath 28.

— 328 —

Molybdaenbleispath = Gelbbleierz 90, 241.
Molybdaenglanz 156, 234.
Molybdaenit 156, 234.
Molybdaenocker 156, 238.
Molybdaensilber = Tellurwismuth 210, 234.
Molybdit = Molybdaenocker 156, 238.
Molysit = Eisenchlorid = $Fe_2 Cl_3$.
Monazit = Edwardsit 70, 244.
Monazitoid = Edwardsit, unrein 70.
Mondstein = v. gem. Feldspath 84, 251.
Monetit = $Ca H P O_4$.
Monheimit = Eisenzinkspath 74, 240.
Monimolit = 4 (Pb, Fe, Mn, Ca, Mg) $O \cdot Sb_2 O_5$.
Monit = $Ca_3 P_2 O_8 + H_2 O$.
Monradit 156, 249.
Monrolith 156, 247.
Montanit 156, 242.
Montebrasit = Amblygonit 60, 245.
Monticellit 156, 247.
Montmorillonit = $(Al_2)_2 Si_7 O_{20} + 2 H_2 O$ 252.
Moorkohle = Braunkohle 36, 253.
Moosachat = v. Achat.
Morasterz = Brauneisenerz, noch jetzt entstehend 36, 238.
Mordenit = sehr Si O_2 reiches, zeolithisches Mineral.
Morenosit 158.
Moresnetit 246.
Morion = v. Quarz, schwarz 184, 238.
Moroxit = Apatit, dunkelbläulichgrün 14, 245.
Morvenit = Barytkreuzstein 22, 251.
Mosandrit 158, 252.
Mottramit 158, 245.
Muckit = foss. Harz 253.
Müsenit = v. Kobaltkies 130, 235.
Muldan = gem. Feldspath 84, 251.
Mullicit = Anglarit 8.
Murchisonit = v. gem. Feldspath 84, 251.
Muriacit = Anhydrit 10, 241.
Muromontit = v. Bucklandit 40, 247.

Murrhin = Chalcedon.
Muscovit = Kaliglimmer 122, 248.
Mussit = v. Augit 20, 250.
Myelin = Kaolin, unrein 124, 249.
Mysorin = Gem. v. Malachit u. Rotheisen.

Nadeleisenerz = Goethit 94, 238.
Nadelerz 158, 237.
Nadelkohle = v. Braunkohle 36, 253.
Nadelstein = Aragonit 14, 240.
Nadelzeolith = Natrolith 160, 251.
Nadorit 158, 244.
Nagyager Erz 158, 236.
Nagyagit 158, 236.
Nakrit 160, 249.
Namaqualit 239.
Nantokit = Cu Cl 239.
Naphtha = Bergöl 24.
Nasturan = Uranpecherz 220, 242.
Natroborocalcit = Boronatrocalcit 34, 244.
Natrocalcit = Gaylussit 90, 241.
Natrolith 160, 251.
Natron 160.
Natron, kohlensaures = Natron 160.
Natronalaun = v. Alaun 4, 243.
Natronchabasit = Gmelinit 94, 251.
Natronfeldspath = Albit 4, 251.
Natronglimmer 160, 249.
Natronkalkfeldspath = Kalknatronfeldspath 122, 251.
Natronmesotyp = Natrolith 160, 251.
Natronorthoklas = Kalknatronfeldspath 122,251.
Natronsalpeter = Chilisalpeter 48, 240.
Natronsulfat 241.
Naumannit = Selensilber 196, 235.
Necronit = v. Feldspath, blau 84, 251.
Neftgil = Erdwachs 78, 252.
Nemalith = v. Brucit 40, 238.
Neochrysolith = Chrysolith 54, 247.

Neocyanit = $H_2 O$ freies Kupfersilicat, blau.
Neolith 160, 249.
Neotokit = v. Klipsteinit 128.
Neotyp = v. Calcit, Ba O haltig 42, 240.
Nephelin = Elaeolith 74, 249.
Nephrit 160, 250.
Nertschinskit = Halloysit 102, 252.
Neudorffit = foss. Harz 253.
Neukirchit 160, 238.
Newberyit 160, 245.
Newjanskit 162, 234.
Nickelantimonkies = Antimonnickelglanz 12, 235.
Nickelarsenikglanz = Arsennickelglanz 18, 235.
Nickelblüthe = Annabergit 10, 245.
Nickelglanz = Arsenresp. Antimonnickelglanz.
Nickelgymnit 162, 252.
Nickelin = Arsennickel 18, 235.
Nickelkies = Haarkies 100, 235.
Nickelocker = Annabergit 10, 245.
Nickeloxyd = Bunsenit 40, 238.
Nickeloxydul = Bunsenit 40, 238.
Nickelsmaragd = Emerald — Nickel 76, 241.
Nickelspiessglanzerz = Antimonnickelglanz 12.
Nickelvitriol = Morenosit 158, 242.
Nickelwismuthglanz = Gem. v. Polydymit u. Wismuthglanz.
Nicopyrit = Eisennickelkies 72, 235.
Nigrescit 162, 249.
Nigrin = Rutil 190, 238.
Niobit = Columbit 56, 244.
Nipholith = Chodnewit 239.
Nitrit = Kalisalpeter 240.
Nitrocalcit = Kalksalpeter 122, 240.
Nitromagnesit = Magnesiasalpeter 240.
Nocerin = $2 (Ca, Mg) F_2 + (Ca, Mg) O$ 239.

Nohlit = v. Samarskit 190, 244.
Nontronit 162, 252.
Noralit = v. Amphibol 8, 250.
Nordenskiöldit = v. Amphibol 8, 250.
Nordmarkit = Staurolith 202, 246.
Nosean 162, 250.
Nosin = Nosean 162, 250.
Nosit = Nosean 162, 250.
Numeait = Garnierit 90, 252.
Nussierit = Braunbleierz 36, 245.
Nuttalit 162.

Ochran = v. Kaolin 124, 249.
Ochroit = Cerit 44, 247.
Octaëdrit = Anatas 8, 238.
Odontolith = Kalait 120, 246.
Oellacherit = Emerylith, Ba haltig 76, 249.
Oerstedtit 162, 238.
Ogcoit = Helminth 104, 249.
Oisanit = Epidot 78, 247.
Okenit 164, 251.
Oktibehit = Fe Ni.
Olafit = v. Albit 4, 251.
Oldhamit Ca S, 235.
Oligoklas = Kalknatronfeldspath 122, 251.
Oligonit = Oligonspath 164, 240.
Oligonspath 164, 240.
Olivenerz 164.
Olivenit 164, 245.
Olivenmalachit = Libethenit 142, 245.
Olivin = Chrysolith 54, 247.
Omphazit = v. Diopsid 68, 250.
Onegit = v. Goethit 94, 238.
Onkosin = Damourit 164, 248.
Onofrit 164, 236.
Ontariolith 164.
Onyx = v. Achat, weiss u. schwarz gebändert.
Oolith = Erbsenstein.
Oolithisches Eisenerz = v. Brauneisenerz 36, 238.
Oolithischer Kalkstein = v. Kalkstein, s. Calcit 42, 240.
Oosit = v. Pinit 174, 249.

Opal 166, 238.
Opaljaspis = Eisenopal = v. Opal 166, 238.
Operment = gelbe Arsenblende 16.
Ophiolith = v. Serpentin 196, 244.
Ophit = Serpentin 249.
Orangit 166, 238.
Oravitzit = v. Kaolin 124, 249.
O'Rileyit = $Cu_2 S \cdot 4 Fe_2 S_2 35$.
Ornithit = Metabrushit 245.
Oropion = Bergseife.
Orthit = Allanit 6, 247.
Orthoklas = Feldspath 84, 251.
Oryzit = v. Heulandit 106, 251.
Oserskit = Aragonit 14, 240.
Osmelith = Pektolith 168, 250.
Osmiridium = Newjanskit 162, 234.
Osteolith 166, 244.
Ostranit = v. Zirkon, s. Hyacinth 110, 238.
Ottrelith 166, 249.
Owenit = Thuringit 212, 249.
Oxalit = Humboldtin 110, 252.
Oxhaverit = v. Apophyllit 14, 251.
Ozarkit = Comptonit 58, 251.
Ozokerit = Erdwachs 78, 252.

Pachnolith 166, 239.
Pacit = $Fe S_2 + 4 Fe As_2$.
Pagodit = Agalmatolith 2, 249.
Pajsbergit = Rhodonit 186, 250.
Paligorskit = v. Neolith 160, 249.
Palladium 166, 234.
Palladiumgold = Gold m. 4 pCt. Ag u. 10 pCt. Pd 94, 234.
Pandermit 166, 244.
Papierkohle = v. Braunkohle 36, 253.
Paradoxit = gem. Feldspath 84, 251.
Paraffin = Erdwachs 78, 252.

Paragonit = Natronglimmer 160, 249.
Paralogit = v. Skapolith 198, 248.
Paraluminit = v. Aluminit 6, 243.
Parankerit = v. Ankerit 10, 240.
Paranthin = Skapolith 198, 248.
Parasit = Boracit 34, 243.
Parastilbit 166.
Parathorit = v. Thorit 212, 238.
Pargasit = v. Amphibol, bläulichgrün 8, 250.
Parisit 166, 240.
Paroligoklas = v. Oligoklas 122, 251.
Parophit = v. Pinit 174, 249.
Partschin 166, 248.
Partzit = v. Antimonocker 12, 238.
Passauit 168, 248.
Passyit = v. Quarz 184, 238.
Pastreit = v. Jarosit 116, 243.
Paterait = Co Mo O_4.
Patrinit = Nadelerz 158, 237.
Pattersonit = v. Biotit 26, 248.
Paulit = Hypersthen 114, 250.
Pazit = Pacit.
Pechblende 242.
Pechkohle = v. Braunkohle 36, 253.
Pechkupfer = Kupferpecherz.
Pechuran = Uranpecherz 220.
Peckhamit = 2 (Fe, Mg) Si O_3 + (Fe, Mg) Si O_4.
Peganit 168, 246.
Pegmatolith = gem. Feldspath 84, 251.
Pektolith 168, 250.
Pelagosit = v. Calcit 42, 240.
Pelhamin = v. Serpentin 198, 249.
Pelikanit 168, 252.
Pelokonit 239.
Pelosiderit = v. Eisenspath, traubig 72, 240.
Pencatit 168.
Pennin 168, 249.
Pentaklasit = Augit 20, 250.

— 330 —

Pentlandit = Eisennickelkies 72, 235.
Penwithit 168, 252.
Peplolit = v. Anorthit 10, 251.
Percylit 168.
Peridot = Chrysolith 54, 247.
Periklas 170, 238.
Periklin = v. Albit 4, 251.
Peristerit = Albit 4, 251.
Perlglimmer = Emerylith 76, 249.
Perlsinter = v. Opal 166, 238.
Perlspath = Braunspath 36, 240.
Perowskit 170, 252.
Persbergit = zers. Cordierit 58, 250.
Perthit = lam. Verw. v. Albit u. Orthoklas 251.
Petalit = Kastor 126, 251.
Petroleum = Bergöl 24.
Pettkoit = v. Eisenvitriol 74, 242.
Petzit 170, 235.
Pfaffit = Jamesonit 116, 236.
Phaeactinit = v. Amphibol 8, 250.
Phaestin = v. Bronzit 40, 250.
Phakolith = Chabasit, Durchkreuzungszwillinge 46, 251.
Pharmakochalcit = Olivenit 164, 245.
Pharmakolith 170, 245.
Pharmakosiderit 170, 246.
Phenakit 170, 248.
Phengit = v. Kaliglimmer 122, 248.
Philadelphit 170, 248.
Phillipsit = Kaliharmotom 122, 251.
Phlogopit 172, 248.
Phoenicit 172, 242.
Phoenikochroit 172.
Pholerit = v. Kaolin, Ni haltig 124, 249.
Phonit = Elaeolith 74, 249.
Phosgenit = Bleihornerz 32, 241.
Phosphocerit = Kryptolith 134, 244, 245.
Phosphorchalcit 172, 245.
Phosphoreisensinter = Diadochit 66, 246.

Phosphorit = Apatit, dicht 14, 245.
Phosphorkupfer = Phosphorchalcit 172, 245.
Phosphorkupfererz 246.
Phosphorochalcit = Phosphorchalcit 172, 245.
Phosphorsalz 245.
Phosphuranylit = $(UO_2)_3 P_2 O_8 + 6 H_2 O$ 246.
Photicit = Gem. v. Hornstein u. Rhodonit.
Photolit = Pektolith 168, 250.
Phylloretin = foss. Harz 253.
Physalit = v. Topas 212, 247.
Phythanyt = Kieselschiefer.
Phytocollit 253.
Piauzit = foss. Harz.
Picit 246, 253.
Pickeringit = Magnesia-Alaun = v. Alaun 4, 243.
Picotit 172, 243.
Piemontit = Manganepidot 146, 247
Pihlit = Cymatolith 62, 249.
Pikranalcim = Analcim 8, 251.
Pikroalumogen 172.
Pikrolith = v. Serpentin 196, 249.
Pikromerit 172, 243.
Pikropharmakolith 172, 245.
Pikrophyll 172.
Pikrosmin 174, 249.
Pikrotanit = v. Crichtonit 60.
Pikrotephroit = v. Tephroit 210, 248.
Pikrothomsonit = v. Comptonit 56, 251.
Pilarit = Chrysokoll 54, 248.
Pilinit 174.
Pilolith = $Mg_4 (Al_2) Si_{10} O_{27} + 15 H_2 O$ 249.
Pimelith 174, 252.
Pinguit 174, 252.
Pinit 174, 249.
Pinitoid 174, 249.
Pinnoit = $Mg B_2 O_4 + 3 H_2 O$.
Piotin = Saponit 190, 249.
Pirenaeit = v. Granat 96, 248.

Pisanit = v. Eisenvitriol 74, 242.
Pisolith = Erbsenstein 14, 240.
Pissophan 174.
Pissopyrit = Eisenkies 72, 235.
Pistazit = Epidot 78, 247.
Pistomesit 174, 240.
Pitkärandit = Amphibol 8, 250.
Pittinerz = Uranpecherz 220, 242.
Pittinit 242.
Pittizit = Arseneisensinter 16.
Plagiocitrit 176, 243.
Plagioklas = Collectivname für Kalknatronfeldspäthe.
Plagionit 176, 236.
Planerit 176, 246.
Plasma = Chalcedon, dunkel-lauchgrün.
Platin 176, 234.
Platin-Iridium 176, 234.
Plattnerit 176.
Plenargyrit = $Ag_2 S + Bi_2 S_3$.
Pleonast = Ceylanit 44, 243.
Plessit = $2 Ni S + Ni As_2$.
Pleuroklas = Wagnerit 224, 245.
Plinian = Arsenkies 18, 235.
Plinthit 176, 252.
Plombièrit 176, 252.
Plumbein = v. Bleiglanz 32, 235.
Plumbocalcit 176, 240.
Plumbogummit = Bleigummi 32.
Plumbomagnesit = $3 Mn S + Pb S$.
Plumbomanganit = $Pb S · 3 Mn_2 S$ 235.
Plumbostannit 237.
Plumbostib 176.
Plumosit = Federerz 82.
Poikilit = Bornit 34, 236.
Poikilopyrit = Bornit 34, 236.
Polianit 176, 238.
Polirschiefer = Tripel 214.
Pollucit 251.
Pollux = 176, 251.
Polyadelphit = v. Granat 96, 248.
Polyargit = v. Anorthit 10, 251.
Polyargyrit 178, 237.

Polybasit = Eugenglanz 80, 237.
Polychroilit = zers. Cordierit 58, 250.
Polychrom = Braunbleierz 36, 245.
Polydymit 178, 235.
Polyhalit 178, 243.
Polyhydrit = Hisingerit 108.
Polykras 178, 252.
Polylit = v. Augit 20, 250.
Polylithionit = v. Lepidolith 140, 248.
Polymignyt 178, 252.
Polysphaerit = Braunbleierz 36, 245.
Polytelit = v. Fahlerz 80, 237.
Polyxen = Platin 176, 234.
Poonahlith = Kalkmesotyp 122.
Porcellanerde = Kaolin 124, 249.
Porcellanjaspis = gebrannter Thon.
Porcellanspath = Passauit 168, 248.
Porpezit = Palladiumgold 234.
Porricin = Augit 20, 250.
Posepnyit, foss. Harz 253.
Prasem = v. Quarz 184, 238.
Praseolith = umgew. Cordierit 58, 250.
Prasilit = v. Chlorit 50.
Prasin = Phosphorchalcit 172, 245.
Predazzit = Gem. v. Calcit u. Brucit.
Pregrattit = Natronglimmer 160, 249.
Prehnit 178, 248.
Prehnitoid = v. Prehnit 178, 248.
Priceit = Pandermit 166, 244.
Přibramit = Goethit 94, 238.
Přilepit = amorphes gelbes harzähnl. Mineral.
Prochlorit = v. Chlorit 50, 249.
Proidonin = Si F$_4$ 239.
Prosopit 178, 240.
Protobastit = Enstatit 76, 250.
Protovermiculit = v. Vermiculit 249.

Proustit = Arsensilberblende 20, 237.
Psathyrit = foss. Harz.
Pseudoapatit = v. Apatit 14, 245.
Pseudobrookit = v. Crichtonit 60, 238.
Pseudocotunnit = Pb Cl$_2$ + K Cl 239.
Pseudogaylüssit = Pseud. v. Calcit n. Gaylüssit.
Pseudolibethenit = v. Libethenit 142, 246.
Pseudomalachit = Phosphorchalcit 172, 245.
Pseudonatrolith = v. Natrolith 160, 251.
Pseudophit = Pennin 168, 249.
Pseudotriplit 178.
Psilomelan = schwarzer Glaskopf 92, 238.
Psimythit = Leadhillit 138, 242.
Psittacinit = (Pb, Cu)$_9$ V$_4$ O$_{19}$ + 9 H$_2$O 246.
Pterolit = v. Lepidomelan 140, 248.
Pucherit 180, 244.
Pufflerit = v. Kaliharmotom 122, 251.
Punktachat = v. Achat.
Purpurblende = Antimonblende 12, 239.
Puschkinit = v. Epidot 78, 247.
Pyknit = v. Topas 212, 247.
Pyknotrop 180, 249.
Pyrallolith = v. Augit 20, 250.
Pyrantimonit = Antimonblende 12, 239.
Pyrargillit 180.
Pyrargyrit = Antimonsilberblende 12, 237.
Pyraurit = Fe$_2$ O$_3$ · 3 H$_2$O + 6 Mg H$_2$O$_2$ · 6 H$_2$O.
Pyrauxit = Pyrophyllit 182, 249.
Pyrenäit = v. Granat 96, 248.
Pyrgom = Fassait 82, 250.
Pyrit = Eisenkies 72, 235.
Pyroaurit = Igelströmit 239.
Pyrochlor 180, 244.
Pyrochroit 180, 238.
Pyroconit = v. Pachnolith 166, 239.
Pyrolusit 180, 238.

Pyromelan = v. Greenovit 98, 252.
Pyromelin = Ni SO$_4$ + 7 H$_2$O.
Pyromorphit = Braunbleierz 36, 245.
Pyrop 182, 248.
Pyrophosphorit 244.
Pyrophyllit 182, 249.
Pyrophysalit = v. Topas 212, 247.
Pyropissit 182, 253.
Pyroretin 182, 253.
Pyroretinit = Pyroretin 182, 253.
Pyrorthit = v. Allanit, v. d. L. verglimmt er 6, 247.
Pyrosklerit 182.
Pyrosmalith 182, 248.
Pyrostibit = Antimonblende 12, 239.
Pyrostilpnit = Feuerblende 84, 237.
Pyrotechnit = Thenardit 212, 241.
Pyroxen = Augit 20, 250.
Pyrrhit 184.
Pyrrholit = v. Anorthit 10, 251.
Pyrrhosiderit = Goethit 94, 238.
Pyrrhotin = Magnetkies 146, 235.

Quartz 184, 238.
Quarz 184, 238.
Quecksilber = Merkur 152, 234.
Quecksilberbranderz = Idrialit 116, 253.
Quecksilberfahlerz 237.
Quecksilberhornerz = Chlorquecksilber 52, 239.
Quecksilberlebererz 184.
Quellerz 184.
Quincit = v. Pikrosmin 174, 249.

Rabdionit 184, 239.
Rabdophan = Di P$_2$ O$_5$ wesentl. 244.
Rabenglimmer = Lepidolith 140, 248.
Radauit = Labradorit 136, 251.
Radiolith = Natrolith 160, 251.
Rädelerz = Bournonit 36, 237.
Rahtit = Blende 32.

Raimondit = 2 $Fe_2 S_3 O_6$ + 7 H_2O 243.
Ralstonit 240.
Rammelsbergit = Arseniknickel 18, 235.
Randanit = Kieselpanzer v. Diatomeen.
Randit = $Ca_5 U_2 C_6 O_{20}$ + 3 H_2O 241.
Raphanosmit = Selenkupferblei 194, 235.
Raphilit 184.
Rapidolit = Skapolith 198, 248.
Raseneisenerz = Quellerz 184.
Rastolyt = Voigtit, v. Biotit 26, 248.
Ratholith = Pektolith 168, 250.
Ratofkit = v. Fluorit 86, 239.
Rauchquarz = v. Quarz 184, 238.
Rauschgelb, gelbes = gelbe Arsenblende 16.
Rauschgelb, rothes = rothe Arsenblende 16.
Rautenspath = Braunspath 36, 240.
Razoumoffskin 184, 252.
Realgar = rothe Arsenblende 16, 234.
Reddingit 184, 245.
Redruthit = Chalcocit 46.
Refdanskit = v. Serpentin, Ni haltig 196, 249.
Reichit = v. Calcit 42, 240.
Reinit 186, 241.
Reissacherit = Wad 224, 238.
Reissblei = Graphit 96, 234.
Reissit = v. Epistilbit 186, 251.
Remingtonit = $Co CO_3$, H_2O haltig.
Remolinit = Salzkupfererz 190, 240.
Rensselaerit = Talk 208, 249.
Retinalith = Serpentin 196, 249.
Retinallophan = Arseneisensinter 16.
Retinellit = Retinit 186, 253.
Retinit 186, 253.
Retzit = unreiner Wallastonit 230, 250.

Reussin = Glaubersalz 92, 242.
Rhätizit = Cyanit 60, 247.
Rhagit 186, 246.
Rhatit = v. Blende 32.
Rhodiumgold 186.
Rhodizit 186, 243.
Rhodochrom = v. Kaemmererit 120, 249.
Rhodochrosit = Dialogit 66, 240.
Rhodonit 186, 250.
Rhodophyllit = Pennin 168, 249.
Rhyakolith = v. glas. Feldspath 84, 251.
Richmondit = v. Gibbsit 92, 245.
Riemannit = Allophan 6, 252.
Rinkit 186.
Rionit 237.
Ripidolith = Chlorit 249.
Rittingerit 186, 237.
Rivotit 186.
Rochlandit = Serpentin 196, 249.
Rochlederit = foss. Harz.
Roemerit 188, 243.
Roepperit 188, 248.
Roessilerit = 3 (Mg. H_2) O . $As_2 O_5$ + 12 $H_2 O$ 245.
Röthel = thoniger Eisenglanz 72, 238.
Röttisit 188, 252.
Rogenstein = oolithischer Calcit 42, 240.
Rogersit = Zers. Prod. v. Samarskit 190, 244.
Romanzovit = v. Granat 96, 248.
Roméit 188, 244.
Roscoelith 188, 248.
Roselith 188, 245.
Rosellan 188, 251.
Rosenquarz = v. Quarz, rosenroth 184, 238.
Rosenspath = Dialogit 66, 240.
Rosit = zers. Anorthit 10, 251.
Rosterit = v. Beryll 26, 250.
Rosthornit 188, 253.
Rothbleierz = Bleichromat 30, 241.
Rotheisenerz = Eisenglanz 72, 238.
Rotheisenstein = Eisenglanz 72, 238.

Rothgiltigerz, dunkles = Antimonsilberblende 12, 237.
Rothgiltigerz, lichtes = Arsensilberblende 20, 237.
Rothhoffit = v. Granat 96, 248.
Rothkupfererz = Cuprit 60, 238.
Rothnickelkies = Arsennickel 18, 235.
Rothspiessglanzerz 239.
Rothspiessglaserz = Antimonblende 12, 239.
Rothzinkerz 188, 238.
Rubellan = v. Biotit 26 248.
Rubellit = v. Turmalin, roth 218, 247.
Ruberit = Cuprit 60, 238.
Rubicell = v. Spinell 202, 243.
Rubin = Korund 132, 238.
Rubinblende = Arsensilberblende 20, 237.
Rubinglimmer = Goethit 94, 238.
Rubislit = v. Chlorit 50.
Russkohle = v. Schwarzkohle 194, 253.
Rutil 190, 238.

Saccharit 190.
Safflorit = v. Smaltin, Fe haltig 200, 235.
Sagenit = Rutil 190, 238.
Salamstein = Rubin, s. Korund 132, 238.
Saldanit = Haarsalz 100, 242.
Salit = Diopsid 68, 250.
Salmiak = Chlorammonium 50, 239.
Salpeter = Kalisalpeter 122, 240.
Salzkupfererz 190, 240.
Samarskit 190, 244.
Sammetblende = Goethit 94, 238.
Samoit 190, 252.
Sandbergerit = Tennantit 210, 237.
Sandkohle = v. Schwarzkohle 194, 253.
Sanidin = glasiger Feldspath 84, 251.
Sapiolith = Meerschaum 150, 249.
Saponit 190, 249.
Sapphir = Korund, blau 132, 238.

— 333 —

Sapphirin 190, 249.
Sapphirquarz = v. Quarz, blau 184, 238.
Sarawakit = v. Senarmontit 196, 238.
Sardinian = Anglesit 10, 241.
Sardonyx = v. Achat, weiss u. roth gebändert.
Sarkolith 190, 248.
Sartorit = Arsenomelan 18.
Saspachit = zeolithisches Mineral 251.
Sassolin = Borsäure 34, 238.
Saualpit = Zoisit 232, 247.
Saussurit 192.
Savit = v. Natrolith 160, 251.
Saynit = Nickelwismuthglanz.
Schaalenblende = Blende, nierenförmig etc. 32.
Schaetzellit = Sylvin 206, 239.
Schapbachit = v. Chilenit.
Schaumgyps = v. Gyps 100, 242.
Schaumkalk = v. Calcit 42, 240.
Scheelbleierz 192, 241.
Scheelbleispath = Scheelbleierz 192, 241.
Scheelit 192, 241.
Scheererit 192, 253.
Schefferit 250.
Scherbenkobalt = Arsen 16, 234.
Schieferkohle = v. Schwarzkohle 194, 253.
Schieferspath = v. Calcit 42. 240.
Schilfglaserz = Freieslebenit 86, 237.
Schillerquarz = v. Quarz, mit blauem Lichtschein auf —R 184, 238.
Schillerspath = zers. Bronzit 40, 250.
Schirmerit 192, 236.
Schlamit = foss. Harz 253.
Schneebergit 192.
Schneiderit = Caporcianit 42, 251.
Schoenit = $K_2 S O_4 + Mg S O_4 + 6 H_2 O$.
Schörl = Turmalin, schwarz 218, 247.
Schorlit = Topas 212, 247.

Schorlomit = Ferrotitanit 84, 252.
Schraufit 253.
Schreibersit 194.
Schrifterz 194, 236.
Schrötterit = Gem. v. Halloysit u. Variscit 245.
Schuchardtit = v. Chlorit, Ni haltig 50.
Schützit = Coelestin 56, 246.
Schulzit = Geokronit 237.
Schwartzembergit = Jodblei 118, 240.
Schwarzbleierz = Bleicarbonat 30.
Schwarzbraunstein = schwarzer Glaskopf 92.
Schwarzeisenstein = schwarzer Glaskopf 92.
Schwarzerz = Fahlerz 80, 237.
Schwarzkohle 194, 253.
Schwarzspiessglaserz = Bournonit 36, 237.
Schwatzit = v. Fahlerz 80, 237.
Schwefel 194 234.
Schwefelkies = Eisenkies 72, 235.
Schwefelkobalt = Kobaltkies 130, 235.
Schwerbaryt = Scheelit 192, 241.
Schwerbleierz = Plattnerit 176, 238.
Schwerspath = Baryt 22, 241.
Schwerstein = Scheelit 192, 241.
Schwimmkiesel = v. Opal, porös 166, 238.
Schwimmstein = v. Feuerstein.
Scleretinit = foss. Harz.
Scotiolit = Hisingerit 108.
Scoulerit = Comptonit 58, 251.
Sebesit = v. Grammatit 96, 250.
Seebachit = Phakolith.
Seeerz = v. Brauneisenerz 36, 238.
Seesalz = Kochsalz 130.
Seifenstein = Saponit 190, 249.
Seifenzinn = Kassiterit, lose Geschiebe 124, 238.
Seladonit = Grünerde 98.
Selbit = Grausilber 96.
Selen 194, 234.

Selenblei = Clausthalit 56, 235.
Selenbleikupfer 194, 235.
Selenbleispath 194, 241.
Selenit = Gyps 100, 242.
Selenkobaltblei = v. Clausthalit m. 3 pCt. Co.
Selenkupfer = Berzelin 26, 235.
Selenkupferblei 194, 235.
Selenkupfersilber = Eukairit.
Selenmercur 194, 236.
Selenmercurblei = Lerbachit 140.
Selenquecksilber = Selenmercur 194, 236.
Selenquecksilberblei = Lerbachit 140, 236.
Selenquecksilberkupferblei 236.
Selenschwefel 196, 234.
Selenschwefelquecksilber 236.
Selensilber 196, 235.
Selensilberglanz = Selensilber 196, 235.
Selenwismuthglanz = Frenzelit 86, 234.
Sellait 196, 239.
Selwynit = v. Wolkonskoit 230.
Semelin = Greenovit 98, 252.
Semseyit = $Pb_7 Sb_6 S_{16}$.
Senarmontit 196, 238.
Sepiolith = Meerschaum 150, 249.
Serbian = Miloschin 154.
Sericit 196, 248.
Serpentin 196, 249.
Serpentinasbest = Chrysotil 54, 249.
Serpierit 196, 242.
Seybertit = v. Chrysophan 54, 249.
Shepardit = v. Schreibersit, Cr haltig 194.
Siberit = v. Turmalin 218, 247.
Sicilianit = Coelestin 56, 241.
Sideretin = Arseneisensinter 16.
Siderit = theils v. Quarz, theils Eisenspath 240.
Sideroborin = Lagonit 244.
Siderochalcit = Abichit 2, 245.
Siderochrom = Chromeisenerz 52, 243.

— 334 —

Sideroconit = v. Calcit 42, 240.
Sideronatrit = $Na_2 S O_4 + Fe_2 S_2 O_9 + 6 H_2 O$.
Siderophyllit = v. Biotit 26, 248.
Sideroplesit = v. Eisenspath 72, 240.
Sideroschisolith = Chloromelan 50, 249.
Siderosilicit 196.
Siegburgit = foss. Harz 253.
Siegenit = Kobaltkies 130, 235.
Silaonit 196.
Silber 196, 234.
Silberamalgam = Amalgam 6, 234.
Silberantimonglanz = Miargyrit 154, 236.
Silberfahlerz = v. Fahlerz, Ag haltig 80, 237.
Silberglanz = Argentit 14, 235.
Silberglas = Argentit 14, 235.
Silberhornerz = Chlorsilber 52, 239.
Silberkies 198, 236.
Silberkupferglanz = Kupfersilberglanz 136, 235.
Silberphyllinglanz = v. Nagyagit 158, 236.
Silberschwärze = Argentit, erdig 14, 235.
Silberspiessglanz = Nagyagit 158, 236.
Silberwismuthglanz 198, 236.
Silfbergit = $4 Fe Si O_3 + 2(Mg, Ca) Si O_3 + Mn Si O_3$.
Sillimanit 198, 247.
Simonyit = Astrakanit 20, 243.
Sinterkohle = v.Schwarzkohle 194, 253.
Sipylit 198, 244.
Sismondin 198, 249.
Skapolith 198, 248.
Skleroklas = Arsenomelan 18, 236.
Sklerotin 235.
Skogbölit = Ixiolith.
Skolecit = Kalkmesotyp 122, 251.
Skolopsit 198, 250.
Skorodit 198, 245.
Skorza = Epidotsand 78, 247.

Skovillit = Rhabdophan 244.
Skutterudit = Arsenikkobaltkies 18.
Sloanit = zeolithisches Min. 251.
Smaltin 200, 235.
Smaltit = Smaltin 200, 235.
Smaragd = Beryll 26, 250.
Smaragdit = v. Amphibol 8, 250.
Smaragdmalachit = Euchroit 78, 246.
Smaragdochalcit = Salzkupfererz 190, 240.
Smegmatit 200.
Smektit = Walkerde 224.
Smelit = Kaolin 124, 249.
Smirgel = Gem. v. Korund u. Magnetit.
Smithsonit = Zinkspath 232, 240.
Snarumit 140, 250.
Soapstone = Saponit 190, 249.
Soda = Natron 160, 241.
Sodait = Passauit 168, 248.
Sodalith 200, 250.
Soimonit = Gem. v. Barsowit u. Korund.
Solfatarit = Haarsalz 100, 242.
Sombrerit 200.
Sommarugait 235.
Sommervillit = Humboldtilith 110, 248.
Sonnenstein = v. Oligoklas 122, 251.
Sonomait 200, 243.
Sordawalit = $(3 Mg, Fe + Al_2) Si_3 O_6$.
Spadait 200, 249.
Spaniolit = v. Fahlerz 80, 237.
Spargelstein = Apatit, spargelgrün 14, 245.
Spartait = $(Ca, Mn) CO_3$.
Spartalit = Rothzinkerz 188, 238.
Spatheisenstein = Eisenspath 72, 240.
Spathopyrit 200, 235.
Speckstein 202, 249.
Speerkies = Markasit, Zwill. n. ∞P 148, 235.
Speiskobalt = Smaltin 200, 235.
Spessartin = v. Granat 96, 248.

Sphaerit = v. Wavellit 226, 246.
Sphaerokobaltit = Kobaltspath 130, 240.
Sphaerosiderit = v.Eisenspath, traubig 72, 240.
Sphalerit = Blende 32, 235.
Sphen = Greenovit 98, 252.
Sphenoklas, dem Melilith ähnlich 250.
Sphragid = Bol 32, 252.
Sphragidit = Bol 32, 252.
Spiauterit = Wurtzit 230, 235.
Spiessglanzbleierz = Bournonit 36, 237.
Spiessglanzblende = Antimonblende 12, 239.
Spiessglanzweiss = Antimonblüthe 12, 238.
Spiessglas = Antimon 16, 234.
Spiessglaserz = Antimonit 12, 234.
Spiessglassilber = Antimonsilber 12, 235.
Spilyt = v. Albit 4, 251.
Spinell 202, 243.
Spinellan = Nosean 162, 250.
Spodumen 202, 250.
Spreustein = v. Natrolith 160, 251.
Sprödglaserz = Melanglanz 150, 237.
Sprudelstein = Aragonit 14, 240.
Staffelit = v. Apatit 14, 245.
Stagmatit 239.
Stahlkobalt = Glanzkobalt, Fe haltig 92.
Stanekit = foss. Harz.
Stangenspath = Baryt 22, 241.
Stannin 202, 237.
Stannit = Stannin 202, 237.
Stanzait = Andalusit 8, 247.
Stassfurtit = Boracit, unrein 34, 243.
Staurolith 202, 246.
Steargillit = Delanovit 252.
Steatargillit = v. Delessit 64, 249.
Steatit = Speckstein 202, 249.
Steeleit = v. Mordenit.

Steinheilit = Cordierit 58, 250.
Steinkohle = Schwarzkohle 194, 253.
Steinmannit = v. Bleiglanz 32, 235.
Steinmarmit = $(Al_2)_2 Si_3 O_{12} + H_2O$ 249.
Steinöl = Bergöl 24.
Steinsalz = Kochsalz 130, 239.
Stellit 202.
Stephanit = Melanglanz 150, 237.
Sternbergit 202, 236.
Stetefeldtit = v. Antimonocker 12, 238.
Stibianit = $Sb_2O_5 + H_2O$.
Stibiconit = Antimonocker 12, 238.
Stibigalenit = Bindheimit 246.
Stiblith = Antimonocker 12, 238.
Stibnit = Antimonglanz 12, 234.
Stilbit = Heulandit 106, 251.
Stillolit = v. Opal 166, 238.
Stilpnomelan 204.
Stilpnosiderit 204.
Stinkfluss = Fluorit 86, 239.
Stinkquarz = v. Quarz 184, 238.
Stirlingit 204, 248.
Stolpenit 204.
Stolzit = Scheelbleierz 192, 241.
Strahlerz = Abichit 2, 245.
Strahlkies = Markasit 148, 235.
Strahlstein = Aktinolith 4, 250.
Strahlzeolith = Desmin 66, 251.
Strakonitzit = v. Spadait 200, 249.
Stratopeit = v. Klipsteinit 128.
Strengit 204, 245.
Strigisan = v. Wavellit 226, 246.
Strigovit 204, 249.
Strömit = Dialogit 66, 240.
Strogonowit = v. Skapolith 198, 248.
Stromeyerit = Kupfersilberglanz 136, 235.
Stromnit 204.

Strontianit 204, 240.
Strontianocalcit = v. Calcit, Sr haltig 42, 240.
Struvit 204, 245.
Studerit = $3 Cu_2 S \cdot As_2 S_3$.
Stübelit = v. Klipsteinit 128.
Stützit 204, 235.
Stylobit = Gehlenit 90, 247.
Stylotypit = Stylotyp 206, 237.
Stylotyp 206, 237.
Stypterit = Haarsalz 100, 242.
Stypticit 206, 243.
Subdelessit = v. Delessit 64, 249.
Succinit = Bernstein 26, 253.
Sumpferz = Quellerz 184.
Sundvikit = zers. Anorthit 10, 251.
Susannit 206, 242.
Sussexit 206, 243.
Svanbergit 206, 246.
Syepoorit = Co S.
Syhedrit = Heulandit 106, 251.
Sylvanit = Schrifterz 194, 236.
Sylvin 206, 239.
Symplesit 206, 245.
Synadelphit 206.
Syngenit = Kaluszit 124, 243.
Syntagmatit = v. Amphibol 8, 250.
Sysserskit = Iridosmium 118, 234.
Szaboit 206, 250.
Szajbelyit 208, 243.
Szmikit 208, 242.

Tabergit 208, 249.
Tachyaphaltit = Malakon 238.
Tachyhydrit 208, 239.
Tagilit 208, 246.
Talcosit 208, 249.
Talk 208, 248.
Talkapatit = zers. Apatit 14, 245.
Talkchlorit 249.
Talkeisenstein 208.
Talkhydrat = Brucit 40, 238.
Talkoid 208.
Talkspath = Magnesit 144, 240.
Tallingit = v. Salzkupfererz 190, 240.

Taltalit = Gem. v. Turmalin u. Tenorit.
Tamarit = Chalkophyllit 46, 246.
Tankit = v. Anorthit 10, 251.
Tannenit = Emplektit 76, 236.
Tantalit = Ixiolith 244.
Tapiolit 208, 244.
Targionit = v. Bleiglanz 32, 235.
Tarnowitzit 208.
Tasmanit 210, 253.
Tauriscit 210, 242.
Tautoklin = Ankerit 10, 240.
Tautolit = Allanit 6.
Tavistockit = v. Wavellit 226, 245.
Taylorit = $(K \cdot NH_4) SO_4$.
Tekoretin = Fichtelit 84, 252.
Tekticit = Braunsalz 36.
Telaspyrin 235.
Tellur 210, 234.
Tellurblei = Altait 6, 235.
Tellurgoldsilber = Petzit 170, 235.
Tellurit 210, 238.
Tellurnickel = Melonit 152, 235.
Tellurocker = Tellurit 210, 238.
Tellurquecksilber 236.
Tellursilber = Hessit 106, 235.
Tellursilberblei = Schrifterz 194, 236.
Tellursilberglanz 235.
Tellurwismuth 210, 234.
Tennantit 210, 237.
Tenorit 210, 238.
Tephroit 210, 248.
Teratolith = Eisensteinmark 74.
Terenit = v. Skapolith 198, 248.
Terpizit = Kieselsinter 166, 238.
Terra di Siena = Hypoxanthit 114.
Terra Sigillata = Bol 32, 252.
Teschemacherit = $(NH_4 \cdot H_2) CO_3$.
Tesselit = Apophyllit 14, 251.
Tesseralkies = Arsenikkobaltkies 18, 235.
Tetartin = Albit 4, 251.
Tetradymit 210, 234.

Tetraedrit = Fahlerz 80, 237.
Tetraphylin = Triphylin 214, 244.
Texalith = Brucit 40, 238.
Texasit = Emerald-Nickel 76.
Thalheimit = Arsenikkies 18.
Thalit = Saponit 190, 249.
Tharandit = v. Braunspath 36, 240.
Thaumasit 212.
Thenardit 212, 241.
Thermonatrit 212, 241.
Thermophyllit 212.
Thierschit = Whewellit 226, 252.
Thjorsauit = Anorthit 10, 251.
Thomait = v. Eisenspath 72, 240.
Thomsenolith 212, 240.
Thomsonit = Comptonit 58, 251.
Thoneisenerz = theils Braun-, theils Rotheisenerz.
Thonerde = Korund 132, 238.
Thorit 212, 238.
Thraulit = Hisingerit 108.
Thrombolith 212, 244.
Thulit = v. Zoisit, rosenroth 232, 247.
Thuringit 212, 249.
Tiemannit = Selenmerkur 194, 236.
Tilkerodit = Clausthalit 56, 235.
Tinkal 244.
Tinkalzit = Boronatrocalcit 34, 244.
Tirolit = Kupferschaum 136, 246.
Titaneisenerz = Crichtonit 60, 238.
Titanit = Greenovit 98, 252.
Titanmagneteisen = Magnetit Fe Ti O_3 haltig.
Titanolivin = v. Chrysolith 54, 247.
Titanomorphit = Greenovit, dicht 98, 252.
Topas 212, 247.
Topazolith = v. Granat, gelb 96, 248.
Topfstein = Talk 208, 249.
Torbanit = foss. Harz.

Torbermorit = 3 [(4 Ca O $+H_2O)_5$ Si O_2]$+10H_2O$.
Torbernit = Chalkolith 46, 246.
Torrelit = Columbit 56, 244.
Totaigit 214.
Towanit = Chalkopyrit 46, 236.
Trappeisenerz = Titanmagneteisen.
Traubenblei = Mimetesit 156, 245.
Traversellit = Pseud. v. Amphibol n. Augit.
Tremolit = Grammatit 96, 250.
Trichalcit = 3 Cu As_2 O_8 245.
Tridymit 214, 238.
Trinkerit = foss. Harz 253.
Tripel 214.
Triphan = Spodumen 202, 250.
Triphanspath = Prehnit 178, 248.
Triphylin 214, 244.
Triplit 214, 245.
Triploidit 214, 245.
Triploklas = Comptonit 58, 251.
Tripolit = Tripel 214.
Trippkeit 214, 244.
Tritochorit = (Zn, Pb, $Cu)_3$ (V, $As)_2$ O_8 244.
Tritomit 216, 252.
Trögerit 216, 246.
Troilit 216, 235.
Trolleit 216, 245.
Trombolith = v. Libethenit 142, 244.
Trona 216, 241.
Troostit 216, 248.
Trümmerachat = v. Achat.
Tschermakit = v. Kalknatronfeldspath 122, 251.
Tschermigit = Ammoniak-Alaun 4, 8, 243.
Tschewkinit 216, 252.
Tuěsit 216.
Tungstein = Scheelit 192, 241.
Turgit = 218.
Turmalin 218, 247.
Turnerit 218, 244.
Tyrit = Fergusonit 84, 244.
Tyrolit = Tirolit 136, 246.
Tysonit 218, 239.

Uddevallit = v. Crichtonit 60.
Ueberschwefelblei = Johnstonit 118.
Uigit. = Prehnit 178, 248.
Ulexit = Boronatrocalcit 34, 244.
Umbra 218.
Unghwarit = Chloropal 50, 252.
Unionit = Zoisit 232, 247.
Uralit = Pseud. v. Amphibol n. Augit.
Uralorthit = Allanit 6.
Uranblüthe = Zippëit 243.
Uranglimmer = Autunit 20, 246.
Urangrün = H_2O halt. schwefels. Uran, Cu haltig 243.
Uraninit = Uranpecherz 220, 242.
Uranit = Autunit 20, 246.
Urankalk-Carbonat 218, 241.
Uranochalcit = Urangrün 243.
Uranocircit = Baryumuranit 24, 246.
Uranocker 218, 243.
Uranophan 218, 252.
Uranosphaerit 218, 242.
Uranospinit 220, 246.
Uranotantal = Samarskit 190, 244.
Uranothallit = 2 Ca CO_3 $+ U C_2 O_6 + 10 H_2O$.
Uranothorit 220, 238.
Uranotil 220, 252.
Uranpecherz 220, 242.
Uranphyllit = Chalkolith 46.
Uranvitriol = Johannit 118, 243.
Urao = Trona 216, 248.
Urdit = Edwardsit 70.
Urpethit = Erdwachs 78, 252.
Urusit 220, 243.
Urvölgyit = Herrengrundit 106, 242.
Utahit = 2 Fe_2 O_3 · 3 S $O_3 + 4 H_2$ O.
Uwarowit = v. Granat 96, 248.

Vaalit 249.
Valait = foss. Harz.
Valencianit = v. gem. Feldspath 84, 251.

— 337 —

Valentinit = Antimonblüthe 12, 238.
Valleriit = 2 Cu S, Fe₂ S₃ + 2 Mg Fe₂ O₃ + 4 H₂ O.
Vanadinbleierz = Vanadinit 220, 245.
Vanadinit 220, 245.
Vargasit = Pyrallolith, v. Augit 20, 250.
Variscit 220, 245.
Varvicit 222.
Vasit = verw. Allanit 6.
Vauquelinit 222, 242.
Venasquit 222, 249.
Venerit 249.
Vermiculit = zers. Phlogopit 172, 248, 249.
Vermontit = Arsenikkies 18.
Vestan = Quarz 184, 238.
Vesuvian = Egeran 70, 247.
Veszelyit 222, 246.
Vierzonit = Gelberde 90.
Vietinghofit = v. Samarskit 190, 244.
Villarsit 222, 249.
Vilnit = Wollastonit 230, 250.
Violan 222, 250.
Vitriol, grüner = Eisenvitriol 74, 242.
Vitriol, weisser = Goslarit 96, 242.
Vitriolbleierz = Anglesit 10, 241.
Vitriolbleispath = Anglesit 10, 241.
Vitriolocker 222, 243.
Vivianit = Anglarit 8, 245.
Voelknerit = Hydrotalkit 114, 239.
Voglit 222, 241.
Voigtit = v. Biotit 26, 248.
Volborthit 224, 245, 246.
Volgerit = Sb₂ O₅ + 5 H₂ O.
Voltait 224, 243.
Voltzin 224, 239.
Voraulit = Blauspath 28.
Vorhauserit 224, 249.
Vulpinit = Anhydrit 10, 241.

Wachskohle = Pyropissit 182, 253.
Wad 224, 238.
Wagit = Calamin 42, 246.
Wagnerit 224, 245.
Walait = Asphalt 20, 253.

Walchowit = v. Retinit 186, 253.
Waldheimit = v. Amphibol 8, 250.
Walkerde 224.
Walkerit = (4 Ca, Mg, Na₂ H₂) O · 7 Si O₂ + H₂ O.
Walpurgin 224, 246.
Waluewit = Xanthophyllit 230, 249.
Wapplerit 224, 246.
Warringtonit = Langit 136, 242.
Warwickit = Mg₆ (B, Fe, Al)₆ Ti₂ O₁₉ 252.
Washingtonit = Crichtonit 60.
Wasit = verw. Allanit 6.
Wasserblei = Molybdaenglanz 156, 234.
Wasserkies = Markasit 148, 235.
Wassersapphir = Cordierit 58, 250.
Wattevillit = Klinophaeit 128, 243.
Wavellit 226, 246.
Websterit = Aluminit 6, 243.
Weichbraunstein = Pyrolusit 180, 238.
Weicheisenkies = Markasit 148, 235.
Weichmanganerz = Pyrolusit 180, 238.
Weissbleierz = Bleicarbonat 30, 240.
Weisserz = Arsenikkies 18.
Weissgiltigerz, dunkles = v. Fahlerz, Ag haltig 80, 237.
Weissgiltigerz, lichtes 226.
Weissian = Kalkmesotyp 122.
Weissigit = v. gem. Feldspath 84, 251.
Weissit 226.
Weissnickelerz = Chloanthit 50, 235.
Weissnickelkies = Arsenikickel 18, 235.
Weissspiessglanzerz 238.
Weissspiessglaserz = Antimonblüthe 12, 238.
Weissstellur = Krennerit 134, 236.
Wernerit = Skapolith 198, 248.

Werthemannit = Al₂ O₃ · S O₄ + 3 H₂ O.
Whewellit 226, 252.
Whitamit = v. Epidot gelb, roth 78, 247.
Whitneyit 226, 235.
Wichtisit = (Fe, Mg, Ca, Na₂) O · Fe₂ O₃ · 3 Si O₂.
Wiesenerz = Quellerz 184.
Willemit 226, 248.
Williamsit = v. Serpentin 196, 249.
Wilsonit = Skapolith 198, 248.
Wiluit = Egeran 70, 247.
Wiserin 226.
Wiserit 226.
Wismuth 226, 234.
Wismuthblende = Eulytin 80, 248.
Wismuthglanz = Bismutin 28, 234.
Wismuthgold = Maldonit 235.
Wismuthhypochlorit = Hypochlorit 114.
Wismuthkobaltkies 226.
Wismuthkupferblende 228.
Wismuthnickelkies = Nickelwismuthglanz.
Wismuthocker 228, 238.
Wismuthsilber = Chilenit 235.
Wismuthspath = Bismutit 28, 240.
Withamit = v. Epidot 78, 247.
Witherit 228, 240.
Wittichenit = Wismuthkupferblende 228, 237.
Wittingit = v. Klipsteinit 128.
Wocheinit = Bauxit 24, 238.
Wodankies = Arsennickelglanz 18, 235.
Wöhlerit 228, 252.
Wölchit = Bournonit 36, 237.
Wörthit = Sillimanit 198, 247.
Wolfachit 228, 235.
Wolfram 228, 242.
Wolframbleierz = Scheelbleierz 192, 241.
Wolframit 228, 242.
Wolframocker 228, 238.
Wolframsäure 228.
Wolfsbergit = Kupferantimonglanz 134, 236.
Wolkenachat = v. Achat.

22

Wolkonskoit 230.
Wollastonit 230, 250.
Wolnyn = Baryt 22, 241.
Woodwardit 230. 243.
Würfelerz = Pharmakosiderit 170, 246.
Wulfenit = Gelbbleierz 90, 241.
Wundererde, sächsische = Eisensteinmark 74.
Wurtzit 230, 235.

Xanthit = v. Idokras 116, 247.
Xanthitan = v. Greenovit 98, 252.
Xanthoarsenit = (Mn, Fe, Mg, Ca)$_5 \cdot$ (H O)$_4 \cdot$ (As O$_4$)$_2$ + 3 H$_2$ O.
Xanthokon 230, 237.
Xantholith = Staurolith 202, 246.
Xanthophyllit 230. 249.
Xanthorthit = v. Allanit 6.
Xanthosiderit 230. 238.
Xenolith = v. Sillimanit 198, 248.
Xenotim 230, 244.
Xonotlit 230, 249.
Xylit 230.
Xylolith = Bergholz 24.
Xyloretinit = foss. Harz 253.
Xylotil = Bergholz 24.

Yanolit = Axinit 22, 248.
Yenit = Liëvrit 142, 247.
Youngit = 10 Zn S + 3 (Fe. Mn)$_5$ + 2 Pb 5.
Ytterbit = Gadolinit 88, 247.
Ytterspath = Xenotim 230, 244.
Yttnerit 250.

Yttrocerit 232, 240.
Yttrocolumbit = Yttrotantalit 232, 244.
Yttrogummit = Zers. Prod. d. Clevëit 56, 242.
Yttroilmenit = Samarskit 190, 244.
Yttrotantalit 232, 244.
Yttrotitanit = Keilhauit 126, 252.

Zamsit = Emerald-Nickel 76.
Zaratit = Emerald-Nickel 76, 241.
Zeagonit 232. 251.
Zeasit = v. Opal 166, 238.
Zellkies = Markasit 148, 235.
Zengit = Metabrushit 245.
Zepharovichit 232, 245.
Zeunerit 232, 246.
Zeuxit = v. Turmalin, grünbraun 218, 247.
Ziegelerz = Gem. v. Cuprit u. Brauneisenerz.
Zietrisikit = v. Erdwachs 78, 252.
Zillerthit = Aktinolith 4, 250.
Zink 234.
Zinkenit = Bleiantimonglanz 30, 236.
Zinkaluminit = 6 Zn O $\cdot$ 3 Al$_2$ O$_3 \cdot$ 2 S O$_3$ + 18 H$_2$ O 243.
Zinkazurit = v. Aurichalcit 20, 240.
Zinkblende = Blende 32, 235.
Zinkblüthe = Hydrozinkit 114, 240.
Zinkeisenspath = v. Zinkspath 232, 240.

Zinkfahlerz = Kupferblende.
Zinkglas = Calamin 42, 246.
Zinkit = Rothzinkerz 188, 238.
Zinkosit 232, 241.
Zinkoxyd = Rothzinkerz 188.
Zinksilicat = Calamin 42. 246.
Zinkspath 232, 240.
Zinkspinell = Automolit 20, 243.
Zinkvitriol = Goslarit 96, 242.
Zinnerz = Kassiterit 124, 238.
Zinnkies = Stannin 202, 237.
Zinnober = Cinnabarit 56, 236.
Zinnstein = Kassiterit 124, 238.
Zinnwaldit = Lepidolith 140, 248.
Zintrisikit 253.
Zippeit = 3 U$_2$ O$_3 \cdot$ 2 S O$_3$ + 12 H$_2$ O.
Zirkon = Hyacinth 110, 238.
Zöblitzit = v. Kerolith 126, 249.
Zoisit 232. 247.
Zorgit = Selenbleikupfer 194, 235.
Zundererz 232, 236.
Zunyit 232.
Zurlit = Humboldtilith 110, 248.
Zwieselit = Eisenapatit 72, 245.
Zygadit = v. Albit, Li$_2$ O haltig 4, 251.

Druckfehlerverzeichniss.

Bei Aeschynit lies Seite 3 unter Bemerkungen „**v. d. L.**" statt „v. d. Luft".
Bei Amalgam „ „ 7 „ „ „**im**" statt „in".
Bei Arsennickelglanz lies S. 19 unter Bemerk. „**im**" statt „in".
Bei Arsenomelan „ „ 19 „ „ „**im**" statt „in".
Seite 28 lies „**Blaueisenerz**" statt „Blaubleierz".
Bei Brevicit lies Seite 39 unter Bemerkungen „**klaren**" statt „klarem".
Bei Chloritoid „ „ 51 „ „ „**magnetischen**" statt „magneten".
Bei Egeran „ „ 71 „ „ „**bräunlichen**" st. „bräunlichem".
Bei Goethit „ „ 95 „ „ „**vollkommen**" st. „vollkommeu".
Bei Chromgranat „ „ 96 „ Chem. Zus. „**(Si O$_4$)$_3$**" statt „(Si C$_4$)$_3$".
Bei Hureaulit ist „ 111 „ Bemerkungen hinter grünlich „**färbend**" einzuschalt.
Bei Hydrocerussit lies „ 113 „ „ „**Långban**" statt „Långbau".
Seite 132 lies „**Koupholith**" statt „Koupholit".
Bei Korund lies S. 133 unter Bemerk. „**farblosem**" statt „farblosen".
Bei Kupferschaum „ „ 137 „ „ „**Säuren**" statt „Säuern".
Bei Magnetkies „ „ 147 „ „ „**Entwicklung**" statt „Entwickluug".
Bei Mangankiesel „ „ 147 „ „ „**im Ox. F.**" statt „zu Ox. F.".
Bei Nadorit ist „ 159 hinter Gemisch „**von**" einzuschalten.
Bei Opal lies „ 167 unter Farbe „**gefärbt**" statt „geleckt".
Bei Rhagit „ „ 187 unter Bemerk. „**Im**" statt „im".
Seite 238 ist vor Antimonocker „**Wismuthocker**" einzuschalten.

Verlag von Julius Springer in Berlin N.
Monbijouplatz 3.

Index
der
Krystallformen der Mineralien.
Von
Dr. Victor Goldschmidt.
In drei Bänden von je zwei Lieferungen.
Erster Band (1. u. 2. Liefg.). Preis M. 30,—.

Krystallographische Projectionsbilder
von
Dr. Victor Goldschmidt.
21 Tafeln. — Format 75,5 cm. : 66 cm.
Zum Theil in Farbendruck. — Mit einleitendem Text.
In Mappe. Preis M. 60,—.

In Vorbereitung befindet sich:
Ueber Projection und graphische Krystallberechnung.
Von
Dr. Victor Goldschmidt.
Diese Schrift schliesst sich als Ergänzung und Erweiterung dem „Index" wie den „Projectionsbildern" aufs engste an.

Lehrbuch der Gesteins- und Bodenkunde.
Von
Dr. Ferdinand Senft.
Mit in den Text gedruckten Holzschnitten.
Preis M. 9,—.

Chemiker-Kalender 1887.
Ein Hülfsbuch für Chemiker, Physiker, Mineralogen, Industrielle, Pharmaceuten, Hüttenmänner etc.
Von
Dr. Rudolf Biedermann.
In zwei Theilen.
I. Theil in Leinwandband. — II. Theil (Beilage) geheftet.
Preis zusammen M. 3,—.
I. Theil in Lederband. — II. Theil (Beilage) geheftet.
Preis zusammen M. 3,50.

Zu beziehen durch jede Buchhandlung.

MIX
Papier aus verantwortungsvollen Quellen
Paper from responsible sources
FSC® C105338

If you have any concerns about our products,
you can contact us on
ProductSafety@springernature.com

In case Publisher is established outside the EU,
the EU authorized representative is:
**Springer Nature Customer Service Center GmbH
Europaplatz 3, 69115 Heidelberg, Germany**

Printed by Libri Plureos GmbH
in Hamburg, Germany